校企“双元”建设职业教育机械类系列教材

机械制图与 CAD

王爱兵　张　宁　主　编

李桂芹　韩凤起　张华鑫　高　赞　胡仁喜　副主编

電子工業出版社

Publishing House of Electronics Industry

北京•BEIJING

内 容 简 介

本书结合机械制图的基本理论和计算机辅助制图（AutoCAD）软件应用的相关知识，帮助读者在理解机械制图基本规定和视图基本原理的基础上，灵活应用 AutoCAD 软件进行计算机绘图；目标是使读者既会利用机械制图的基本理论看懂机械零件与装配图样，又会应用当前广泛应用的 AutoCAD 软件绘制机械图样。

本书共 10 章，包括机械制图的基本知识和技能、AutoCAD 基础、投影基础、立体的投影及其表面交线、组合体、轴测图、机件常用的表达方法、标准件和常用件、零件图、装配图。全书脉络清晰、内容全面、实例丰富、语言简洁、理论讲解与实践操作紧密结合。

本书可以作为高职高专院校机械类相关专业的教材，也可以作为机械工程技术人员的自学用书。

图书在版编目（CIP）数据

机械制图与 CAD / 王爱兵，张宁主编. —北京：电子工业出版社，2021.9

ISBN 978-7-121-41409-1

Ⅰ. ①机… Ⅱ. ①王… ②张… Ⅲ. ①机械制图－AutoCAD 软件－高等学校－教材 Ⅳ. ①TH126

中国版本图书馆 CIP 数据核字（2021）第 117157 号

责任编辑：王昭松　　　　特约编辑：田学清
印　　刷：涿州市京南印刷厂
装　　订：涿州市京南印刷厂
出版发行：电子工业出版社
　　　　　北京市海淀区万寿路 173 信箱　　　　邮编：100036
开　　本：787×1092　1/16　印张：19.25　字数：504.5 千字
版　　次：2021 年 9 月第 1 版
印　　次：2021 年 9 月第 1 次印刷
定　　价：59.00 元

凡所购买电子工业出版社图书有缺损问题，请向购买书店调换。若书店售缺，请与本社发行部联系，联系及邮购电话：（010）88254888，88258888。

质量投诉请发邮件至 zlts@phei.com.cn，盗版侵权举报请发邮件到 dbqq@phei.com.cn。

本书咨询联系方式：wangzs@phei.com.cn，QQ 83169290，（010）88254015。

前　言

工程图样是工程与产品信息的载体，是工程界相互交流的语言，其目的是按大家都能理解的方法和规则表达出机械、土建、电气等工程与产品的形状、大小、材料及技术要求。

机械工程是工程学科里最基础、最重要的一门学科。在现代工业中，设计、制造、安装各种机械、电动机、仪表，以及采矿、冶金、化工等各方面的设备，都离不开机械工程图样，在使用这些机器、仪表和设备时，也常常要通过阅读机械工程图样来了解它们的结构和性能。因此，每名工程技术人员都必须能够绘制和阅读机械工程图样。

机械产业是我国主要的支柱产业之一，机械产业技术人员在一定程度上是我国劳动大军中的中坚和主力。作为一名设计和生产机械产品的工程技术人员，阅读机械工程图样是一项关键的技能，如果不能阅读设计人员提供的工程图样，那么在从事加工生产工作时，根本无从下手。绘制工程图样也是设计人员之间进行工程交流的基础。因此，机械制图技能对机械产业技术人员来说具有至关重要的作用。

传统的机械制图是指手工尺规作图，这种作图方式从机械工程学科成为一门独立学科开始，已经延续了几百年。由于其费时费力、标准性差、修改起来也很困难，所以一直以来困扰着广大机械制图工程技术人员，不利于机械工程图样作为机械工程语言的传播。计算机技术的发展给传统的机械制图带来了发展的春天。近几十年来，计算机辅助设计（CAD）技术的迅猛发展给机械制图带来了革命性的突破。大量成熟的计算机辅助设计软件（如 AutoCAD、CAXA、SolidWorks、UG、Pro/Engineer、CATIA 等）的推广和应用，使机械制图从图板上搬到了计算机屏幕上，工程技术人员从此可以大大提高设计和绘图的效率，并绘制出具有广泛标准性和统一性的工程图样，这些工程图样的保存和交流变得更加方便快捷。从此，传统而古老的机械工程学科搭上了电子信息技术的快车，迎接崭新时代的到来。

作为一名新时代的机械产业技术人员，不仅要了解传统的基本画法几何理论和绘图规则，还要会利用计算机辅助设计软件进行快捷绘图，只有这样，才能跟上时代的步伐、把握时代的潮流。这也是本书要着力解决的一个问题，即改变过去有关机械制图教材只讲传统手工绘图理论，与时代要求脱节的弊端，将传统绘图理论与现代 CAD 绘图方法紧密地结合在一起，使机械产业技术人员既懂得基本的绘图理论和图形里面的工程信息，又能快捷方便地绘制工程图样。

1．本书的性质和任务

本书介绍了绘制和阅读机械工程图样的原理与具体的 CAD 实现方法，可以培养机械产业技术人员的形象思维能力，是一本既有系统理论又有很强实践性的技术基础教材。本书包括平行投影法的原理和应用，与机械制图有关的国家标准的一些规定，立体、简单组合体的构形过程和方法，机件常用的表达方法，零件图和装配图，以及这些图样的 CAD 实现方法等知识。

本书的主要目的是使读者既会利用机械制图的基本理论看懂机械零件与装配图样，又会应用当前广泛应用的 AutoCAD 软件绘制机械图样。

本书的主要任务如下。

（1）培养读者使用平行投影法（主要是正投影法）以二维平面图形表达三维空间形状的能力。

（2）培养读者对空间形体的形象思维能力。

（3）培养读者创造性构形的设计能力。

（4）培养读者使用绘图软件绘制机械图样的能力。

（5）培养读者贯彻、执行国家标准的工程意识。

（6）培养读者自学能力、分析问题和解决问题的能力及创新能力。

2. 本书的学习方法

（1）掌握三个“基本”，做到三个“多”，尽快入门，多实践，并完成一定数量的习题练习。

机械制图是一门实践性很强的技术基础课。本书自始至终研究的都是工件几何元素及物体与其投影的对应关系，绘图和读图是反映这一对应关系的具体形式。因此，在学习过程中，应掌握并完全理解基本概念、基本理论和基本方法，并在此基础上由浅入深地进行绘图和读图的实践；平时要注意结合实际，多看、多想、多画，不断地由物画图、由图想物，独立地完成一定数量的习题练习，以逐步提高工件想象能力与空间分析能力。这一点是学好本书的基本点。

（2）确立严格遵守和贯彻执行《机械制图》国家标准的意识。

《机械制图》国家标准是使机械工程图样成为国内外技术交流工具、工程技术交流语言的保障，是生产和设计部门需要共同遵守的设计制图标准。因此，在学习过程中，必须认识到国家标准的权威性、法制性，树立严格遵守国家标准的观念并贯彻执行，只有这样，才能绘制出符合标准的图样，才能看懂符合标准的图样。

（3）掌握绘图和读图共同运用的线、面分析和形体分析方法，以提高投影分析能力和空间想象能力，为培养绘图和读图能力打下基础。

（4）有意识地培养自己的工程人文素质，养成认真负责的工作态度。

工程图样是设计和制造机器设备过程中的重要资料，要求绘图时不能画错、看图时不能看错，否则会给生产带来损失。因此，在绘图和读图时，必须养成细心、耐心、严谨、认真、一丝不苟的工作作风及认真负责的工作态度。

（5）要多观察、多联想、多动手，有意识地培养自己的构形设计能力，并锻炼灵敏的思维，为日后的工作打下良好的基础。

3. 本书配套习题集

在本书出版的同时，编者编写了配套的习题集，以帮助读者练习并巩固所学知识。习题集有两种形式，一种是传统的纸质版，读者可以利用纸质版习题集进行传统的尺规作图练习；另一种是电子版，读者可以登录网站（www.hxedu.com.cn）下载，以进行计算机绘图练习。

本书内容由浅入深、从易到难，各章节既相对独立又前后关联。编者根据自己多年的经验及学习的通常心理，及时给出了总结和相关提示，可以帮助读者快捷地掌握所学知识。全书内容翔实、图文并茂、语言简洁、思路清晰，可以作为初学者的入门教材，也可以作为工程技术人员的参考工具书。

本书是为了落实教育部等九部委联合下发的《职业教育提质培优行动计划（2020—2023年）》文件精神而编写的校企“双元”合作开发的职业教育教材，由河北交通职业技术学院汽车工程系的王爱兵和张宁两位老师担任主编；河北交通职业技术学院轨道交通系的李桂芹老师、河北工业职业技术大学的韩凤起老师，以及河北交通职业技术学院汽车工程系的张华鑫、高赞、胡仁喜老师担任副主编。合作企业——石家庄楚辉工程设计有限公司的李志红、刘昌丽、康士廷等为本书的编写提供了大量的工程实践应用案例，并参与了校对工作，在此向他们表示衷心的感谢。

限于时间和编者水平，书中疏漏之处在所难免，恳请读者批评指正，编者不胜感激。有任何问题或需要本书配套教学 PPT 与书中实例和习题的电子文件，请登录网站 www.hxedu.com.cn 注册下载或联系 714491436@qq.com 索取，也欢迎读者加入图书学习交流群（QQ：379090620）交流探讨。

编　者

2021 年 4 月

目　录

第1章

机械制图的基本知识和技能

工程图样是工程技术语言，是表达设计思想和进行技术交流的重要工具。学习绘制和阅读机械图样是本课程的主要任务。

本章主要介绍机械制图的基本知识和技能，包括《机械制图》国家标准的一些基本规定、绘图工具的使用方法、几何作图方法及平面图形分析等内容，它们是正确绘制和阅读工程图样的基础。

1.1 国家标准的相关规定

为了加强我国与世界各国的技术交流，依据国际标准化组织ISO制定的国际标准，制定了我国国家标准《机械制图》，每名工程技术人员必须熟悉并严格遵守有关国家标准。

国家标准简称国标，代号为GB或GB/T，其中，GB为强制性国标；GB/T为推荐性国标，与机械制图有关的国标大多属于推荐性国标。代号后的数字为标准号，由顺序号和发布的年代号组成，如表示图纸幅面和格式的标准代号为GB/T 14689—2008。本节仅介绍部分国标的内容。

1.1.1 图幅（GB/T 14689—2008）和标题栏（GB/T 10609.1—2008）

1．图纸幅面

绘图时应优先采用表1-1规定的基本幅面，幅面代号为A0、A1、A2、A3、A4，必要时可按规定加长幅面，这些幅面的尺寸由基本幅面的短边成整数倍增加后得出。例如，当幅面代号为A0×2时，尺寸$B×L$=1189mm×1682mm。幅面尺寸（书中没有特殊标注时，单位均为mm）如图1-1所示。

表1-1 基本幅面　　单位：mm

幅面代号	A0	A1	A2	A3	A4
$B×L$	841×1189	594×841	420×594	297×420	210×297
e	20		10		
c	10			5	
a	25				

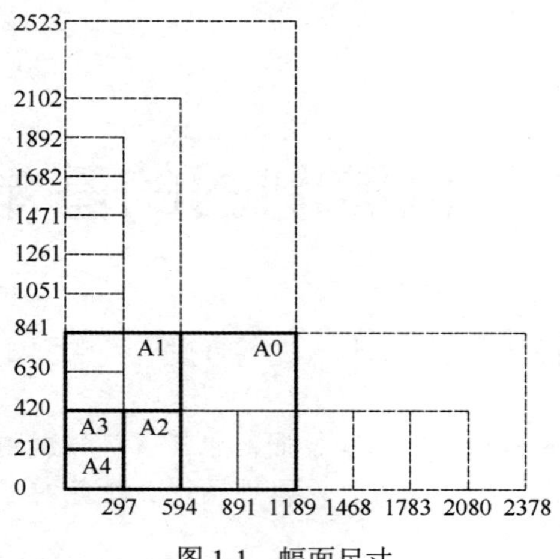

图 1-1　幅面尺寸

2. 图框格式

在图纸上，必须用粗实线画出图框，其格式分不留装订边（见图 1-2）和留有装订边（见图 1-3）两种，尺寸如表 1-1 所示。

同一产品的图样只能采用一种格式。

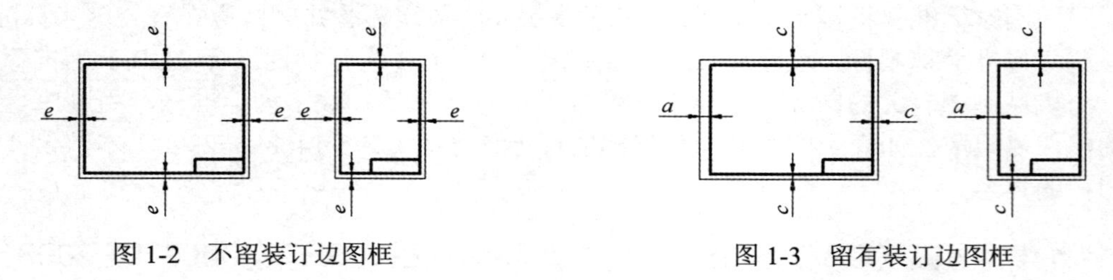

图 1-2　不留装订边图框　　图 1-3　留有装订边图框

3. 标题栏

GB/T 10609.1—2008 规定每张图纸上都必须画出标题栏，标题栏的位置位于图纸的右下角，其方向与看图方向一致。

标题栏的格式和尺寸由 GB/T 10609.1—2008 规定（装配图中的明细栏由 GB/T 10609.2—2009 规定），如图 1-4 所示。

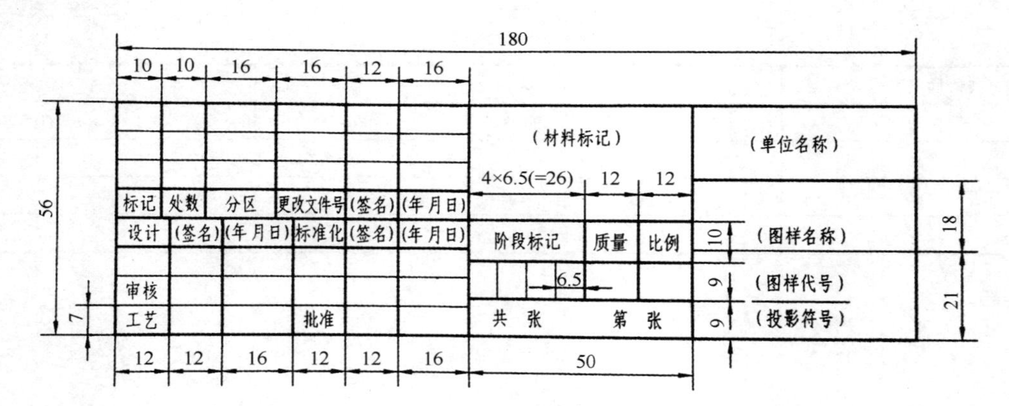

图 1-4　标题栏的格式和尺寸

在学习过程中，有时为了方便，会对零件图的标题栏和装配图的标题栏、明细栏内容进行简化，如图 1-5 所示。

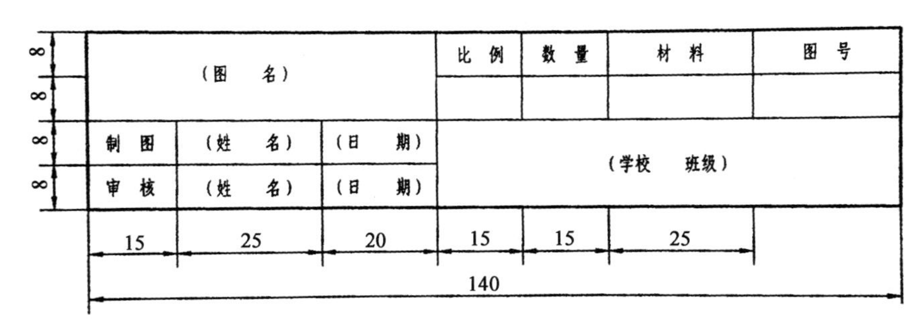

图 1-5　简化标题栏

1.1.2　比例（GB/T 14690—93）

比例为图样中的图形与其实物相应要素的线性尺寸之比，分为原值比例、放大比例、缩小比例三种。比例符号为":"，绘图时应尽量采用 1:1 的原值比例，当需要按比例制图时，在表 1-2（标准比例系列）中选取适当的比例，必要时也允许选取表 1-3 中的可用比例系列。

表 1-2　标准比例系列

种　类	比　例
原值比例	1:1
放大比例	5:1　2:1　5×10^n:1　2×10^n:1　1×10^n:1
缩小比例	1:2　1:5　1:10　1:2×10^n　1:5×10^n　1:10×10^n

注：n 为正整数。

表 1-3　可用比例系列

种　类	比　例
放大比例	4:1　2.5:1　4×10^n:1　2.5×10^n:1
缩小比例	1:1.5　1:2.5　1:3　1:4　1:6 1:1.5×10^n　1:2.5×10^n　1:3×10^n　1:4×10^n　1:6×10^n

无论采用哪种比例绘图，在图样上必须标注出机件的实际尺寸。同一张图样上的各视图应采用相同的比例，并将比例数值注写在标题栏的"比例"栏内。当某个视图需要采用不同的比例时，可在视图名称的下方或右侧标注比例。

1.1.3　字体（GB/T 14691—93）

字体是指图样中的汉字、字母及数字的书写形式，在图样中，常用这些字体标注尺寸和技术要求等。

1．一般规定

根据 GB/T 14691—93、GB/T 14665—2012 的规定，对字体有以下一般要求。

（1）在图样中书写字体，必须做到字体工整、笔画清楚、间隔均匀、排列整齐。

（2）汉字应写成长仿宋体，并应采用国家正式公布推行的简化字。汉字的高度（用 h 表示）不应小于 3.5mm，其字宽一般为 $h/\sqrt{2}$，即约等于字高的三分之二。

（3）字体的号数即字体的高度，其公称尺寸系列为 1.8mm、2.5mm、3.5mm、5mm、7mm、10mm、14mm、20mm。如果需要书写更大的字，则其字体高度应按 $\sqrt{2}$ 的比率递增。

（4）字母和数字分为 A 型和 B 型：A 型字体的笔画宽度 d 为 h 的 1/14；B 型字体的笔画宽度为 h 的 1/10。在同一图样上，字母和数字只允许使用一种型式。

（5）字母和数字可写成斜体和直体。其中，斜体字字头向右倾斜，且与水平基准线约成 75°。

2．字体示例

（1）汉字——长仿宋体。

字体工整 笔画清楚 间隔均匀 排列整齐

10 号字

横平竖直 注意起落 结构均匀 填满方格

7 号字

技术制图 机械电子 汽车航空 船舶土木 建筑矿山 井坑港口 纺织服装

5 号字

螺纹齿轮 端子接线 飞行指导 驾驶舱位 挖填施工 饮水通风 闸阀坝 棉麻化纤

3.5 号字

（2）拉丁字母。

ABCDEFGHIJKLMNOP

A 型大写斜体

abcdefghijklmnop

A 型小写斜体

ABCDEFGHIJKLMNOP

B 型大写斜体

（3）希腊字母。

ΑΒΓΕΖΗΘΙΚ

A 型大写斜体

αβγδεζηθικ

A 型小写直体

（4）阿拉伯数字。

1234567890

斜体

1234567890

直体

3．图样中的书写规定

（1）对于作为指数、分数、极限偏差、注脚等的数字及字母，一般应采用小一号的字体。

（2）图样中的数字符号、物理量符号、计量单位符号及其他符号与代号应分别符合有关规定。

1.1.4　图线（GB/T 17450—1998、GB/T 4457.4—2002）

1．图线的型式及应用

国标规定了 15 种基本线型和 9 种图线宽度（用 *d* 表示），所有线型的宽度均应按图样的类型和尺寸在下列数系中选择：0.13mm，0.18mm，0.25mm，0.35mm，0.5mm，0.7mm，1mm，1.4mm，2mm。考虑到机械设计制图的需要，GB/T 4457.4—2002 中规定了 9 种线型，各种图线的名称、型式、宽度及其在图上的一般应用如表 1-4 所示。在机械图样上，采用粗、细两种图线宽度，粗线的宽度应按图的大小和复杂程度在 0.5～2mm 中选择，一般选 0.5mm、0.7mm 为宜。

表 1-4　图线

图线名称	线　型	图线宽度/mm	主 要 用 途
粗实线	————————	*d*	可见轮廓线
细实线	————————	*d*/2	尺寸线、尺寸界线、剖面线、引出线、弯折线、牙底线、齿根线、辅助线等
细点画线	—·—·—	*d*/2	轴线、对称中心线、齿轮节线等
细虚线	- - - - - - - -	*d*/2	不可见轮廓线、不可见过渡线
粗虚线	- - - - - - - -	*d*	允许表面处理的表示线
波浪线	～～～	*d*/2	断裂处的边界线、剖视与视图的分界线
双折线	—∧∨—∧∨—	*d*/2	断裂处的边界线
粗点画线	—·—·—	*d*	有特殊要求的线或面的表示线
双点画线	—··—··—	*d*/2	相邻辅助零件的轮廓线、极限位置的轮廓线、假想投影的轮廓线

2．图线的画法

（1）在同一图样中，同类图线的宽度应基本一致。虚线、点画线及双点画线的线段和间隔应各自大致相等。

（2）两条平行线（包括剖面线）之间的距离应不小于粗实线宽度的两倍，且最小距离不得小于 0.7mm。

（3）在绘制圆的对称中心线时，圆心应为线段的交点；点画线和双点画线的首末两端应是线段而不是短画线。建议中心线超出轮廓线 2～5mm。图线的应用示例如图 1-6 所示。

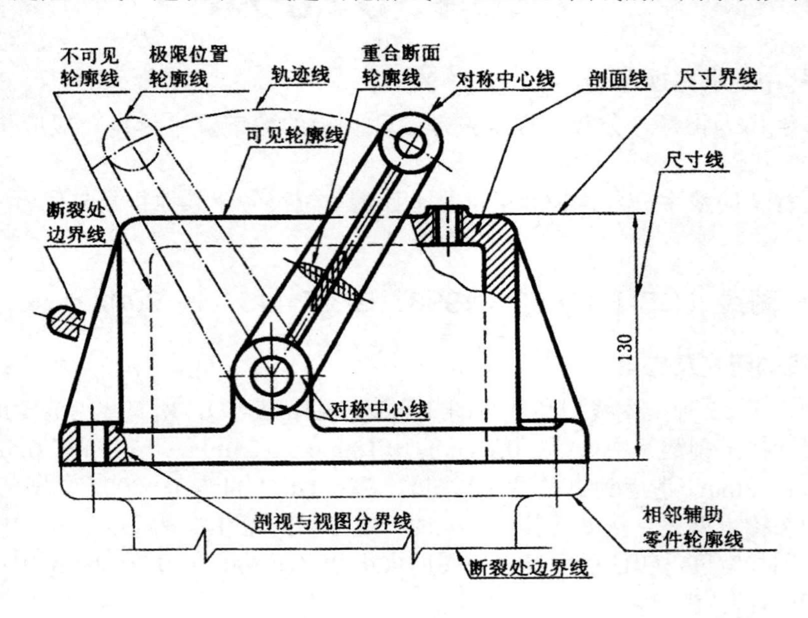

图 1-6　图线的应用示例

（4）在较小的图形上画点画线或双点画线有困难时，可用细实线代替。

为保证图形清晰，各种图线相交、相连时的习惯画法如图 1-7 所示。当点画线、虚线与粗实线相交或点画线、虚线彼此相交时，均应交于点画线或虚线的线段处；当虚线与粗实线相连时，应留空隙；当虚直线与虚半圆弧相切时，在虚直线处应留空隙，且虚半圆弧应画到对称中心线为止。

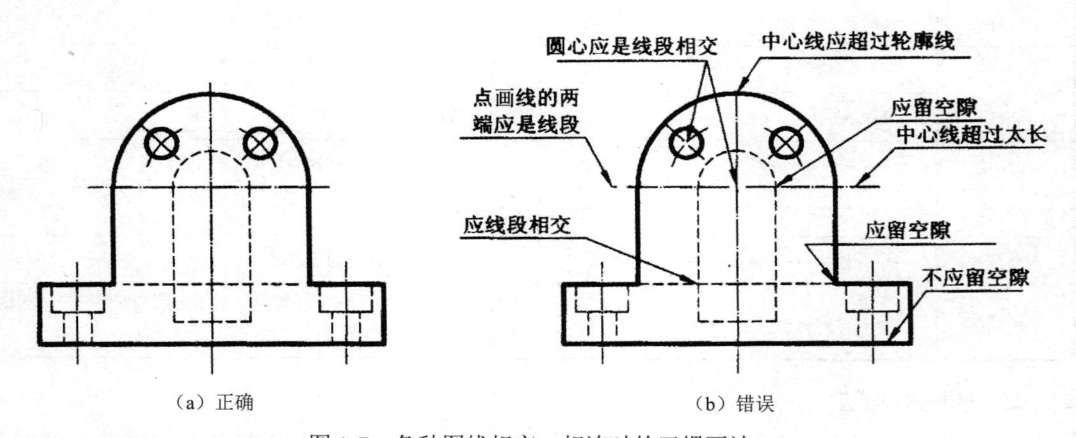

（a）正确　　（b）错误

图 1-7　各种图线相交、相连时的习惯画法

1.1.5　尺寸标注（GB/T 4458.4—2003）

在图样中，除需要表达零件的结构形状外，还需要标注尺寸，以确定零件的大小。国标 GB/T 4458.4—2003 对尺寸标注的基本方法进行了一系列的规定，必须严格遵守。

1．基本规则

（1）当图样中的尺寸以 mm 为单位时，不需要注明计量单位代号或名称。若采用其他单位，则必须标注相应计量单位代号或名称。

（2）图样上所注的尺寸数值是零件的真实大小，与图形大小及绘图的准确度无关。

（3）零件的每一尺寸在图样中一般只标注一次。

（4）图样中标注的尺寸是该零件最后完工时的尺寸，否则应另加说明。

2．标注尺寸的基本要素

（1）尺寸界线：用来表明所注尺寸的范围，用细实线绘制，如图 1-8 所示。尺寸界线一般是图形轮廓线、轴线或对称中心线的延伸线，超出箭头 2～3mm。也可直接用轮廓线、轴线或对称中心线作为尺寸界线。

尺寸界线一般与尺寸线垂直，必要时允许倾斜。

（2）尺寸线：用来表明尺寸度量的方向，尺寸线用细实线绘制，如图 1-8 所示。尺寸线必须单独画出，不能用图上任何其他图线代替，也不能与图线重合或在其延长线上，并应尽量避免尺寸线之间及尺寸线与尺寸界线相交。在标注线性尺寸时，尺寸线必须与所标注的线段平行，相同方向的各尺寸线的间距要均匀，间隔应大于 5mm。

（3）尺寸线终端：表示尺寸起止点。尺寸线终端有两种形式，即箭头或细斜线，如图 1-9 所示。箭头适用于各种类型的图形，箭头尖端与尺寸界线接触，不得超出也不得离开。细斜线的方向和画法如图 1-9 所示。同一图样中只能采用一种尺寸线终端形式。

（4）尺寸数字：表示尺寸的数值。线性尺寸的数字一般注写在尺寸线上方或尺寸线中断处。尺寸数字中不允许有任何图线通过，否则必须将图线断开。在同一图样内，尺寸数字的高度一致，位置不够时可引出标注，如图 1-8 所示。

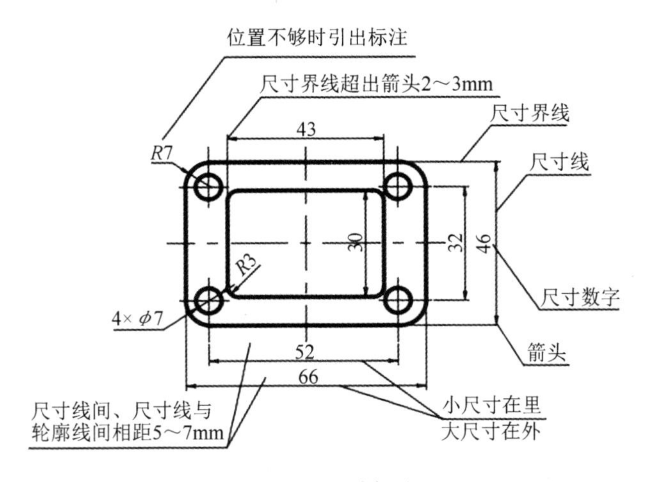

图 1-8　尺寸标注

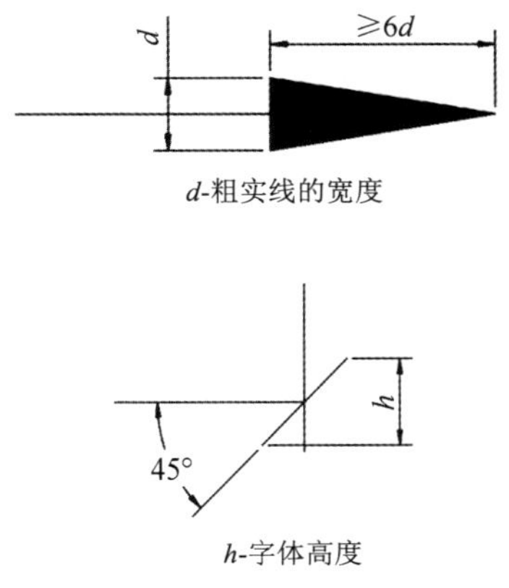

图 1-9　尺寸线终端

表 1-5 列出了国标规定尺寸标注的一些示例。

表 1-5　标注示例

标注内容	示　　例	说　　明
线性尺寸的数字方向	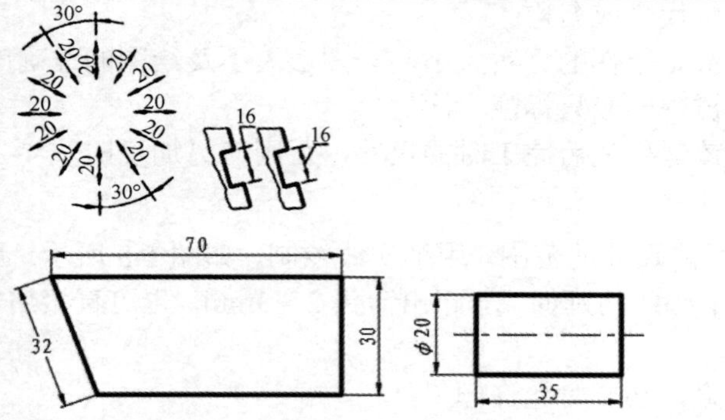	第一种方法：尺寸数字应按左上图所示方向注写，并尽可能避免在图示30°范围内标注尺寸，当无法避免时，可按右上图的形式标注 第二种方法：在不致引起误解时，对于非水平方向的尺寸，数字可水平地注写在尺寸线的中断处 在一张图样中，应尽可能采用同一种方法，一般应采用第一种方法
角度	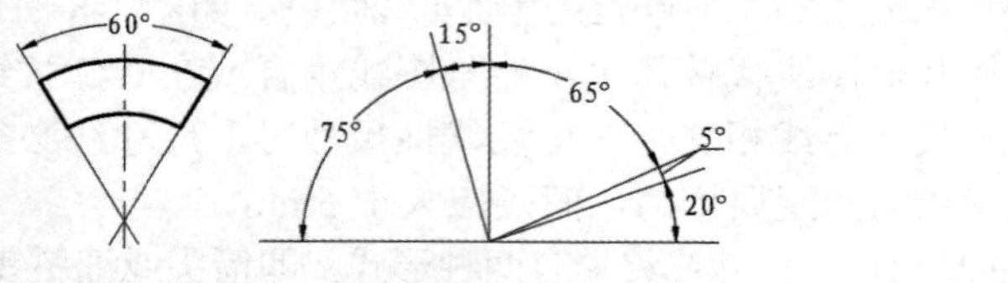	尺寸界线应沿径向引出，尺寸线应画成圆弧，圆心是角的顶点。尺寸数字一律水平书写，一般注写在尺寸线的中断处，必要时也可按右图所示的形式标注
圆	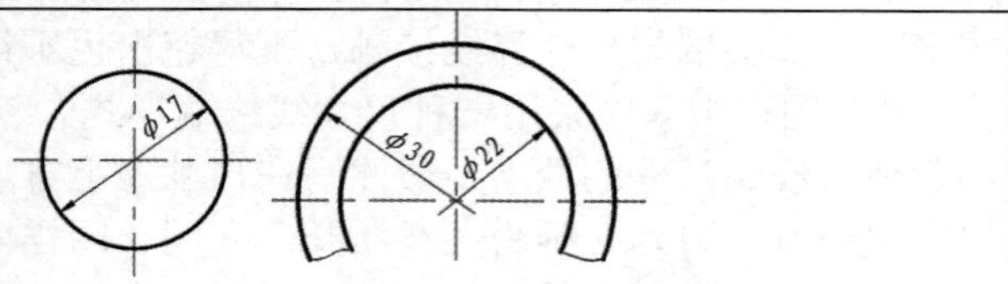	当标注圆的直径尺寸时，尺寸线一般应按这两个图例所示的方法绘制
圆弧	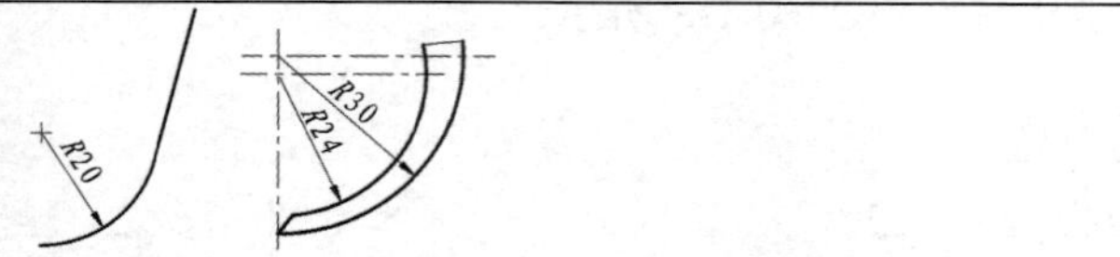	半径尺寸一般应按这两个图例所示的方法标注
大圆弧	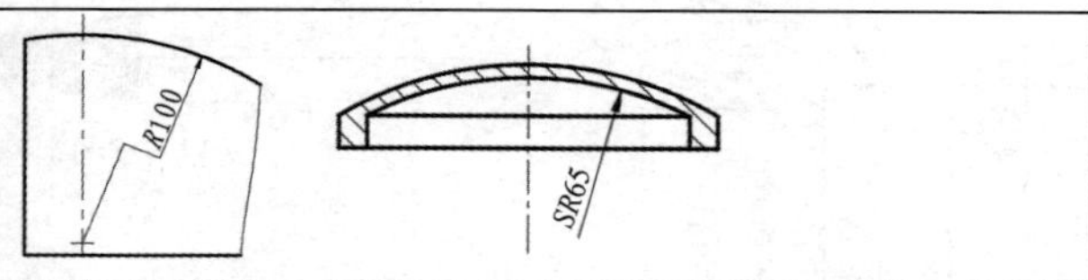	在图纸范围内无法标出圆心位置时，可按左图进行标注；当不需要标出圆心位置时，可按右图进行标注
小尺寸	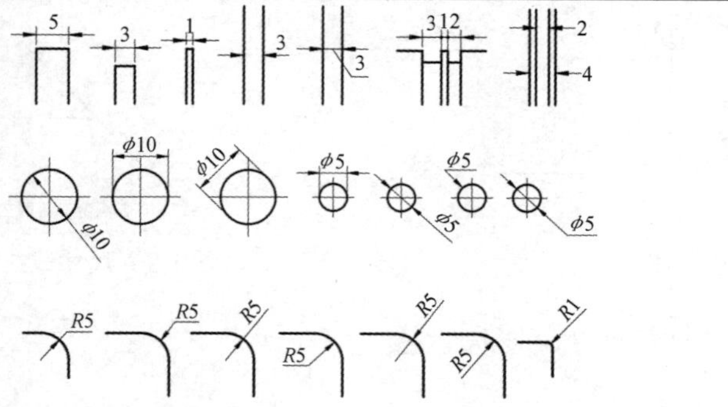	当没有足够的位置时，可将箭头画在外面，或者用小圆点代替两个箭头；尺寸数字也可写在外面或引出标注。对于圆和圆弧的小尺寸，可按下面两排图例所示的方法标注

续表

标注内容	示　　例	说　　明
球面	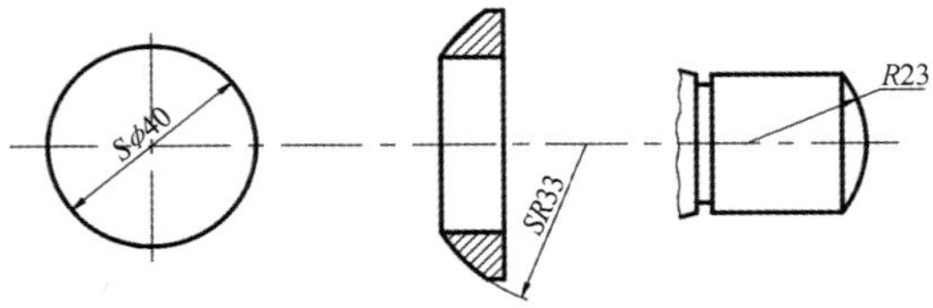	应在 ϕ 或 R 前加注“S”。如果不致引起误解，则可省略，如右图不致引起误解时的右端球面
弧长和弦长	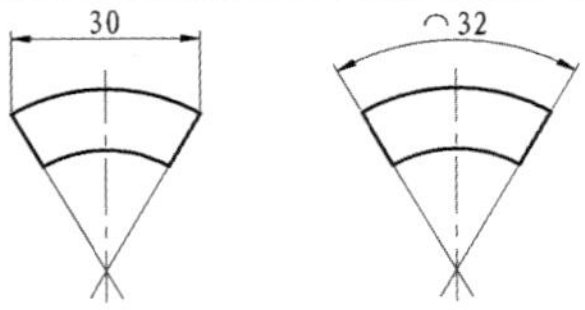	标注的弦长尺寸界线应平行于弦的垂直平分线；当标注弧长尺寸时，尺寸线用圆弧，尺寸数字前方应加注符号“⌒”
当对称机件只画出一半或大于一半时	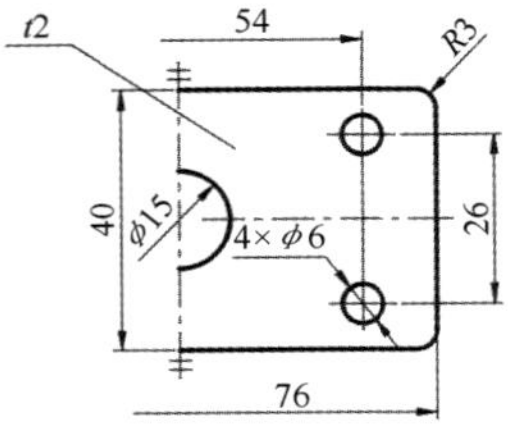	尺寸线应略超过对称中心线或断裂处的边界线，仅在尺寸界线一端画出箭头，图中在对称中心线两端画出的两条平行且与对称中心线垂直的细实线是对称符号
当零件为薄板时		当零件为薄板时，可在厚度尺寸数字前加符号“t”
光滑过渡处	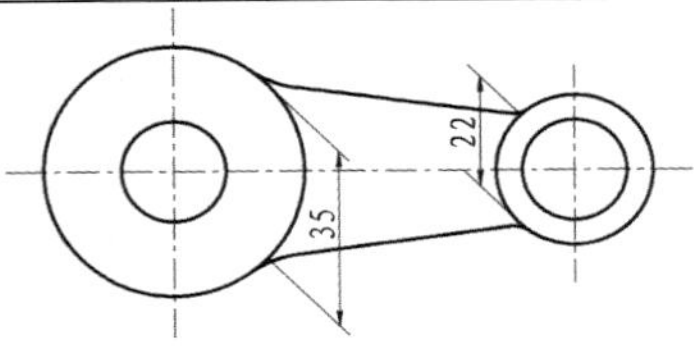	在光滑过渡处，必须用细实线将轮廓线延长，并从它们的交点引出尺寸界线。尺寸界线如果垂直于尺寸线，则图线会很不清晰，因此允许倾斜
正方形结构	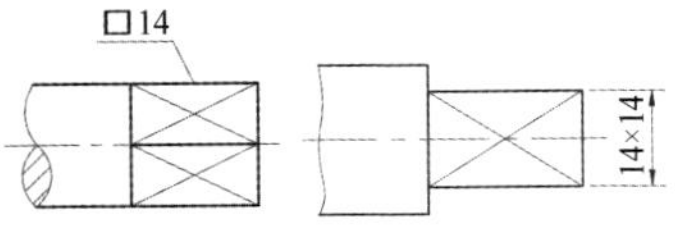	当剖面为正方形时，可在边长尺寸数字前加注符号“□”或用 14×14 代替“□14”。图中相交的两细实线是平面符号
斜度和锥度	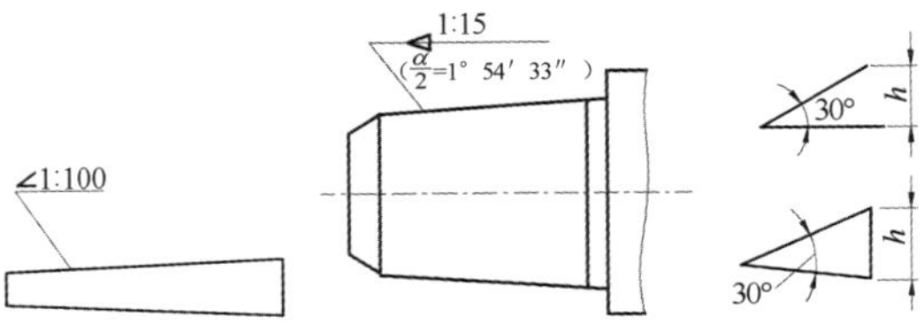	斜度、锥度可用图中所示的方法标注。必要时也可在标注锥度的同时，在圆括号中注出其角度值（α 为圆锥角）。符号的方向应与斜度、锥度的方向一致。符号的线宽为 $\frac{h}{10}$，h 为字高，锥度也可注写在轴线上
尺寸数字无法避免被图线通过时	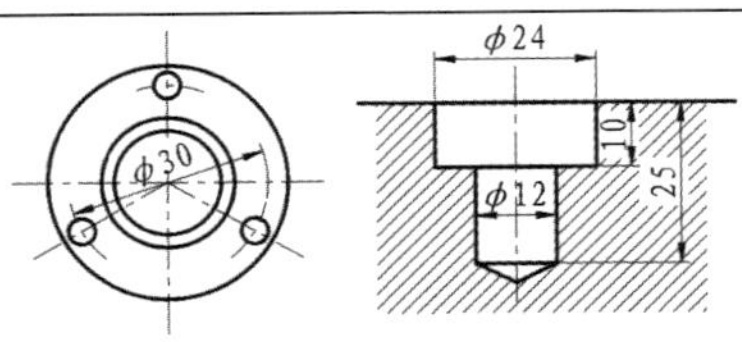	必须在注写尺寸数字处将图线断开

1.2　绘图工具及其使用方法

为了提高图面质量、加快绘图速度，应了解各种绘图工具的性能及其使用方法。绘图工具包括图板、丁字尺、三角板、比例尺、圆规、分规、铅笔等。

1.2.1　图板、丁字尺和三角板

图板是绘图时用的垫板，因此要求它的表面平坦光洁，且左右两导边必须平直。在画图时，应将图纸用胶带纸固定在图板的左下方，如图 1-10 所示。

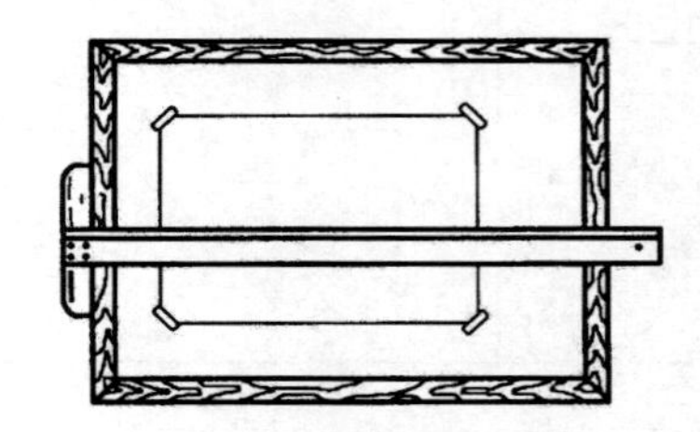

图 1-10　图板、图纸的放置

丁字尺是画水平线的长尺，由尺头和尺身两部分组成。在画图时，应使尺头紧靠图板左侧的导边。

一副三角板由 45°和 60°、30°两块直角三角板组成，它常与丁字尺配合使用，可用来画铅垂线，如图 1-11 所示。也可画与水平线成 30°、45°、60°的斜线；两块直角三角板配合使用，可画 15°、75°的斜线，如图 1-12 所示。

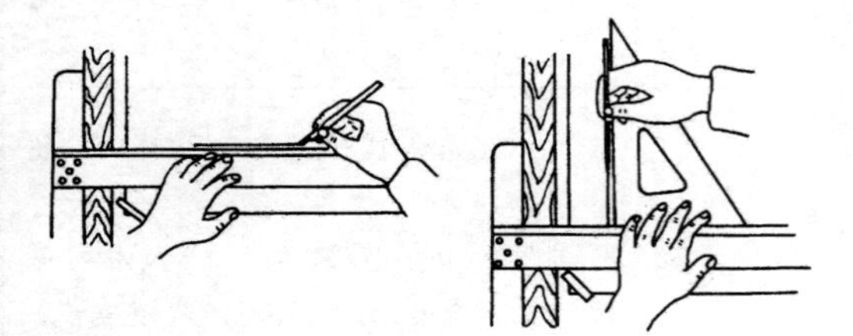

图 1-11　用丁字尺和三角板画水平线和铅垂线

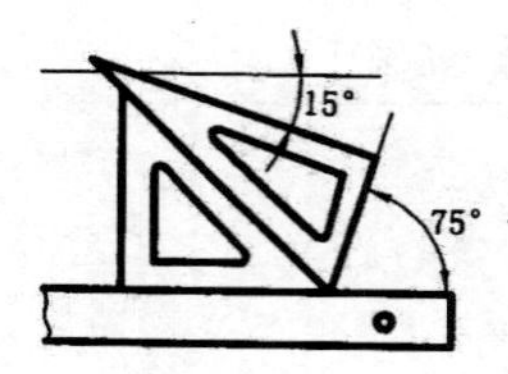

图 1-12　用丁字尺和三角板画特定角度斜线

1.2.2　比例尺

比例尺又称三棱尺，是刻有各种比例的直尺。比例尺的式样很多，最常见的是在其三个面上刻有六种不同的比例：1:100，1:200，1:300，1:400，1:500，1:600。比例尺上的数字以 m 为单位。应根据绘图采用的比例选用比例尺。如果图样用的比例是 1:2，就应选用 1:200 的比例尺，读数时应除以 100。

比例尺不应受潮，以免影响精度；尺面刻度务必保持清晰，当用分规量取尺寸时，不可在刻度线上留下针眼，也不可将比例尺当直尺用。

1.2.3　圆规和分规

1. 圆规

圆规是画圆和圆弧的工具。在画圆时，要求圆规的针脚和铅芯都应与纸面垂直。圆规的使用方法如图 1-13 所示。

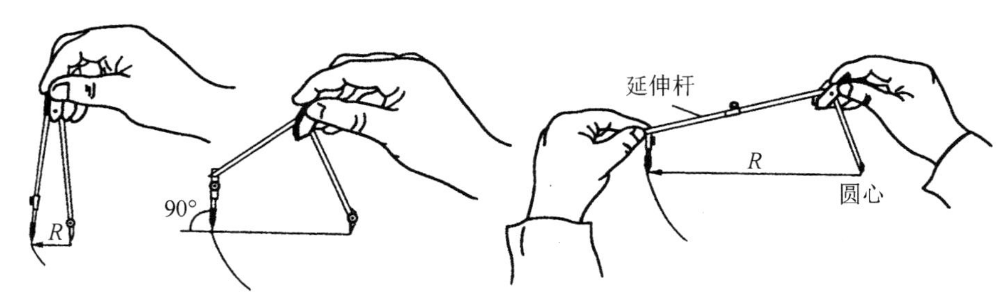

图 1-13　圆规的使用方法

2．分规

分规是用来量取线段和等分线段的工具。分规的两针尖应保持尖锐，合拢时两针尖要对齐。分规的使用方法如图 1-14 所示。

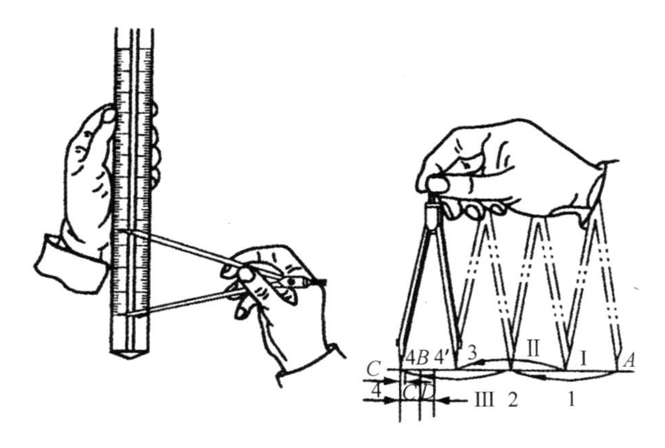

图 1-14　分规的使用方法

1.2.4　铅笔

铅芯的软硬用字母 B 和 H 表示，其中，B 前面的数字越大，表示铅芯越软；H 前面的数字越大，表示铅芯越硬。一般描粗时用 B 或 HB 铅笔，写字与画细线时用 HB 或 H 铅笔，打底稿时用 H 或 2H 铅笔。铅芯削法如图 1-15 所示。

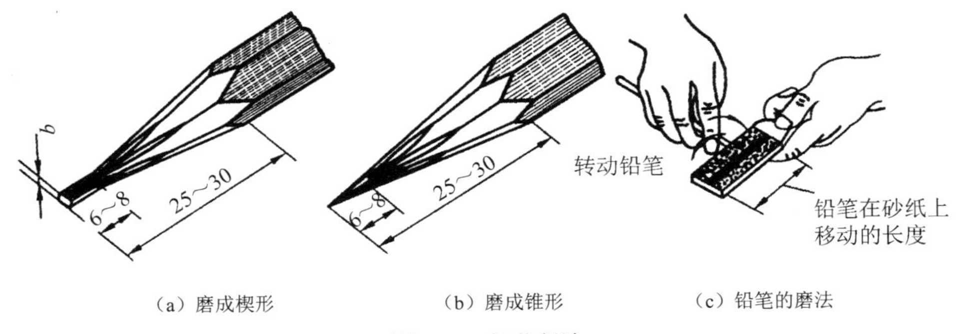

图 1-15　铅芯削法

1.3 几何作图

机件的轮廓形状是多种多样的，如图 1-16 所示，但反映到图样上，它们都是由直线、圆弧和其他曲线组成的几何图形。因而，在绘制图样时，常常要运用一些几何作图的方法。

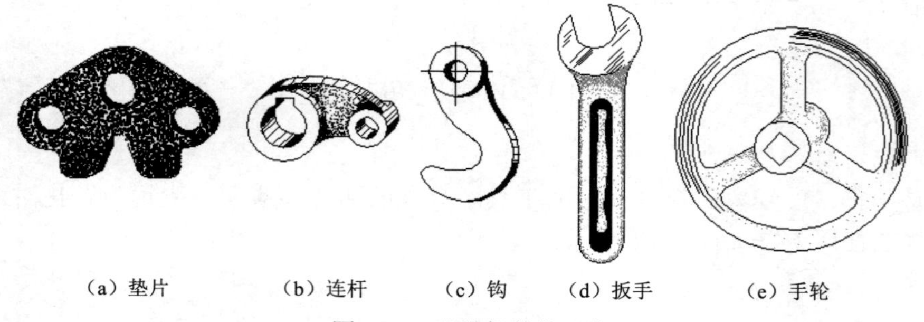

（a）垫片　（b）连杆　（c）钩　（d）扳手　（e）手轮

图 1-16　几种机件的形状

1.3.1　等分线段

等分线段的原理是平行线截线段对应成比例。如图 1-17 所示，将线段 *AB* 三等分。

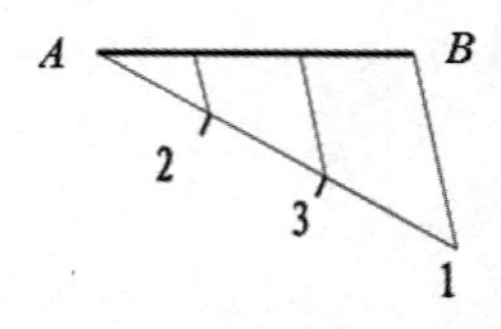

图 1-17　等分线段

1.3.2　圆内接正多边形

圆内接正多边形的作图方法如表 1-6 所示。

表 1-6　圆内接正多边形的作图方法

等　分	作 图 步 骤	说　明
三等分（内接正三角形）		（1）用 60°直角三角板过 *A* 点画 60°斜线交圆周于 *B* 点 （2）旋转直角三角板，用同样的方法画 60°斜线交圆周于 *C* 点 （3）连接 *B*、*C* 两点即得正三角形
四等分（内接正四边形）		（1）用 45°直角三角板的斜边过圆心画线，交圆周于 1、3 两点 （2）移动直角三角板，用直角边作垂线 21、34 （3）用丁字尺画 41 和 32 水平线，即得内接正四边形
五等分（内接正五边形）		（1）以 *A* 点为圆心、*OA* 为半径画弧，交圆周于 *B*、*C* 两点，连接 *B*、*C* 两点得 *OA* 的中点 *M* （2）以 *M* 点为圆心、MI 为半径画弧，得交点 *K*、线段 I*K* 为所求五边形的边长 （3）用 I*K* 长自 I 起截圆周，得点 II、III、IV、V，依次连接它们即得内接正五边形

续表

等　分	作 图 步 骤	说　明
六等分（内接正六边形）	第一法　第二法	第一法： 以点 *A*（或 *B*）为圆心，以原圆半径为半径，截圆于 1、2、3、4 四点，即得圆周六等分 第二法： （1）用 60°直角三角板自点 2 作弦 21，右移，自点 5 作弦 54；旋转直角三角板作 23、65 两弦。 （2）用丁字尺连接线段 16、34，即得内接正六边形
七等分（内接正七边形）		（1）将直径 *AB* 分成七等份（若作 *n* 边形，则可分成 *n* 等份） （2）以点 *B* 为圆心、*AB* 为半径画弧，交线段 *CD* 延长线于 *K* 点（或对称点 *K'*） （3）自点 *K*（或 *K'*）与直径上奇数点（或偶数点）连线，延长至圆周，即得各分点 I、II、III、IV、V、VI、VII

1.3.3　斜度和锥度

斜度是一直线（或平面）对另一直线（或平面）的倾斜程度，其大小用该两直线（或平面）间夹角的正切值表示。斜度的作图方法及标注方法如图 1-18 所示。

锥度是圆锥体底圆直径与锥体高度的比值。如果是锥台，则为上、下两底圆直径差与锥台高度的比值。锥度的作图方法及标注方法如图 1-19 所示。

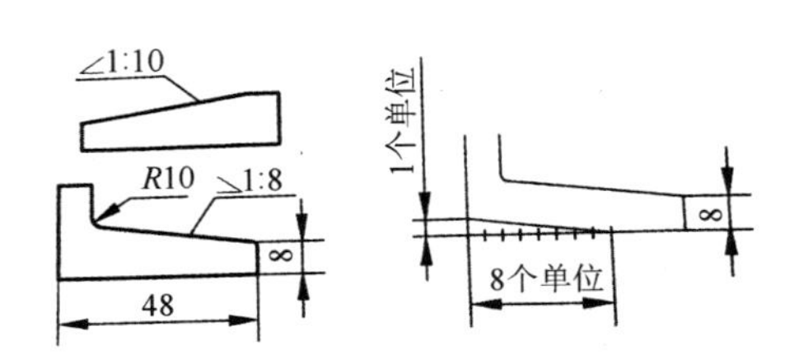

图 1-18　斜度的作图方法及标注方法

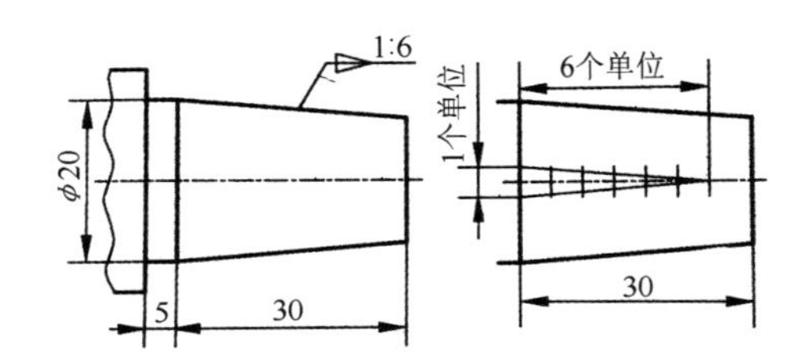

图 1-19　锥度的作图方法及标注方法

1.3.4　椭圆的绘制

椭圆为工程上常用的平面曲线。绘制椭圆有两种方法：一种是同心圆法；另一种是四心圆弧近似画法。这两种画法都需要给出椭圆的长轴和短轴的尺寸。

（1）同心圆法。如图 1-20 所示，以 *O* 点为圆心，以长半轴 *OA* 和短半轴 *OC* 为半径作同心圆。过 *O* 点作若干射线与两圆相交，再由各交点分别作长轴和短轴的平行线，即可分别得椭圆上的各点，然后用圆弧连成椭圆。

（2）四心圆弧近似画法。如图 1-21 所示，连接 *A*、*C* 两点，取 $CE_1=OA-OC$，作 AE_1 的中垂线，与两轴交于点 O_1、O_2，再取对称点 O_3、O_4，分别以点 O_1、O_2、O_3、O_4 为圆心，

以 O_1A、O_2C、O_3B、O_4D 为半径画圆弧，从而连接成近似椭圆。

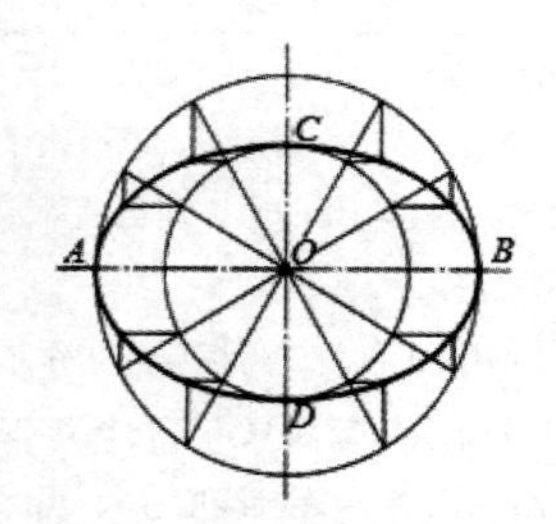

图 1-20　同心圆法作椭圆

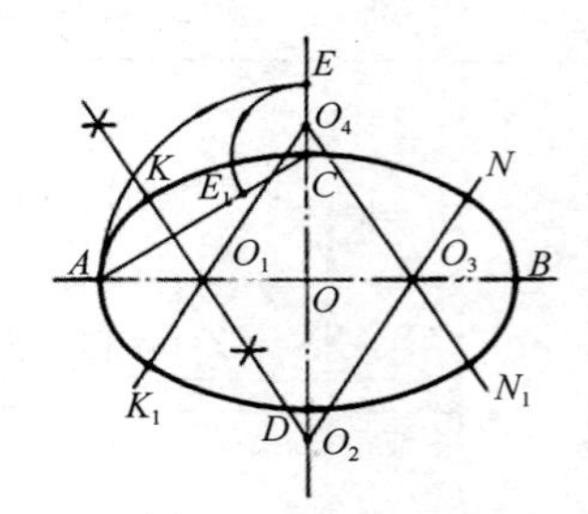

图 1-21　四心圆弧近似画法作椭圆

1.3.5　圆弧连接

在绘制机件的图形时，经常遇到需要从一条线（直线或圆弧）光滑地过渡到另一条线的情况，这种光滑过渡就是平面几何中的相切，在制图中称为连接，切点称为连接点。常见的情况是用圆弧连接已知的两直线、两圆弧或一直线与一圆弧，这个圆弧称为连接弧。图 1-16 所示的各种连接形式的机件的连接弧半径是已知的，而连接弧的圆心和连接点则需要通过作图来确定。

圆弧连接的主要作图问题可归结为：求连接弧的圆心和确定连接点（切点）的位置。

1. 用半径为 *R* 的圆弧连接两已知直线

用半径为 R 的圆弧连接两已知直线的作图过程如图 1-22 所示，具体步骤如下。

（1）求连接弧的圆心：分别作与已知两直线相距为 R 的平行线，交点 O 就是连接弧的圆心。

（2）求连接弧的切点：从圆心 O 分别向两直线作垂线，垂足 M、N 即切点。

（3）画连接弧：以点 O 为圆心、R 为半径，在两切点 M、N 之间作圆弧，即得所求的连接弧。

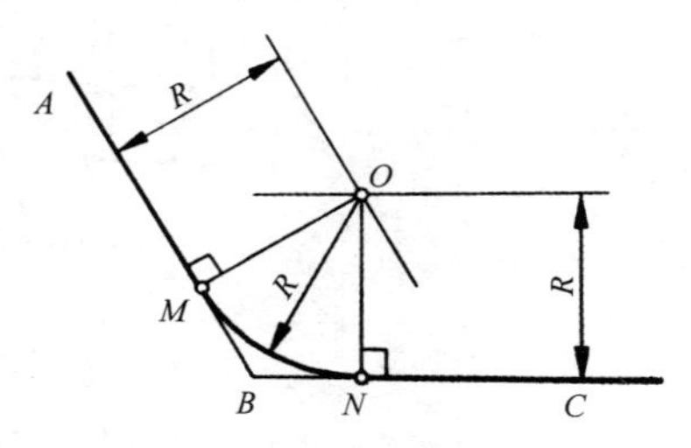

图 1-22　用半径为 R 的圆弧连接两已知直线的作图过程

2. 用半径为 *R* 的圆弧连接两已知圆弧

这里，半径为 R 的连接弧可能与两已知圆弧都外切，也可能都内切，如图 1-23 所示，或者一个内切一个外切，具体步骤如下。

（1）求连接弧的圆心：分别以点 O_1、O_2 为圆心，当半径为 R 的连接弧与两已知圆弧都外切时，分别以 $R+r_1$ 和 $R+r_2$ 为半径画弧；当半径为 R 的连接弧与两已知圆弧都内切时，分别以 $R-r_1$ 和 $R-r_2$（这里是指连接弧与已知圆弧半径之差的绝对值）为半径画弧，得交点

O，即连接弧的圆心。

（2）求连接弧的切点：作两圆心连线 OO_1、OO_2 或其延长线，与已知圆弧分别交于 M、N 两点，即切点。

（3）画连接弧：以点 O 为圆心、R 为半径，自点 M 至 N 画圆弧，即完成作图。

请自行思考：连接弧与一个已知圆弧内切且与另一个已知圆弧外切的作图方法。

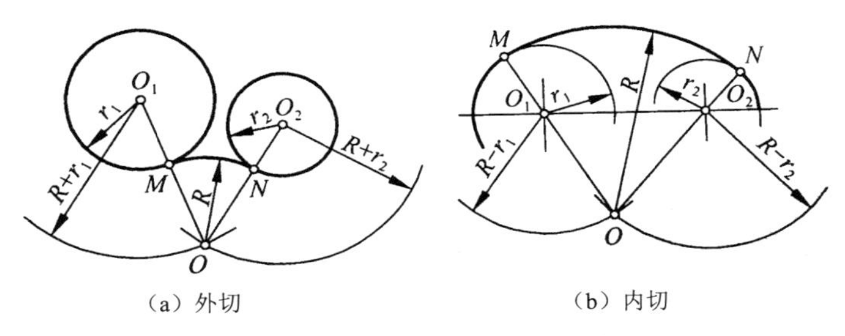

（a）外切　　（b）内切

图 1-23　与两圆弧相切的画法

3. 用半径为 R 的圆弧连接一已知直线和一圆弧

用半径为 R 的圆弧连接一已知直线和一圆弧的具体步骤如下。

（1）求连接弧的圆心：作与已知直线 AB 相距为 R 的平行线，再以点 O_1 为圆心、$R+R_1$（外切时）或 $R-R_1$（内切时）为半径画弧，此弧与所作平行线的交点 O 即连接弧的圆心。

（2）求连接弧的切点：自点 O 向线段 AB 的延长线作垂线，得垂足 M，再作两圆心连线 OO_1 或其延长线，与已知圆弧交于点 N，点 M、N 即切点。

（3）画连接弧：以点 O 为圆心、R 为半径，自点 M 至 N 画圆弧，即完成作图，如图 1-24 所示。

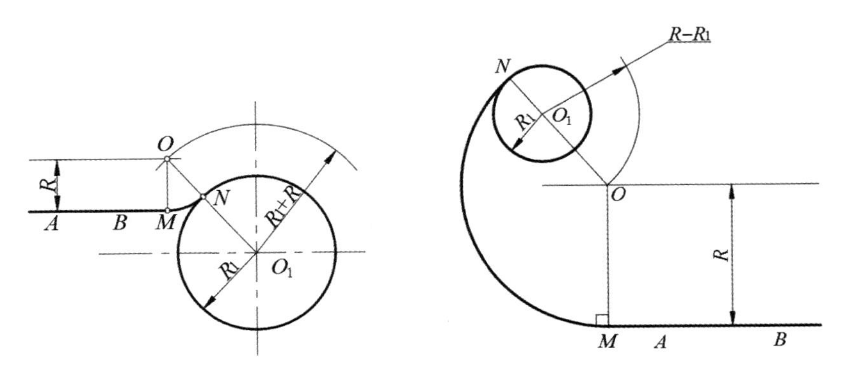

图 1-24　与已知直线和圆弧相切的画法

1.4　平面图形

平面图形通常是由某些基本几何图形构成的，在实际工作中，有时会根据现有资料抄画平面图形，有时会根据产品要求自行设计平面图形。无论是抄画还是设计，都应对图中的尺寸和线段进行分析。在此基础上，按正确的绘图顺序完成平面图形的绘制。

1.4.1 平面图形的尺寸分析

1. 定形尺寸

在平面图形中，确定各部分形状和大小的尺寸称为定形尺寸，图 1-25 中的 75、60、*R*10、*ϕ*18 都是定形尺寸。

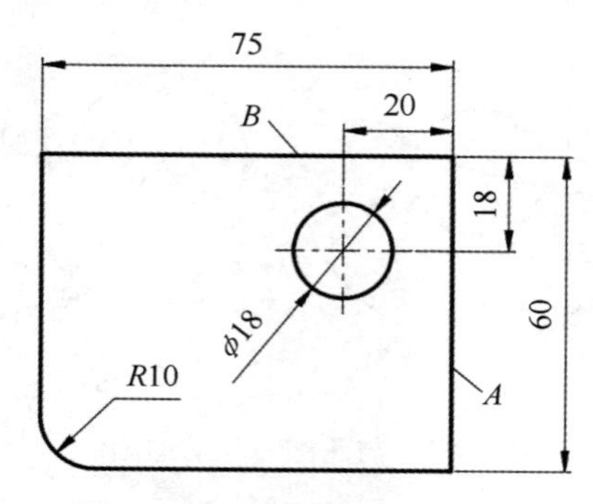

图 1-25 平面图形的尺寸分析

2. 定位尺寸

在平面图形中，确定各部分相对位置的尺寸称为定位尺寸，图 1-25 中的 20、18 都是定位尺寸。

3. 尺寸基准

确定尺寸位置的点和直线称为尺寸基准。一平面图形中的尺寸大体属于上下、左右两个方向，因此，应有两个坐标方向的尺寸基准。如图 1-25 所示，水平方向以图形的 *A* 线为尺寸基准，垂直方向以图形的 *B* 线为尺寸基准。

1.4.2 平面图形的线段分析

根据图形中给出尺寸数量的多少，平面图形中的线段分为以下三种。

1. 已知线段

已知线段有完全的定位尺寸和定形尺寸，是可以直接画出的线段。

2. 中间线段

中间线段有定形尺寸和一个定位尺寸，是一端需要借助与相邻线段的连接关系才能画出的线段。

3. 连接线段

连接线段只有定形尺寸，没有定位尺寸，是两端都要借助与相邻线段的连接关系才能画出的线段。

1.4.3 平面图形的绘图步骤

下面通过绘制如图 1-26 所示的图形来介绍平面图形的绘图步骤（见图 1-27）。

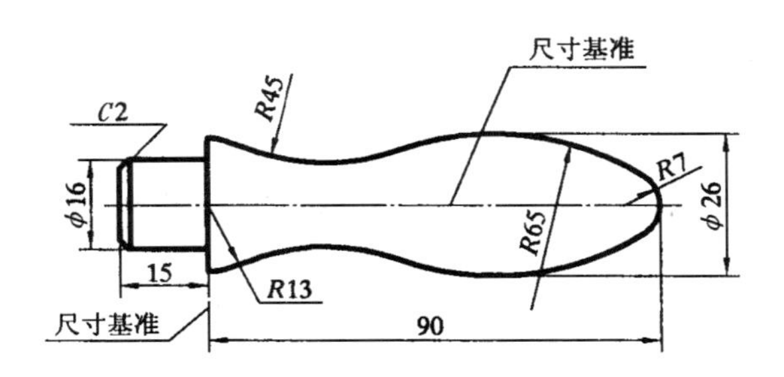

图 1-26　手柄平面图形

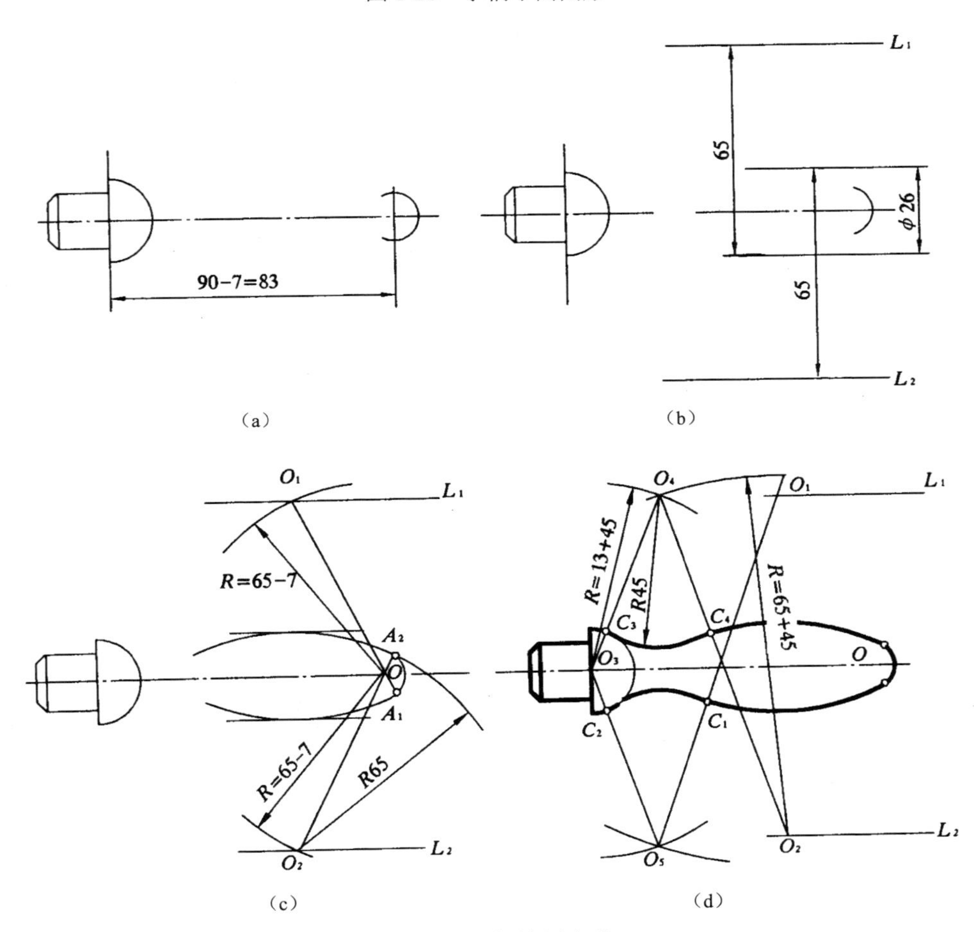

图 1-27　手柄绘图步骤

1．准备工作

准备好绘图工具和仪器，选定比例和图幅，画出图框和标题栏。

2．打底稿

先布图，画出作图基准线，然后在尺寸分析和线段分析的基础上确定画图步骤。

尺寸分析：左右方向的尺寸基准是 *R*13 圆弧的左侧垂直线，上下方向以手柄的轴线为基准。尺寸 ϕ16、*R*13、*R*45、*R*65、*R*7、15、*C*2 都是表示各部分大小的定形尺寸。尺寸 90

决定 $R7$ 的圆心位置（圆心在 90mm−7mm 处），尺寸 $\phi26$ 决定 $R65$ 的圆心上下方向的位置（$R65$ 的圆弧与距轴线各 13mm 的两直线相切，故其圆心与两直线的距离为 65mm），它们都是定位尺寸。

线段分析：$R7$、$R13$ 是已知圆弧，$R65$ 是中间圆弧（圆心在左右方向上未定），$R45$ 是连接圆弧。

在画图时，应首先画已知线段，然后画中间线段，最后画连接线段。具体的画图步骤如下。

（1）画出已知线段，如图 1-27（a）所示。

（2）画中间线段 $R65$：作定位尺寸 $\phi26$，再作 $R65$ 的圆心位置线 L_1 和 L_2，如图 1-27（b）所示；由于 $R65$ 与 $R7$ 相内切，故以点 O 为圆心，以 R=65mm−7mm 为半径画弧，交 L_1 于 O_1 点、交 L_2 于 O_2 点，连接点 O 和 O_1 并延长，在 $R7$ 的圆弧上交出 A_1 点，同理，得到 A_2 点；分别以点 O_1、O_2 为圆心，以 $R65$ 为半径画弧，两段弧的右端点是点 A_1、A_2，如图 1-27（c）所示。

（3）画连接线段 $R45$：由于 $R45$ 分别与 $R13$、$R65$ 相外切，故以点 O_2 为圆心，以 R=45mm+65mm 为半径所画的圆弧与以点 O_3 为圆心，以 R=45mm+13mm 为半径所画的圆弧交于点 O_4，同理，求得点 O_5。连接 O_1O_5、O_3O_5、O_2O_4、O_3O_4，分别与 $R13$、$R65$ 圆弧交出点 C_1、C_2、C_3、C_4；分别以点 O_4、O_5 为圆心，以 $R45$ 为半径画弧，C_1、C_2、C_3、C_4 是该弧的起始点和终止点，如图 1-27（d）所示。

3．检查并加深

检查、改错、擦去多余线条，然后加深图线。在加深图线时，要先加深细线，后加深粗线；先加深曲线，后加深直线；先图形后边框，使所画的图形粗细有别。

1.5　徒手绘制草图的方法

徒手绘图是不使用绘图工具和仪器，按目测机械形体的形状、大小徒手绘制图形的一种方法。用这种方法绘制出的图样称徒手图或草图。徒手绘制出的图样虽被称为草图，但绝不是潦草的图，要求表达合理、投影正确、比例匀称、图线清晰、字体工整、尺寸无误、图面整洁。

草图常用于下列场合。

（1）在设计开始阶段，常常采用草图绘制出设计方案，用以表达设计人员的初步设想。

（2）在修配或仿制机器时，需要现场测绘，徒手绘出草图，再根据草图绘制正规图。

要达到准确、快速地徒手绘图，除了需要多做练习，还必须掌握徒手绘图的一些基本方法。

绘制草图一般用 HB 或 B 型铅笔在方格纸上进行，没有条件时也可用无格图纸代替。铅芯磨成圆锥形，在画中心线和尺寸线等细线时，要磨得较尖；在画可见轮廓线等粗实线时，要磨得较钝。

1.5.1　直线的画法

直线要画得直且均匀。执笔时，笔杆应垂直于纸面并略向运动方向倾斜。画线时，小手指可微触纸面，眼看终点以控制方向。在画短线时，主要靠手指握笔动作，小手指及手腕不宜紧贴纸面。在画长线时，眼睛看着线段终点，轻轻移动手腕，沿要画的方向画直线。画水平线自左向右运笔，如图 1-28（a）所示；画垂直线自上而下运笔，如图 1-28（b）所示；画斜线时要特别注意眼看终点，在画长斜线时，也可将图纸旋转到画水平线的位置，如图 1-28（c）所示。

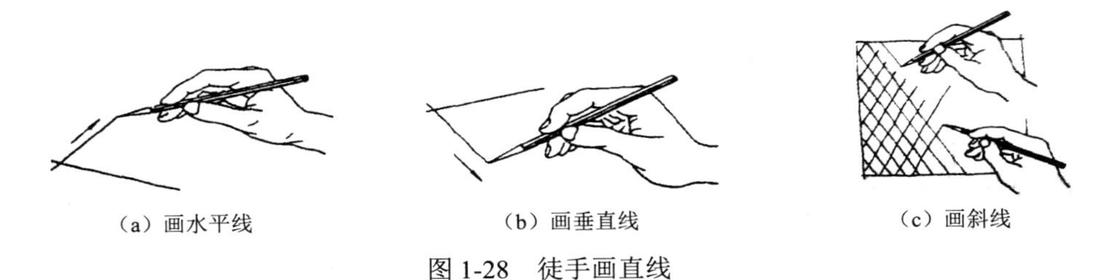

（a）画水平线　（b）画垂直线　（c）画斜线

图 1-28　徒手画直线

1.5.2　圆及圆角的画法

在画圆时，首先过圆心画出两条互相垂直的中心线，然后根据半径大小在中心线上定出四个半径端点，最后过这四点画圆弧，每画一段，均需要目视一下。当画较大的圆时，可过圆心加画两条 45°的斜线，在斜线上再定出四个半径端点以缩短圆弧段，然后按上述方法依次画出各段圆弧，如图 1-29 所示。

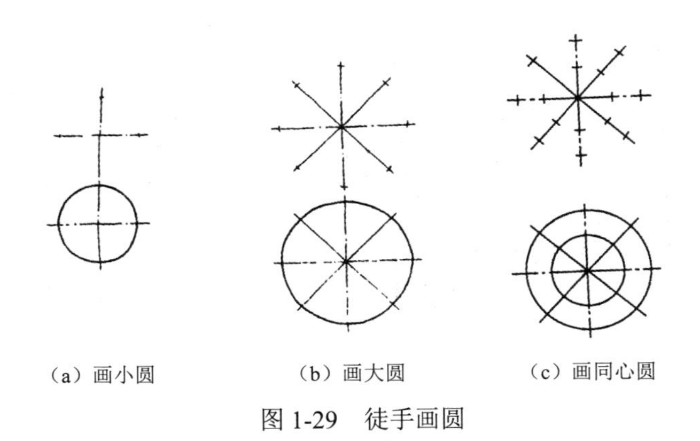

（a）画小圆　（b）画大圆　（c）画同心圆

图 1-29　徒手画圆

在画圆角时，应根据圆角半径的大小，在分角线上定出圆心的位置，过圆心向两边引垂直线以定出圆弧的起点和终点，并在分角线上定出圆弧上的一点，然后徒手画圆弧，把三点连接起来，如图 1-30 所示。

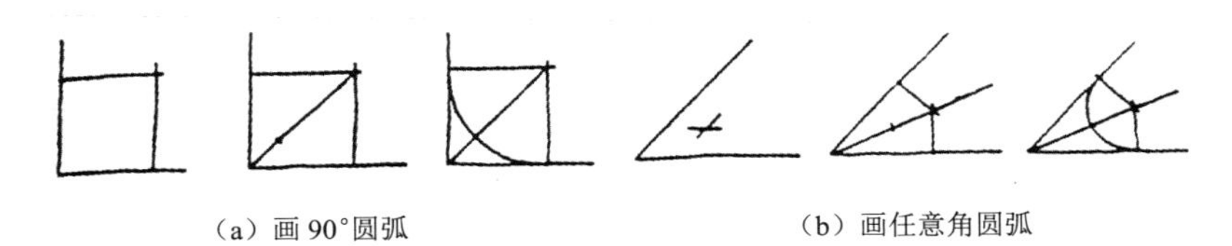

（a）画 90°圆弧　（b）画任意角圆弧

图 1-30　徒手画圆角

第2章

AutoCAD 基础

本章开始循序渐进地学习使用 AutoCAD 2020 绘图的基本知识。了解设置图形的系统参数、样板图的方法；熟悉建立新的图形文件、打开已有文件的方法，以及辅助绘图工具、基本的绘图命令和编辑命令、图层设置、文字样式与标注样式等。为后面利用计算机制图准备必要的知识。

2.1　绘图环境设置

本节简要介绍 AutoCAD 2020 的初始绘图环境设置和系统参数设置。

2.1.1　操作界面

启动 AutoCAD 2020 后的默认界面如图 2-1 所示，这个界面是 AutoCAD 2009 以后出现的新界面，为了便于学习和使用过以前版本的读者学习本书，这里采用“草图与注释”的界面加以介绍。

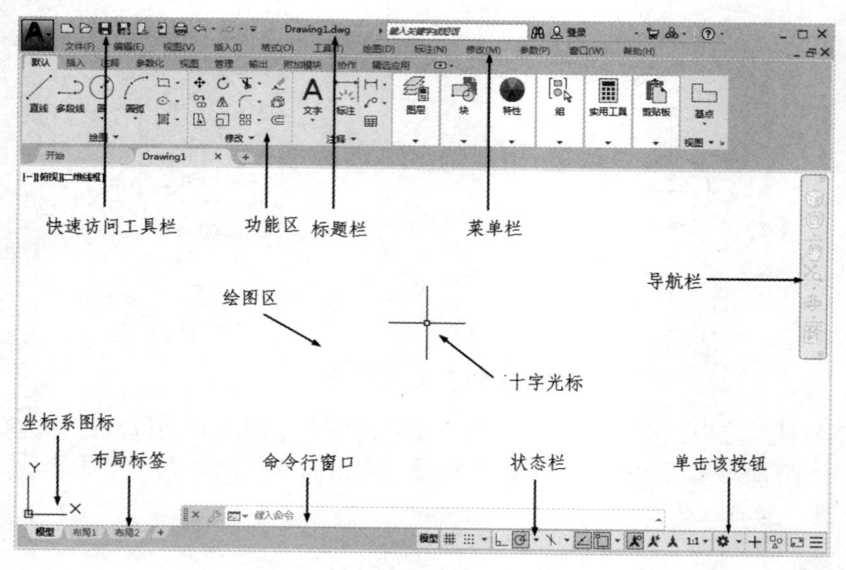

图 2-1　AutoCAD 2020 操作界面

具体的转换方法是：单击界面右下角的“切换工作空间”按钮，如图 2-1 所示，在打开的下拉菜单中选择“草图与注释”选项，如图 2-2 所示，系统会转换到“草图与注释”界面。

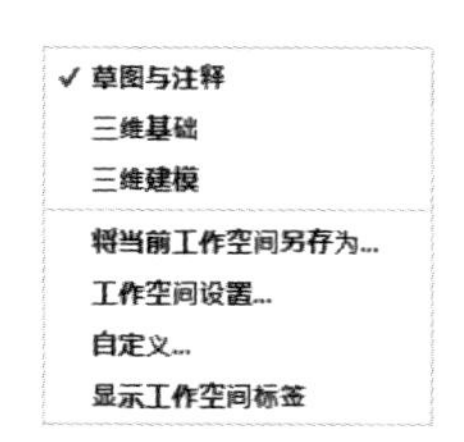

图 2-2　工作空间转换

一个完整的“草图与注释”界面包括标题栏、绘图区、十字光标、菜单栏、导航栏、坐标系图标、命令行窗口、状态栏、布局标签和快速访问工具栏。

1．标题栏

在 AutoCAD 2020 绘图窗口的最上端是标题栏。标题栏中显示系统当前正在运行的应用程序（AutoCAD 2020）和用户正在使用的图形文件。当用户第一次启动 AutoCAD 时，在 AutoCAD 2020 绘图窗口的标题栏中，将显示 AutoCAD 2020 在启动时创建并打开的图形文件的名字 Drawing1.dwg，如图 2-1 所示。

2．绘图区

绘图区是指在标题栏下方的大片空白区域，是用户使用 AutoCAD 绘制图形的区域。用户完成一幅设计图形的主要工作都是在绘图区中完成的。

在绘图区中，还有一个作用类似光标的十字线，其交点反映了光标在当前坐标系中的位置。在 AutoCAD 中，将该十字线称为十字光标，如图 2-1 所示。AutoCAD 通过十字光标显示当前点的位置。

（1）修改十字光标的大小。系统预设的十字光标的长度为屏幕大小的 5%，用户可以根据绘图的实际需要更改其大小。

改变十字光标大小的方法：在绘图窗口中，选择菜单栏中的“工具”→“选项”命令，屏幕上将打开关于系统配置的“选项”对话框。打开“显示”选项卡，在“十字光标大小”选区的数值框中直接输入数值，或者拖动数值框后的滑块，即可对十字光标的大小进行调整，如图 2-3 所示。

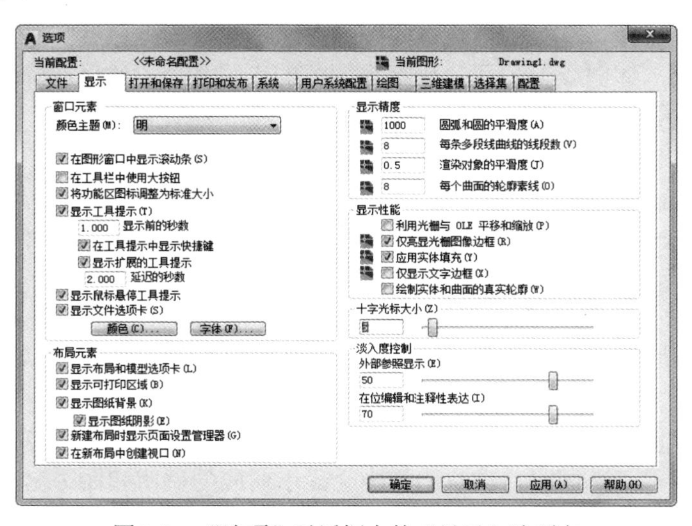

图 2-3　“选项”对话框中的“显示”选项卡

（2）修改绘图窗口的颜色。在默认情况下，AutoCAD 的绘图窗口是黑色背景、白色线条，这不符合绝大多数用户的习惯，因此，修改绘图窗口的颜色是大多数用户都需要进行的操作。

修改绘图窗口颜色的步骤如下。

选择菜单栏中的“工具”→“选项”命令，打开“选项”对话框，选择如图 2-3 所示的“显示”选项卡，单击“窗口元素”选区中的“颜色”按钮，将打开如图 2-4 所示的“图形窗口颜色”对话框。

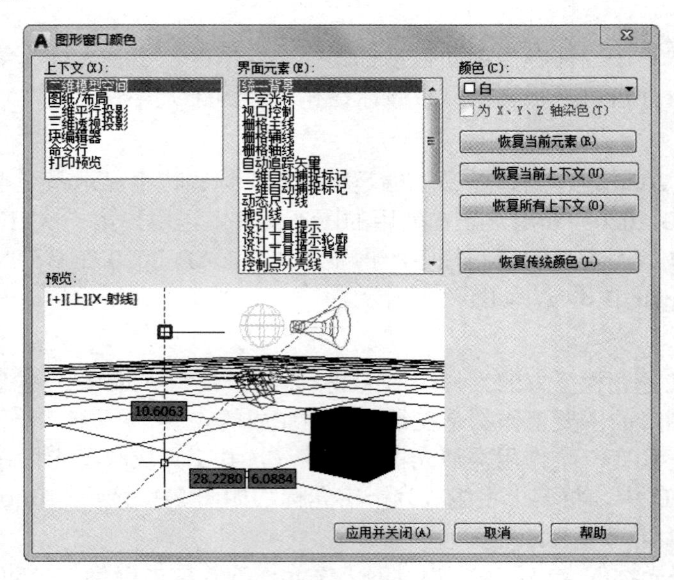

图 2-4　“图形窗口颜色”对话框

单击“图形窗口颜色”对话框中的“颜色”下拉按钮，在打开的下拉列表中选择需要的窗口颜色，然后单击“应用并关闭”按钮，此时 AutoCAD 的绘图窗口变成了选择的窗口背景色，通常按视觉习惯选择白色为窗口颜色。

3. 坐标系图标

在绘图区的左下角，有一个箭头指向图标，这个图标为坐标系图标，表示用户绘图时使用的坐标系形式，如图 2-1 所示。坐标系图标的作用是为点的坐标确定一个参照系。根据工作需要，用户可以选择将其关闭，方法是：选择菜单栏中的“视图”→“显示”→“UCS 图标”→“开”命令，如图 2-5 所示。

4. 菜单栏

在 AutoCAD 绘图窗口标题栏的下方是 AutoCAD 的菜单栏。同其他 Windows 程序一样，AutoCAD 的菜单也是下拉形式的，并在菜单中包含子菜单。AutoCAD 的菜单栏中包含 12 个菜单，分别为“文件”“编辑”“视图”“插入”“格式”“工具”“绘图”“标注”“修改”“参数”“窗口”“帮助”，这些菜单几乎包含了 AutoCAD 的所有绘图命令。

5. 工具栏

工具栏是一组图标型工具的集合，把光标移动到某个图标上，稍停片刻即在该图标一侧显示相应的工具提示，同时，在状态栏中会显示对应的说明和命令名。此时单击该图标就可以启动相应的命令。

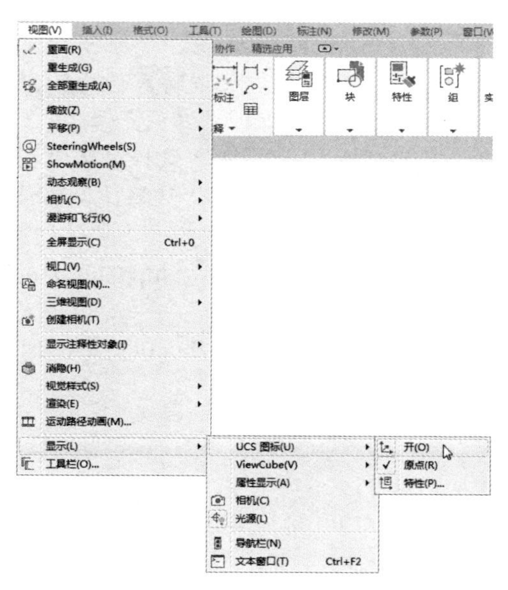

图 2-5　关闭坐标系图标

AutoCAD 2020 的标准菜单提供有几十种工具栏，选择菜单栏中的“工具”→“工具栏”→“AutoCAD”命令，系统会自动打开单独的工具栏标签列表，如图 2-6 所示。单击某一个未在界面显示的工具栏的名称，系统会自动在界面打开该工具栏；反之则关闭该工具栏。

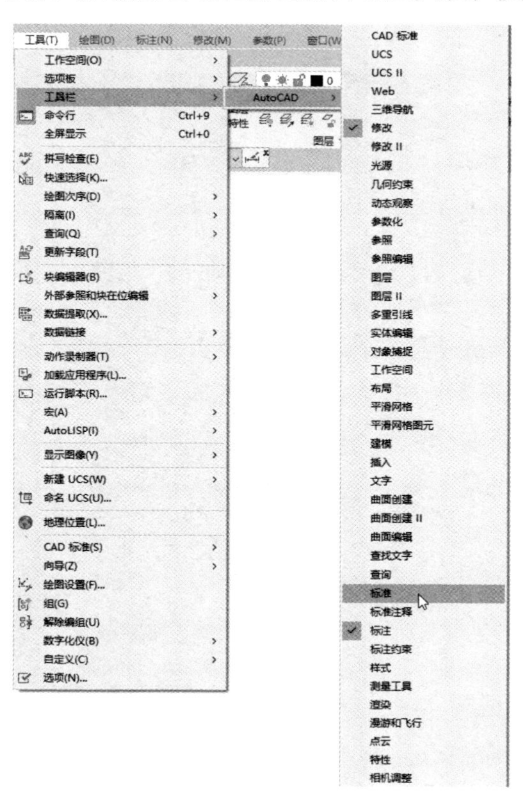

图 2-6　单独的工具栏标签

6. 状态栏

状态栏在屏幕的底部，其左端显示绘图区中光标定位点的坐标，右侧依次有“模型空间”“栅格”“捕捉模式”“推断约束”“动态输入”“正交模式”“极轴追踪”“等轴测草图”“对象捕捉追踪”“二维对象捕捉”“线宽”“透明度”“选择循环”“三维对象捕捉”“动态 UCS”“选择过滤”“小控件”“注释可见性”“自动缩放”“注释比例”“切换工作空间”“注释监视器”“单位”“快捷特性”“锁定用户界面”“隔离对象”“硬件加速”“全屏显示”“自定义”29 个功能按钮。单击这些功能按钮，可以实现这些功能的开关。这些功能按钮的功能与使用方法将在 2.3 节进行详细介绍。

绘图窗口中的其他内容在这里不再赘述，读者可以自行练习并体会。

2.1.2 设置绘图参数

1. 绘图单位设置

【执行方式】

命令行：DDUNITS（或 UNITS）。

菜单栏：“格式”→“单位”。

【操作格式】

执行上述命令之一后，系统将打开“图形单位”对话框，如图 2-7 所示。该对话框用于定义单位和角度格式。

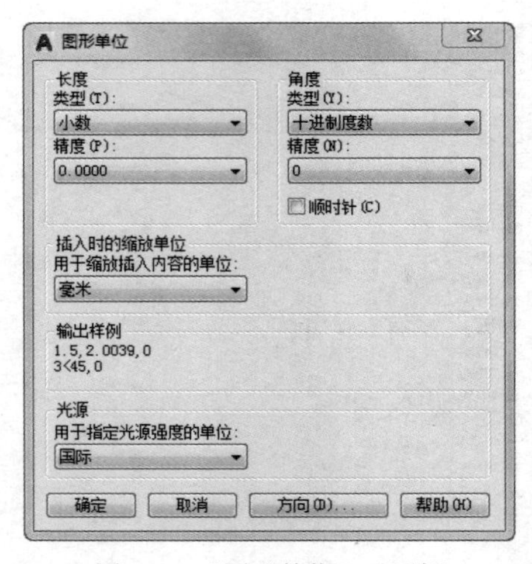

图 2-7 “图形单位”对话框

2. 图形边界设置

【执行方式】

命令行：LIMITS。

菜单栏：“格式”→“图形界限”。

【操作格式】

执行上述命令之一后，系统提示：

```
命令:LIMITS↙
重新设置模型空间界限:
指定左下角点或 [开(ON)/关(OFF)] <0.0000,0.0000>:（输入图形边界左下角的坐标后按 Enter 键）
指定右上角点 <12.0000,90000>:（输入图形边界右上角的坐标后按 Enter 键）
```

在此提示下输入坐标值或在图形中选择一个点，或者按 Enter 键，接受默认的坐标值(0,0)，以指定图形左下角的 X、Y 坐标，AutoCAD 将继续提示指定图形右上角的坐标，输入坐标值或在图形中选择一个点，以指定图形右上角的 X、Y 坐标。例如，要设置图形尺寸为 841mm×594 mm，可输入左下角坐标(0,0)和右上角坐标(841,594)。

输入的左下角和右上角的坐标仅仅设置了图形界限，此时仍然可以在绘图区内的任何位置绘图。若想配置 AutoCAD，使它能阻止将图形绘制到图形界限以外，则可以打开“图形界限”功能，此时应再次调用 LIMITS 命令，然后键入 ON 并按 Enter 键即可。此时用户不能在图形界限之外绘制图形对象，也不能使用“移动”或“复制”命令将图形移到界限之外。

2.2　基本输入操作

在 AutoCAD 中，有一些基本的输入操作方法，这些方法是进行 AutoCAD 绘图的必备基础知识，也是深入学习 AutoCAD 功能的前提。

2.2.1　命令输入方式

AutoCAD 交互绘图时必须输入必要的指令和参数。AutoCAD 命令输入方式有多种，下面以画直线为例来进行说明。

1. 在命令行窗口中输入命令名

命令字符可不区分大小写。在执行命令时，命令行提示中经常会出现命令选项。例如，输入绘制直线命令“LINE”后，命令行中的提示为：

```
命令:LINE↙
指定第一个点:（在屏幕上指定一点或输入一个点的坐标）
指定下一点或 [放弃(U)]:
```

不带方括号的提示为默认选项，因此可以直接输入直线段的起点坐标或在屏幕上指定一点，如果要选择其他选项，则应该首先输入该选项的标识字符，如“放弃”选项的标识字符为“U”，然后按系统提示输入数据即可。在命令选项的后面有时候还带有尖括号，尖括号内的数值为默认数值。

2．在命令行窗口中输入命令缩写字

命令缩写字有很多，如 L（Line）、C（Circle）、A（Arc）、Z（Zoom）、R（Redraw）、M（More）、CO（Copy）、PL（PLine）、E（Erase）等。

3．选取“绘图”菜单中的“直线”选项

选取“绘图”菜单中的“直线”选项后，在状态栏中可以看到对应的命令说明及命令名。

4．选取“绘图”工具栏中的对应图标

选取“绘图”工具栏中的“直线”图标后，在状态栏中可以看到对应的命令说明及命令名。

5．在命令行窗口中打开右键快捷菜单

如果要输入的命令在前面刚使用过，则可以在命令行窗口中打开右键快捷菜单，在“最近使用的命令”选项中选择需要的命令，如图 2-8 所示。“最近使用的命令”选项中储存了最近使用的六个命令，如果经常重复使用某个六次操作以内的命令，那么这种方法比较快速、简洁。

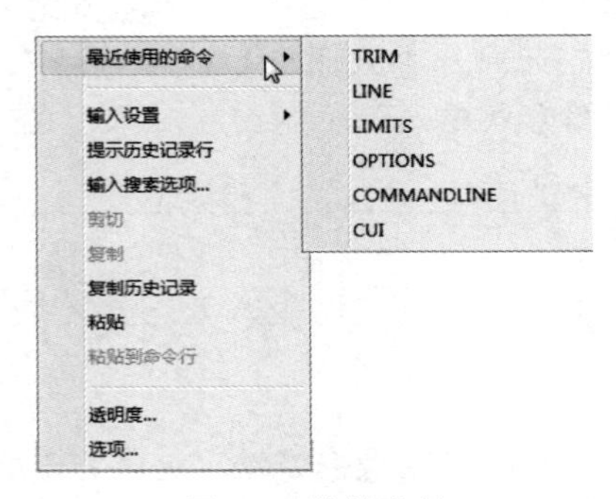

图 2-8　快捷菜单

6．在绘图区单击鼠标右键

如果用户要重复使用上次使用的命令，则可以直接在绘图区单击鼠标右键以打开快捷菜单，在“最近的输入”选项中选择需要的命令，系统会立即重复执行上次使用的命令，这种方法适用于重复执行某个命令的情况。

7．选取“绘图”功能区中的“直线”选项

选取“绘图”功能区中的“直线”选项的操作方法同选取“绘图”菜单中的“直线”选项的操作方法。

2.2.2　命令的重复、撤销、重做

1．命令的重复

在命令行窗口中键入 Enter，可重复调用上一个命令，无论上一个命令是完成了还是被取消了。

2．命令的撤销

在命令执行的任何时刻都可以取消和终止命令的执行。

【执行方式】

命令行：UNDO。
菜单栏：“编辑”→“放弃”。
工具栏：“快速访问”→“放弃”或“标准”→“放弃”。
快捷键：Esc。

3. 命令的重做

已被撤销的命令还可以恢复重做。要恢复撤销的最后一个命令。

【执行方式】

命令行：REDO。
菜单栏：“编辑”→“重做”。
工具栏：“快速访问”→“重做”或“标准”→“重做”。

该命令可以一次执行多重放弃和重做操作。单击“放弃”或“重做”下列按钮，可以选择要放弃或重做的操作，如图 2-9 所示。

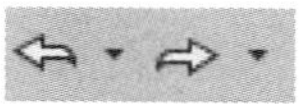

图 2-9 多重放弃或重做

2.2.3 坐标系统与数据的输入方法

1. 坐标系统

AutoCAD 采用两种坐标系统：世界坐标系与用户坐标系。用户刚进入 AutoCAD 时的坐标系统就是世界坐标系，它是固定的坐标系统。世界坐标系也是坐标系统中的基准，在绘制图形时，多数情况下都是在这个坐标系统下进行的。

【执行方式】

命令行：UCS。
菜单栏：“工具”→“新建 UCS”。
工具栏：“标准”→“坐标系”。

【操作格式】

AutoCAD 有两种视图显示方式：模型空间和图纸空间。模型空间是指单一视图显示法，通常使用的都是这种显示方式；图纸空间是指在绘图区创建图形的多视图，用户可以对其中的每个视图进行单独操作。在默认情况下，当前 UCS（用户坐标系）与世界坐标系重合。图 2-10（a）为模型空间下的 UCS 坐标系图标，通常将它放在绘图区左下角处；也可以指定将它放在当前 UCS 的实际坐标原点位置，如图 2-10（b）所示。图 2-10（c）为图纸空间下的坐标系图标。

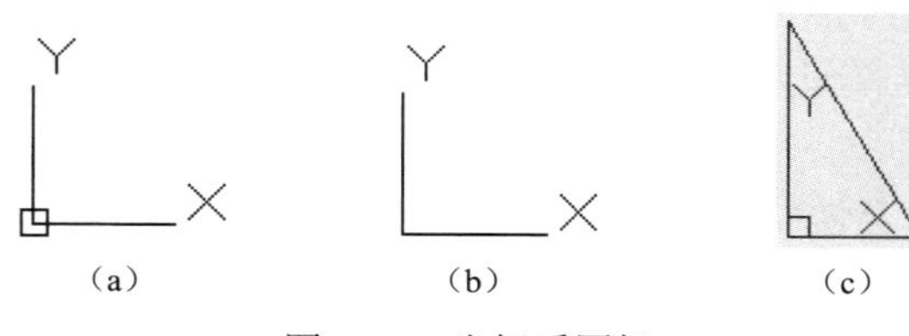

图 2-10 坐标系图标

2. 数据输入方法

在 AutoCAD 中，点的坐标可以用直角坐标、极坐标、球面坐标和柱面坐标表示，每种坐标又分别具有两种坐标输入方式：绝对坐标输入方式和相对坐标输入方式。直角坐标和极坐标较常用，下面主要介绍一下它们的输入方法。

（1）直角坐标法：用点的 X、Y 坐标值表示坐标。

例如，在命令行中输入点的坐标提示下，如果输入“15,18”，则表示输入了一个 X、Y 的坐标值分别为 15、18 的点，此为绝对坐标输入方式，表示该点的坐标是相对于当前坐标原点的坐标值，如图 2-11（a）所示；如果输入“@10,20”，则为相对坐标输入方式，表示该点的坐标是相对于前一点的坐标值，如图 2-11（b）所示。

（2）极坐标法：用长度和角度表示坐标，只能用来表示二维点的坐标。

在绝对坐标输入方式下，极坐标法表示为“长度<角度”，如“25<50”。其中，长度为该点到坐标原点的距离，角度为该点至原点的连线与 X 轴正向的夹角，如图 2-11（c）所示。

在相对坐标输入方式下，极坐标法表示为“@长度<角度”，如“@25<45”。其中，长度为该点到前一点的距离，角度为该点至前一点的连线与 X 轴正向的夹角，如图 2-11（d）所示。

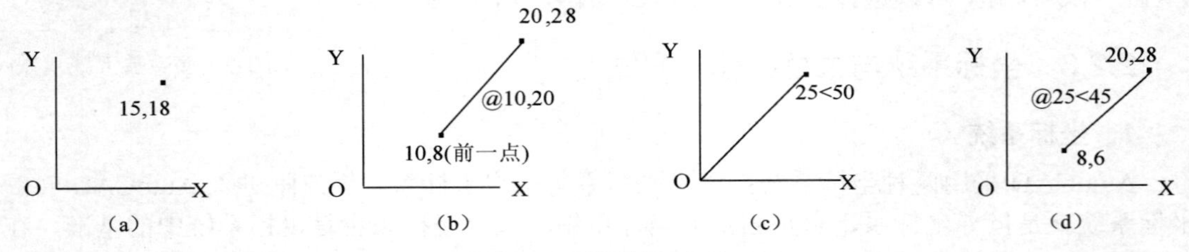

图 2-11　数据输入方法

3. 动态输入数据

单击状态栏上的“动态输入”按钮，系统将打开动态输入功能，此时可以在屏幕上动态地输入某些参数数据。例如，在绘制直线时，在十字光标附近会动态地显示“指定第一个点:”，以及其后的坐标框，坐标框内显示的是当前十字光标所在位置的坐标，可以在坐标框内输入数据，如图 2-12 所示。指定第一个点后，系统会动态显示直线的角度，同时要求输入线段长度值，如图 2-13 所示，其输入效果与“@长度<角度”方式的效果相同。

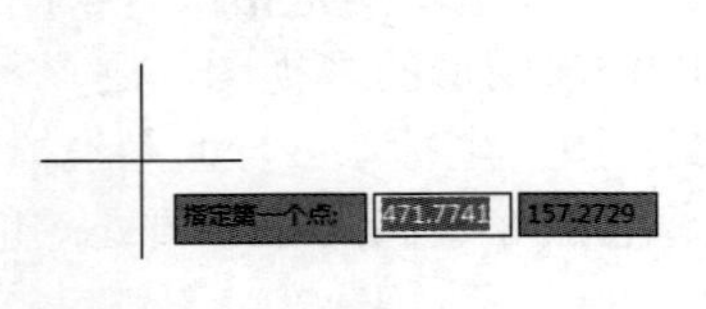

图 2-12　动态输入坐标值

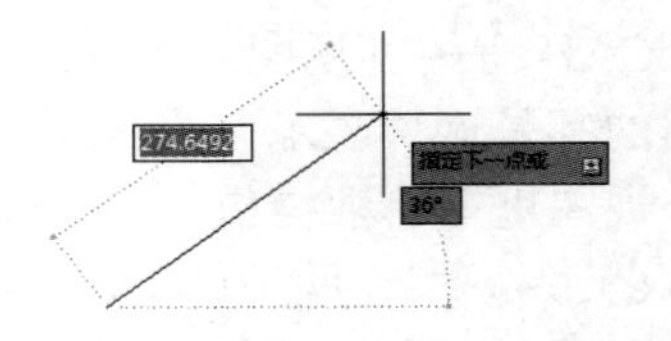

图 2-13　动态输入线段长度值

下面分别讲述一下点与距离值的输入方法。

（1）点的输入。在绘图过程中，常需要输入点的位置，AutoCAD 提供了如下几种输入点的方法。

① 用键盘直接在命令行窗口中输入点的坐标。

② 用鼠标等定标设备移动十字光标并单击，在屏幕上直接取点。

③ 用目标捕捉方式捕捉屏幕上已有图形的特殊点，如端点、中点、中心点、插入点、

交点、切点、垂足等，详见 2.3 节。

④ 直接输入距离：先拖出橡筋线以确定方向，然后通过键盘输入距离。这样有利于准确控制对象的长度等参数。例如，要绘制一条长度为 20mm 的线段，方法如下：

```
命令:LINE ↙
指定第一个点:（在屏幕上指定一点）
指定下一点或 [放弃(U)]: 20
```

这时，在屏幕上移动十字光标以指明线段的方向，但不要单击确认，如图 2-14 所示，然后在命令行中输入 20，这样就在指定方向上准确地绘制出了长度为 20mm 的线段。

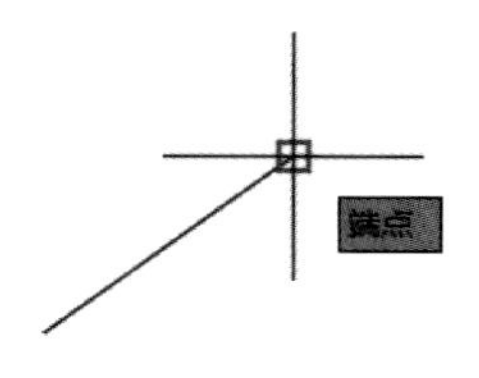

图 2-14　绘制线段

（2）距离值的输入。在 AutoCAD 命令中，有时需要提供高度、宽度、半径、长度等距离值。AutoCAD 提供了两种输入距离值的方法：一种是用键盘在命令行窗口中直接输入数值；另一种是在屏幕上拾取两点，以两点的距离值定出所需数值。

2.3　辅助绘图工具

要快速、顺利地完成图形绘制工作，有时要借助一些辅助工具，如用于准确确定绘制位置的精确定位工具和调整图形显示范围与方式的图形显示工具。下面简略介绍这两种非常重要的辅助绘图工具。

2.3.1　精确定位工具

在绘制图形时，可以使用直角坐标和极坐标精确定位点，但是有些点（如端点、中心点等）的坐标是不知道的，要想精确地指定这些点很难，有时甚至是不可能的。AutoCAD 2020 提供了精确定位工具，使用这类工具，可以很容易地在屏幕中捕捉到这些点，从而进行精确绘图。

1. 栅格

AutoCAD 的栅格由有规则的点的矩阵组成，延伸到指定的图形界限的整个区域。使用栅格与在坐标纸上绘图十分相似，利用栅格可以对齐对象并直观地显示对象之间的距离。如果放大或缩小图形，则可能需要调整栅格间距，使其更适合新的比例。虽然栅格在屏幕上是可见的，但它并不是图形对象，因此它不会被打印成图形中的一部分，也不会影响在何处绘图。可以单击状态栏中的“栅格”按钮或按 F7 键以打开或关闭栅格。

【执行方式】

命令行：DDRMODES。

菜单栏：“工具”→“绘图设置”。

快捷菜单：“栅格”→“网格设置”。

【操作格式】

执行上述命令之一后，系统会打开“草图设置”对话框，如图2-15所示。

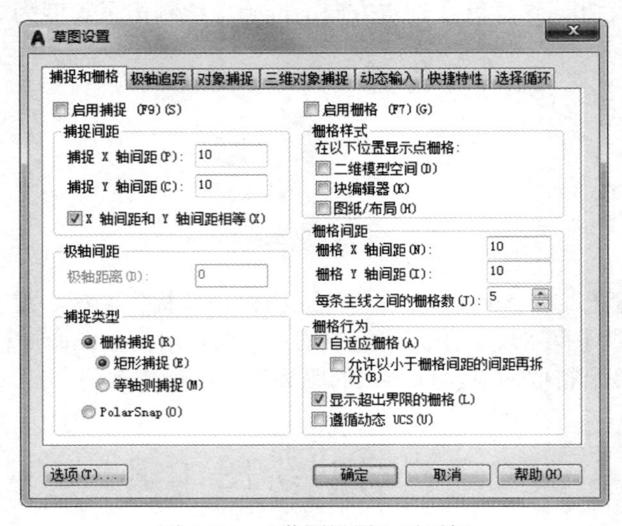

图2-15 “草图设置”对话框

如果需要显示栅格，则选择“启用栅格”复选框。在“栅格X轴间距”数值框中输入栅格点之间的水平距离，单位为mm。如果使用相同的间距设置垂直和水平分布的栅格点，则可按Tab键；否则，在“栅格Y轴间距”数值框中输入栅格点之间的垂直距离。

用户可改变栅格与图形界限的相对位置。在默认情况下，栅格以图形界限的左下角为起点，沿着与坐标轴平行的方向填充整个由图形界限确定的区域。

捕捉可以使用户直接使用鼠标快捷、准确地定位目标点。捕捉模式有几种不同的形式：栅格捕捉、对象捕捉、极轴捕捉和自动对象捕捉。

另外，可以使用GRID命令，通过命令行方式设置栅格，其功能与“草图设置”对话框的功能类似，此处不再赘述。

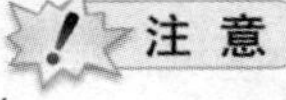

注意

如果栅格的间距设置得太小，则当进行打开栅格操作时，AutoCAD将在文本窗口中显示“栅格太密，无法显示”的提示信息，而不在屏幕上显示栅格点；或者在使用“缩放”命令时，如果将图形缩放得很小，那么也会出现同样的提示信息，不显示栅格。

2．栅格捕捉

栅格捕捉是指 AutoCAD 可以生成一个隐含分布于屏幕上的栅格，这种栅格能够捕捉十字光标，使十字光标只能落到其中一个栅格点上。栅格捕捉可分为矩形捕捉和等轴测捕捉两种类型，默认设置为矩形捕捉，即捕捉点的阵列类似于栅格，如图 2-16 所示，用户可以指定捕捉模式在 X 轴方向和 Y 轴方向上的间距，也可以改变捕捉模式与图形界限的相对位置。它与栅格的不同之处在于，捕捉间距的值必须为正实数，且捕捉模式不受图形界限的约束。等轴测捕捉表示捕捉模式为等轴测模式，此模式是绘制正等轴测图时的工作环境，如图 2-17 所示。在等轴测捕捉模式下，栅格和十字光标呈现绘制正等轴测图时的特定角度。

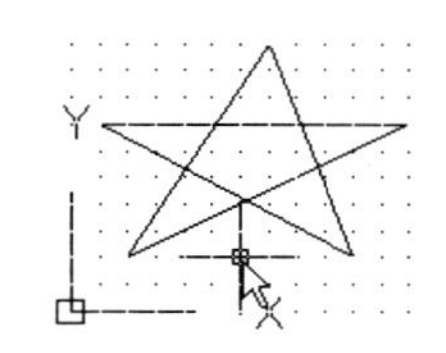

图 2-16　矩形捕捉示例

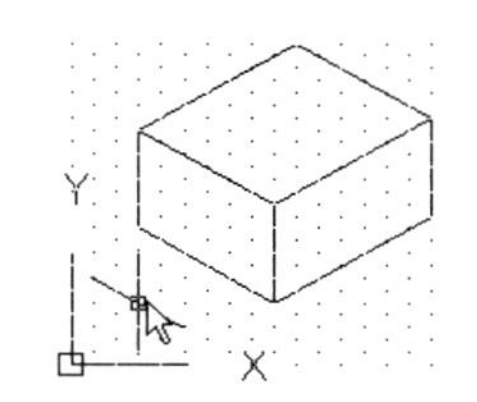

图 2-17　等轴测捕捉示例

当绘制如图 2-16 和图 2-17 所示的图形时，在输入参数点时，十字光标只能落在栅格点上。矩形捕捉和等轴测捕捉两种模式的切换方法：打开“草图设置”对话框，进入“捕捉和栅格”选项卡，在“捕捉类型”选区中单击相应的单选按钮，可以切换模式。

3．极轴捕捉

极轴捕捉是指在创建或修改对象时，按事先给定的角度增量和距离增量追踪特征点，即捕捉相对于初始点满足指定的极轴距离和极轴角度的目标点。

极轴追踪设置主要是设置追踪的距离增量和角度增量，以及与之相关联的捕捉模式。这些设置可以通过“草图设置”对话框中的“捕捉和栅格”选项卡与“极轴追踪”选项卡实现，如图 2-15 和图 2-18 所示。

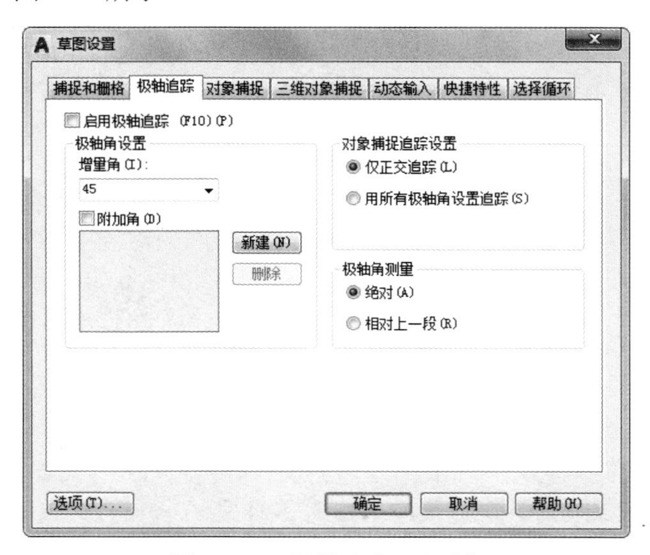

图 2-18　“极轴追踪”选项卡

（1）设置极轴距离。如图 2-15 所示，在“草图设置”对话框的“捕捉和栅格”选项卡中，可以设置极轴距离（单位为 mm）。在绘图时，十字光标将按指定的极轴距离增量移动。

（2）设置极轴角度。如图 2-18 所示，在“草图设置”对话框的“极轴追踪”选项卡中，可以设置极轴角的增量角。在设置时，可以选择下拉列表中的 90、45、30、22.5、18、15、10 和 5（°）的增量角，也可以直接输入以指定其他任意角度。当十字光标移动时，如果接近极轴角，则将显示对齐路径和工具栏提示。例如，当将增量角设置为 30°时，十字光标移动 90°时显示的对齐路径如图 2-19 所示。

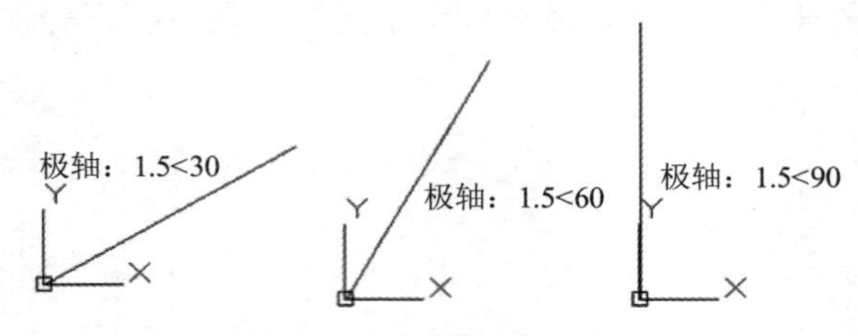

图 2-19　设置极轴角度示例

（3）对象捕捉追踪设置。它用于设置对象捕捉追踪的模式。如图 2-18 所示，如果选中“仅正交追踪”单选按钮，则当采用追踪功能时，系统仅在水平和垂直方向上显示追踪数据；如果选中“用所有极轴角设置追踪”单选按钮，则当采用追踪功能时，系统不仅可以在水平和垂直方向上显示追踪数据，还可以在设置的极轴追踪角度与附加角度确定的一系列方向上显示追踪数据。

（4）极轴角测量。它用于设置测量极轴角的角度所采用的参考基准，“绝对”是指相对于水平方向逆时针进行测量，“相对上一段”是指以上一段对象为基准进行测量。

（5）附加角。极轴追踪使用列表中的任何一种附加角度。

4．对象捕捉

AutoCAD 给所有的图形对象都定义了特征点，对象捕捉是指在绘图过程中，通过捕捉这些特征点以迅速、准确地将新的图形对象定位在现有对象的确切位置上，如圆心、线段中点或两个对象的交点等。在 AutoCAD 2020 中，可以通过单击状态栏中的“对象捕捉”按钮，或者在“草图设置”对话框的“对象捕捉”选项卡中选中“启用对象捕捉”单选按钮，以启用对象捕捉功能。在绘图过程中，对象捕捉功能的调用可以通过以下方式完成。

“对象捕捉”工具栏如图 2-20 所示。在绘图过程中，当系统提示需要指定点的位置时，可以单击“对象捕捉”工具栏中相应的特征点按钮，再把十字光标移动到要捕捉的对象上的特征点附近，AutoCAD 会自动提示并捕捉到这些特征点。例如，用直线连接一系列圆的圆心，可以将“圆心”设置为对象捕捉模式。如果有两个捕捉点落在选择区域中，那么 AutoCAD 将捕捉距离十字光标中心最近的符合条件的点。另外，还有可能在指定点时需要检查哪一个对象捕捉有效。例如，在指定位置有多个对象捕捉符合条件，此时，在指定点之前，按 Tab 键可以遍历所有可能的点。

（1）对象捕捉快捷菜单。当需要指定点的位置时，可以按住 Ctrl 键或 Shift 键并单击鼠标右键，打开“对象捕捉”快捷菜单，如图 2-21 所示。在该菜单上一样可以选择某一对象捕捉模式以执行对象捕捉命令，此时把十字光标移动到要捕捉对象上的特征点附近即可捕捉到这些特征点。

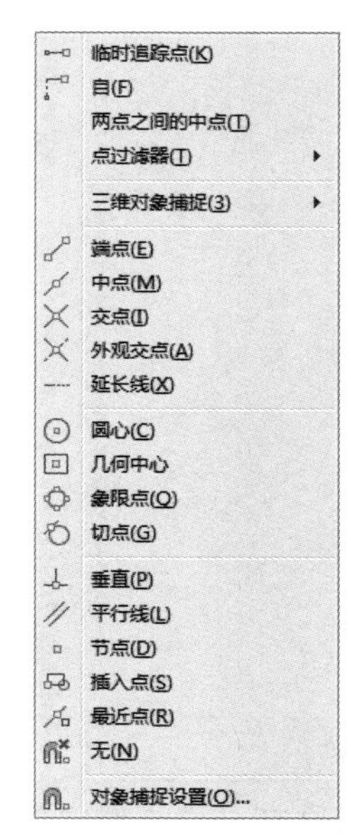

图 2-20　“对象捕捉”工具栏

图 2-21　“对象捕捉”快捷菜单

（2）使用命令行窗口。当需要指定点的位置时，在命令行窗口中输入相应特征点的关键词，然后把十字光标移动到要捕捉的对象上的特征点附近即可捕捉到这些特征点。对象捕捉模式的关键字如表 2-1 所示。

表 2-1　对象捕捉模式的关键字

模　式	关　键　字	模　式	关　键　字	模　式	关　键　字
临时追踪点	TT	捕捉自	FROM	端点	END
中点	MID	交点	INT	外观交点	APP
延长线	EXT	圆心	CEN	象限点	QUA
切点	TAN	垂足	PER	平行线	PAR
节点	NOD	最近点	NEA	无捕捉	NON

注 意

对象捕捉命令不可单独使用，必须配合其他绘图命令一起使用。仅当 AutoCAD 提示输入点时，对象捕捉功能才生效。

5. 自动对象捕捉

在绘制图形的过程中，使用对象捕捉命令的频率非常高，如果每次在捕捉时都要先选择捕捉模式，则会使工作效率大大降低。出于此种考虑，AutoCAD 提供了自动对象捕捉模式。打开“草图设置”对话框中的“对象捕捉”选项卡，选中“启用对象捕捉追踪”复选框，此时可以调用自动对象捕捉功能，如图 2-22 所示。如果启用了自动对象捕捉功能，则当十字光标距指定的捕捉点较近时，系统会自动捕捉这些特征点，并显示出相应的标记及捕捉提示。

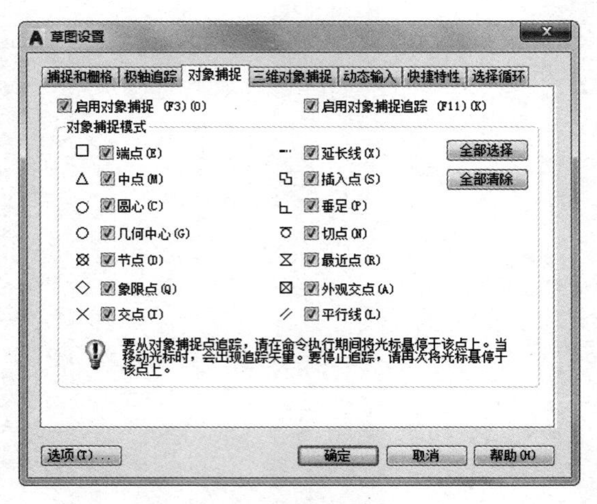

图 2-22 “对象捕捉”选项卡

用户可以设置经常要用的捕捉方式。一旦设置了捕捉方式，那么在每次运行时，所设定的目标捕捉方式就会被激活，而不是仅对一次选择有效。当同时使用多种捕捉方式时，系统将捕捉距十字光标最近且满足多种目标捕捉方式之一的点。当十字光标距要获取的点非常近时，按下 Shift 键将暂时不获取对象点。

6．正交绘图

正交绘图模式是指在命令的执行过程中，十字光标只能沿坐标轴移动，此时绘制的所有线段和构造线都将平行于坐标轴，因此，它们相互成 90°相交，即正交。正交绘图对于绘制水平线和垂直线非常有用，尤其在绘制构造线时经常使用。而且当捕捉模式为等轴测捕捉模式时，它还迫使直线平行于三个等轴测中的一个。

设置正交绘图可以通过直接单击状态栏中的“正交”按钮或按 F8 键，相应地，会在命令行窗口中显示开/关提示信息；也可以在命令行窗口中输入“ORTHO”命令，执行开启或关闭正交绘图模式操作。

注 意

正交绘图模式将十字光标限制在水平或垂直（正交）轴上。因为不能同时打开正交绘图模式和极轴追踪功能，所以，当正交绘图模式打开时，AutoCAD 会关闭极轴追踪功能；如果再次打开极轴追踪功能，那么 AutoCAD 将关闭正交绘图模式。

2.3.2 图形显示工具

对于一个较复杂的图形来说，在观察整幅图形时，往往无法对其局部细节进行查看和操作；而在屏幕上显示一个细部时，又看不到其他部分。为解决这类问题，AutoCAD 提供了缩放、平移、视图、鸟瞰视图和视口等一系列图形显示控制命令，用于任意地放大、缩小或移动屏幕上的图形显示，或者同时从不同的角度、不同的部位显示图形。另外，AutoCAD 还提供了重画和重新生成命令以刷新屏幕、重新生成图形。

1．图形缩放

图形缩放命令类似于照相机的镜头，可以放大或缩小屏幕显示的范围，它只改变视图的比例，对象的实际尺寸并不发生变化。当放大图形一部分的显示尺寸时，可以更清楚地查看这个区域的细节；相反，如果缩小图形的显示尺寸，则可以查看更多的区域，如整体浏览。

图形缩放功能在绘制大幅面机械图样，尤其在绘制装配图时非常有用，是使用频率最高的命令之一。这个命令可以透明地使用，即该命令可以在其他命令执行时运行。用户完成涉及透明命令的过程后，AutoCAD 会自动返回到用户调用透明命令前正在运行的命令。

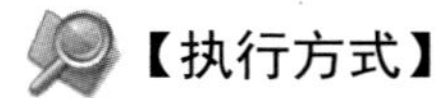
【执行方式】

命令行：ZOOM。
菜单栏："视图"→"缩放"→"实时"。
工具栏："标准"→"实时缩放"（见图 2-23）。
功能区："视图"→"导航"→"实时"。

图 2-23　"标准"工具栏

【操作格式】

执行上述命令后，系统提示：

```
[全部(A)/中心(C)/动态(D)/范围(E)/上一个(P)/比例(S)/窗口(W)/对象(O)] <实时>:
按 Esc 键或 Enter 键退出，或者单击鼠标右键以显示快捷菜单
```

（1）实时："缩放"命令的默认操作，即在输入"ZOOM"命令后，直接按 Enter 键，系统将自动调用实时缩放命令。实时缩放就是按住鼠标并垂直向上或向下移动，交替进行放大和缩小操作。在使用实时缩放命令时，系统会显示一个"+"号或"-"号。当缩放比例接近极限时，AutoCAD 将不再与十字光标一起显示"+"号或"-"号。当需要从实时缩放操作中退出时，可按 Enter 键或 Esc 键退出。

（2）全部(A)：在提示文字后键入"A"，即可执行"全部(A)"缩放操作。不论图形有多大，该操作都将显示图形的边界或范围，即使对象不包括在边界以内，也将被显示。因此，使用"全部(A)"缩放选项，可查看当前视口中的整个图形。

其他选项功能与上面"全部(A)"缩放选项的功能类似，这里不再赘述。

注 意

这里提到的放大、缩小或移动操作，仅仅是对图形在屏幕上的显示进行控制，图形本身并没有任何改变。

2．图形平移

当图形幅面大于当前视口时，可以使用图形缩放命令将图形放大，如果需要在当前视口之外观察或绘制一个特定区域，则可以使用图形平移命令来实现。"平移"命令能将在当前视口以外的图形的一部分移动到视口内以进行查看或编辑，但不会改变图形的缩放比例。

【执行方式】

命令行：PAN。

菜单栏："视图"→"平移"→"实时"。

工具栏："标准"→"实时平移"。

功能区："视图"→"导航"→"平移"。

快捷菜单：在绘图窗口中单击鼠标右键，在打开的快捷菜单中选择"平移"选项。

激活"平移"命令之后，十字光标会变成一只"小手"，可以在绘图窗口中任意移动，以显示当前正处于平移模式。单击并按住鼠标，将光标锁定在当前位置，即小手已经抓住图形，拖动图形使其移动到所需的位置上；松开鼠标，将停止平移图形。反复上述操作，可将图形平移到任意位置。

2.4 基本的绘图命令和编辑命令

在 AutoCAD 中，主要通过一些基本的绘图命令和编辑命令来完成图形的绘制，现进行简要介绍。

2.4.1 基本绘图命令的使用

在 AutoCAD 中，命令通常有四种执行方式：命令行方式、菜单方式、工具栏方式和功能区方式。二维绘图命令的菜单命令主要集中在"绘图"菜单中，如图 2-24 所示；其工具栏命令主要集中在"绘图"工具栏中，如图 2-25 所示。

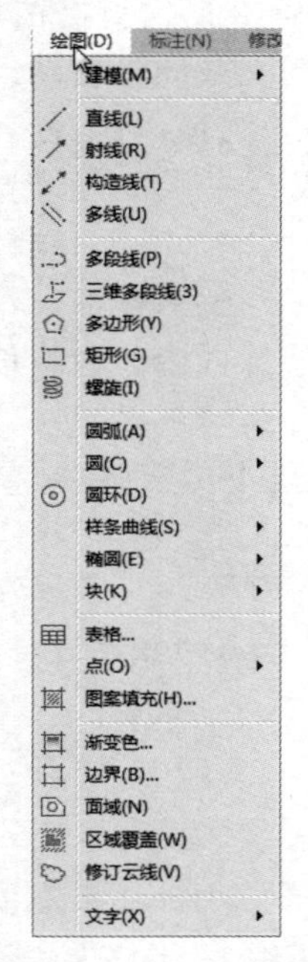

图 2-24 "绘图"菜单

图 2-25 "绘图"工具栏

2.4.2　基本编辑命令的使用

二维编辑命令的菜单命令主要集中在“修改”菜单中，如图 2-26 所示；其工具栏命令主要集中在“修改”工具栏中，如图 2-27 所示。在 AutoCAD 中，可以很方便地在“修改”工具栏或“修改”菜单中调用大部分绘图修改命令。

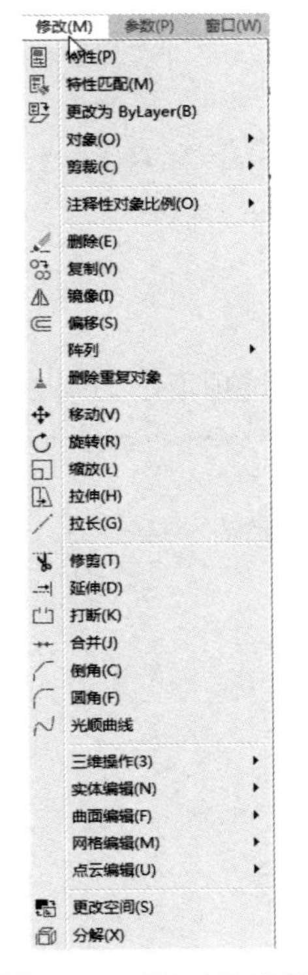

图 2-26　“修改”菜单

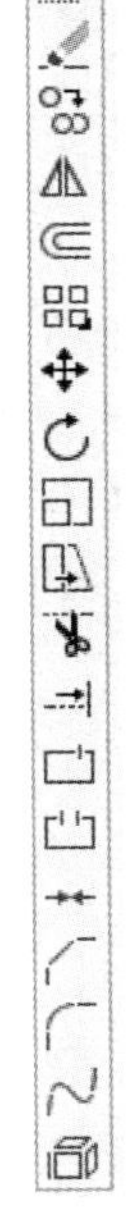

图 2-27　“修改”工具栏

2.5　图层

AutoCAD 中的图层就如同手工绘图中使用的重叠透明图纸，在 AutoCAD 中，图形的每个对象都位于一个图层上，所有图形对象都具有图层、颜色、线型和线宽四个基本属性。在绘制的时候，图形对象将创建在当前图层上。每个 CAD 文档中图层的数量是不受限制的，每个图层都有自己的名称。

2.5.1　建立新图层

新建的 CAD 文档中只能自动创建一个名为 0 的特殊图层。在默认情况下，图层 0 将被指定使用 7 号颜色、Continuous 线型、“默认”线宽（不能删除或重命名图层 0）。通过创建新的图层，可以将类型相似的对象指定给同一个图层，使其相关联。例如，将构造线、文字、标注和标题栏置于不同的图层上，并为这些图层指定通用特性。通过将对象分类放到各自的图层中，可以快速且有效地控制对象的显示并对其进行更改。

【执行方式】

命令行：LAYER。
菜单栏：“格式”→“图层”。
工具栏：“图层”→“图层特性管理器”，如图 2-28 所示。
功能区：“默认”→“图层”→“图层特性”。

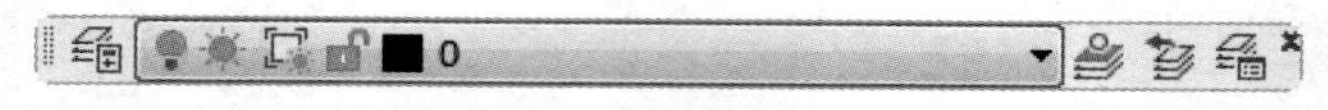

图 2-28 “图层”工具栏

【操作格式】

执行上述命令之一后，系统将打开“图层特性管理器”选项板，如图 2-29 所示。

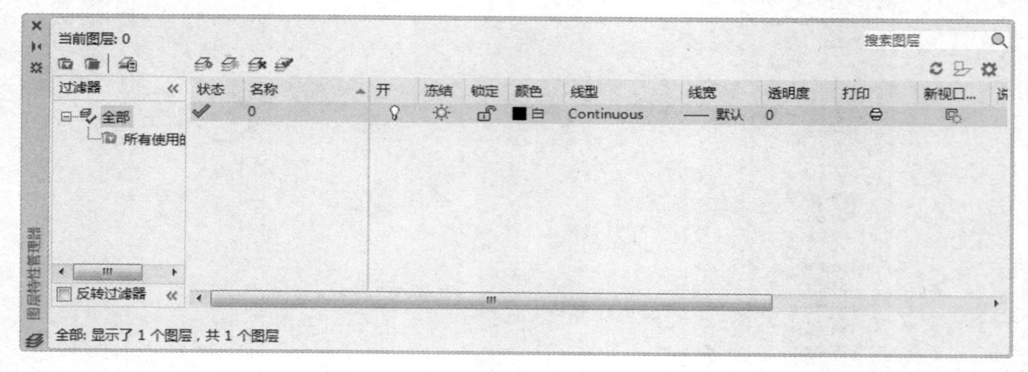

图 2-29 “图层特性管理器”选项板

单击“图层特性管理器”选项板中的“新建图层”按钮，建立新图层，默认的图层名为“图层 1”。根据绘图需要，可更改图层名，如改为实体层、中心线层或标准层等。

在一个图形中，创建的图层数及在每个图层中创建的对象数实际上是无限的。图层最长可使用 255 个字符的字母、数字命名。“图层特性管理器”按名称的字母顺序排列图层。

注 意

如果要建立多个图层，则无须重复单击“新建图层”按钮。更有效的方法是：在建立一个新的图层（“图层 1”）后，改变图层名，在其后输入一个逗号“,”，这样就会自动建立另一个新图层（“图层 1”），改变图层名，再输入一个逗号，又一个新的图层建立了，这样可以依次建立各个图层；也可以按两次 Enter 键，建立另一个新的图层。图层的名称也可以更改，只需直接双击图层名称，然后键入新的名称即可。

每个图层属性都包括图层名称、关闭/打开图层、冻结/解冻图层、锁定/解锁图层、图层颜色、图层线型、图层线宽、透明度、图层是否打印及新视口冻结 10 个可设置的参数。下面分别讲述如何设置这些图层参数。

1. 设置图层颜色

在工程制图中，整个图形包含多种不同功能的图形对象，如实体、剖面线与尺寸标注等。为了便于区分它们，就有必要针对不同的图形对象使用不同的颜色，如对实体层使用白色、对剖面线层使用青色等。

当要改变图层的颜色时，单击图层对应的颜色图标，打开“选择颜色”对话框，如图 2-30 所示。它是一个标准的颜色设置对话框，可以使用“索引颜色”“真彩色”“配色系统”三个选项卡来选择颜色。系统显示的是 RGB 配比，即 Red（红）、Green（绿）和 Blue（蓝）。

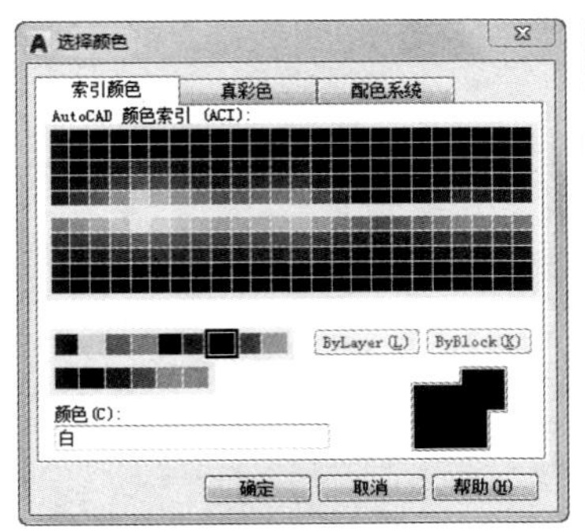

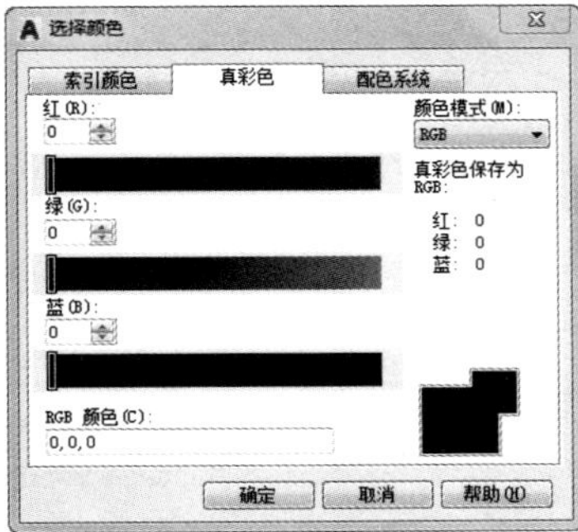

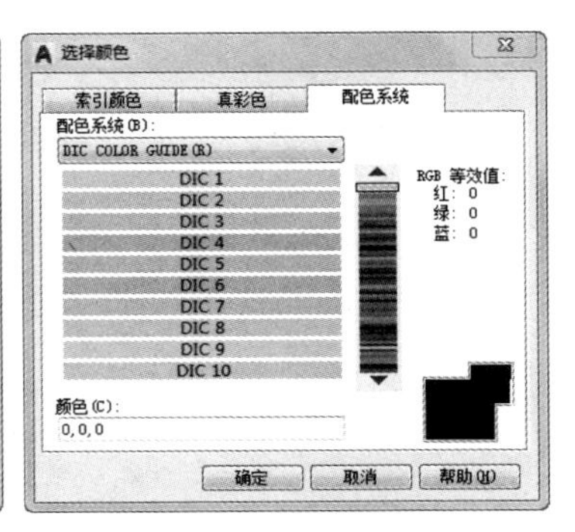

图 2-30　“选择颜色”对话框

2. 设置图层线型

线型是指作为图形基本元素的线条的组成和显示方式，如实线、点画线等。在绘图工作中，常常以线型划分图层，为某一个图层设置合适的线型。在绘图时，只需将该图层设置为当前工作图层，即可绘制出符合线型要求的图形对象，极大地提高了绘图效率。

单击图层对应的线型图标，打开“选择线型”对话框，如图 2-31 所示。默认情况下，在“已加载的线型”列表框中，系统只添加了 Continuous 线型。单击“加载”按钮，打开“加载或重载线型”对话框，如图 2-32 所示，可以看到 AutoCAD 还提供了许多其他的线型，选择所需的线型，然后单击“确定”按钮，即可把该线型加载到“已加载的线型”列表框中，按住 Ctrl 键可选择几种线型同时加载。

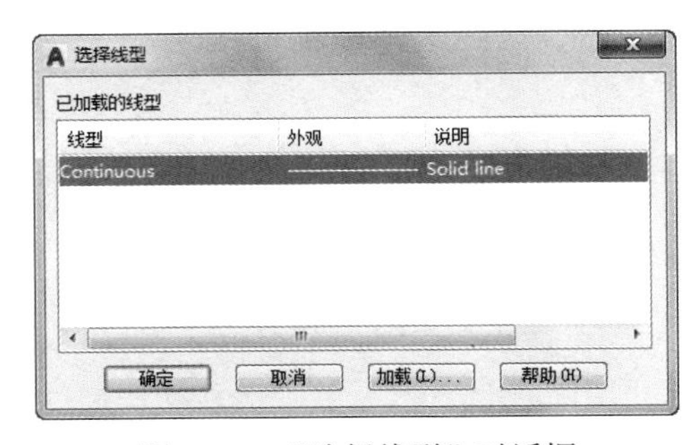

图 2-31　“选择线型”对话框

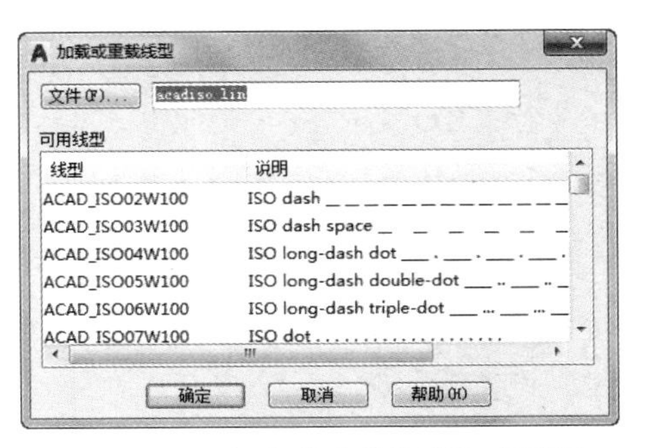

图 2-32　“加载或重载线型”对话框

3. 设置图层线宽

线宽设置就是改变线条的宽度。用不同宽度的线条表现图形对象的类型也可以提高图形的表达能力和可读性。例如，在绘制外螺纹时，大径使用粗实线，小径使用细实线。

单击图层对应的线宽图标，打开“线宽”对话框，如图 2-33 所示。选择一个线宽，单击“确定”按钮，完成对图层线宽的设置。

图层线宽的默认值为 0.25mm。在状态栏为“模型”状态时，显示的线宽与计算机的像素有关。当线宽为 0.00mm 时，显示为一个像素的线宽。单击状态栏中的“线宽”按钮，屏幕上会显示图形的线宽，显示的线宽与实际线宽成比例，如图 2-34 所示，但线宽不随图形的放大和缩小而变化。当“线宽”功能关闭时，屏幕上不显示图形的线宽，图形的线宽均以默认的宽度值显示。

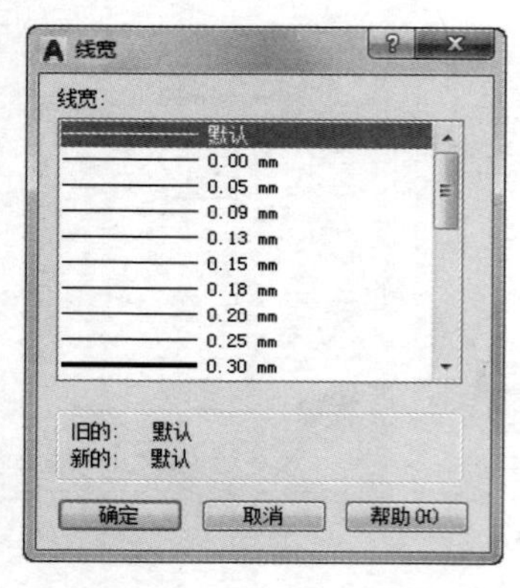

图 2-33 “线宽”对话框

图 2-34 线宽显示效果图

2.5.2 设置图层

除了上面讲述的通过“图层特性管理器”选项板设置图层的方法，还有其他几种简便方法可以设置图层的颜色、线宽、线型等参数。

1. 直接设置图层

可以直接通过命令行窗口或菜单设置图层的颜色、线宽、线型。

（1）设置图层颜色。

【执行方式】

命令行：COLOR。

菜单栏：“格式” → “颜色”。

【操作格式】

执行上述命令之一后，系统会打开“选择颜色”对话框，如图 2-30 所示。

（2）设置图层线型。

【执行方式】

命令行：LINETYPE。

菜单栏：“格式” → “线型”。

【操作格式】

执行上述命令之一后，系统会打开“线型管理器”对话框，如图 2-35 所示。该对话框的使用方法与“选择线型”对话框的使用方法类似。

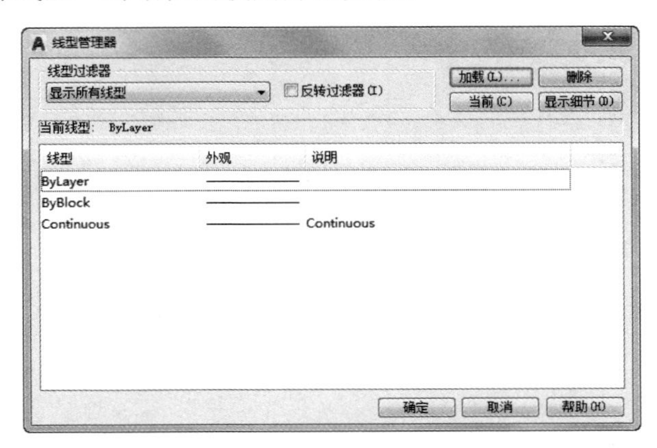

图 2-35　“线型管理器”对话框

（3）设置图层线宽。

【执行方式】

命令行：LINEWEIGHT 或 LWEIGHT。
菜单栏：“格式”→“线宽”。

【操作格式】

执行上述命令之一后，系统会打开“线宽设置”对话框，如图 2-36 所示。该对话框的使用方法与“线宽”对话框的使用方法类似。

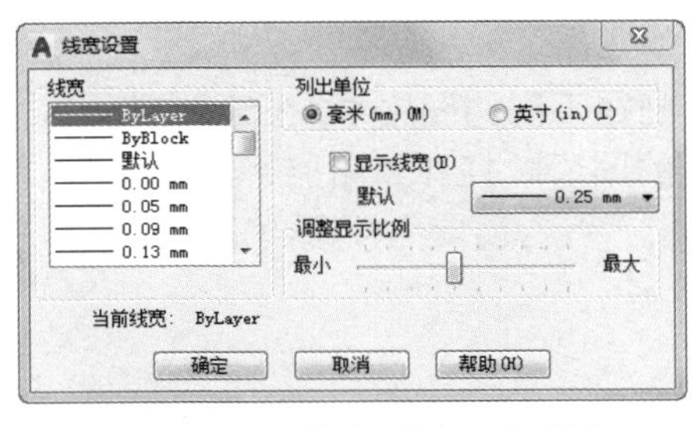

图 2-36　“线宽设置”对话框

2．利用“对象特性”工具栏设置图层

AutoCAD 提供了一个“对象特性”工具栏，如图 2-37 所示。用户能够控制和使用工具栏上的“对象特性”工具栏快速地查看和改变所选对象的图层、颜色、线型、线宽等特性。在绘图区中选择任何对象都将在工具栏上自动显示它所在的图层、颜色、线型、线宽等属性。

图 2-37　“对象特性”工具栏

也可以在“对象特性”工具栏上的“颜色”“线型”“线宽”“打印样式”下拉列表中选择需要的参数值。如果在“颜色”下拉列表（见图 2-38）中选择“选择颜色”选项，那么系统会打开“选择颜色”对话框，如图 2-30 所示；同样，如果在“线型”下拉列表（见图 2-39）中选择“其他”选项，那么系统会打开“线型管理器”对话框，如图 2-35 所示。

图 2-38　“颜色”下拉列表

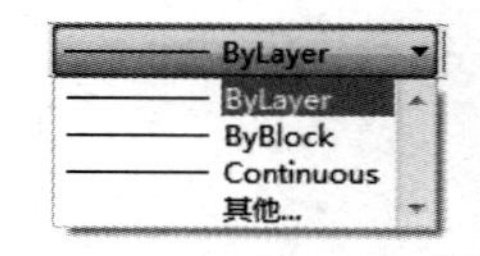

图 2-39　“线型”下拉列表

3．用“特性”选项板设置图层

**【执行方式】**

命令行： DDMODIFY 或 PROPERTIES。
菜单栏：“修改”→“特性”。
工具栏：“标准”→“特性”。

**【操作格式】**

执行上述命令之一后，系统会打开“特性”选项板，如图 2-40 所示。在该选项板中，可以方便地设置或修改图层、颜色、线型、线宽等属性。

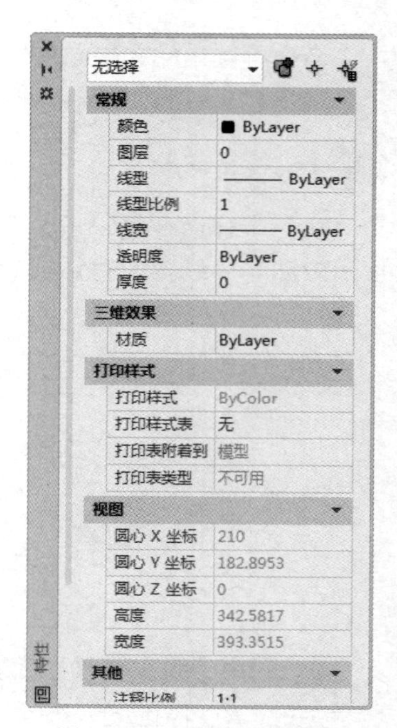

图 2-40　“特性”选项板

2.5.3　控制图层

1．切换当前图层

不同的图形对象需要绘制在不同的图层中，在绘制前，需要将工作图层切换到所需的图层。打开“图层特性管理器”选项板，选择图层，单击“置为当前”按钮，完成设置。

2．删除图层

当要删除图层时，只需在“图层特性管理器”选项板的图层列表框中选择要删除的图层，单击“删除图层”按钮即可。如果想从图形文件定义中删除选定的图层，则只能删除未参照的图层。参照图层包括图层 0 及 DEFPOINTS、包含对象（包括块定义中的对象）的图层、当前图层和依赖外部参照的图层。不包含对象（包括块定义中的对象）的图层、非当前图层和不依赖外部参照的图层都可以被删除。

3．关闭/打开图层

在“图层特性管理器”选项板中，单击💡图标，可以控制图层的可见性。当图层打开时，图标小灯泡呈浅色，该图层中的图形可以显示在屏幕上或绘制在绘图仪上。单击该属性图标后，当图标小灯泡呈深色时，该图层中的图形不会显示在屏幕上，而且不能被打印输出，但仍然作为图形的一部分保留在文件中。

4．冻结/解冻图层

在“图层特性管理器”选项板中，单击☼图标，可以冻结图层或将图层解冻。当此图标呈雪花灰暗色时，该图层处于冻结状态；当此图标呈太阳鲜艳色时，该图层处于解冻状态。冻结图层中的对象不能显示，也不能打印或编辑修改。冻结图层后，该图层中的对象不影响其他图层中对象的显示和打印。例如，在使用“HIDE”命令消隐的时候，冻结图层中的对象不隐藏其他对象。

5．锁定/解锁图层

在“图层特性管理器”选项板中，单击🔓图标，可以锁定图层或将图层解锁。锁定图层后，该图层中的图形依然显示在屏幕上并可打印输出，还可以在该图层中绘制新的图形对象，但用户不能对该图层中的图形进行编辑修改操作。可以对当前图层进行锁定，也可以对锁定图层中的图形执行查询和对象捕捉命令。锁定图层可以防止图形被意外修改。

2.6　文字样式与标注样式

文字和标注是 AutoCAD 图形中非常重要的一部分内容。在进行各种设计时，不仅要绘制图形，还需要标注一些文字，如技术要求、注释说明等，更重要的是，必须标注尺寸、表面粗糙度及几何公差等。AutoCAD 提供了多种文字样式与标注样式，能满足用户的多种需要。

2.6.1　设置文字样式

设置文字样式主要包括文字字体、字号、角度、方向和其他特征。AutoCAD 图形中的所有文字都具有与之相关联的文字样式。在图形中输入文字时，AutoCAD 会使用当前的文字样式。如果要使用其他文字样式创建文字，则可以将其他文字样式置于当前。AutoCAD 默认的文字样式是标准文字样式。

【执行方式】

命令行：STYLE（快捷命令:ST）或 DDSTYLE。

菜单栏：“格式”→“文字样式”。

工具栏：“文字”→“文字样式”A。

功能区：“默认”→“注释”→“文字样式”A或“注释”→“文字”→“文字样式”→“管理文字样式”，或者“注释”→“文字”→“对话框启动器”↘。

【操作格式】

执行上述命令之一后，AutoCAD 会打开“文字样式”对话框，如图 2-41 所示。

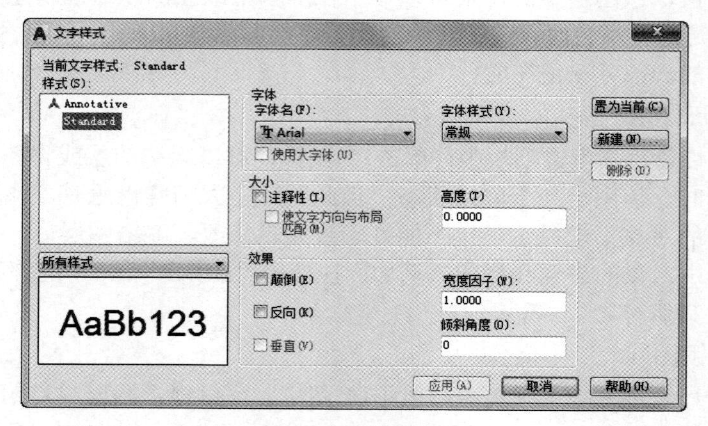

图 2-41 “文字样式”对话框

2.6.2 设置标注样式

在工程制图中，尺寸标注（特别是尺寸和几何公差的标注）是重点，也是难点，对于一名工程师来说，标注样式的设置是非常重要的，可以这么说，如果没有正确的尺寸标注，那么绘制的任何图形都是没有意义的。图形主要用来表达物体的形状，而物体的形状和各部分之间的确切位置则只能通过尺寸标注来表达。AutoCAD 提供了强大的尺寸标注功能，几乎能够满足所有用户的标注要求。

设置标注样式包括创建新标注样式、设置当前标注样式、修改标注样式、设置当前标注样式的替代及比较标注样式。

标注样式的设置会影响标注的效果，主要包括标注文字的高度、箭头的大小和样式、标注文字的位置等。

【执行方式】

命令行：DIMSTYLE。

菜单栏：“格式”→“标注样式”。

工具栏：“标注”→“标注样式”。

功能区：“默认”→“注释”→“标注样式”。

执行上述命令之一后，AutoCAD 会打开“标注样式管理器”对话框，如图 2-42 所示，用户可以根据绘图需要设置相应的标注样式。

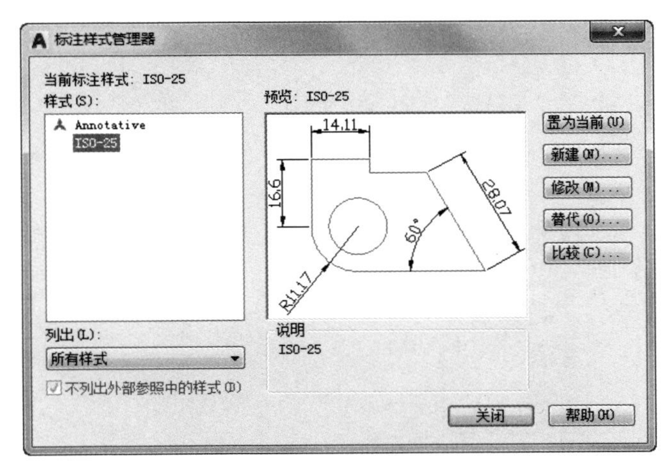

图 2-42　“标注样式管理器”对话框

2.6.3　设置表格样式

【执行方式】

命令行：TABLESTYLE。

菜单栏：“格式”→“表格样式”。

工具栏：“样式”→“表格样式”。

功能区：“默认”→“注释”→“表格样式”或“注释”→“表格”→“表格样式”→“管理表格样式”，或者“注释”→“表格”→“对话框启动器”。

执行上述命令之一后，系统会打开“表格样式”对话框，如图 2-43 所示。

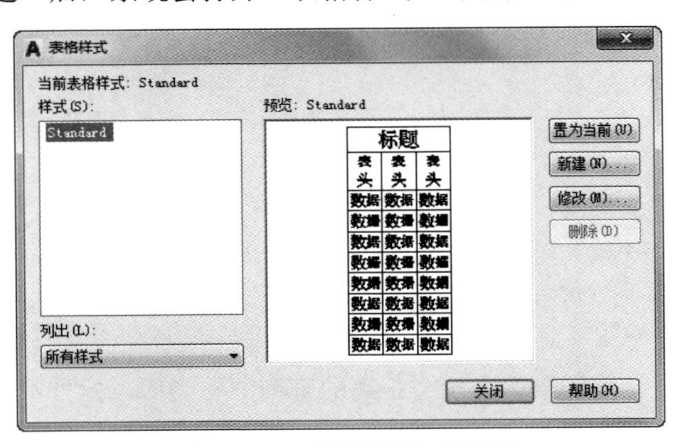

图 2-43　“表格样式”对话框

2.7　对象查询

对象查询的菜单命令集中在“工具”→“查询”菜单中，如图 2-44 所示；其工具栏命令主要集中在“查询”工具栏中，如图 2-45 所示。下面以查询距离为例来进行简要讲述。

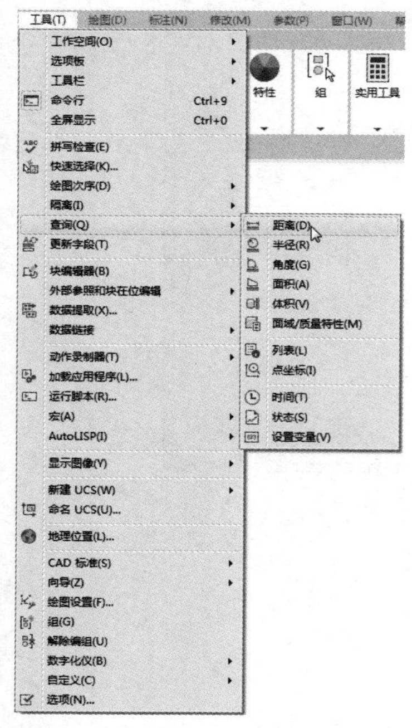

图 2-44 “工具→查询”菜单

图 2-45 “查询”工具栏

【执行方式】

命令行：DIST。
菜单栏：“工具”→“查询”→“距离”。
工具栏：“查询”→“距离”。

【操作格式】

命令:DIST↙
指定第一点:（指定第一点）
指定第二个点或 [多个点(M)]:（指定第二点）
距离=5.2699，XY 平面中的倾角=0， 与 XY 平面的夹角 = 0
X 增量=5.2699， Y 增量=0.0000， Z 增量=0.0000

面积、面域/质量特性的查询方法与距离的查询方法类似，此处不再赘述。

2.8 综合实例——绘制 A3 图纸样板图形

AutoCAD 提供了一些机械、建筑、电子等行业的模板，这些模板就像标准图纸一样，已经对图纸的幅面、标题栏、字体、标注样式、图层等做好了设定，因此，当利用模板绘图时，无须对绘图环境进行设置，这样可以大大提高绘图效率。下面绘制一个机械制图样板图形，如图 2-46 所示。绘制的具体步骤如下。

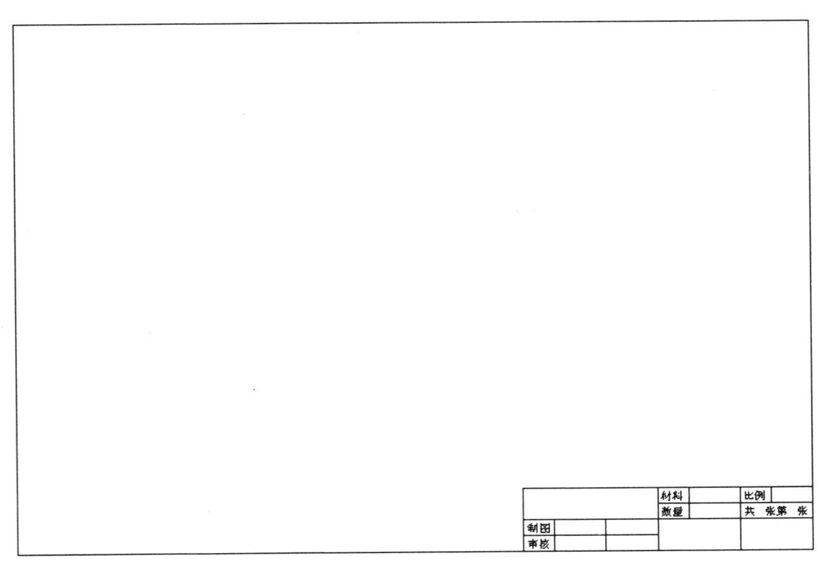

图 2-46　A3 图纸样板图形

2.8.1　设置单位与图幅尺寸

1. 设置单位

设置单位的命令如下：

```
命令:DDUNITS↙
```

执行上述命令后，系统会打开“图形单位”对话框，如图 2-47 所示。在此对话框中，将长度的精度设置为 0.0000，其他选项保持默认设置。

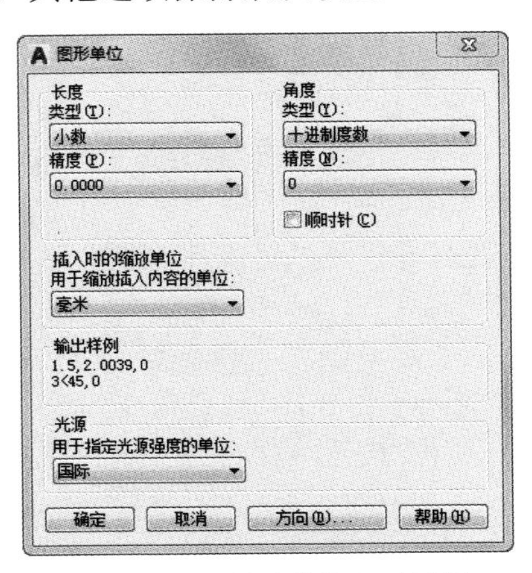

图 2-47　“图形单位”对话框

2. 设置图幅尺寸

在绘制机械图样时，应根据所绘制图形的大小及复杂程度选择合适的图幅。下面以 A3 图纸为例来介绍设置图幅尺寸的过程：

```
命令:LIMITS↙
```

```
重新设置模型空间界限:
指定左下角点或 [开(ON)/关(OFF)] <0,0>:↙
指定右上角点 <420,297>:420,297↙
```

2.8.2 设置字体

1．设置汉字的文字样式

（1）选择菜单栏中的“格式”→“文字样式”命令，打开如图 2-48 所示的“文字样式”对话框。

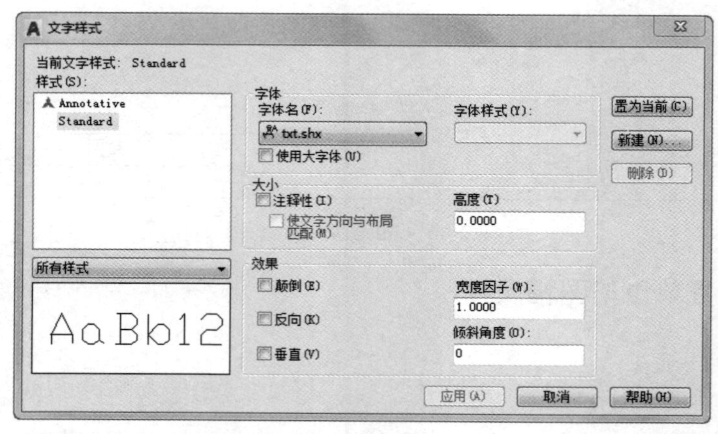

图 2-48 “文字样式”对话框

（2）单击“新建”按钮，在打开的“新建文字样式”对话框的“样式名”文本框内输入“HZ”，然后单击“确定”按钮。

（3）在“文字样式”对话框中，单击“字体名”下拉按钮，从中选择“仿宋_GB2312”选项，并设置高度为 5mm、宽度因子为 0.7。

（4）设置完成后，单击“应用”按钮，保存并应用该文字样式。

2．设置数字、字母的文字样式

（1）单击“新建”按钮，在打开的“新建文字样式”对话框的“样式名”文本框内输入“SZ”，然后单击“确定”按钮。

（2）在“文字样式”对话框中，单击“字体名”下拉按钮，从中选择“Romand.shx”选项，并设置高度为 5mm、宽度因子为 0.7、倾斜角度为 15°。

（3）设置完成后，单击“应用”按钮，保存并应用该文字样式。

2.8.3 设置图层

在机械图样中，不同的线型和线宽表示不同的含义，因此，需要设置不同的图层，分别用来绘制图样中各种图线或图样的不同部分。

根据绘制机械图样的需要，可以设置如表 2-2 所示的几个图层，其中，粗线线宽为 0.3mm，细线线宽为 0.15mm。

尺寸标注完成后，系统会自动添加一个名为 DEFPOINTS 的图层，可以在该图层中绘制图形，但是该图层中的所有内容无法被输出。

表 2-2　图层设置

图层名称	线　型	颜　色	线宽/mm	用　途
0	Continuous	白色	0.15	绘制细实线
LKX	Continuous	白色	0.3	绘制粗实线
XX	ACAD_ISO02W100	蓝色	0.15	绘制虚线
DHX	ACAD_ISO04W100	红色	0.15	绘制细点画线
BLX	Continuous	绿色	0.15	绘制波浪线
PMX	Continuous	黄色	0.15	绘制剖面线
BZ	Continuous	青色	0.15	标注尺寸
WZ	Continuous	紫色	0.15	注写文字

设置图层的方法在前面已经进行了详细的介绍，下面以设置 DHX 层（细点画线层）为例，简单介绍图层的设置步骤。

（1）单击“默认”选项卡的“图层”选项组中的“图层特性”按钮，打开如图 2-29 所示的“图层特性管理器”选项板。

（2）单击该选项板中的“新建”按钮，在“名称”列输入新建图层的名称“DHX”。

（3）单击“DHX”层的“颜色”列，在打开的“选择颜色”对话框中选择颜色为“红色”，单击“确定”按钮，关闭该选项板。

（4）单击“DHX”层的“线型”列，在打开的“选择线型”对话框中单击“加载”按钮，打开“加载或重载线型”对话框，从中选择线型“ACAD_ ISO04W100”，单击“确定”按钮。此时，该线型被添加到“选择线型”对话框的“已加载的线型”列表框中，在该对话框中选择新添加的线型“ACAD_ ISO04W100”，单击“确定”按钮，关闭该对话框。

（5）单击“DHX”层的“线宽”列，在打开的“线宽”对话框中选择线宽为 0.09mm，单击“确定”按钮，关闭该对话框。

至此，完成了“DHX”层的所有设置，其他图层的设置与其类似。

2.8.4　设置尺寸标注样式

《机械制图　尺寸注法》（GB/T 4458.4—2003）规定了机械图样中尺寸标注的一些基本要求，因此，必须按照该标准对机械图样模板的尺寸标注参数进行设置，以满足国标的要求。

国标规定，在标注线性尺寸、直径及半径尺寸时，尺寸数字应注写在平行于尺寸线的上方；在标注角度尺寸时，尺寸数字应注写在尺寸线的中断处。因此，在设置尺寸标注参数时，需要按标注尺寸的类型分别进行设置。

1. 设置线性尺寸、直径及半径尺寸的标注样式

设置尺寸标注参数需要在“标注样式管理器”对话框（见图 2-42）中进行，具体步骤如下。

（1）选择菜单栏中的“格式”→“标注样式”命令，打开“标注样式管理器”对话框，单击“新建”按钮，在打开的“创建新标注样式”对话框的“新样式名”文本框内输入新建标注样式的名称“机械制图”。单击“继续”按钮，打开“新建标注样式:机械制图”对话框，

如图 2-49 所示。

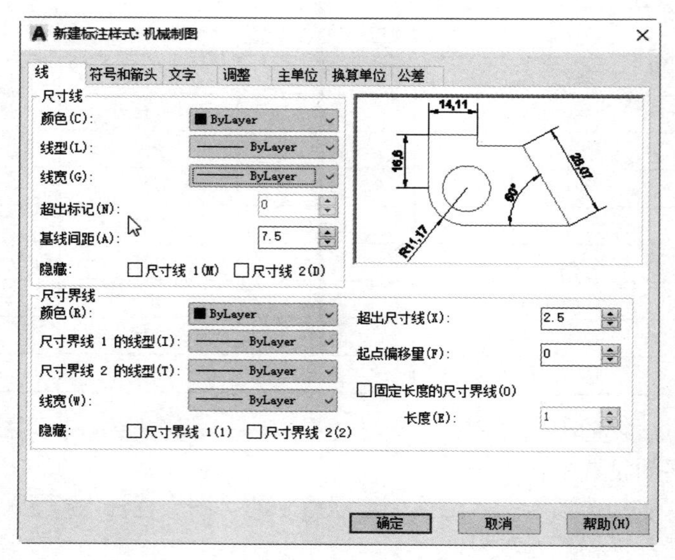

图 2-49　“新建标注样式:机械制图”对话框

（2）设置“线”选项卡中的内容。在“尺寸线”选区中，分别指定“颜色”和“线宽”为“ByLayer”（随层），设置“基线间距”为“7.5”；在“尺寸界线”选区中，分别指定“颜色”和“线宽”为“ByLayer”，设置“超出尺寸线”为“2.5”、“起点偏移量”为“0”。

（3）单击“符号和箭头” 选项卡，在“箭头”选区中，指定所有箭头均为“实心闭合”类型，设置“箭头大小”为“3”；在“圆心标记”选区中，指定“类型”为“无”。

（4）单击“文字” 选项卡，对其进行设置。在“文字外观”选区中，指定“文字样式”为“SZ”（在打开的“文字样式”对话框中设置新的字体）、“文字颜色”为随层、“文字高度”为“5”；在“文字位置”选区中，指定文字的垂直位置为“上方”、水平位置为“居中”，设置文字“从尺寸线偏移”的距离为“0.6”；在“文字对齐”选区中，选择文字的对齐方式为“ISO 标准”。

（5）单击“调整”选项卡，对其进行设置。在“调整选项”选区中，选择“文字”选项；在“文字位置”选区中，选择“尺寸线旁边”选项，其他选项保持默认设置。

（6）对于“主单位”“换算单位”“公差”选项卡，除非有特殊需要，否则均可以保持默认设置。需要说明的是，在“公差”选项卡中，“方式”的默认设置为“无”，因为如果在此设置了公差尺寸，则所有尺寸标注数字均将被加上相同的偏差数值。

（7）单击“确定”按钮，完成“机械制图”尺寸标注样式的设置，该样式用于标注线性尺寸、直径及半径尺寸。

2．设置角度尺寸的标注样式

（1）单击“新建”按钮，在打开的“创建新标注样式”对话框的“基础样式”下拉列表中选择“机械制图”选项，在“用于”下拉列表中选择“角度标注”选项，单击“继续”按钮。

（2）在“文字”选项卡的“文字对齐”选区中，选择文字的对齐方式为“水平”；在“调整”选项卡的“文字位置”选区中选择“尺寸线上方，带引线”选项。

（3）单击“确定”按钮，完成“机械制图——角度”尺寸标注样式的设置，该样式用于标注角度尺寸。

3．设置引线的标注样式

（1）单击“新建”按钮，在打开的“创建新标注样式”对话框的“基础样式”下拉列表中选择“机械制图”选项，在“用于”下拉列表中选择“引线和公差”选项，单击“继续”按钮。

（2）在“符号与箭头”选项卡的“箭头”选区中，指定“引线”为“实心箭头”类型，设置“箭头大小”为“3”，然后单击“确定”按钮，关闭该对话框。

（3）在“标注样式管理器”对话框中，选择“机械制图”标注样式，单击“置为当前”按钮，将该标注样式设置为当前标注样式，单击“关闭”按钮，关闭该对话框。

（4）在命令行窗口中输入“QLEADER”，按 Enter 键，系统提示：

```
指定第一个引线点或 [设置(S)] <设置>:
```

此时输入“S”，会打开如图 2-50 所示的“引线设置”对话框，在“附着”选项卡中，选中“最后一行加下划线”复选框，单击“确定”按钮，关闭该对话框。按 Esc 键，退出“QLEADER”命令。

（5）至此，完成了“机械制图——引线”尺寸标注样式的设置。

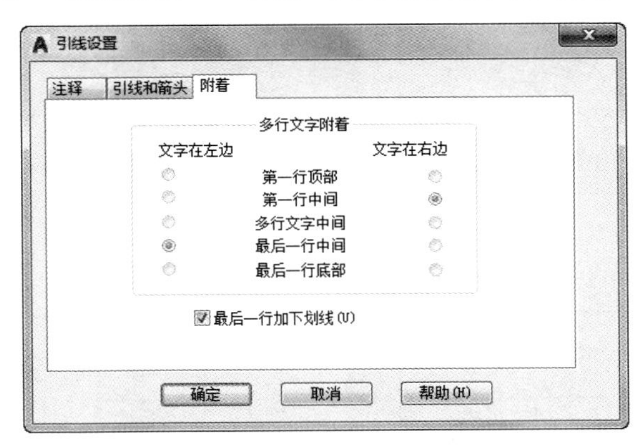

图 2-50　“引线设置”对话框①

2.8.5　绘制图框和标题栏

1．绘制图框

单击“默认”选项卡的“绘图”选项组中的“矩形”按钮 ▭，绘制一个矩形，指定矩形两个角点的坐标分别为(25,10)和(410,287)，命令行提示与操作如下：

```
命令: _rectang
指定第一个角点或 [倒角(C)/标高(E)/圆角(F)/厚度(T)/宽度(W)]:25,10↙
指定另一个角点或 [面积(A)/尺寸(D)/旋转(R)]:410,287↙
```

① 注：软件图中的“最后一行加下划线”的正确写法为“最后一行加下画线”。

执行上述命令，结果如图 2-51 所示。

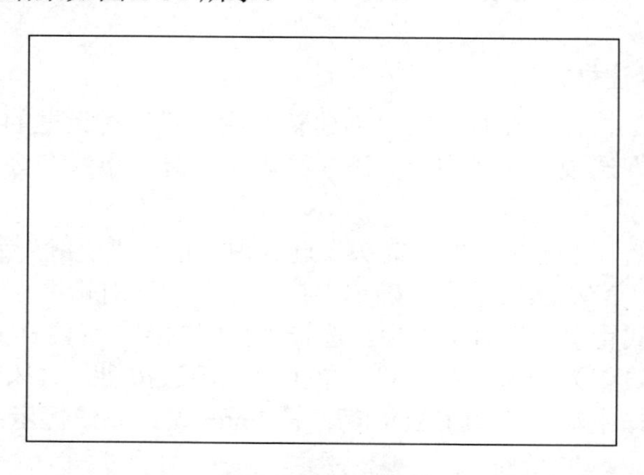

图 2-51　绘制矩形

这里，在输入坐标时，坐标值的逗号要在全英文状态下输入，否则计算机系统会提示出错。

2. 绘制标题栏

标题栏结构如图 2-52 所示，由于分隔线并不整齐，所以可以先绘制一个 140mm×32mm（每个单元格的尺寸是 5mm×8mm）的标准表格，然后在此基础上编辑合并单元格，从而形成如图 2-52 所示的形式。

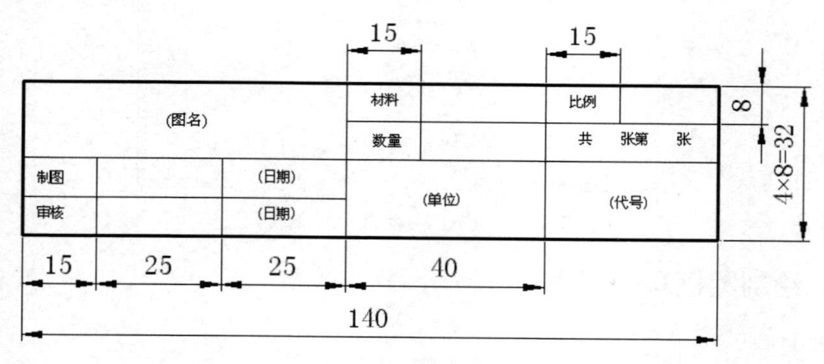

图 2-52　标题栏结构

（1）选择菜单栏中的“格式”→“表格样式”命令，打开“表格样式”对话框，如图 2-43 所示。

（2）单击“修改”按钮，系统会打开“修改表格样式:Standard”对话框，在“单元样式”下拉列表中选择“数据”选项，在下面的“文字”选项卡中，将文字高度设置为 3mm，如图 2-53 所示；再打开“常规”选项卡，将“页边距”选项组中的“水平”和“垂直”都设置成 1mm，如图 2-54 所示。

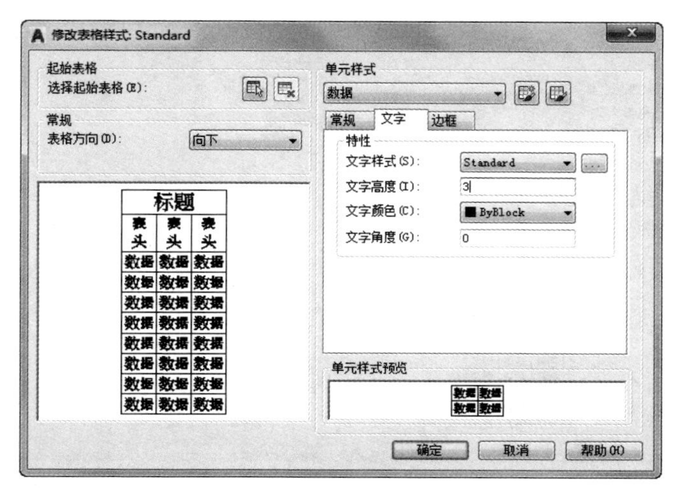

图 2-53　设置“文字”选项卡

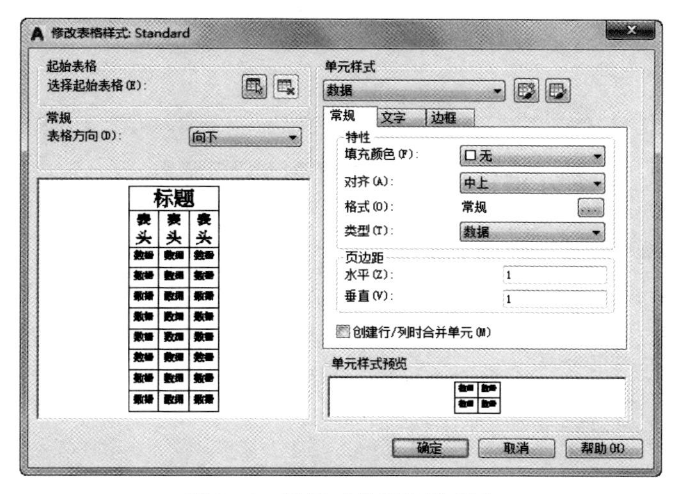

图 2-54　设置“常规”选项卡

表格的行高=文字高度+2×垂直页边距，此处将其设置为 3mm+2×1mm=5mm。

（3）系统回到“表格样式”对话框，单击“关闭”按钮退出。

（4）选择菜单栏中的“绘图”→“表格”命令，系统会打开“插入表格”对话框，如图 2-55 所示，在“列和行设置”选区中，将“列数”设置为 28，将“列宽”设置为 20mm，将“数据行数”设置为 2（加上标题行和表头行共 4 行），将“行高”设置为 10 行；在“设置单元样式”选区中，将“第一行单元样式”“第二行单元样式”“所有其他行单元样式”都设置为“数据”。

（5）在图框线右下角附近指定表格位置，系统会自动生成表格，同时会打开“文字编辑器”选项卡，如图 2-56 所示，直接按 Enter 键，不输入文字，生成的表格如图 2-57 所示。

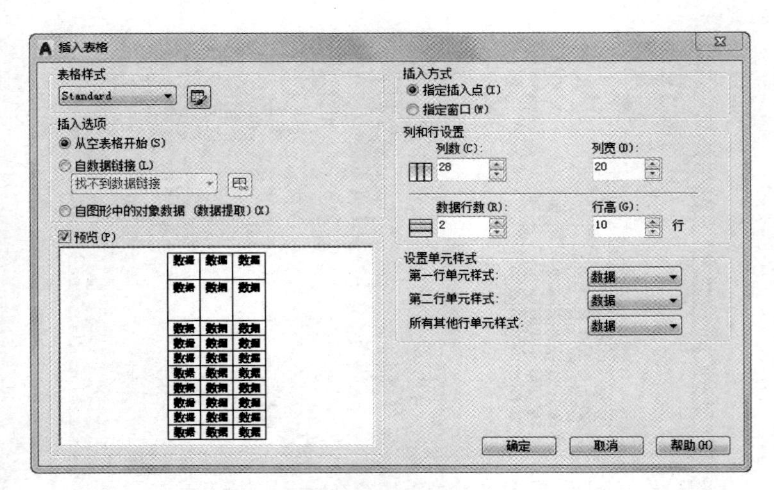

图 2-55 “插入表格”对话框

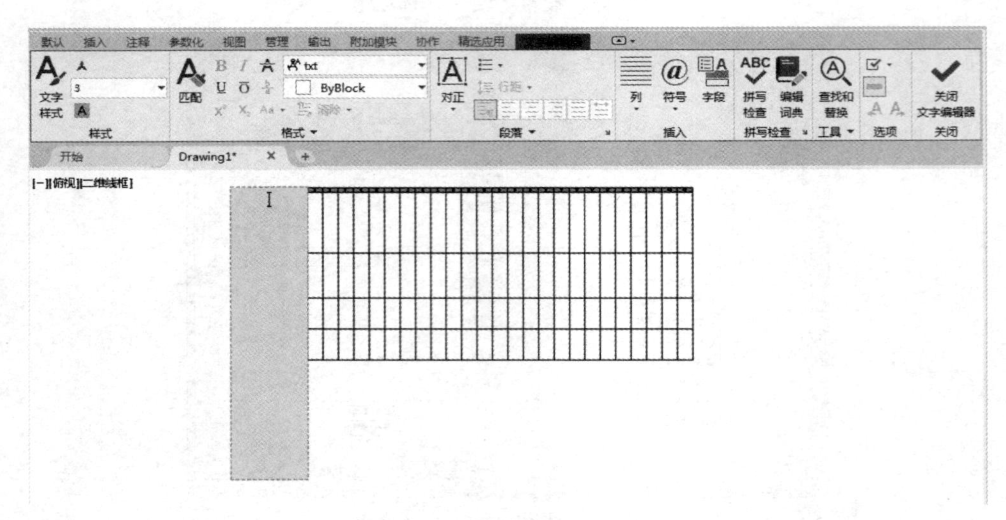

图 2-56 “文字编辑器”选项卡

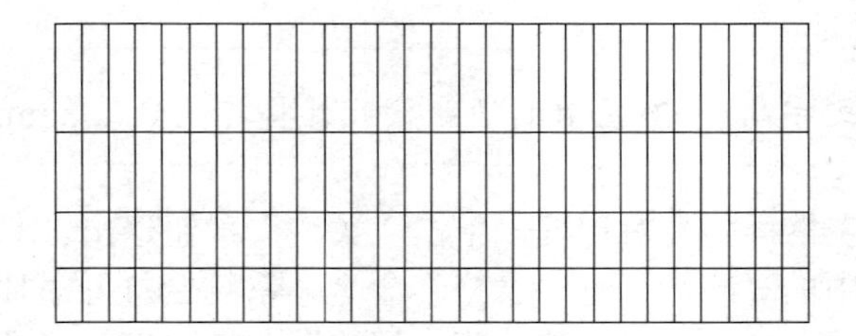

图 2-57 生成的表格

（6）单击表格中的一个单元格，系统会显示其编辑夹点，单击鼠标右键，在打开的快捷菜单中选择“特性”命令，如图 2-58 所示，系统会打开“特性”选项板，如图 2-59 所示，在此将“单元高度”设置为 8mm，这样，该单元格所在行的高度就统一改为 8mm 了（宽度为 5mm）。采用同样的方法，将其他行的高度也改为 8mm，结果如图 2-60 所示。

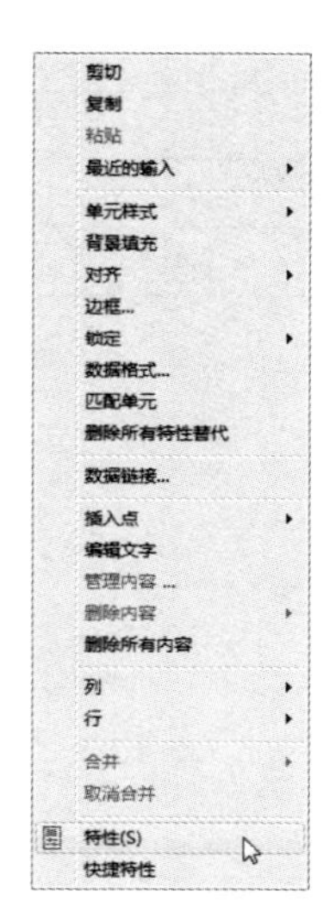

图 2-58　选择“特性”命令

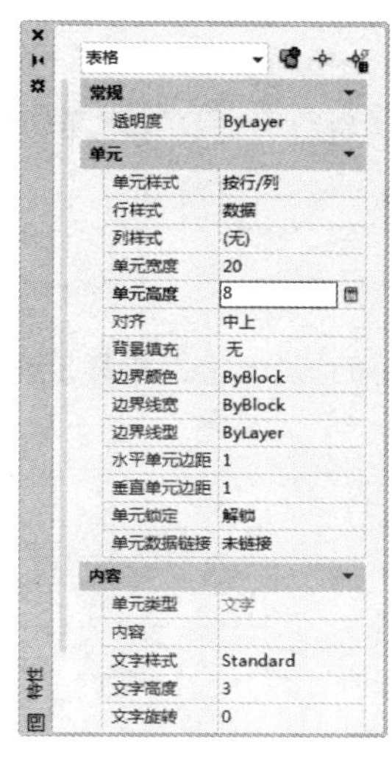

图 2-59　“特性”选项板

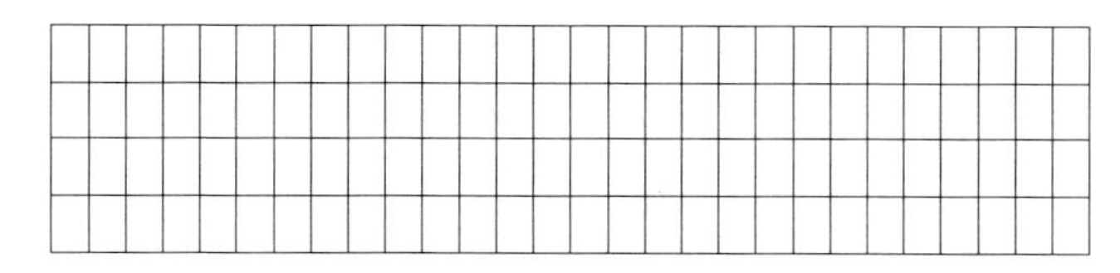

图 2-60　修改后的表格

（7）选择 A1 单元格，按住 Shift 键，同时选择右边的 12 个单元格及下面的 13 个单元格，单击鼠标右键，打开快捷菜单，选择其中的“合并”→“全部”命令，如图 2-61 所示，结果如图 2-62 所示。

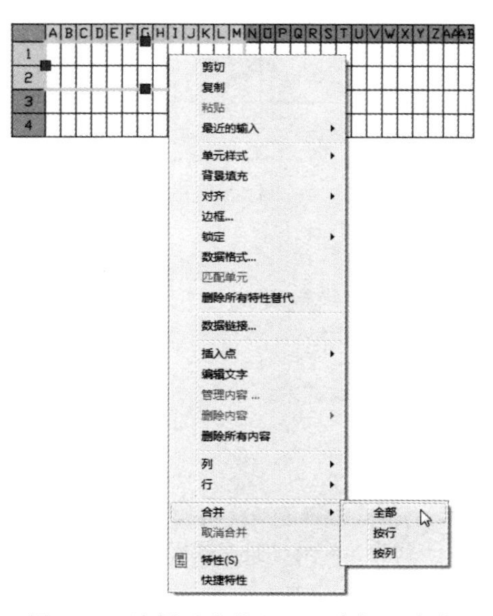

图 2-61　选择“合并”→“全部”命令

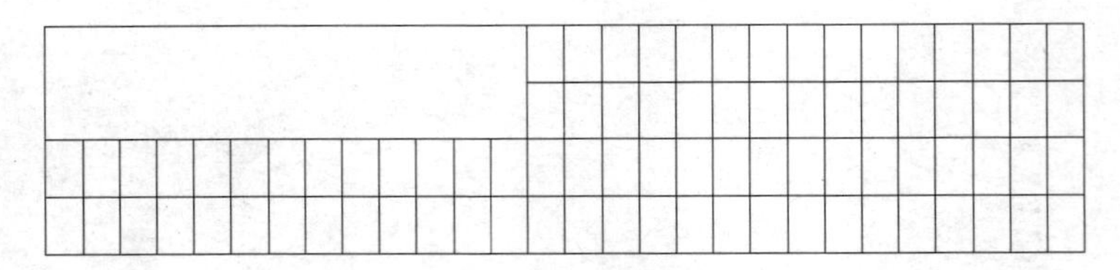

图 2-62　合并单元格

采用同样的方法，合并其他单元格，结果如图 2-63 所示。

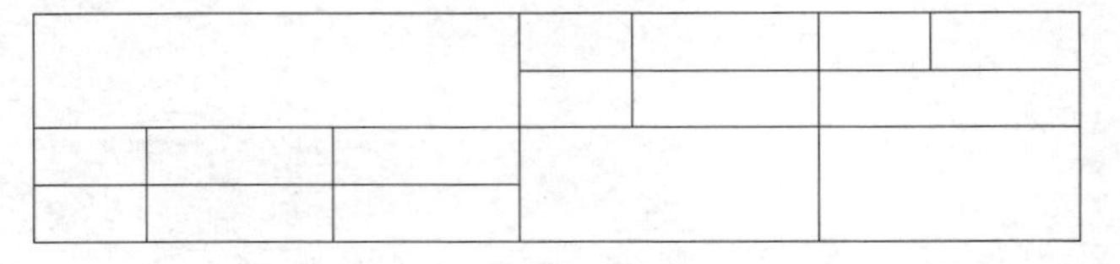

图 2-63　完成表格的绘制

（8）在单元格中三击鼠标左键，打开“文字编辑器”选项卡，在单元格中输入文字并将文字高度改为“6”，如图 2-64 所示。

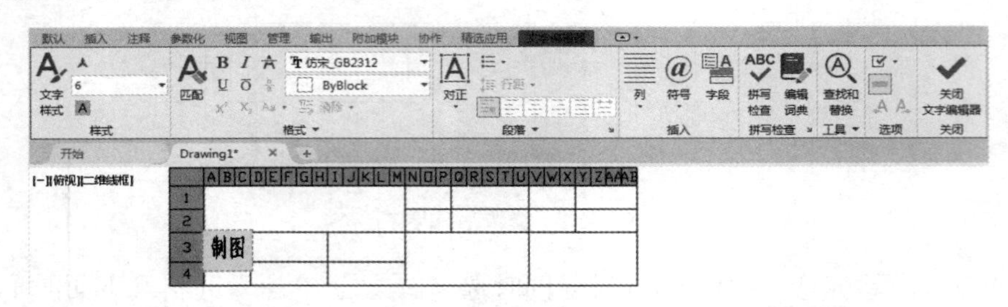

图 2-64　输入文字

采用同样的方法，输入其他单元格文字，结果如图 2-65 所示。

			材料		比例	
			数量		共　张第　张	
制图						
审核						

图 2-65　完成标题栏的文字输入

3. 移动标题栏

对于刚生成的标题栏，无法准确确定其与图框的相对位置，需要移动。这里，先调用一个目前还没有讲述的命令“移动”（第 3 章进行详细讲述），命令行提示和操作如下：

```
命令: move↙
选择对象: （选择刚绘制的表格）
选择对象: ↙
指定基点或[位移(D)] <位移>: （捕捉表格的右下角点）
指定第二个点或<使用第一个点作为位移>:（捕捉图框的右下角点）
```

这样，就将表格准确地放置在图框的右下角了，如图 2-46 所示。

4．保存样板图

选择“文件”→“另存为”命令，打开“图形另存为”对话框，将图形保存为 dwt 格式文件即可，如图 2-66 所示。

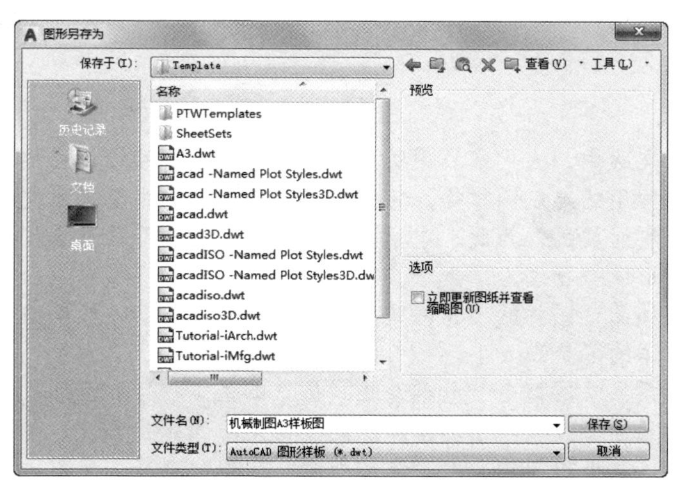

图 2-66　“图形另存为”对话框

第3章

投影基础

在生产及生活实践中，人们常利用图样来表达设计思想和设计目的，如机械制造用的机械图样、建筑工程用的建筑图样等，它们都是指导生产的重要技术文件。每种图样都是按不同的投影法绘制而成的，为此，本章介绍投影法的基本原理和点、线、平面的投影特点，以及三视图的形成与画法。

投影法是绘制和阅读图样的理论基础。工程中常用正投影法绘制机械图样，并采用多面正投影图表达物体的形状和大小。

本章首先介绍投影法的概念、分类及正投影法的基本特性和应用；然后在此基础上介绍点、线和平面的三面正投影；最后落脚点是立体的三面正投影法，即三视图的形成及投影规律。本章的重点是正投影法，点、线、平面的投影特点及三视图。

3.1 投影法的基本知识

3.1.1 投影法的概念

当光线照射物体时，在地面或墙壁上就会出现影子，这就是日常生活中的投影现象，人们对这种现象进行科学的抽象和归纳总结，就形成了一套完整的投影方法和理论。

在图 3-1 中，把光源 *S* 抽象为一点，称为投射中心；*S* 点与物体上任一点的连线（如 *SA*）称为投射线；平面 *P* 称为投影面；投射线 *SA* 与投影面 *P* 的交点 *a* 称为空间点 *A* 在投影面 *P* 上的投影，同样，点 *b* 称为空间点 *B* 在投影面 *P* 上的投影。

这种用投射线通过物体，向选定的面进行投射，并在该面上得到图形的方法称为投影法。

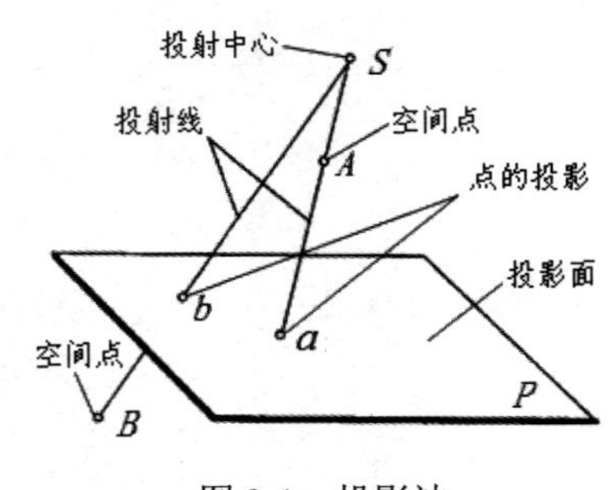

图 3-1　投影法

3.1.2 投影法的分类

根据投射线之间的相互位置关系，工程上常用的投影法有中心投影法和平行投影法。

1．中心投影法

当投射中心距离投影面有限远时，所有的投射线汇交于投射中心，这种投影法称为中心投影法，如图 3-2 所示，由此得出的投影称为中心投影。由于中心投影图的大小随空间物体与投射中心的远近而变化，因此，它一般不反映空间物体的真实形状和大小。工程上常用中心投影法画透视图。

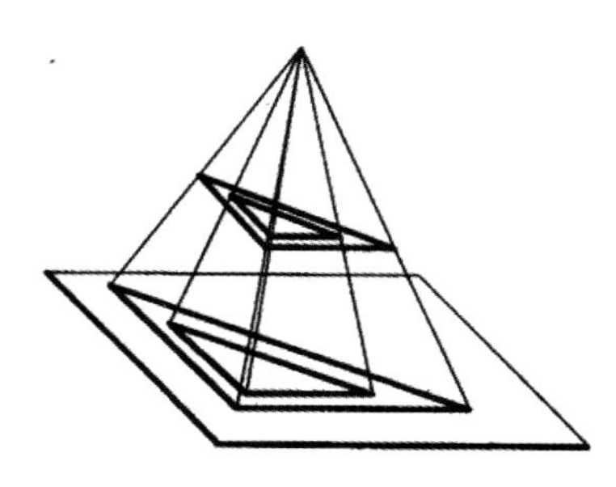

图 3-2　中心投影法

2．平行投影法

当投射中心距离投影面无限远时，所有投射线都相互平行，这种投影法称为平行投影法，由此得出的投影称为平行投影，如图 3-3 所示。

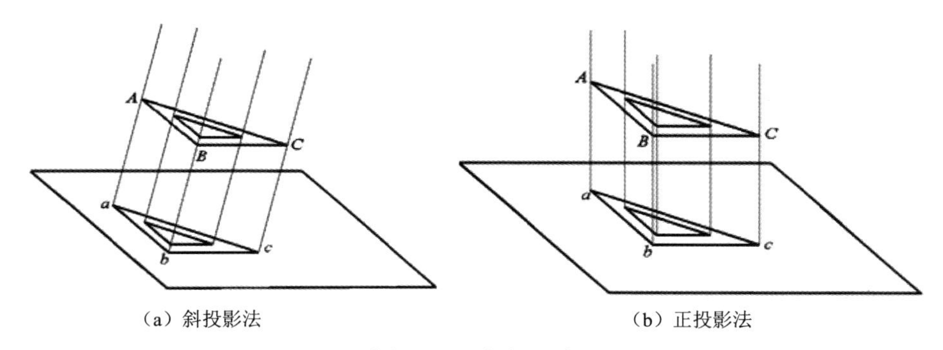

（a）斜投影法　　（b）正投影法

图 3-3　平行投影法

在平行投影法中，根据投射线与投影面的夹角不同，又分为斜投影法和正投影法。

（1）斜投影法：投射线与投影面相互倾斜，如图 3-3（a）所示。

（2）正投影法：投射线与投影面相互垂直，如图 3-3（b）所示。

在平行投影法中，物体的投影尺寸与物体和投影面间的距离无关，因此，平行投影具有较好的度量性。机械图样主要采用平行投影法中的正投影法绘制。因此，正投影法的原理是绘制机械图样的理论基础。后面章节中所说的投影法，如果无特别说明，就都是指正投影法。

3.1.3　正投影法的基本特性

1．存真性

当直线或平面与投影面平行时，直线在该投影面上的投影为实长、平面在该投影面上的投影为实形，如图 3-4（a）所示。

2．积聚性

当直线或平面与投影面垂直时，直线的投影积聚为一点、平面的投影积聚成一条直线，如图 3-4（b）所示。

3．类似性

当直线或平面与投影面倾斜时，直线的投影仍为一条直线，但其长度小于直线的实长；平面的投影是小于平面实形的类似形，如图 3-4（c）所示。

4．从属性

如果点在直线（或平面）上，则点的投影必在该直线（或平面）的同面投影上；如果直线在平面上，则该直线的投影必在该平面的同面投影上，如图 3-4（d）所示。

5．平行性

空间平行的两条直线的同面投影仍互相平行，如图 3-4（e）所示。

6．定比性

直线上的点分割线段之比等于点的投影分割线同面投影之比，如图 3-4（f）所示。

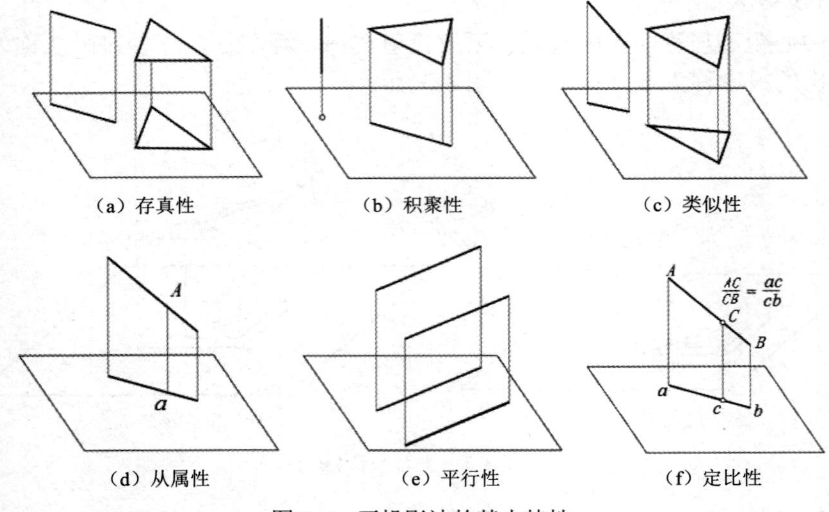

图 3-4　正投影法的基本特性

3.1.4　工程上常用的投影图

1．透视投影图

用中心投影法将物体投射在单一投影面上所得的图形称为透视投影图，又称透视图或透视，如图 3-5（a）所示。透视图的立体感强，但度量性差，因而常用于绘制建筑物或产品的立体图。随着计算机绘图的广泛应用，透视图在工程上的应用也越来越广泛。

2．轴测投影图

将物体连同其参考直角坐标系沿不平行于任一坐标平面的方向，用平行投影法将其投射在单一投影面上所得的图形称为轴测投影图，简称轴测图，如图 3-5（b）所示。轴测图的立体感强、直观性好、容易看懂，但绘图复杂、度量性差，在机械工程中常作为表达物体直观形状的辅助图样。

3. 标高投影图

在工程上，当表达一些较复杂的物体形状时，常采用一系列与投影面平行且等距离的平面截切，然后将截面线向投影面进行正投影，并在投影面上标注出某些特征面、线及控制点的高程数值，这种用在水平投影上加注特征面、线及控制点的高程数值的单面正投影来表示空间形体的图示法称为标高投影，如图 3-5（c）所示。标高投影图的画法较简单，但立体感差，主要用于绘制复杂曲面、地形图等。

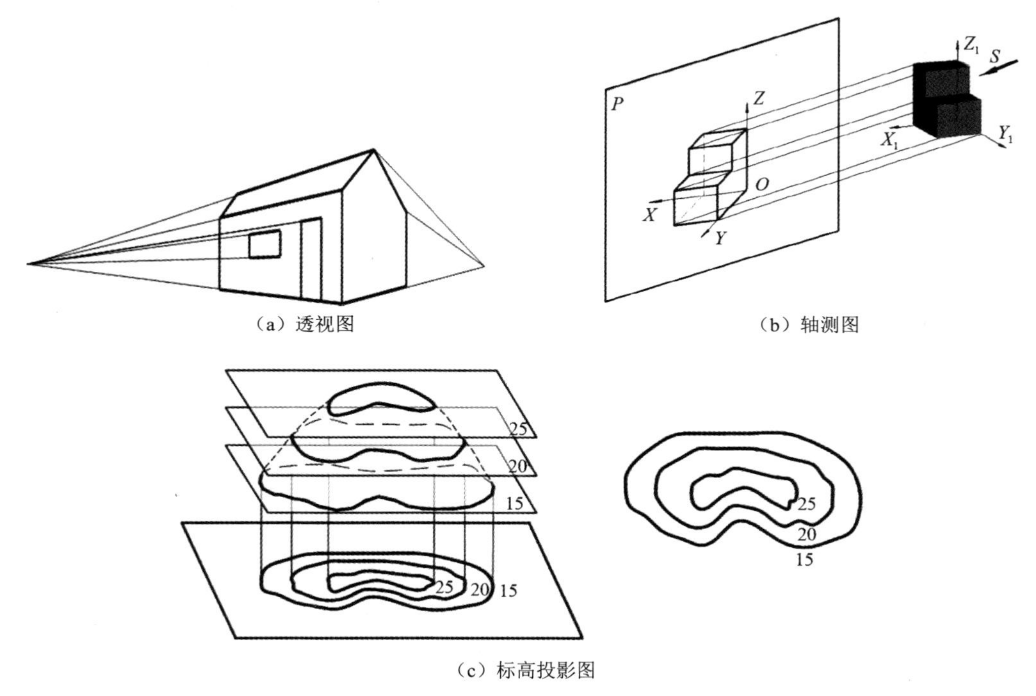

（a）透视图　（b）轴测图

（c）标高投影图

图 3-5　工程上常用的投影图

4. 多面正投影图

在同一平面上绘制的空间物体同时向多个相互正交的投影面投射所形成的各正投影图称为多面正投影图。图 3-6 为一个正六棱柱的三面正投影图。多面正投影图能反映物体的真实形状和大小，具有度量性好、作图简单等优点，因此，工程上常用正投影绘制工程图样，这是这门课程的学习重点。

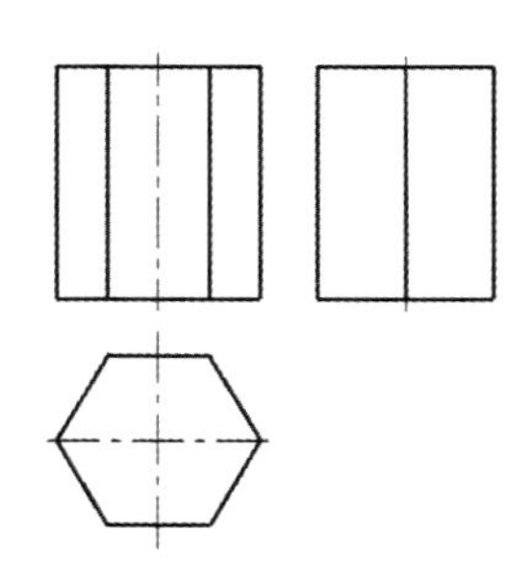

图 3-6　正六棱柱的三面正投影图

3.2 点的投影

对于任何物体，无论它具有怎样的构形，都可以将其看成是由几何元素（点、直线、平面）依据一定的几何关系组合而成的，而点又是其中最基本的几何元素，因此，研究物体的投影方法应从点开始。

如图 3-7 所示，由空间点 A 作垂直于投影面 P 的投射线，与投影面 P 交得唯一的投影 a。反之，若已知点 A 的投影 a，则在从点 a 所作的平面 P 的垂线上的任意点（如 A_0）的投影都与 a 重合，此时如果不补充其他条件，就不能唯一确定点 A 的空间位置。因此，常将几何形体放置在几个投影面之间，以形成多面正投影图。

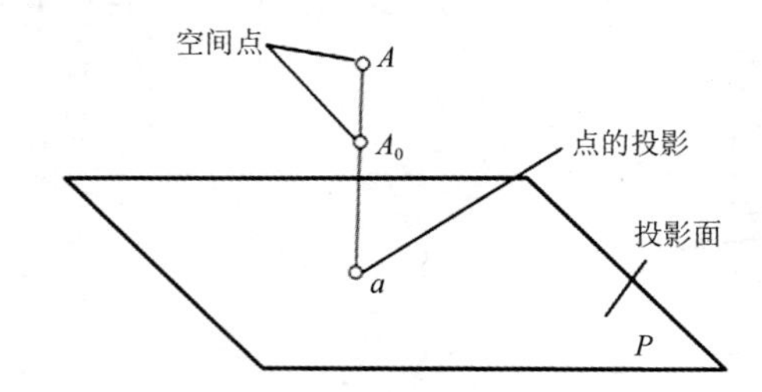

图 3-7 一个点的投影不能确定点的空间位置

3.2.1 点在三投影面体系中的投影

1. 点的投影规律

如图 3-8 所示，设立互相垂直且相交的正立投影面（简称正面或 V 面）、水平投影面（简称水平面或 H 面）和侧立投影面（简称侧面或 W 面），以此组成三投影面体系。相互垂直的投影面的交线称为投影轴。V 面与 H 面的交线为 OX 轴，V 面与 W 面的交线为 OZ 轴，W 面与 H 面的交线为 OY 轴，三个投影轴相互垂直，其交点 O 称为原点。

如图 3-8（a）所示，由空间点 A 分别作垂直于 V 面、H 面、W 面的投射线，得到点 A 的正面投影 a'、水平投影 a、侧面投影 a''（规定用大写字母作为空间点的符号、水平投影用相应的小写字母表示、正面投影用相应的小写字母加一撇表示、侧面投影用相应的小写字母加两撇表示）。每两条投射线分别确定一个平面，它们与三个投影面分别相交，构成一个长方体 $Aa a_x a' a_z a'' a_y O$。

沿 OY 轴分开 H 面和 W 面，V 面保持正立位置，将 H 面向下旋转、W 面向右旋转，使三个投影面展开成一个平面，如图 3-8（b）所示。这时，OY 轴成为 H 面上的 OY_H 和 W 面上的 OY_W，点 a_y 成为 H 面上的 a_{yH} 和 W 面上的 a_{yW}。因为在同一平面上，过 OX 轴上的点 a_x，只能作 OX 轴的一条垂线，所以点 a'、a、a_x 共线，即 $a'a \perp OX$，同理可得 $a'a'' \perp OZ$。由于 H 面和 W 面在沿 OY 轴分开后，分别绕 OX 轴和 OZ 轴旋转，与 V 面成为一个平面，因此可得出下述关系：$a_{yH}a \perp OY_H$，$a_{yW}a'' \perp OY_W$，$Oa_{yH}=Oa_{yW}$。

投影图如图 3-8（c）所示，在实际作图时，不必画出投影面的边框。为了作图方便，可作过 O 点的 45°辅助线，$a_{yH}a$、$a_{yW}a''$的延长线必与这条辅助线交于一点。

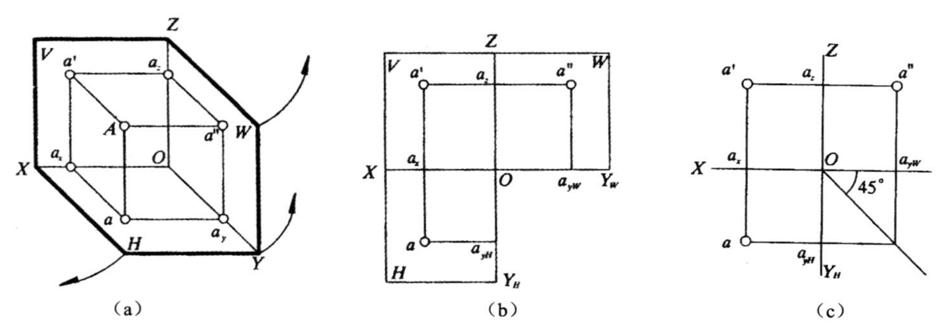

（a）　　（b）　　（c）

图 3-8　点在三投影面体系中的投影

若将投影面体系看作直角坐标系，则投影轴、投影面、点 O 分别是坐标轴、坐标面和坐标原点，在图 3-9（a）中，各轴的箭头指向表示坐标轴的正方向。由于长方体 $Aa a_x a' a_z a'' a_y O$ 的每组平行边分别相等，因此可得出空间点 A 的投影与坐标的关系如下。

（1）点 A 到 W 面的距离 $Aa''=a'a_z=a_ya$ =点 A 的 x 坐标。

（2）点 A 到 V 面的距离 $Aa'=aa_x=a''a_z$ =点 A 的 y 坐标。

（3）点 A 到 H 面的距离 $Aa=a'a_x=a''a_y$ =点 A 的 z 坐标。

从图 3-9（b）中可以看出，点 A 的正面投影既反映了该点至 W 面的距离，又反映了该点至 H 面的距离，因而 a' 由 x、z 坐标决定。同样，点 A 的水平投影 a 由 A 的 x、y 坐标决定；点 A 的侧面投影 a'' 由点 A 的 y、z 坐标决定。总之，已知一点的坐标 (x,y,z)，便可确定该点的投影；反之，已知一点的投影，也可从图上量得该点相应的坐标。

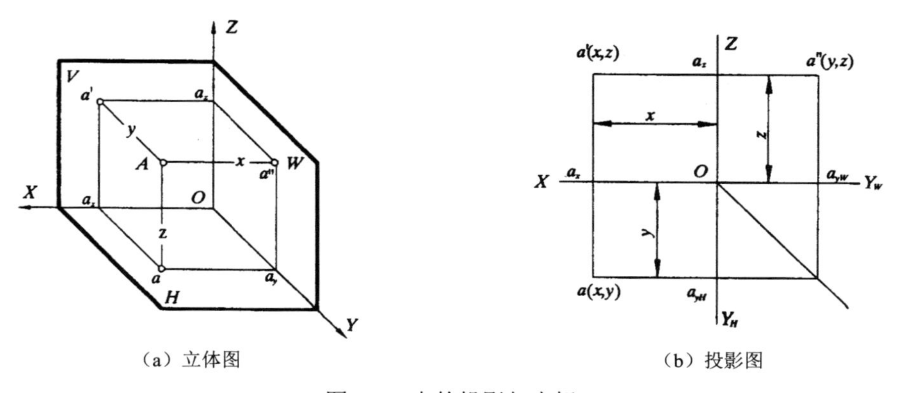

（a）立体图　　（b）投影图

图 3-9　点的投影与坐标

由此概括得到点的三面投影规律如下。

（1）点的投影的连线垂直于投影轴。

除了 $a'a \perp OX$ 和 $a'a'' \perp OZ$，还应注意到，点的 H 面投影与 W 面投影的连线分为两段，在 H 面上的一段垂直于 H 面上的 OY_H 轴，在 W 面上的一段垂直于 W 面上的 OY_W 轴，且 $Oa_{yH}=Oa_{yW}$ 或两点交于过点 O 的 45°辅助线上。

（2）点的投影到投影轴的距离等于点的坐标，即该点与对应的相邻投影面的距离。

由此可知，只要已知一点的两面投影，就可确定它的坐标，也可确定它的第三面投影。

2．投影面和投影轴上的点的投影

V 面上的点 A、H 面上的点 B、W 面上的点 C 的立体图和投影图如图 3-10 所示。从图 3-10

中可以看出，投影面上的点的投影和坐标具有下述特性：投影面上的点的投影的一个坐标为 0；在该投影面上的投影与该点重合，在相邻投影面上的投影分别在相应的投影轴上。

值得注意的是，*H* 面上的点 *B* 的 *W* 面投影 *b″*在 *OY* 轴上，在投影图中，由于 *W* 面投影必定位于 *W* 投影面上，因此，*b″*必须画在 *W* 面的 OY_W轴上，而不能画在 *H* 面的 OY_H轴上。同理，*W* 面上的点 *C* 的 *H* 面投影必须画在 *H* 面的 OY_H轴上。

在图 3-10 中，*D* 点恰好在 *OZ* 轴上，从图中可以得出投影轴上的点的投影和坐标具有下述特性：投影轴上的点有两个坐标为 0；在包含这条轴的两个投影面上的投影都与该点重合，在另一投影面上的投影与点 *O* 重合。

值得注意的是，*OY* 轴上的点的 *H* 面投影应画在 *H* 面的 OY_H轴上，而它的 *W* 面投影则应画在 *W* 面的 OY_W轴上，且两者与原点 *O* 的距离相等。

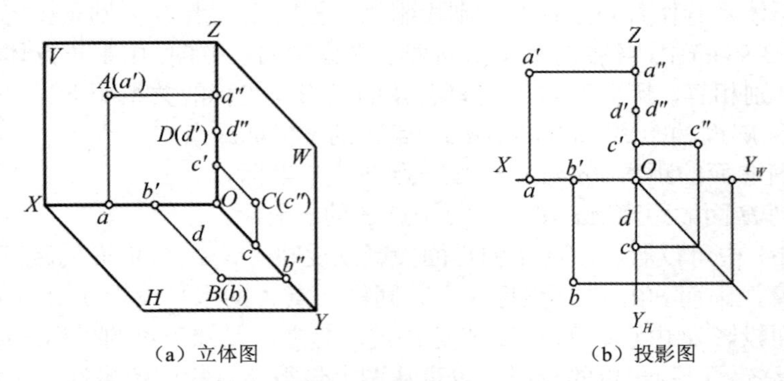

图 3-10　投影面和投影轴上的点的投影

3.2.2　两点的相对位置

三面投影可直接反映出空间两点的相对位置，*H* 面投影反映出它们的左右、前后关系，*V* 面投影反映出它们的上下、左右关系，*W* 面投影反映出它们的上下、前后关系。因此，在三面投影体系中，可用两点的同面投影的坐标差来判断它们的相对位置。如图 3-11 所示，两点的左右位置关系由两点的 *x* 坐标差 Δx 确定；前后位置关系由两点的 *y* 坐标差 Δy 确定；上下位置关系由两点的 *z* 坐标差 Δz 确定。反之，若已知两点的相对位置及其中一个点的投影，则可得出另一点的投影。

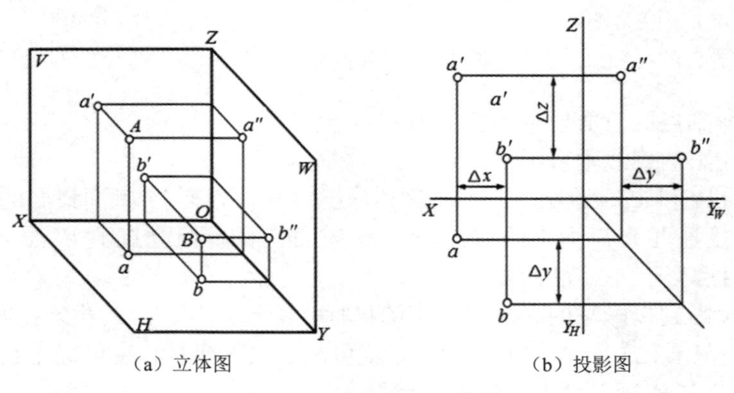

图 3-11　两点的相对位置

注 意

由于投影图是 H 面绕 OX 轴向下旋转、W 面绕 OZ 轴向右旋转形成的，因此，对于水平投影而言，由 OX 轴向下表示向前；对侧面投影而言，由 OZ 轴向右也表示向前。

3.2.3　重影点

当两点处于某一投影面的同一条投射线上时，它们有两个坐标相同。此时，它们在该投射线所垂直的投影面上的投影重合，此两点称为对该投影面的重影点。重影点有两个坐标相同、一个坐标不相同，重合投影的可见性用其不相同的坐标来判断，即不相同的坐标大者可见。如图 3-12 所示，A、B 两点位于 H 投影面的同一条投射线上，为 H 面的重影点，因为 $z_A > z_B$，所以 a 可见、b 不可见，用圆括号将 b 括起来。

由此不难推出，V 面重影点的 y 坐标不同，因此，y 坐标大者可见、y 坐标小者不可见；W 面重影点的 x 坐标不同，因此，x 坐标大者可见，x 坐标小者不可见。总之，对于 V 面、H 面、W 面的重影点的可见性，应分别是前遮后、上遮下、左遮右。

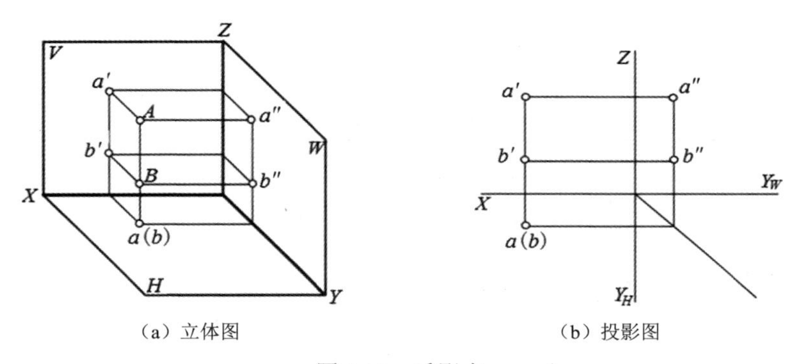

（a）立体图　（b）投影图

图 3-12　重影点

3.3　直线的投影

3.3.1　直线投影的画法

直线的投影在一般情况下仍为直线；特殊情况下，直线的投影积聚为一点。直线的投影可由直线上两点（通常取线段的两个端点）的同面投影确定。如图 3-13（a）所示，在求作直线 AB 的三面投影时，可分别作 A、B 两端点的投影(a、a'、a'')、(b、b'、b'')，如图 3-13（b）所示，然后将其同面投影连接起来即得直线 AB 的三面投影(ab、$a'b'$、$a''b''$)，如图 3-13（c）所示。

直线与其投影面上的投影之间的夹角称为直线与该投影面的夹角。直线与 H 面、V 面、W 面的夹角分别用 α、β、γ 表示，如图 3-13（a）所示。

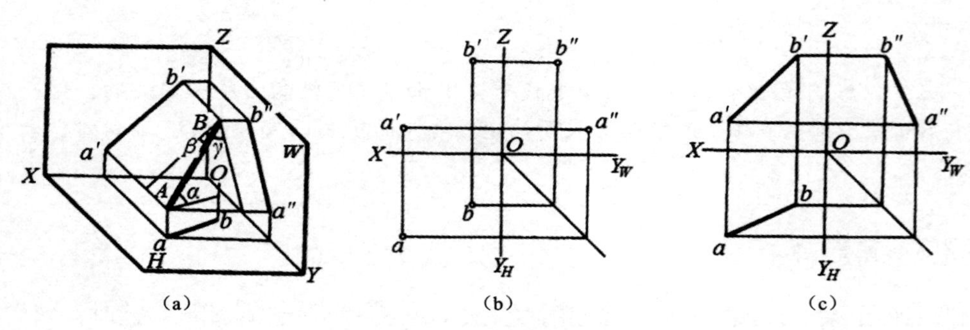

图 3-13　直线的投影及画法

3.3.2　各种位置直线的投影特性

在三投影面体系中，根据直线与投影面的相对位置，可将直线分为三类：投影面平行线、投影面垂直线和一般位置直线。其中，投影面平行线和投影面垂线又称特殊位置直线。

1．投影面平行线

平行于某一投影面且与另外两个投影面倾斜的直线称为投影面平行线。其中，平行于 V 面的直线称为正平线，平行于 H 面的直线称为水平线，平行于 W 面的直线称为侧平线，如表 3-1 所示。

表 3-1　投影面平行线

直线的位置	立　体　图	投　影　图	特　　性
平行于 H 面（水平线）			（1）$a'b'$ // OX，$a''b''$ // OY_W （2）$ab=AB$ （3）反映 β、γ 实角
平行于 V 面（正平线）			（1）ab // OX，$a''b''$ // OZ （2）$a'b'=AB$ （3）反映 α、γ 实角
平行于 W 面（侧平线）			（1）$a'b'$ // OZ，ab // OY_H （2）$a''b''=AB$ （3）反映 α、β 实角

根据表 3-1，可总结归纳出投影面平行线的投影特性如下。

（1）在其平行的投影面上的投影反映实长，而且在该投影面上反映出直线与另外两投影面的倾角。

（2）直线在另外两个投影面上的投影均平行于相应的投影轴，它们的投影长度小于直线实长。

2．投影面垂直线

垂直于某一投影面，即与另外两个投影面都平行的直线称为投影面垂直线。其中，垂直于 V 面的直线称为正垂线，垂直于 H 面的直线称为铅垂线，垂直于 W 面的直线称为侧垂线，如表 3-2 所示。

表 3-2　投影面垂直线

直线的位置	立体图	投影图	特性
垂直于 H 面（铅垂线）	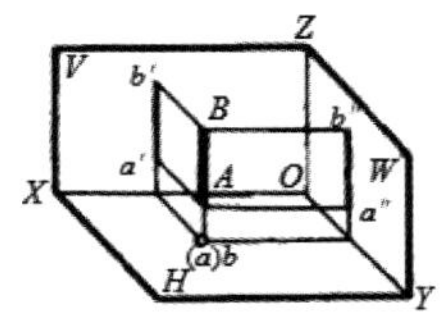	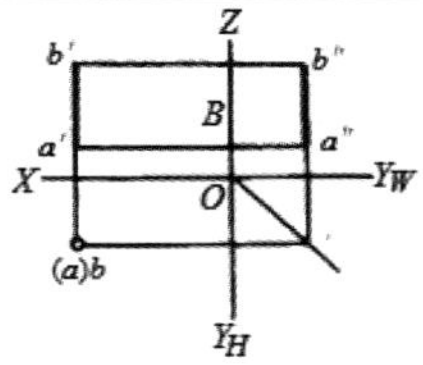	（1）ab 积聚成一点 （2）$a'b' \perp OX$，　$a''b'' \perp OY_W$ （3）$a'b'= a''b''=AB$
垂直于 V 面（正垂线）	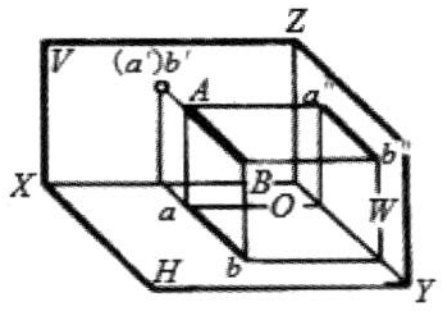	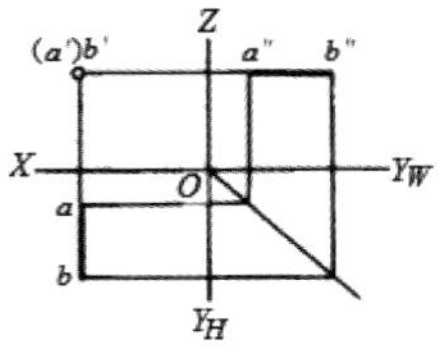	（1）$a'b'$积聚成一点 （2）$ab \perp OX$，　$a''b'' \perp OZ$ （3）$ab= a''b''=AB$
垂直于 W 面（侧垂线）	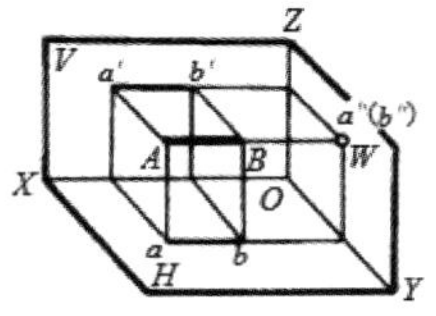	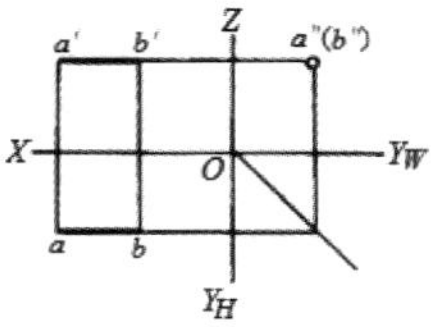	（1）$a''b''$积聚成一点 （2）$ab \perp OY_H$，$a'b' \perp OZ$ （3）$ab= a'b'=AB$

根据表 3-2，可总结归纳出投影面垂直线的投影特性如下。

（1）在其垂直的投影面上，投影积聚成一点。

（2）另外两个投影反映直线实长，且垂直于相应的投影轴。

3．一般位置直线

与三个投影面都倾斜的直线称为一般位置直线。如图 3-13（a）所示，直线 AB 与 H 面、V 面、W 面的倾角分别为 α、β、γ，直线 AB 的两个端点 A、B 在左右、前后、上下三个方向上相应的坐标差都不等于 0，因此，直线 AB 的三个投影都倾斜于投影轴。由于直线的实长、投影长度和倾角之间的关系为：$ab=AB\cos\alpha$；$a'b'=AB\cos\beta$；$a''b''=AB\cos\gamma$，且 α、β、γ 均大于 0°且小于 90°，因此，直线的三个投影 ab、$a'b'$、$a''b''$均小于直线实长。

一般位置直线的投影特性如下。

（1）直线的三个投影都倾斜于投影轴且都小于直线实长。

（2）各个投影与投影轴的夹角均不反映直线对该投影面的倾角。

3.3.3　直线上的点的投影特性

1．从属性

如果点在直线上，则其投影必在直线的同面投影上；反之，若点的投影在直线的各面投影上，则该点必在直线上。

如图 3-14（a）所示，如果点 C 在直线 AB 上，则 c' 在 $a'b'$ 上、c 在 $a\,b$ 上、c'' 在 $a''b''$ 上。

2．定比性

线段上的点分线段长度之比等于点的投影分线段投影长度之比。在图 3-14（a）中，点 C 在线段 AB 上，则 $AC:CB= ac: cb = a'c':c'b'= a''c'':c''b''$。

【例 3-1】 如图 3-14（b）所示，判断空间点 K 是否在直线 AB 上。

分析：在图 3-14（b）中，虽然点 K 的两面投影在 AB 的同面投影上，但 AB 为侧平线，故不能直接判定点 K 是否在直线 AB 上。

方法一：作直线 AB 与点 K 的侧面投影，如图 3-14（c）所示，显然 k'' 不在 a''b″上，因此可判定点 K 不在直线 AB 上。

方法二：根据定比性判断。若点 K 在直线 AB 上，则点 K 分 AB 为 AK 和 KB 两段，其正面投影之比应等于水平投影之比。因此，过 a' 作一条直线 $a'd$，使之等于 ab，并取 $a'e=a\,k$，连接 $b'd$，过 k' 作 $k'c\,/\!/\,b'd$，如图 3-14（d）所示，交 $a'd$ 于 c，c 与 e 不重合，即 $a'k':k'b'\neq ak:kb$，因此点 K 不在直线 AB 上。

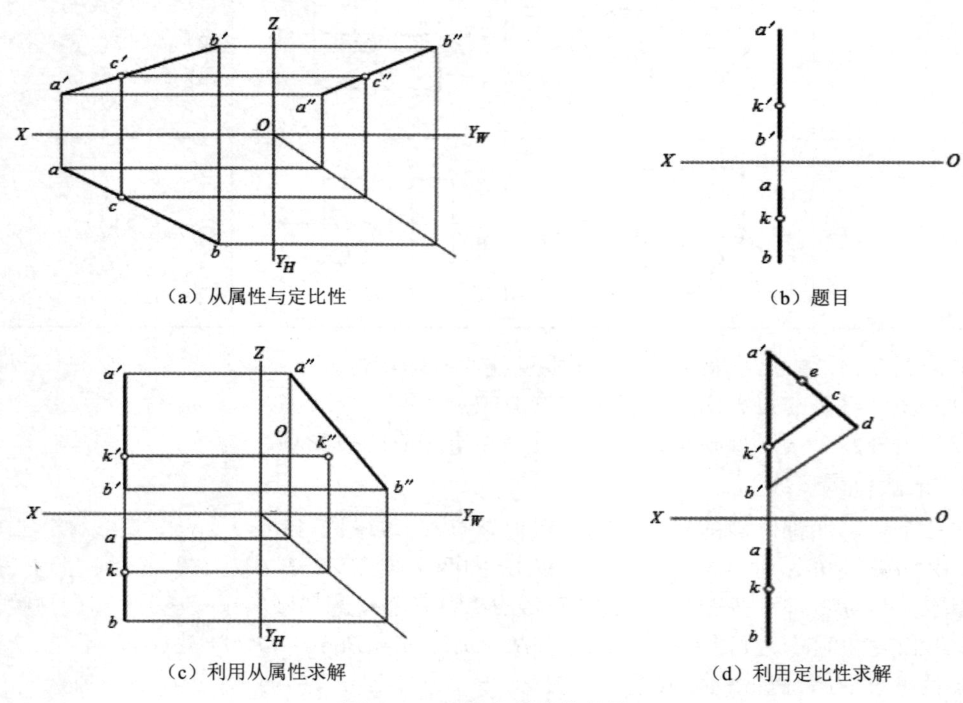

图 3-14　直线上的点的投影

3.3.4　两直线的相对位置

空间两直线的相对位置有三种情况：平行、相交和交叉。其中，交叉两直线又称异面两直线，它们既不平行也不相交。

1．平行两直线

根据平行投影法的投影特性，空间两平行直线的投影必定互相平行，如图 3-15（a）所示。反之，如果两直线的各个同面投影都互相平行，则此两直线在空间也互相平行。

在一般情况下，只要两直线的任意两对同面投影互相平行，就能判定这两直线在空间是互相平行的，如图 3-15（b）所示。但也有特殊情况，如图 3-15（c）所示，*EF*、*GH* 都是侧平线，虽然 $e'f' \parallel g'h'$、$ef \parallel gh$，但因为 $e''f''$不平行于 $g''h''$，所以 *EF* 不平行于 *GH*。

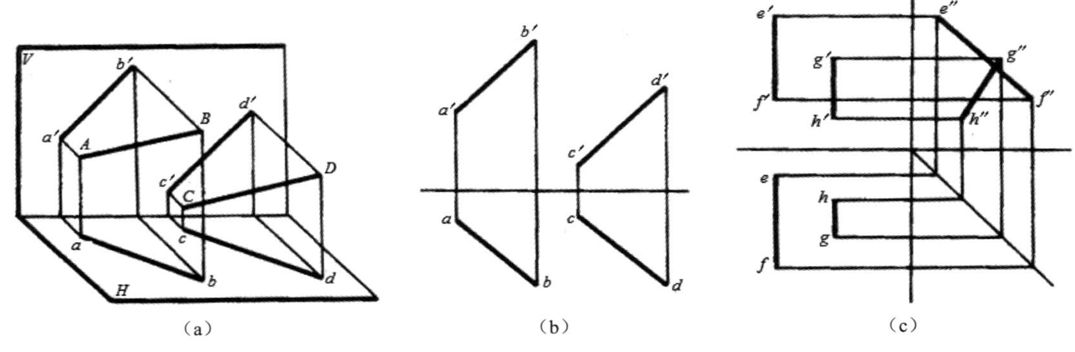

图 3-15　平行两直线的投影

2．相交两直线

若空间两直线相交，则其同面投影必定相交，而且其交点必符合一个点的投影规律。反之亦然。

如图 3-16 所示，直线 *AB* 与 *CD* 相交于点 *K*，在投影图上，$a'b'$与 $c'd'$、*ab* 与 *cd* 也必相交，它们的交点 k'和 *k* 的连线必然垂直于 *OX* 轴，符合点的投影规律。

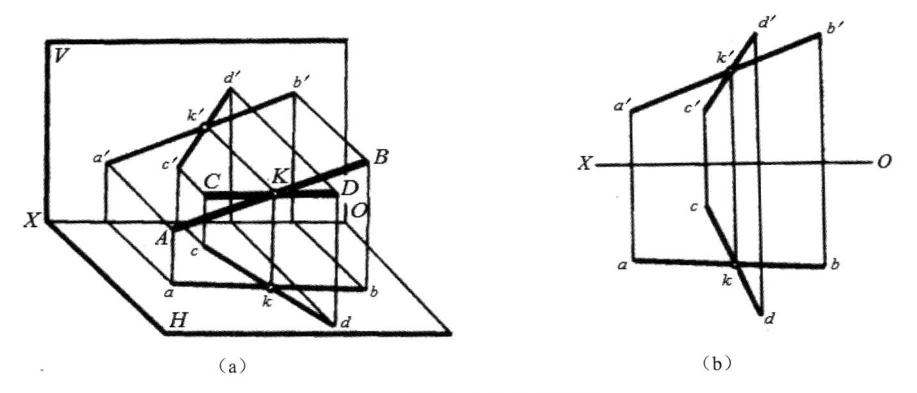

图 3-16　相交两直线的投影

3．交叉两直线

既不平行又不相交的两直线称为交叉两直线。交叉两直线的投影可能有一对或两对，甚至三对相交，但交点不符合点的投影规律，如图 3-17（a）所示；也可能有一对或两对投影互相平行，但决不会出现三对同面投影都互相平行的情况，如图 3-17（b）所示。

交叉两直线的同面投影的交点实际是对该投影面的一对重影点，可以利用它判断两直线的相对位置，如图 3-17（a）所示，*E*、*F* 两点的水平投影重影，由于 $z_E > z_F$，所以 *e* 可见、*f* 不可见；*M*、*N* 两点的正面投影重影，因为 $y_M > y_N$，所以 m'可见、n'不可见。

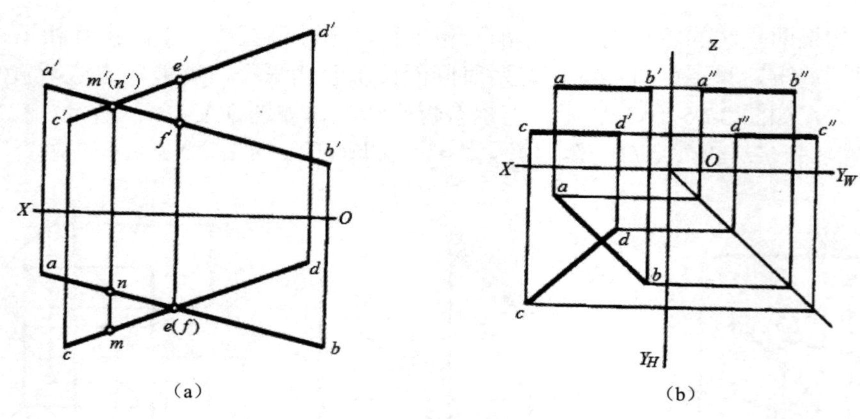

图 3-17　交叉两直线的投影

3.4　平面的投影

3.4.1　平面的表示方法

1．用几何元素表示平面

由初等几何学可知，不属于同一直线上的三点可确定一个平面。因此，在投影图上，下列各组几何元素的投影均可以表示平面。

（1）不属于同一直线上的三点，如图 3-18（a）所示。

（2）一直线和不属于该直线的一点，如图 3-18（b）所示。

（3）相交两直线，如图 3-18（c）所示。

（4）平行两直线，如图 3-18（d）所示。

（5）任意平面图形，如图 3-18（e）所示。

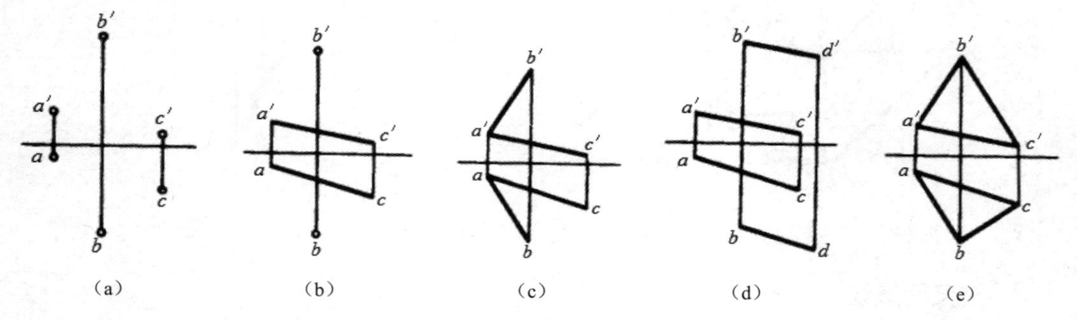

图 3-18　用几何元素表示平面

2．用迹线表示平面

当空间平面与投影面相交时，其交线称为该平面的迹线。常用平面名称的大写字母并附加投影面名称的下角标来表示迹线。如图 3-19 所示，平面 P 与 V 面的交线称为正面迹线，用 P_V 表示；平面 P 与 H 面的交线称为水平迹线，用 P_H 表示；平面 P 与 W 面的交线称为侧面迹线，用 P_W 表示。每对迹线与相应的投影轴分别交于点 P_x、P_y、P_z，称为迹线集合点。

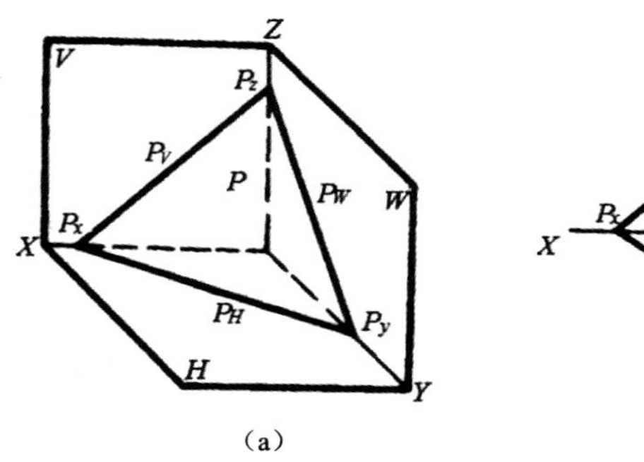

（a）

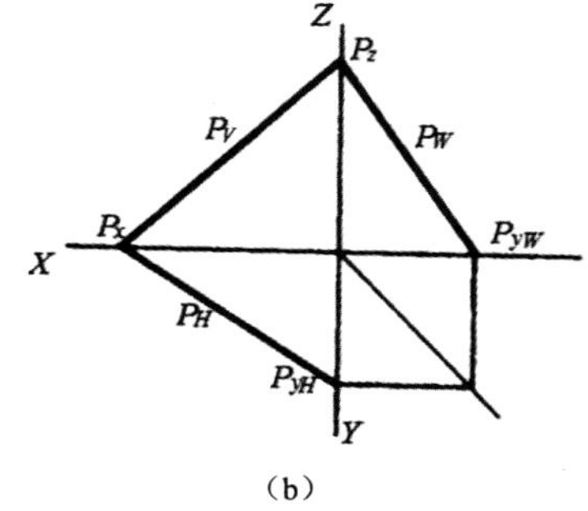

（b）

图 3-19　用迹线表示平面

注 意

在如图 3-19（b）所示的平面投影图中，P_V、P_H、P_W 是平面 P 内的三条直线，并不是一条直线的三面投影，每条直线的另外两个投影均在相应的投影轴上，不必画出。

3.4.2　各种位置平面的投影特性

在三投影面体系中，根据平面与投影面的相对位置，可将平面分为三类：投影面平行面、投影面垂直面和一般位置平面。其中，投影面平行面和投影面垂直面又称特殊位置平面。平面与 H 面、V 面、W 面的倾角分别用 α、β、γ 表示。当平面平行于投影面时，倾角为 0°；当平面垂直于投影面时，倾角为 90°；当平面倾斜于投影面时，倾角大于 0°且小于 90°。

1．投影面垂直面

只垂直于一个投影面（倾斜于另外两个投影面）的平面为投影面垂直面，分为铅垂面、正垂面和侧垂面。各种投影面垂直面的投影特性如表 3-3 所示。

表 3-3　各种投影面垂直面的投影特性

平面的名称	立　体　图	投　影　图	特　　性
铅垂面（垂直于 H 面，对 V 面、W 面倾斜）			（1）水平投影积聚成直线，并反映真实倾角 β、γ （2）正面投影、侧面投影与原平面图形的形状类似，但比实形小
正垂面（垂直于 V 面，对 H 面、W 面倾斜）			（1）正面投影积聚成直线，并反映真实倾角 α、γ （2）水平投影、侧面投影与原平面图形的形状类似，但比实形小

续表

平面的名称	立体图	投影图	特性
侧垂面（垂直于 W 面，对 H 面、V 面倾斜）	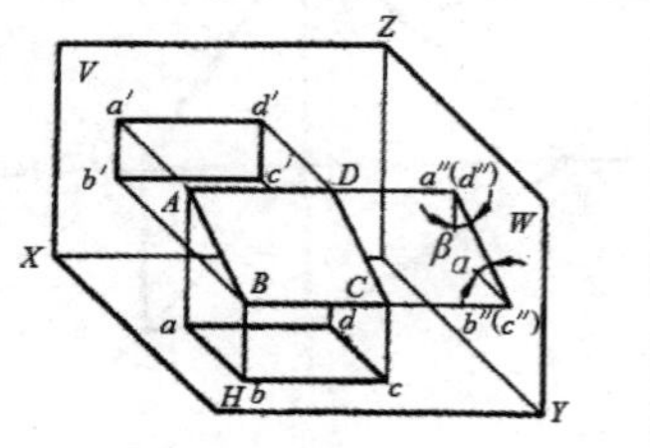	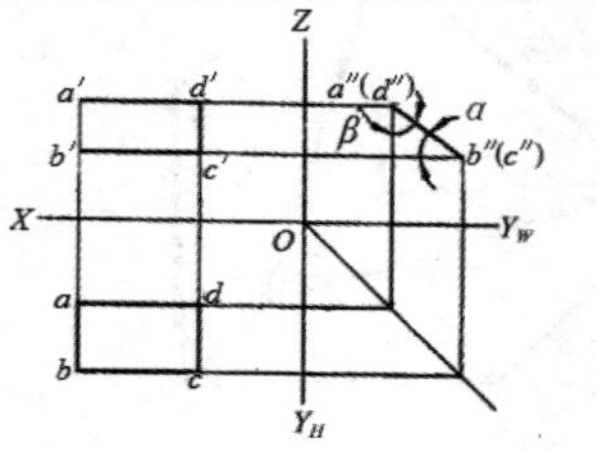	（1）侧面投影积聚成直线，并反映真实倾角 α、β （2）正面投影、水平投影与原平面图形的形状类似，但比实形小

投影面垂直面的投影特性：若平面垂直于某投影面，则它在该投影面上的投影积聚为一条直线；这条直线（积聚投影）与投影轴的夹角反映该平面对另两个投影面的倾角；在其他两个投影面上的投影都比实形小，但与原平面图形的形状类似。

2．投影面平行面

只平行于一个投影面（垂直于另外两个投影面）的平面为投影面平行面，分为水平面、正平面和侧平面。各种投影面平行面的投影特性如表 3-4 所示。

表 3-4　各种投影面平行面的投影特性

平面的名称	立体图	投影图	特性
水平面（平行于 H 面，垂直于 V 面、W 面）	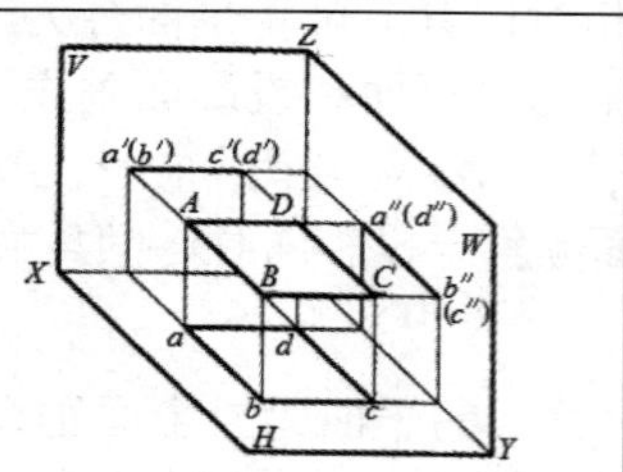	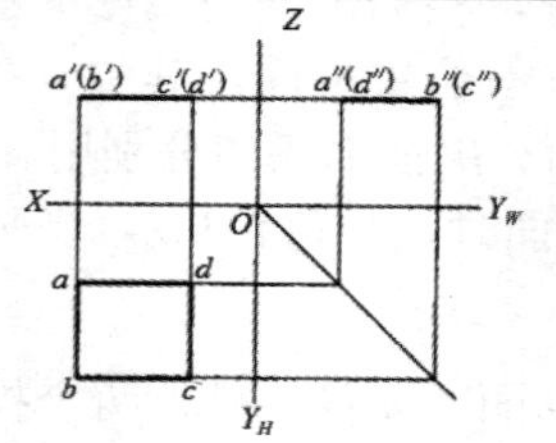	（1）水平投影反映实形 （2）正面投影与侧面投影分别积聚成直线，且正面投影平行于 OX 轴、侧面投影平行于 OY_W 轴
正平面（平行于 V 面，垂直于 H 面、W 面）	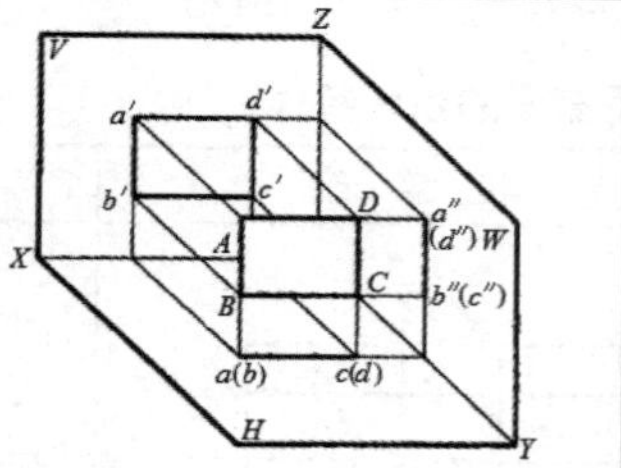	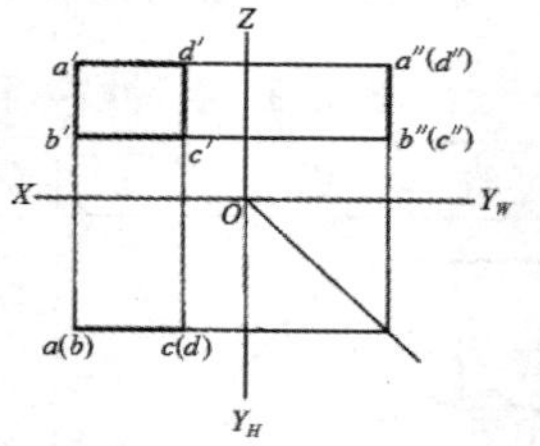	（1）正面投影反映实形 （2）水平投影与侧面投影分别积聚成直线，且水平投影平行于 OX 轴、侧面投影平行于 OZ 轴
侧平面（平行于 W 面，垂直于 H 面、V 面）	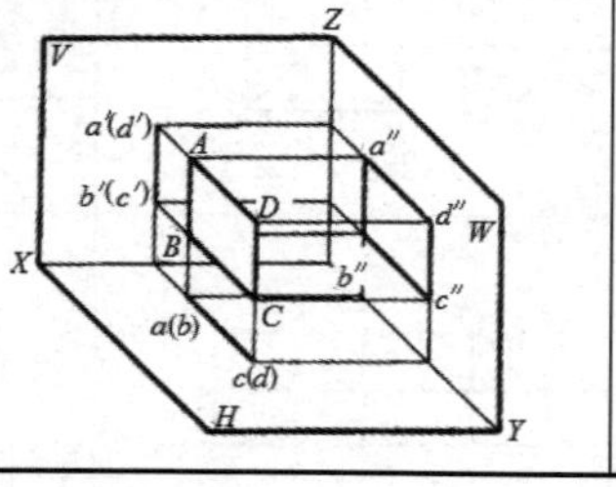	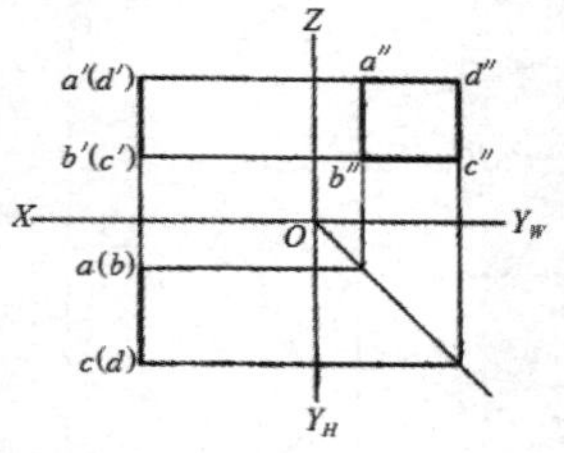	（1）侧面投影反映实形 （2）水平投影与正面投影分别积聚成直线，且正面投影平行于 OZ 轴、侧面投影平行于 OY_H 轴

投影面平行面的投影特性：若平面平行于某投影面，则它在该投影面上的投影反映实形；其他两个投影各积聚为一条直线，且分别平行于该投影面包含的投影轴。

3．一般位置平面

与三个投影面都倾斜的平面称为一般位置平面。如图 3-20 所示，由△*ABC* 确定的平面与 *V* 面、*H* 面、*W* 面均处于倾斜位置，它的三面投影都没有积聚性，也不反映△*ABC* 的实形，并且其三面投影都是比△*ABC* 面积小的三角形，即其类似形。

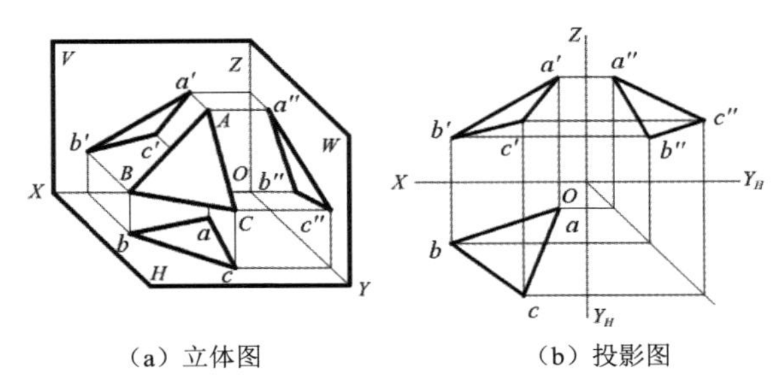

（a）立体图　　（b）投影图

图 3-20　一般位置平面

3.4.3　平面上的点和直线

点和直线在平面上的几何条件如下。

（1）如果点在平面上，则该点必定在这个平面的一条直线上。

（2）如果直线在平面上，则该直线必定通过这个平面上的两个点，或者通过这个平面上的一个点，且平行于这个平面上的另一条直线。

如图 3-21（a）所示，点 *D* 在平面 *ABC* 的直线 *AB* 上，可得点 *D* 在平面 *ABC* 上。

如图 3-21（b）所示，直线 *DE* 通过平面 *ABC* 上的两个点 *D*、*E*，可得直线 *DE* 在平面 *ABC* 上。

如图 3-21（c）所示，直线 *DE* 通过平面 *ABC* 上的点 *D*，且平行于平面 *ABC* 上的直线 *BC*，可得直线 *DE* 在平面 *ABC* 上。

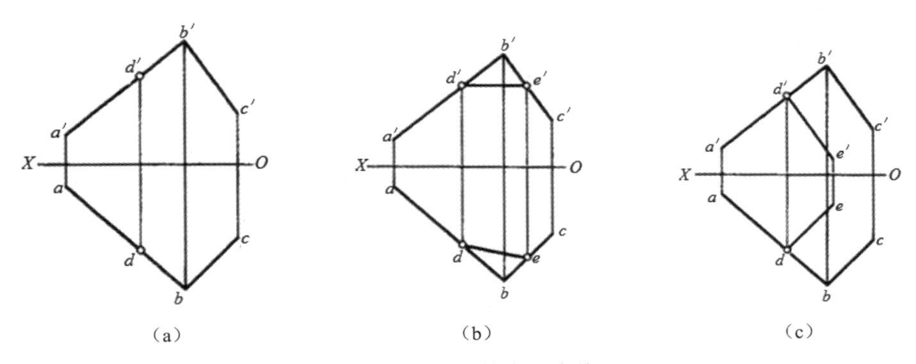

（a）　　（b）　　（c）

图 3-21 平面上的点和直线

因此，可以根据实际需要判定点或直线是否在平面上；也可以在平面上进行定点或定直线。在一般情况下，如果要在平面上取点，则首先必须在平面内取直线，然后在直线上取点；如果要在平面上取线，则首先必须在平面上的已知线上取点。

【例 3-2】　如图 3-22（a）所示，判定点 *K* 是否在平面 *ABC* 上。

解：根据点在平面上的条件，若点 *K* 位于平面 *ABC* 的一条直线上，则点 *K* 在平面 *ABC*

内；否则，就不在平面 *ABC* 内。

判断过程如图 3-22（b）所示，连接 *CK* 的水平投影 *ck*，并延长到 *AB* 的水平投影 *ab* 上，相交于 *e*，据 *e* 求得其正面投影 *e'*，连接 *c'e'*，可以看出，点 *K* 的正面投影 *k'*不在 *CE* 的正面投影 *c'e'*上，即点 *K* 不在平面 *ABC* 内的直线 *CE* 上，因此，可判断出点 *K* 不在平面 *ABC* 内。

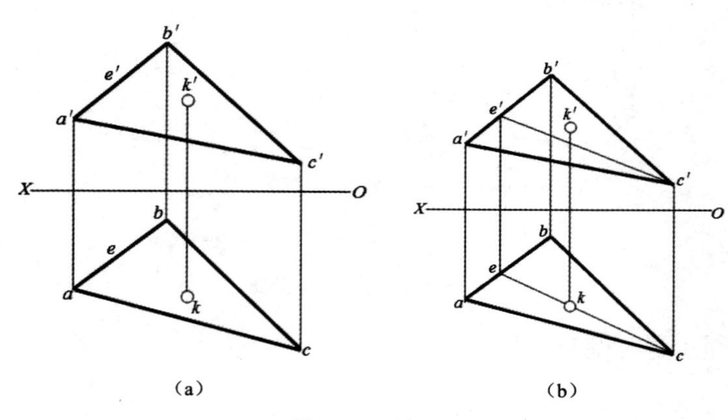

图 3-22　例 3-2

【例 3-3】 如图 3-23（a）所示，在平面 *ABC* 内作一条距 *V* 面 20mm 的正平线。

解：距 *V* 面 20mm 的正平线的水平投影一定平行于 *OX* 轴。因此，在平面 *ABC* 的水平投影上作 *mn* // *OX* 且距 *OX* 轴 20mm，按点的投影规律求出 *MN* 的正面投影 *m'n'*，如图 3-23（b）所示，*MN* 即所求正平线。

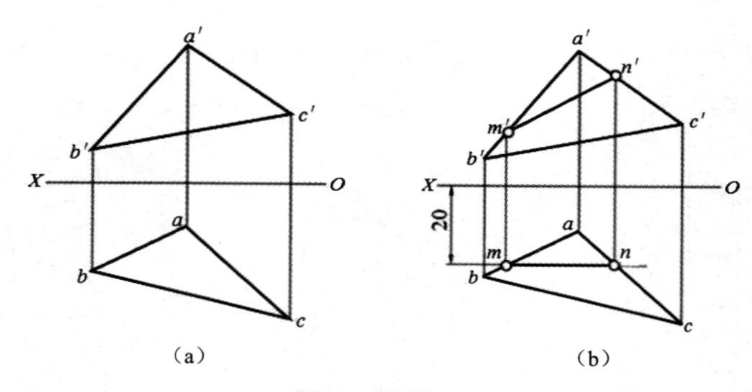

图 3-23　例 3-3

【例 3-4】 如图 3-24（a）所示，已知 *DC* 为正平线，试补全四边形 *ABCD* 的水平投影。

解法一：

因为 *DC* 为正平线，所以可以过 *a'*作 *a'e'* // *d'c'*，并与 *b'c'*交于 *e'*；因为 *DC* 为正平线，所以 *AE* 也为正平线，即 *ae* // *OX* 轴，利用点的投影规律可求出 *e*；因为点 *E* 在直线 *BC* 上，故 *e*、*b*、*c* 共线，即可求出 *c*；同样，因为 *dc* // *OX* 轴，故可求出 *d*，将 *b*、*c*、*d*、*a* 连接起来，完成作图，如图 3-24（b）所示。

解法二：

延长 *b'a'*和 *c'd'*并交于 *m'*，根据点 *M*、*A*、*B* 三点共线的规则，即可求出点 *M* 的水平

投影 m；又因为 M、C、D 三点共线，再根据 DC 为正平线，所以过 m 作 OX 轴的平行线，利用点的投影规律，即可将 c、d 求出来；最后将 b、c、d、a 连接起来，完成作图，如图 3-24（c）所示。

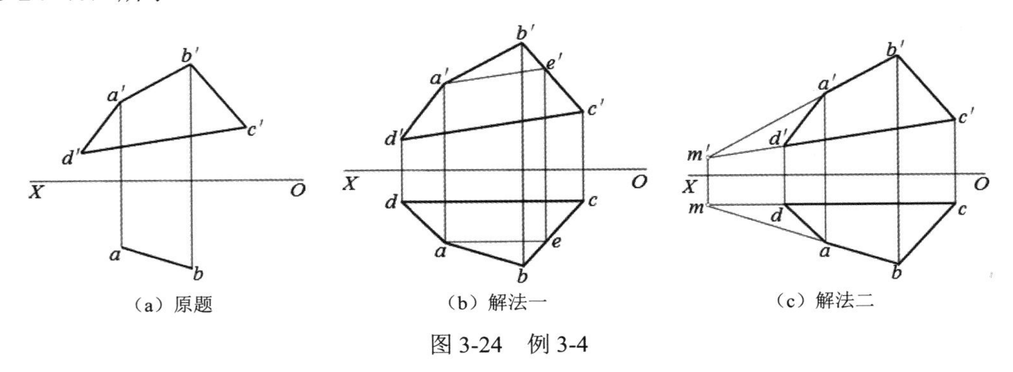

（a）原题　（b）解法一　（c）解法二

图 3-24　例 3-4

3.5　三视图的基础知识

根据正投影法，可以画出物体在一个投影面上的投影。根据有关标准和规定，用正投影法绘制出的物体的图形称为视图。如图 3-25 所示，三个不同的物体在一个投影面上的视图完全相同，这说明，仅有物体的一个视图，一般是不能确定空间物体的形状和结构的。如图 3-26 所示，两个不同的物体在两个投影面上的视图完全相同，这说明，两个视图有时也不能确定空间物体的形状和结构。因此，在机械制图中，采用多个视图的画法。一般情况下多采用三视图，如图 3-27 所示。

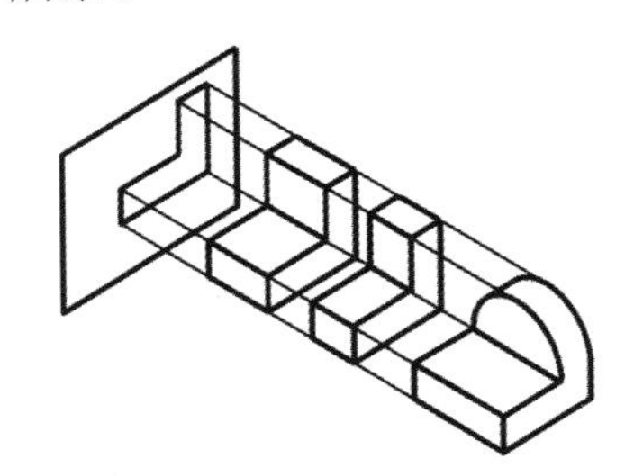

图 3-25　一个视图不能确定空间物体的形状和结构

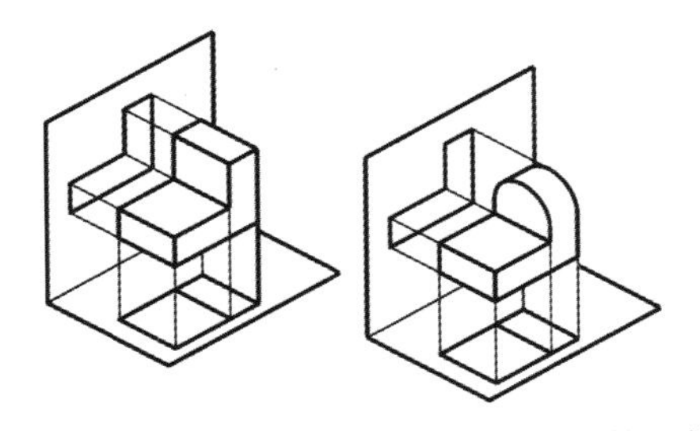

图 3-26　两个视图有时也不能确定空间物体的形状和结构

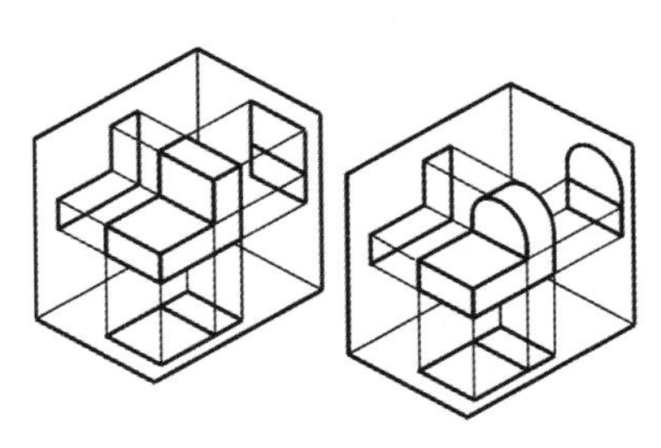

图 3-27　三视图

3.5.1 三视图的形成

将物体置于三投影面体系中，并分别向三个投影面进行投射，得到三个视图。其中，由前向后投射，在 *V* 面上所得的物体的正面投影称为主视图；由上向下投射，在 *H* 面上所得的物体的水平投影称为俯视图；由左向右投射，在 *W* 面上所得的物体的侧面投影称为左视图，如图 3-28 所示。

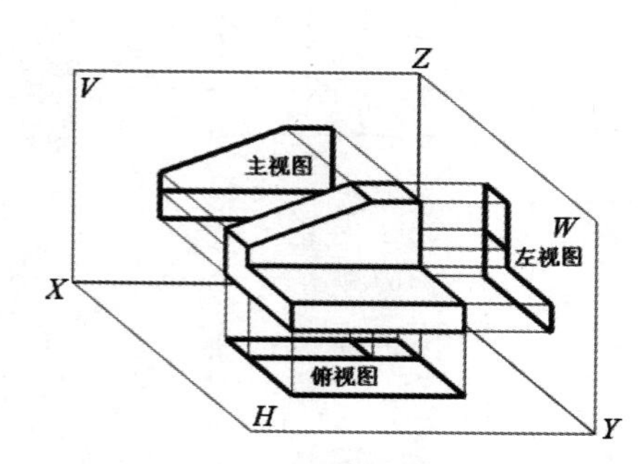

图 3-28 三视图的形成

3.5.2 三视图的展开

为了将三个视图画到同一张图纸上，必须将三个视图展开到一个平面上，其展开方式与前面三投影面体系的展开方式一样，如图 3-29 所示，主视图保持不动，将俯视图绕 *OX* 轴向下旋转 90°，将左视图绕 *OZ* 轴向右旋转 90°，使它们与主视图处于同一平面内。

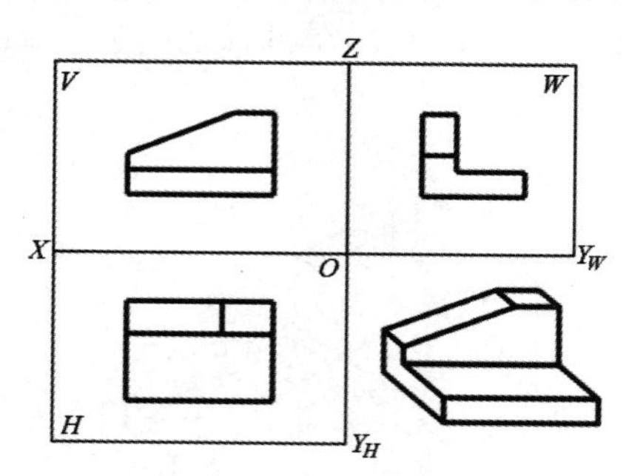

图 3-29 三视图的展开

3.5.3 三视图的投影规律

下面从三方面来说明三视图的投影规律。

1．三视图的位置关系

从三视图的形成过程及展开可以看出，三视图的位置是固定的，它们的位置关系是：以主视图为准，俯视图在主视图的正下方，左视图在主视图的正右方。

画三视图时必须按上述关系配置，这也叫作按投影关系配置视图，按此位置关系配置的三视图不需要注写名称。

2．三视图的对应关系

物体有长、宽、高三个方向的尺寸，通常规定：物体左右之间的距离为长；物体前后之间的距离为宽；物体上下之间的距离为高。由图 3-30 可知，主视图和俯视图同时反映物体的长度；主视图和左视图同时反映物体的高度；俯视图和左视图同时反映物体的宽度。同一个物体的长、宽、高都是一样的，因此，物体的三视图存在着如下对应关系。

（1）主视图和俯视图反映了物体同样的长度，即等长，物体在主视图和俯视图上的投影在长度方向上分别对正。

（2）主视图和左视图反映了物体同样的高度，即等高，物体在主视图和左视图上的投影在高度方向上分别平齐。

（3）俯视图和左视图反映了物体同样的宽度，即等宽，物体在左视图和俯视图上的投影在宽度方向上分别相等。

简言之：主视图和俯视图长对正；主视图和左视图高平齐；俯视图和左视图宽相等。

长对正、高平齐、宽相等是画图和看图必须遵循的最基本的投影规律。它不仅适用于整个物体的投影，也适用于物体上每个局部的投影，以及物体上任何点、线、面的投影。

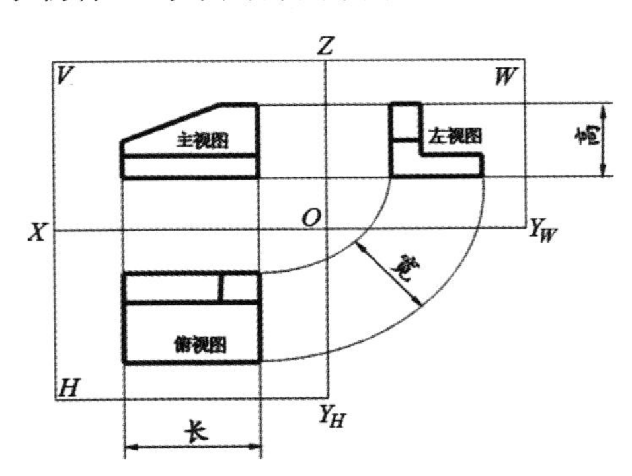

图 3-30　三视图的对应关系

3. 物体与三视图的方位关系

每个视图都表示物体在一个方向上的形状、在两个方向上的尺寸和在四个方位上的关系，如图 3-31 所示。

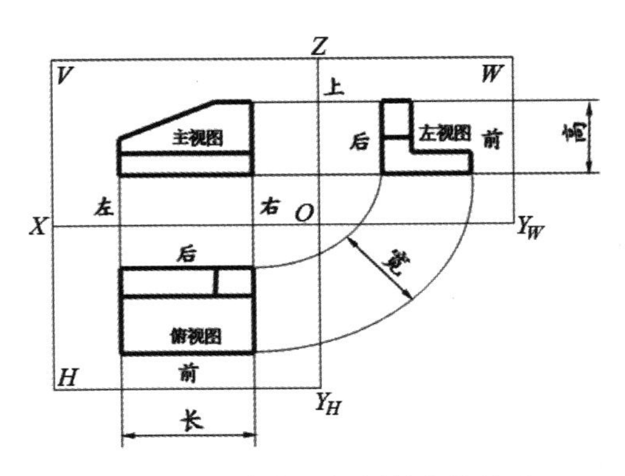

图 3-31　物体与三视图的方位关系

主视图——反映从物体前面向后看的形状、长度和高度方向的尺寸，以及上下、左右方向的位置。

俯视图——反映从物体上面向下看的形状、长度和宽度方向的尺寸，以及前后、左右方向的位置。

左视图——反映从物体左面向右看的形状、高度和宽度方向的尺寸，以及前后、上下方向的位置。

需要特别注意的是，俯视图和左视图的前后关系是以主视图为基础的，在俯视图和左视图中，靠近主视图的一边是物体的后面，远离主视图的一边是物体的前面。因此，在俯视图和左视图上量取宽度时，不仅要注意量取的起点，还要注意量取的方向。

另外，三投影面体系中的三个投影面都是无限大的，因此不必画出其边界，只需画出三个投影面的分界线（三个投影轴）即可。同时，我们注意到，当空间物体在三投影面体系中沿着投射线的方向前后、上下或左右移动时，三个视图都是不变的，变化的只是物体在三投影面体系中的位置。因为我们利用三视图仅仅想表达物体的形状，并不关心它的位置，所以在画三视图时，三个投影轴也没有必要画出，如图 3-32 所示。

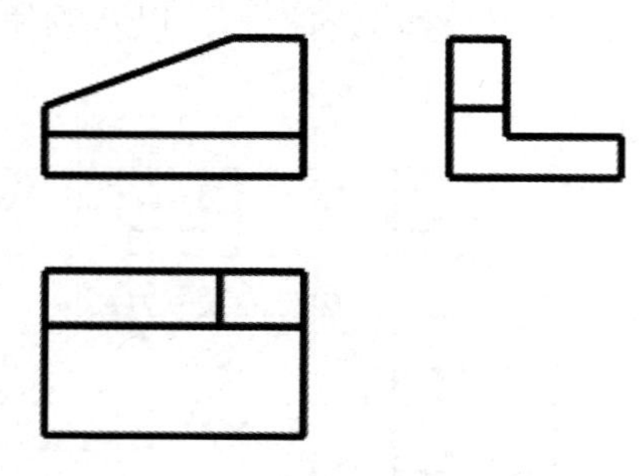

图 3-32 物体的三视图

3.5.4 三视图的绘图步骤

1. 确定图幅、比例

根据所画立体的形状结构特点，选择适当的图幅和比例。

2. 选择主视图

选择视图主要是主视图的选择，要遵循特征明显、摆放自然、虚线最少的原则。根据这个原则，在摆放自然的前提下，应使立体尽量多的面处于与投影面相平行或相垂直的位置。其中，处于与投影面相平行的位置的面，在该投影面上的投影能反映面的实形，可以使立体特征更明显；处于与投影面相垂直的位置的面，在该投影面上的投影具有积聚性，能简化立体的三视图。如图 3-33 所示，将立体摆放自然，以 1 方向为主视图的投射方向，主视图特征明显且虚线最少。

3. 布图

确定各视图的位置，图形与图形之间应留出适当的间隔。

4. 画底稿

利用 2H 或 H 铅笔，按各类图线的长短规格，轻轻地用很细的线画底稿。

5. 检查、加深、填写标题栏

检查无误后，利用铅芯为 B 或 HB 的铅笔及铅芯为 2B 或 B 的圆规加深粗实线。其他细线可用相应的铅笔和圆规加深，也可在画底稿时一次完成。加深时，应按照先细后粗、先上后下、先左后右、先曲后直的原则进行，结果如图 3-34 所示。

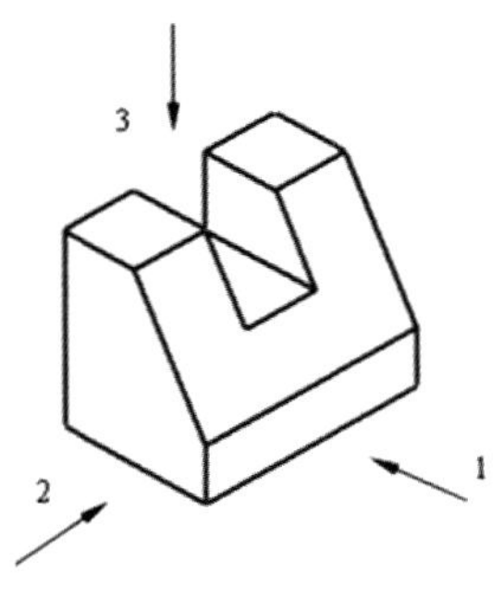

图 3-33　主视图的选择

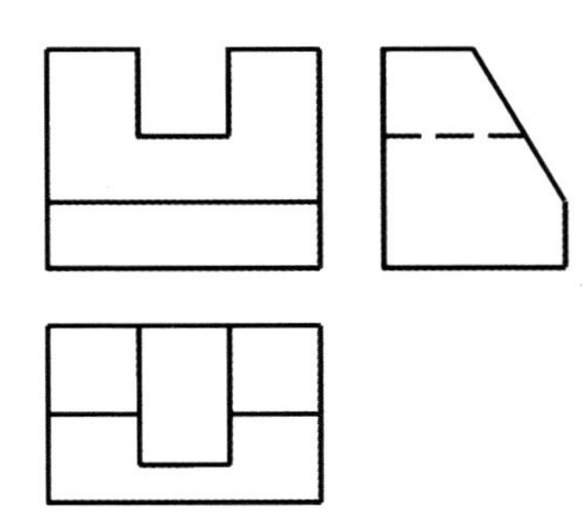

图 3-34　绘制完成的三视图

画三视图时的注意事项如下。

（1）将物体自然放平，一般使主要表面与投影面平行或垂直，进而确定主视图的投射方向，并且整体和局部都要符合三视图的投影规律。

（2）可见轮廓线用粗实线绘制、不可见轮廓线用虚线绘制；当虚线与实线重合时，画粗实线。需要特别注意的是，俯视图和左视图的宽相等与前后方位关系。

3.6　三视图的 CAD 绘制方法

在 AutoCAD 绘图过程中，为了保持三视图之间长对正、高平齐、宽相等的对应尺寸关系，通常采取以下三种方法。

（1）坐标法：通过对应位置点的坐标值来保证上述尺寸关系。

（2）辅助线法：主视图和俯视图通过竖直辅助线、主视图和左视图通过水平辅助线、俯视图和左视图通过 45°倾斜辅助线来保证上述尺寸关系。

（3）利用 AutoCAD 中的对象追踪功能来保证上述尺寸关系。

采用这三种方法中的任意一种都可以，下面以如图 3-32 所示的简单物体三视图为例，讲述怎样综合应用这三种方法在 AutoCAD 中绘制三视图。具体步骤如下。

（1）打开 AutoCAD 操作界面，按第 2 章讲述的方法设置两个图层：“轮廓线”层和“辅助线”层。将“轮廓线”层的线宽设置为 0.50mm，将“辅助线”层的颜色设置为红色，其他选项保持默认设置，如图 3-35 所示。

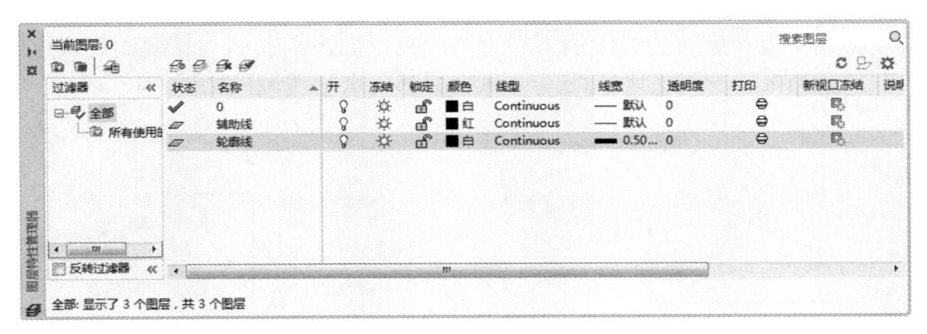

图 3-35　设置图层

（2）将“轮廓线”层设置为当前层。打开状态栏上的“线宽”按钮。单击“默认”选项卡的“绘图”选项组中的“直线”按钮，命令行提示和操作如下：

```
命令: _line
指定第一个点:
指定下一点或 [放弃(U)]: @0,-200↙
指定下一点或 [退出(E)/放弃(U)]: @750,0↙
指定下一点或 [关闭(C)/退出(X)/放弃(U)]: @0,450↙
指定下一点或 [关闭(C)/退出(X)/放弃(U)]: @-200,0↙
指定下一点或 [关闭(C)/退出(X)/放弃(U)]: c↙
```

执行上述命令，结果如图 3-36 所示。

（3）打开状态栏上的“正交”按钮和“对象捕捉”按钮，并在“对象捕捉”按钮上单击鼠标右键，在打开的快捷菜单中选择“对象捕捉设置”命令，打开“草图设置”对话框，单击其中的按钮，如图 3-37 所示，最后单击“确定”按钮退出。

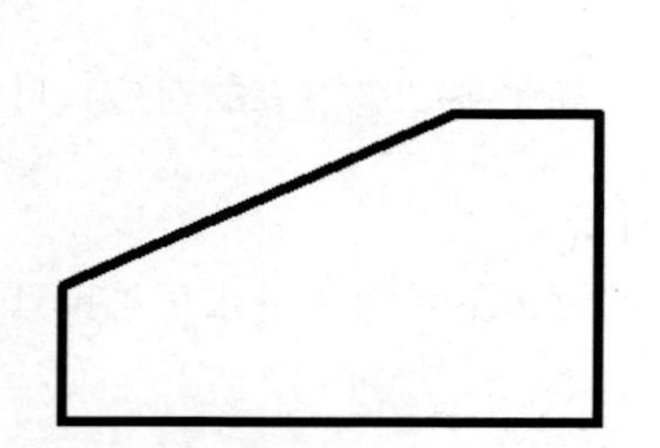

图 3-36　绘制封闭直线

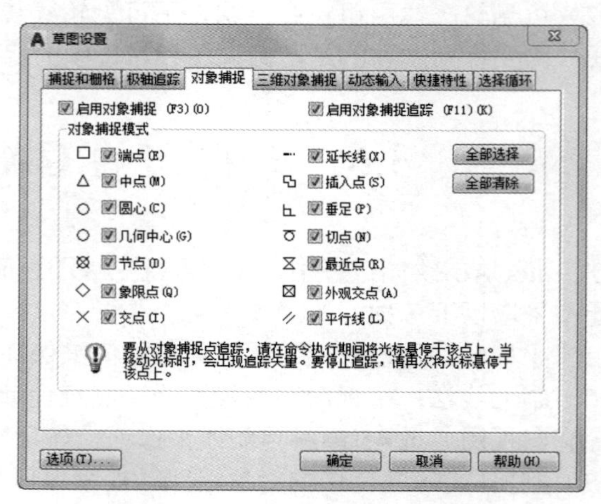

图 3-37　设置对象捕捉模式

（4）单击“默认”选项卡的“绘图”选项组中的“直线”按钮，在命令行提示下捕捉刚绘制的线框最左边线段的中点为起点，捕捉线框最右边线段上的垂足为终点。绘制完成的主视图如图 3-38 所示。

（5）单击“默认”选项卡的“绘图”选项组中的“直线”按钮，在命令行提示下分别捕捉主视图最左边和最右边线段的下端点为起点，向下绘制适当长度的竖直线段，然后在主视图下方适当位置的两条竖直线段之间绘制一条水平线段，如图 3-39 所示。

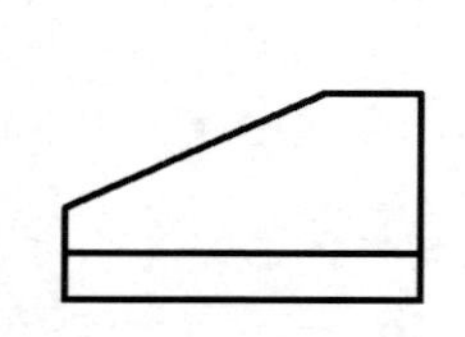

图 3-38　绘制完成的主视图

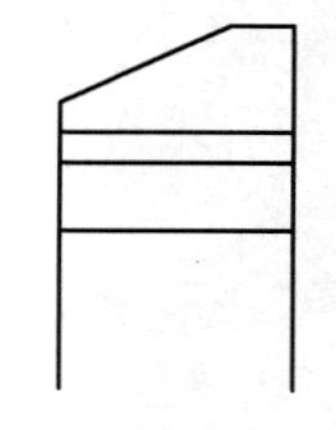

图 3-39　绘制竖直辅助线和俯视图水平线

（6）单击“默认”选项卡的“修改”选项组中的“偏移”按钮⊆，命令行提示与操作如下：

命令: _offset
当前设置: 删除源=否　图层=源　OFFSETGAPTYPE=0
指定偏移距离或 [通过(T)/删除(E)/图层(L)] <通过>: 150↙
选择要偏移的对象，或 [退出(E)/放弃(U)] <退出>:（选择刚绘制的水平线段）
指定要偏移的那一侧上的点，或 [退出(E)/多个(M)/放弃(U)] <退出>:（向下指定一点）
选择要偏移的对象，或 [退出(E)/放弃(U)] <退出>:↙

采用同样的方法，把刚偏移的线段再往下偏移 350mm，结果如图 3-40 所示。

（7）单击“默认”选项卡的“修改”选项组中的“修剪”按钮，命令行提示与操作如下：

命令: _trim
当前设置:投影=UCS，边=延伸
选择剪切边...
选择对象或 <全部选择>:（依次选择如图 3-40 所示的边界对象）
选择对象: ↙
选择要修剪的对象，或按住 Shift 键选择要延伸的对象，或者[栏选(F)/窗交(C)/投影(P)/边(E)/删除(R)]:（依次选择如图 3-40 所示的修剪对象）
选择要修剪的对象，或按住 Shift 键选择要延伸的对象，或者[栏选(F)/窗交(C)/投影(P)/边(E)/删除(R)/放弃(U)]: ↙

执行上述命令，结果如图 3-41 所示。

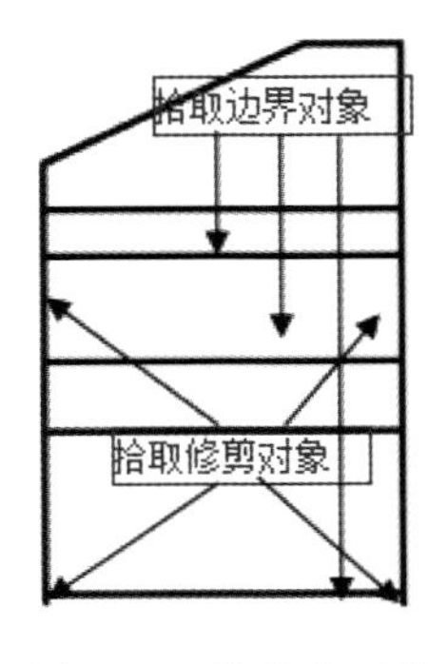

图 3-40　偏移水平线

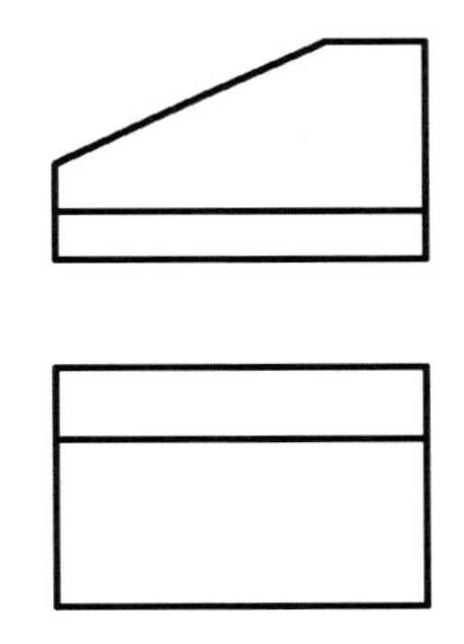

图 3-41　修剪线段

（8）打开状态栏上的“对象捕捉追踪”按钮，并在该按钮上单击鼠标右键，在打开的快捷菜单中选择“对象捕捉追踪设置”命令，系统会打开“草图设置”对话框的“极轴追踪”选项卡，将“增量角”按默认设置为 45°，如图 3-42 所示，单击“确定”按钮退出。

（9）单击“默认”选项卡的“绘图”选项组中的“直线”按钮，在命令行提示下，将十字光标放置在主视图斜线的上端点上并往下移动，这时，系统会显示一条虚线（软件图中为绿色），如图 3-43 所示。单击这条虚线与俯视图最上面的水平线的交点处，以此点作为绘制线段的起点，再往下捕捉与相邻水平线段的垂足为线段的终点，完成俯视图的绘制，结果如图 3-44 所示。

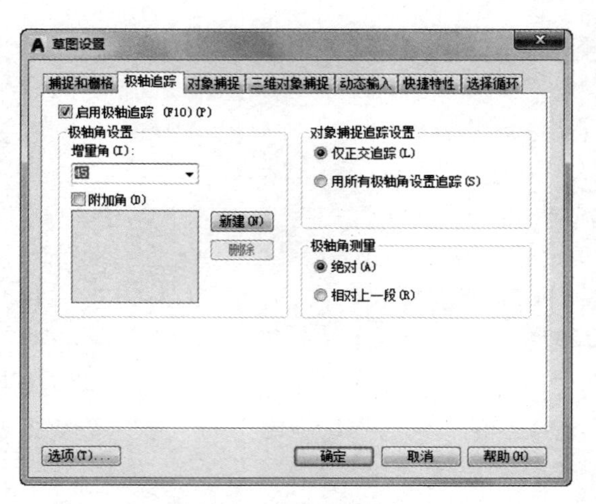

图 3-42　设置增量角

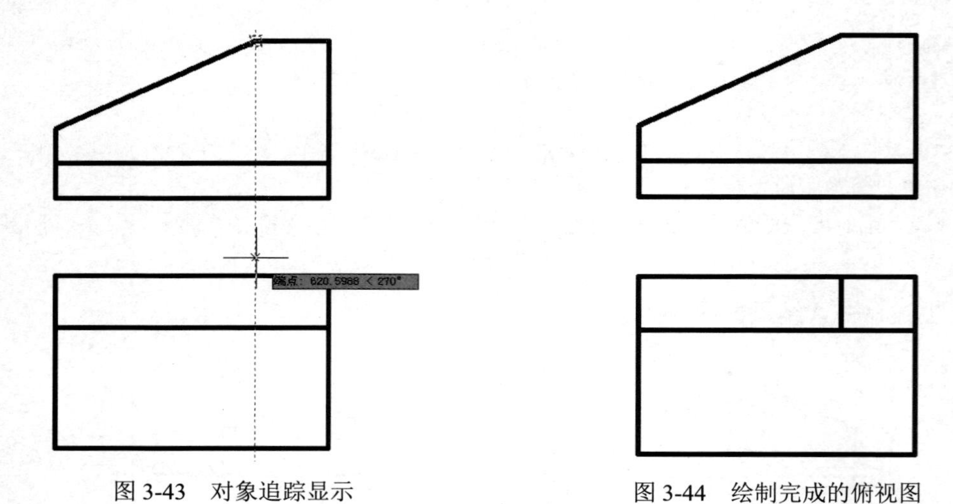

图 3-43　对象追踪显示　　图 3-44　绘制完成的俯视图

（10）单击“默认”选项卡的“绘图”选项组中的“直线”按钮⁄，捕捉主视图上最右边线段上对应的端点为起点，绘制适当长度的水平线。

（11）单击绘图区上方“图层”工具栏的下拉按钮▾，打开图层下拉列表，单击其中的“辅助线”层，如图 3-45 所示，从而将当前图层转换到“辅助线”层。

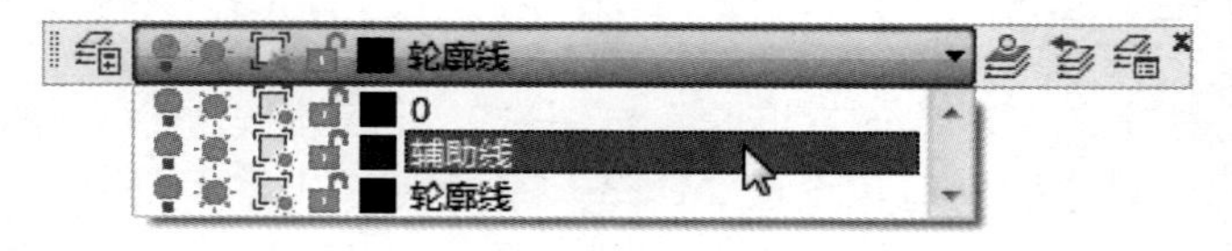

图 3-45　转换图层

（12）单击“默认”选项卡的“绘图”选项组中的“直线”按钮⁄，捕捉主视图上的右下角端点为起点，以(@1200<-45)为终点绘制倾斜辅助线，如图 3-46 所示。

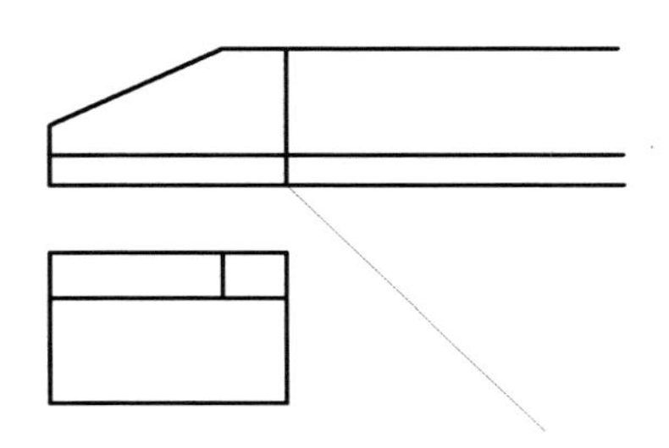

图 3-46　绘制倾斜辅助线

当明确指出线段的极坐标角度时，“正交”按钮无论关闭与否都不起作用。

（13）将当前图层转换为“轮廓线”层，单击“默认”选项卡的“绘图”选项组中的“直线”按钮，捕捉俯视图上的最右边线段上对应的端点为起点，绘制穿过倾斜辅助线的适当长度的水平线，并以这些线段与倾斜辅助线的交点为起点绘制竖直线段，终点都为与主视图最上面水平线延长线的垂足交点，如图 3-47 所示。

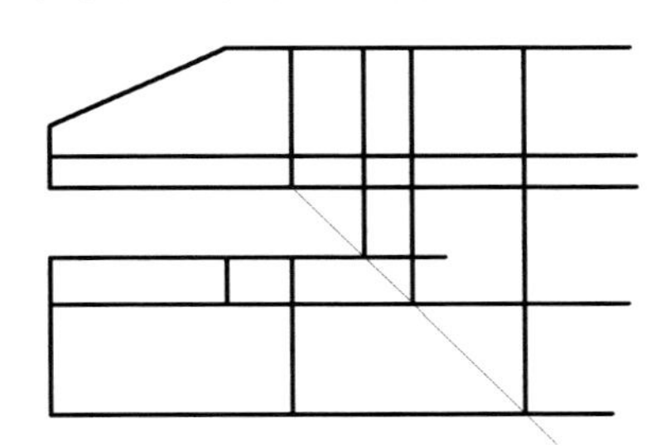

图 3-47　绘制正交直线

（14）单击“默认”选项卡的“修改”选项组中的“修剪”按钮，对刚绘制的图形进行适当的修剪，结果如图 3-48 所示。

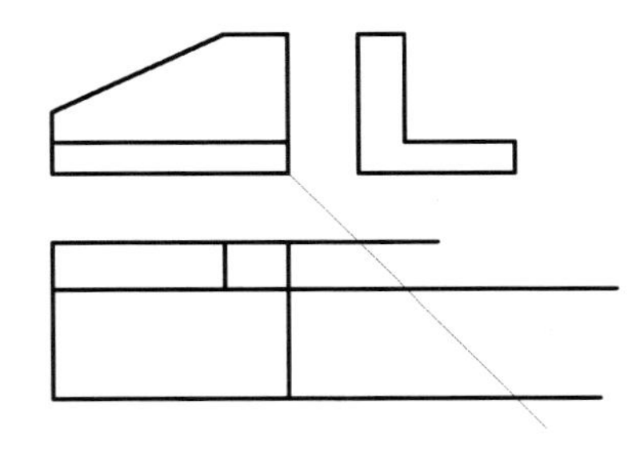

图 3-48　修剪图线

（15）单击“默认”选项卡的“修改”选项组中的“删除”按钮，删除多余的图线，命令行提示与操作如下：

```
命令: _erase
选择对象:（选择倾斜直线和三条水平线）
选择对象:
```

执行上述命令，结果如图 3-49 所示。

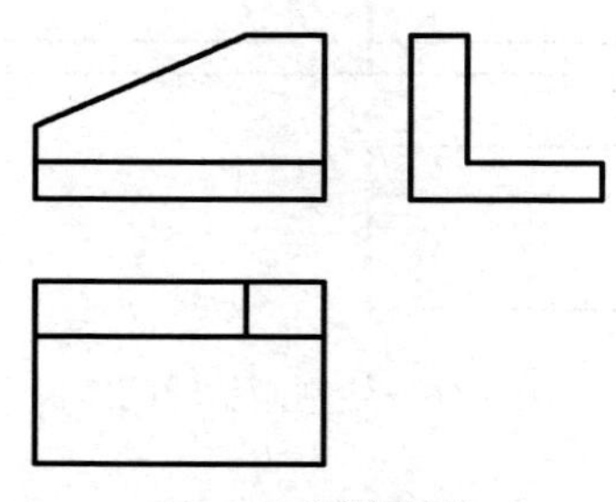

图 3-49 删除图线

（16）单击“默认”选项卡的“绘图”选项组中的“直线”按钮╱，利用对象追踪功能补全左视图所缺的水平线段，最终结果如图 3-50 所示。

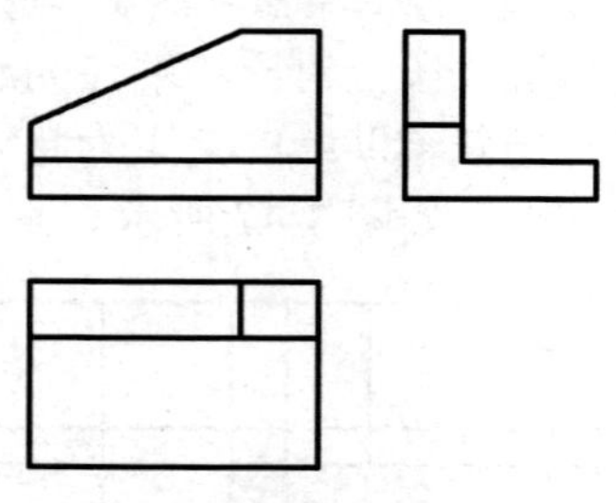

图 3-50 最终的三视图

第4章

立体的投影及其表面交线

无论空间立体多么复杂，只要仔细分析其构形，就不难发现，它们大多数都是根据一定的功能、形状等目的，由一些简单立体按一定的组合方式构成的。因此，学习简单立体是研究空间复杂立体投影的基础。

工程上常见的立体主要包括平面立体和曲面立体两类。立体是由面围成的封闭几何体，其中，表面均为平面的立体为平面立体，如棱柱、棱锥等；表面为曲面或平面和曲面的立体为曲面立体，如圆柱、圆锥、圆球、圆环等。

本章首先介绍平面立体和回转体两类基本立体，然后介绍截切体和相贯体等简单立体。本章的重点和难点都是截交线与相贯线的画法。

4.1 平面立体

工程上常用的平面立体主要是棱柱、棱锥（包含棱台）。画平面立体的三视图，就是要画出其底面、棱面、棱线和顶点的投影，用粗实线画出可见轮廓线、用虚线画出不可见轮廓线，当粗实线与虚线重合时，应画粗实线。

4.1.1 棱柱

1. 棱柱的结构特点

棱柱的顶面和底面均为多边形，棱线互相平行。顶面和底面为正多边形的直棱柱为正棱柱，下面主要介绍正棱柱的三视图。

2. 棱柱的三视图

下面以正六棱柱为例进行介绍。图4-1为一正六棱柱的立体图，为了便于画图和读图，根据三视图的画法，使正六棱柱的底面和顶面处于水平面的位置，使前后两个棱面为正平面，根据六棱柱的结构特点可知，其余的四个棱面均为铅垂面。

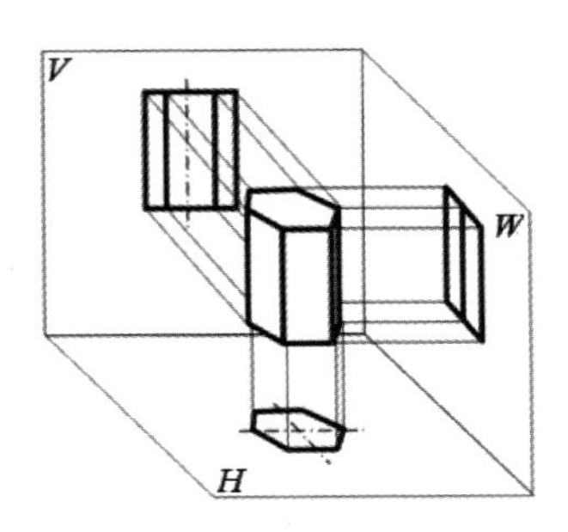

图4-1　正六棱柱的立体图

图 4-2 为正六棱柱的三视图，由于其顶面和底面均为水平面，所以它们的水平投影重合并反映实形；正面投影和侧面投影积聚为一直线段。正六棱柱还有六个侧棱面，其中，前后两个棱面为正平面，它们的正面投影重合并反映实形，水平投影和侧面投影积聚成一直线段；其余四个棱面均为铅垂面，因此，其水平投影分别积聚为一直线段，正面投影和侧面投影均为类似形（矩形）。

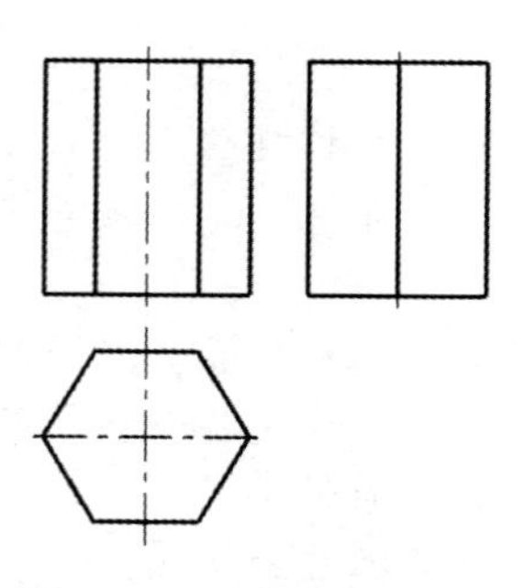

图 4-2　正六棱柱的三视图

3．棱柱表面上的点

立体表面取点就是已知立体表面上点的一个投影，求它的其余两个投影，其原理和方法与平面取点的原理和方法相同。立体表面取点的方法有两种：一是利用表面投影的积聚性；二是利用辅助线法求点的另外两个投影。正六棱柱的各表面都是特殊位置平面，因此，其表面取点可利用表面投影的积聚性原理作图求解。

【例 4-1】 如图 4-3（a）所示，已知正六棱柱表面上的点 A 的 V 面投影 a'，求它的 H 面投影 a 和 W 面投影 a''。

分析：

由给定条件可知，点 A 的正面投影 a'可见（a'没加圆括号），由其位置可断定，点 A 必定在正六棱柱的中前表面上。由于该棱面为正平面，其水平投影具有积聚性，所以该棱面上所有点的水平投影必定位于其具有积聚性的投影上。因此，可利用水平投影的积聚性直接求得 H 面投影 a，然后由 a 和 a'，根据点的投影规律，求得点 A 的 W 面投影 a''。

作图：

（1）根据点的投影规律，由 a'作垂直的投影连线，与正六棱柱前棱面的水平投影的交点即 A 点的水平投影 a，如图 4-3（b）所示。

（2）由正面投影 a'和水平投影 a 求得点 A 的侧面投影 a''，侧面投影可见，如图 4-3（b）所示。

再如，在图 4-3（a）中，已知点 B 的 V 面投影 b'，求它的 H 面的投影 b、W 面的投影 b''。

因为点 B 的 V 面投影 b'在右前方的棱线的 V 面投影上，根据点线的从属性，很容易求出其水平投影 b 和 W 面的投影 b''。

又如，已知点 C 的 H 面投影 c，求它的 V 面的投影 c'和 W 面的投影 c''。

由 H 面投影 c 不可见可知，点 C 在底面上，由于底面的正面投影和侧面投影都具有积聚性，因此，c'和 c''必在底面的同面投影上。

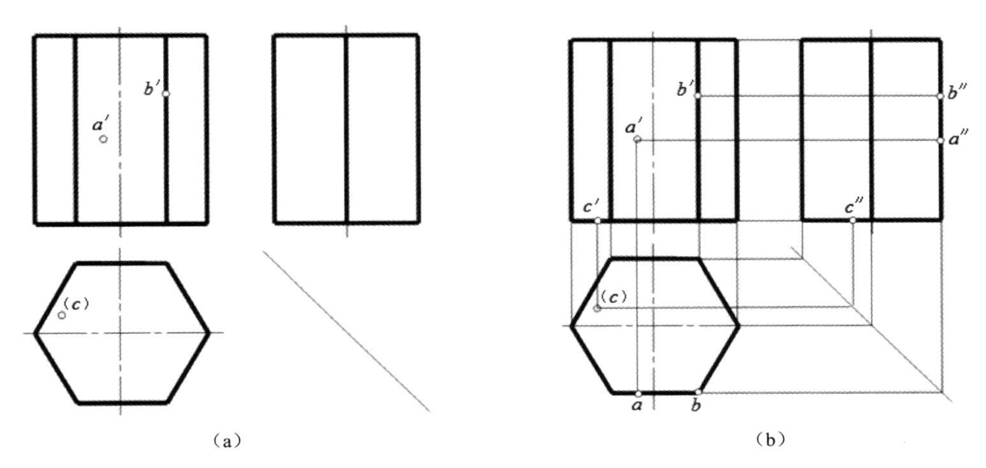

图 4-3　正六棱柱表面上的点

4.1.2　棱锥

1．棱锥的结构特点

这里的棱锥是指棱面为等腰三角形、底面为边数大于 3 的正多边形、各棱线汇交于锥顶的正棱锥。下面以正三棱锥为例来介绍棱锥的投影及表面取点。

2．棱锥的三视图

图 4-4 为一正三棱锥的立体图，锥顶为 *S*，其底面△*ABC* 为一水平面，它的水平投影△*abc* 反映实形、正面投影和侧面投影分别积聚为一直线段。棱面 *SAB*、*SAC* 是一般位置平面，它们的各个投影均为类似形。棱面 *SBC* 为侧垂面，其侧面投影为一直线段 *s″b″*或 *s″c″*、正面投影和水平面投影均为类似形。在作图时，可先画出底面的水平投影，再作锥顶 *S* 的各个投影，然后连接各棱线即得正三棱锥的三面投影。图 4-5 为正三棱锥的三视图。

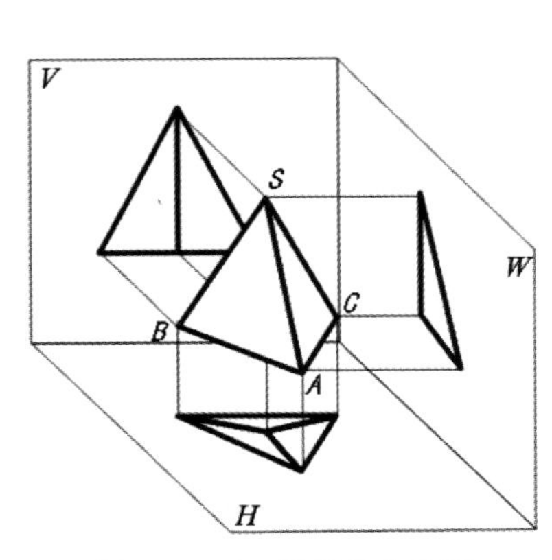

图 4-4　正三棱锥的立体图

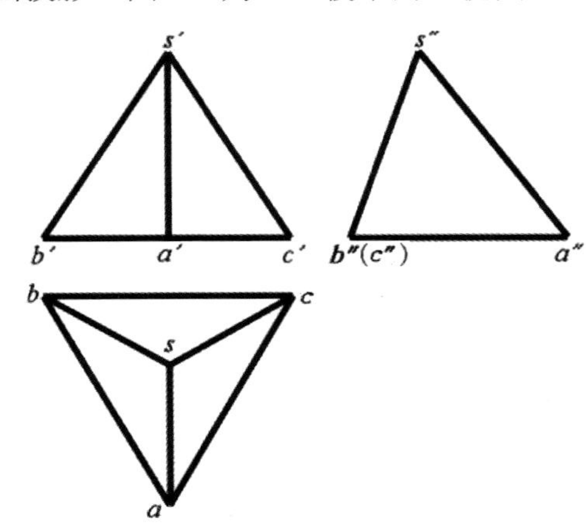

图 4-5　正三棱锥的三视图

3．棱锥表面上的点

由于组成棱锥的表面有特殊位置平面，也有一般位置平面，针对特殊位置平面上点的投影，可利用平面的积聚性作图。

【例 4-2】 如图 4-6（a）所示，已知正三棱锥表面上点 III 的正面投影 3′，求它的其他两面投影。

分析：

如图 4-6（a）所示，3′在棱面 *SAB* 或 *SBC* 上，因为 3′不可见，说明点 III 应在不可见的棱面上，所以点 III 在棱面 *SBC* 上。由正三棱锥的投影可知，棱面 *SBC* 为侧垂面，其在左视图上的投影具有积聚性，因此，根据投影关系，可直接求出 3″，有了点 III 的两面投影，再根据点的投影规律求第三面投影 3。

作图：

（1）根据点的投影规律直接求出 3″

（2）由 3′和 3″求出 3，如图 4-6（b）所示。

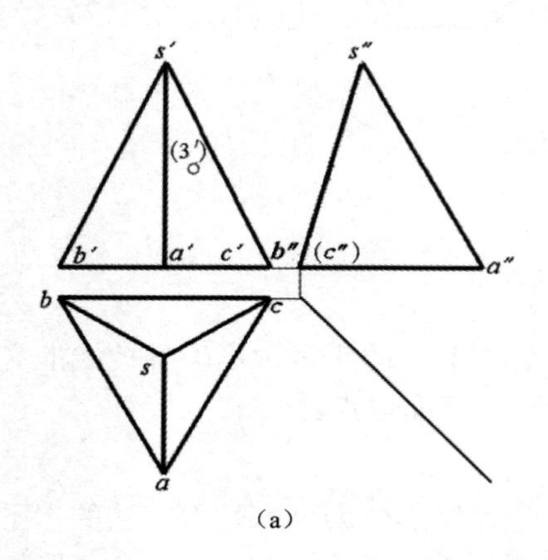

（a）

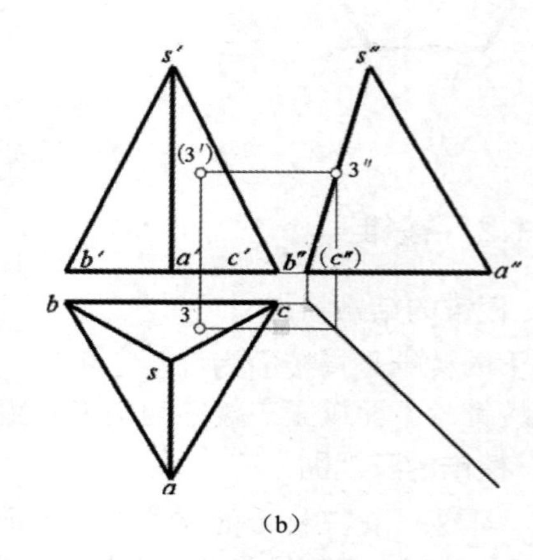

（b）

图 4-6　棱锥表面上的点（一）

针对一般位置平面上点的投影，可选取适当的辅助线作图，即先在平面内取辅助直线，再在辅助直线上取点。因为直线在平面上，点又在直线上，所以点必在平面上。在棱锥表面取线的方法如下。

（1）过面内两点作线，一般作过锥顶的辅助线。

（2）过面内一点作面内一条直线的平行线。

【例 4-3】 如图 4-7 所示，已知正三棱锥表面上的点 I 的 *V* 面投影 1′，求它的 *H* 面投影 1 和 *W* 面投影 1″。

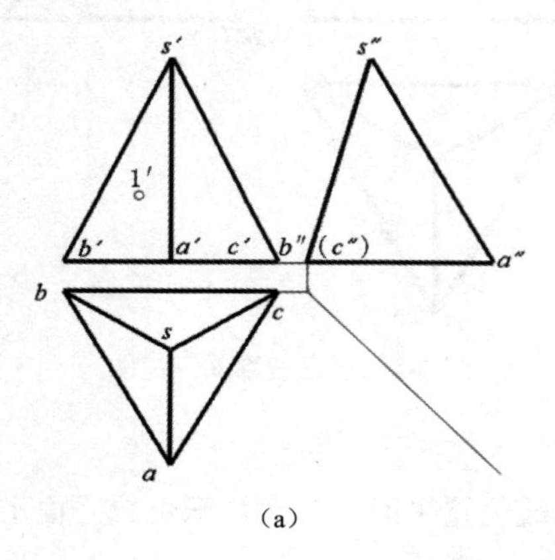

（a）

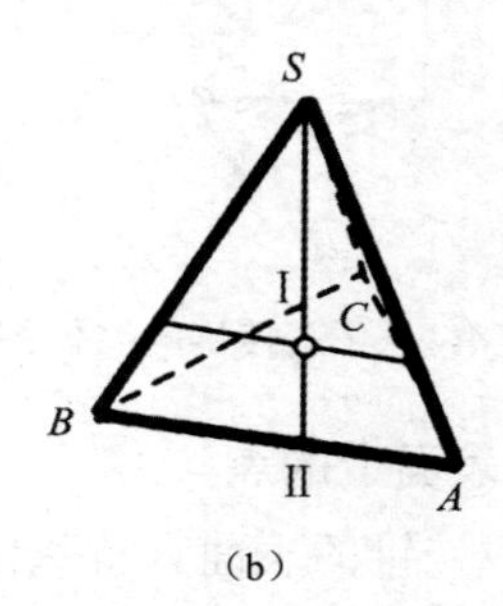

（b）

图 4-7　棱锥表面上的点（二）

分析：

由点 I 的 *V* 面投影 1′可知，点 I 的 *V* 面投影可见，因此点 I 位于棱面 *SAB* 上，由于棱面 *SAB* 属于一般位置平面，所以必须借助辅助线求解 1、1″。

作图：

方法一：过面内已知两点（*S* 和 I）作辅助线求解，如图 4-8（a）所示，具体步骤如下。

（1）连接面内已知点 *S*、I 的已知投影 *s*′、1′，并延长交 *a*′*b*′于 2′。

（2）求 *S*II 的 *H* 面投影 *s*2 和 *W* 面投影 *s*″2″。

（3）根据点线从属性，可求得 I 点的 *H* 面投影 1 和 *W* 面投影 1″。

或者只求 *S*II 的 *H* 面投影或 *W* 面投影，根据点线的从属性，求得 I 点的 *H* 面投影 1 或 *W* 面投影 1″，再根据点的投影规律求得第三个投影。

方法二：过面内一点 I 作一直线 I*K* 平行于面内一已知直线 *AB*，其作图过程如图 4-8（b）所示，首先过点 I 的已知投影 1′，作 1′*k*′//*a*′*b*′；其次求 I*K* 的水平投影；然后根据点 I 在 I*K* 上，可得点的水平投影在线的水平投影上，由此可求得 1；最后根据点的投影规律求第三个投影 1″。

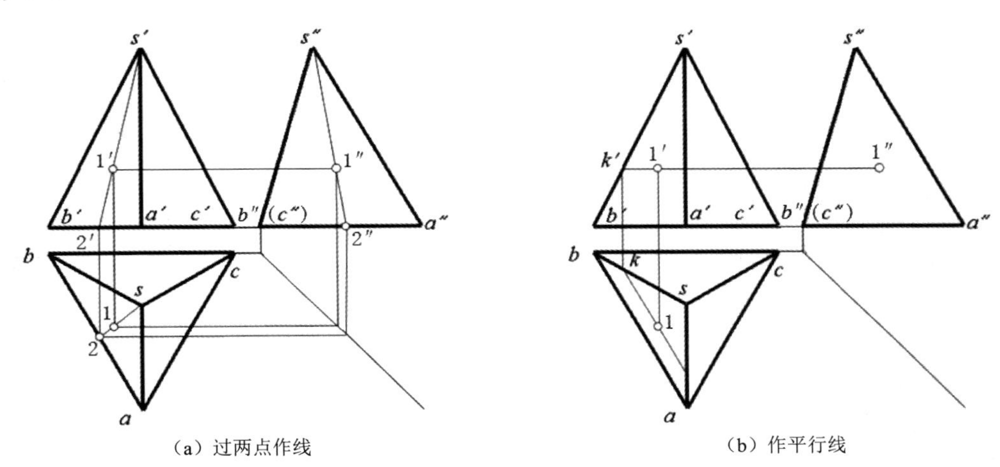

（a）过两点作线　　（b）作平行线

图 4-8　过棱锥表面上的点作辅助线

4.2　回转体

工程上常见的曲面立体为回转体。回转体是由回转面与平面或回转面围成的立体。回转面是由一动线（或称母线）绕轴线旋转而成的。回转面上任意一位置的母线又称素线。常见的回转体有圆柱、圆锥和圆球等。

4.2.1　圆柱

圆柱是由圆柱面及上下底面围成的立体，圆柱面可看成是由一条直线绕与它平行的轴线回转而成的。图 4-9 为轴线垂直于 *H* 面的圆柱的立体图和投影图。

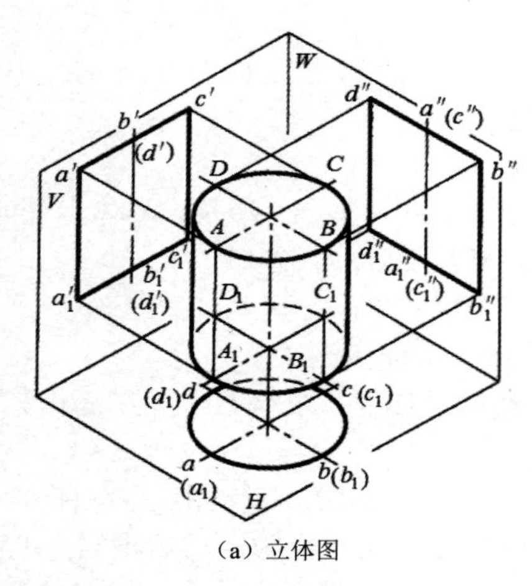

（a）立体图

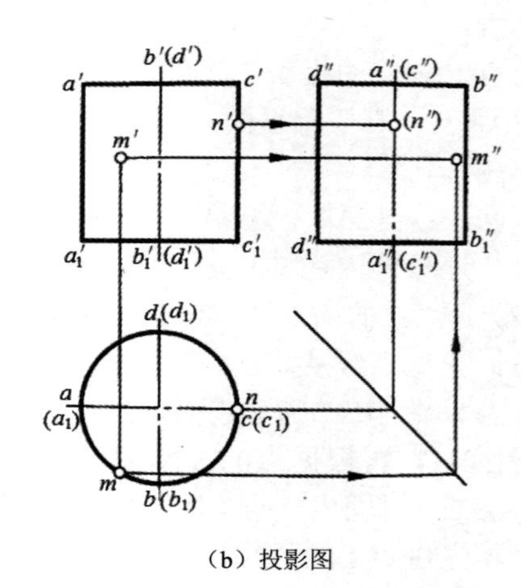

（b）投影图

图 4-9　圆柱

1．投影特点

圆柱的顶面和底面的正面投影都积聚成直线，圆柱的轴线和素线的正面投影、侧面投影都是铅垂线，用细点画线画出轴线的正面投影和侧面投影。圆柱的正面投影的左右两侧是圆柱面的正面投影的转向轮廓线 $a'a_1'$和 $c'c_1'$，它们分别是圆柱面上最左侧和最右侧的素线 AA_1、CC_1（正面投影可见的前半圆柱面和不可见的后半圆柱面的分界线）的正面投影；AA_1、CC_1 的侧面投影 $a''a_1''$、$c''c_1''$与轴线的侧面投影重合。圆柱的侧面投影的前后两侧是圆柱面的侧面投影的转向轮廓线 $b''b_1''$和 $d''d_1''$，它们分别是圆柱面上最前端和最后端的素线 BB_1、DD_1（侧面投影可见的左半圆柱面和不可见的右半圆柱面的分界线）的侧面投影；BB_1、DD_1 的正面投影 $b'b_1'$和 $d'd_1'$与轴线的正面投影重合。

综上所述，圆柱的投影特性为：在与轴线垂直的投影面上的投影为一圆，在另外两个投影面上的投影均为矩形线框。

2．表面取点

对于轴线处于特殊位置的圆柱，可利用其积聚性取点；对于位于圆柱转向轮廓线上的点，可利用投影关系直接求出。

【例 4-4】 如图 4-9（b）所示，已知圆柱表面上的点 M 和 N 的正面投影 m'和 n'，试求出它们的其他两面投影。

由于 m'是可见的，所以 m 必位于前半圆周上，再由 m'、m 求得 m''。由于点 M 也位于左半个圆柱面上，故 m''可见；由于 n'位于转向轮廓线上，所以可根据投影关系直接求出 n 和 n''，如图 4-9（b）所示。

4.2.2　圆锥

圆锥是由圆锥面和底面围成的立体。圆锥面可看成是由一条直线绕与它相交的轴线回转而成的。图 4-10 为轴线垂直于 H 面的圆锥的立体图和投影图。

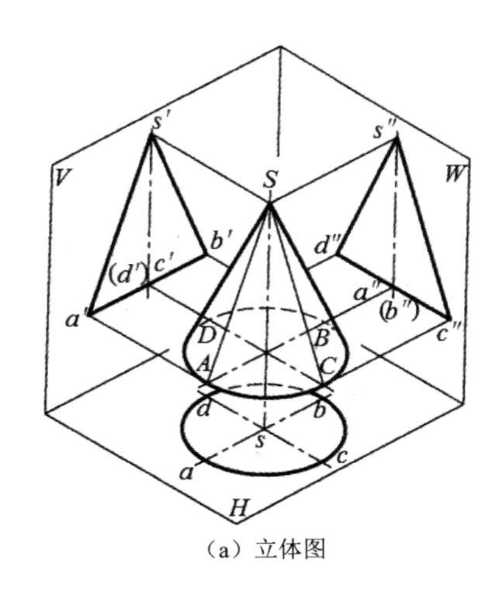

（a）立体图

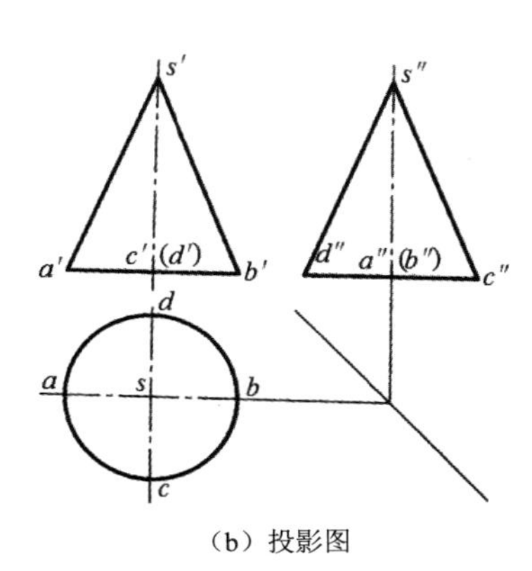

（b）投影图

图4-10 圆锥

1. 投影特点

当圆锥的轴线为铅垂线时，其底面的正面投影、侧面投影都积聚成直线，水平投影反映它的实形，即圆。

用细点画线画出轴线的正面投影和侧面投影；在水平投影中，用细点画线画出对称中心线，对称中心线的交点既是轴线的水平投影，又是锥顶 S 的水平投影 s。

圆锥面的正面投影的转向轮廓线 $s'a'$、$s'b'$是圆锥面上最左侧和最右侧的素线 SA、SB（正面投影可见的前半圆锥面和不可见的后半圆锥面的分界线）的正面投影；SA、SB 的侧面投影 $s''a''$、$s''b''$与轴线的侧面投影重合。圆锥面侧面投影的转向轮廓线 $s''c''$、$s''d''$是圆锥面上最前端和最后端的素线 SC、SD（侧面投影可见的左半圆锥面和不可见的右半圆锥面的分界线）的侧面投影；SC、SD 的正面投影 $s'c'$、$s'd'$与轴线的正面投影重合。

综上所述，圆锥的投影特性为：在与轴线垂直的投影面上的投影为一圆，在另外两个投影面上的投影均为三角形线框。

2. 表面取点

由于圆锥面的三个投影均无积聚性，所以除位于圆锥转向轮廓线上的点可直接求出外，其余各点都需要用辅助线求解。

【例4-5】 如图4-11所示，已知圆锥的三面投影及圆锥面上的点 A 的正面投影 a'，试求出它的其他两面投影。

方法一，素线法：

如图4-11（a）中的立体图所示，连接点 S 与 A 并延长，交底圆于点 B，因为 a'可见，所以素线 SB 位于前半圆锥面上，点 B 也在前半底圆上。具体作图过程如下。

连接 s'和 a'并延长，交底圆的正面投影于 b'。由 b'引铅垂的投影连线，在前半底圆的水平投影上交得 b。按宽相等和前后对应关系，由 b 在底圆的侧面投影上得到 b''。分别连接 s 和 b、s''和 b''，即得过点 A 的素线 SB 的三面投影 $s'b'$、sb 和 $s''b''$。

由 a'分别引铅垂的和水平的投影连线，在 sb 上得到 a、在 $s''b''$上得到 a''。由于圆锥面的水平投影可见，所以 a 也可见，又由于点 A 在左半圆锥面上，所以 a''也可见。

方法二，纬圆法：

如图4-11（b）中的立体图所示，通过点 A 在圆锥面上作垂直于轴线的水平纬圆，这个

圆实际上就是点 A 绕轴线旋转形成的。具体作图过程如下。

过 a'作垂直于轴线的水平纬圆的正面投影，其长度就是这个纬圆直径的实长，它与轴线的正面投影的交点就是这个纬圆圆心的正面投影，且其圆心的水平投影重合于轴线的有积聚性的水平投影，即与 s 重合。由此就可得到这个圆的水平投影（反映实形）。

因为 a'可见，所以点 A 应在前半圆锥面上，于是就可由 a'引铅垂的投影连线，在水平纬圆的前半圆周的水平投影上得到 a。由 a'引水平的投影连线，再按宽相等和前后对应关系，由 a 即可得到点 A 的侧面投影 a''。

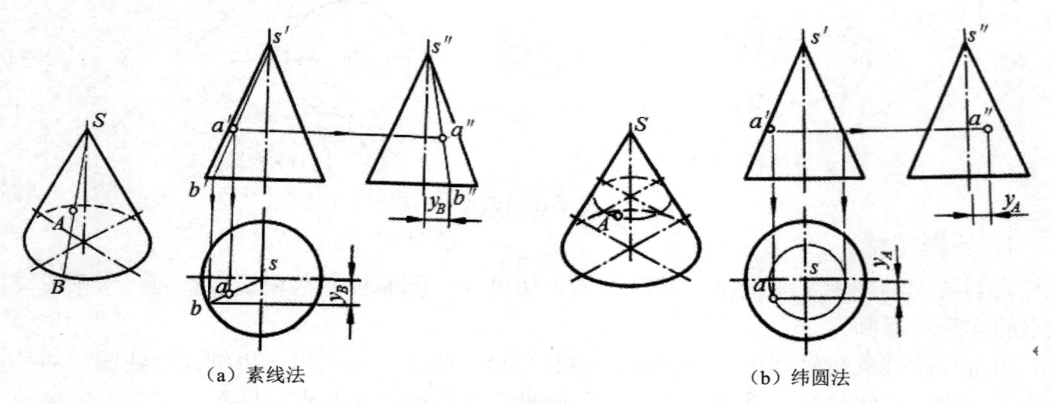

图 4-11　圆锥表面上的点的投影

4.2.3　圆球

圆球是由圆球面围成的立体。圆球面可看成是由一圆母线绕其通过圆心的轴线（直径）回转后形成的曲面。图 4-12 为球的立体图和投影图。

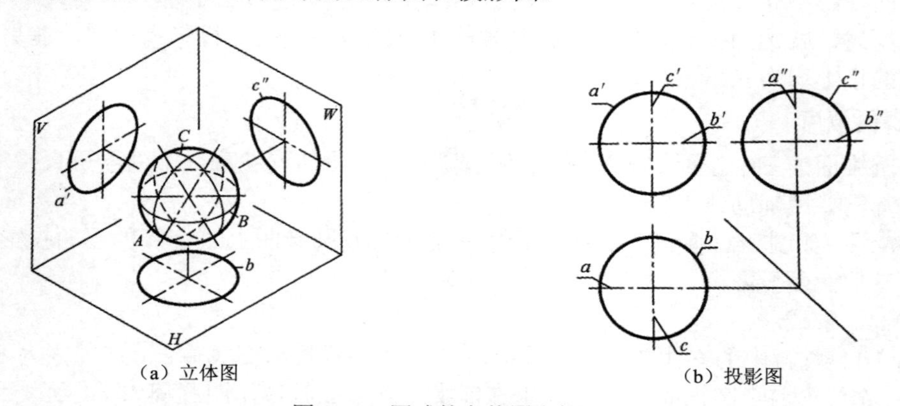

图 4-12　圆球的立体图和投影图

1．投影特点

球的三面投影都是直径与球直径相等的圆，它们分别是这个球面的三个投影的转向轮廓线。其中，正面投影的转向轮廓线是球面上平行于 V 面的大圆（前后半球面的分界线）的正面投影；水平投影的转向轮廓线是球面上平行于 H 面的大圆（上下半球面的分界线）的水平投影；侧面投影的转向轮廓线是球面上平行于 W 面的大圆（左右半球面的分界线）的侧面投影。这三个圆的其余两个投影均与球的水平或垂直中心线重合，如图 4-12（b）所示。在球的三面投影中，应分别用细点画线画出对称中心线，对称中心线的交点是球心的投影。

综上所述，圆球的投影特性为：圆球的三个投影均为圆，其正面投影为最大的正平圆（圆 A），水平投影为最大的水平圆（圆 B），侧面投影为最大的侧平圆（圆 C）。

2．表面取点

由于球面的三个投影均无积聚性，所以除位于圆球转向轮廓线上的点能直接求出外，其余都需要用纬圆法求解。

【例 4-6】 如图 4-13 所示，已知圆球的三面投影，以及圆球面上的点 N 的正面投影 n'和点 K 的水平投影 k，试求出两点的其他两面投影。

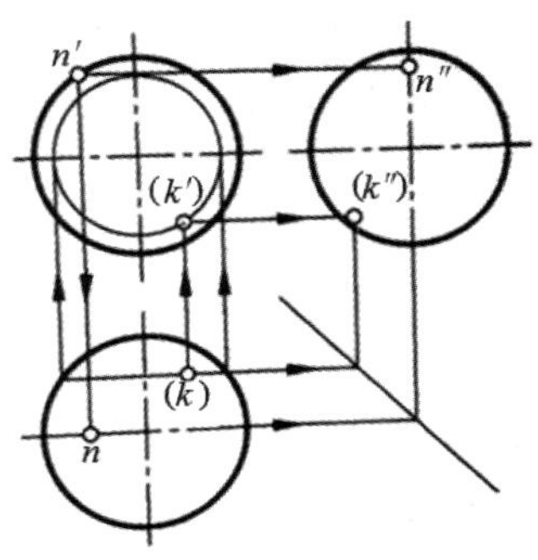

图 4-13　圆球表面上的点

先根据 n'求 n 及 n''。分析发现，n'恰在球的正面投影的转向轮廓线即最大的正平圆上（参照图 4-12，即在 a'处），因此，N 点的水平投影 n 在俯视图中的水平中心线上，同理，可求出 N 点的侧面投影 n''在左视图的垂直中心线上。

根据点 K 的水平投影 k 求 k 及 k''。由于 k 不可见，所以它必位于下半个圆球面上，过点 K 作一平行于 V 面的纬圆，可得点 K 的投影必位于该纬圆的同面投影上，由此可求出点 K 的正面投影 k'，由俯视图可知，K 点在后半个圆球面上，因此，点 K 的正面投影 k'不可见，再根据点的投影规律，即可求得 k''，同样，点 K 在右半个球面上，所以点 K 的侧面投影不可见。

4.3　平面与平面立体表面相交

平面与立体表面的交线称为截交线，该平面称为截平面，由截交线围成的平面图形称为断面，如图 4-14 所示。

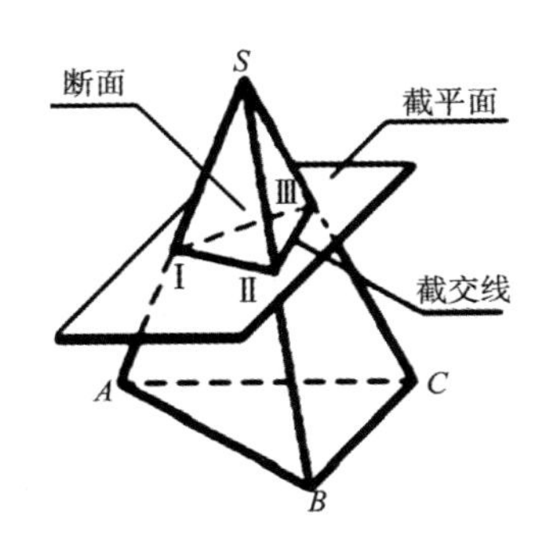

（a）平面与平面立体相交

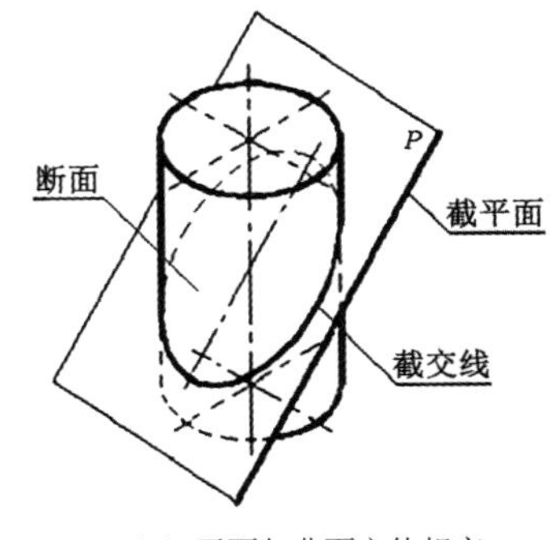

（b）平面与曲面立体相交

图 4-14　截交线与截平面

研究平面与立体相交的目的是要准确求出立体表面截交线的投影。截交线具有以下两条基本性质。

（1）共有性。截交线既在截平面上，又在立体表面上，因此，截交线是截平面与立体表面的共有线，截交线上的点为截平面与立体表面的共有点。这一特性是求截交线的理论基础。

（2）封闭性。由于立体表面是封闭的，所以截交线也是封闭的。因为截交线具有截平面的“平面”性质，因此截交线是封闭的平面图形。

截交线的形状取决于“截什么”和“怎么截”，即截交线的形状取决于立体的表面形状和截平面与立体的相对位置。

如图 4-14（a）所示，平面立体截交线是一个封闭的平面多边形，其各边是截平面与平面立体各相关棱面的交线，多边形的顶点是截平面与各棱线的交点。因此，求平面立体的截交线问题实质上是求平面与平面的交线及平面与直线的交点问题。

求平面立体截交线的作图方法如下。

（1）面面交线法：找到平面立体上参与相交的各棱面与截平面的交线，这些交线即围成所求平面立体截交线。

（2）线面交点法：找到平面立体上参与相交的各棱线与截平面的交点，并将位于平面立体同一棱面上的两交点依次连接起来，即得所求平面立体截交线。

4.3.1 平面与棱柱相交

【例 4-7】 如图 4-15（a）所示，完成被正垂面截切后的六棱柱的投影。

分析：结合图 4-15（b），由于截平面为正垂面，与六个棱面及顶面都相交，所以截交线为七边形，其正面投影积聚成直线。因此，本例主要求解截交线的水平投影和侧面投影。

具体作图步骤如下。

1．求截交线的水平投影

截交线为七边形，其中，截平面与顶面的交线为正垂线，截平面与五条棱线交于五个点，设七边形的七个顶点分别为 I、II、III、IV、V、VI、VII，因为六棱柱的棱线在俯视图中具有积聚性，所以点 I、II、III、IV、V 的水平投影 1、2、3、4、5 分别在相应棱线的水平投影上，如图 4-15（c）所示。根据投影规律，在俯视图中求出正垂线 VIVII 的水平投影 67，从而得到截交线的水平投影 1246753，如图 4-15（c）所示。

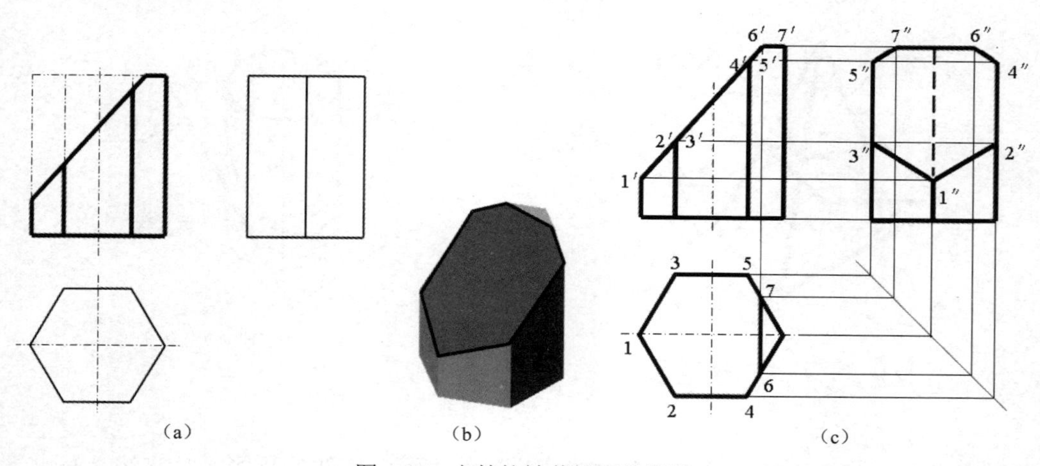

图 4-15 六棱柱被截切后的投影

2．求截交线的侧面投影

七边形的七个顶点的正面投影 1′、2′、3′、4′、5′、6′、7′及水平投影 1、2、3、4、5、6、7 如图 4-15（c）所示，根据点的投影规律，并结合六棱柱的投影特点，求出截交线七个顶点的侧面投影 1″、2″、3″、4″、5″、6″、7″。依次连接这七点即得截交线的侧面投影。截交线的侧面投影均可见，画成粗实线；最右侧棱线的侧面投影不可见，画成虚线，但与实线重合部分仍是粗实线，如图 4-15（c）所示。

【例 4-8】 如图 4-16（a）、（b）所示，补全缺口六棱柱的水平投影和侧面投影。

分析：从正面投影可知，缺口是由一个侧平面、一个正垂面和一个水平面切割六棱柱形成的。三个截平面的正面投影都具有积聚性，即截交线的正面投影已知。因为侧平面的水平投影积聚成线，正垂面与六棱柱各棱面、水平面与六棱柱各棱面的交线都分别积聚在底面六边形的对应边上。所以侧面投影应分别求出侧平面、正垂面、水平面与各个棱面的交线，以及三个截平面之间的交线。

具体作图步骤如下。

（1）标出截交线的正面投影中的各顶点。侧平面与六棱柱顶面的交线为正垂线，标记为 1′和(2′)；正垂面与侧平面的交线在主视图上标为 3′和(4′)；正垂面与六棱柱的四条棱的交点标记为(5′)、10′、(6′)和 9′；正垂面与水平面的交线标记为(7′)和 8′；水平面与最左侧棱线的交点的正面投影标记为 11′，如图 4-16（c）中的主视图所示。

（2）根据棱柱表面上点的求法，分别求出各点的水平投影 1、2、3、4、5、6、7、8、9、10 和 11，连接 1 和 2 或 3 和 4，即得侧平面的水平投影；连接 7 和 8，即得正垂面与水平面交线的水平投影，如图 4-16（c）中的俯视图所示。

（3）根据点的投影规律，分别求出各点的侧面投影 1″、2″、3″、4″、5″、6″、7″、8″、9″、10″和 11″并将相应各点相连，即得所求截交线的侧面投影。其中，最右侧棱线的侧面投影不可见，因此，11″以上部分画成虚线，11″以下部分与最左侧棱线的侧面投影重合，应画成粗实线。

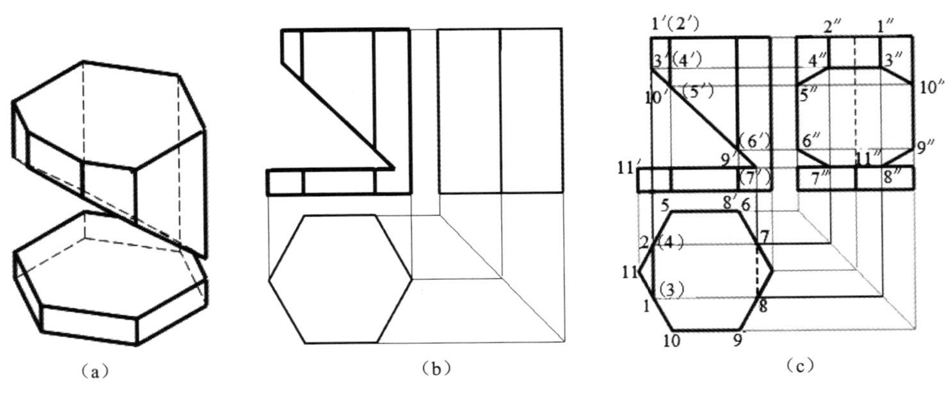

（a）　（b）　（c）

图 4-16　缺口六棱柱的投影

4.3.2　平面与棱锥相交

【例 4-9】 如图 4-17（a）所示，求正垂面截切五棱柱后的投影。

分析：如图 4-17（a）、（b）所示，截平面与五棱锥的五个棱面都相交，得到五条交线，即截交线为五边形，其中，顶点 I、II、III、IV、V 是截平面与棱锥各棱线的交点。由于截平面是正垂面，其正面投影具有积聚性，所以截交线的正面投影已知。因此，本例关键是求截交线的水平投影和侧面投影。

作图：

（1）题中已给出了完整的五棱锥的水平投影和侧面投影，先在正面投影中标注 1′、2′、3′、4′、5′，如图 4-17（c）所示。

（2）根据点的投影规律，点 I、II、III、IV 分别属于五棱锥对应的棱线，因此可求出这四个点的水平投影 1、2、3、4 和侧面投影 1″、2″、3″、4″。点 V 的投影不能直接求出，可采用作辅助线的方法，过 5′作平行于相应底边的直线，在俯视图中，由于这两条直线也平行，因此可求出 5，然后根据点的投影特点求出 5″。

（3）依次连接各点的同面投影并判别可见性。由于最右侧棱线的侧面投影不可见，所以 1″、4″之间为不可见线，应画成虚线。同时要注意擦掉被截切掉部分的投影，如图 4-17（c）所示。

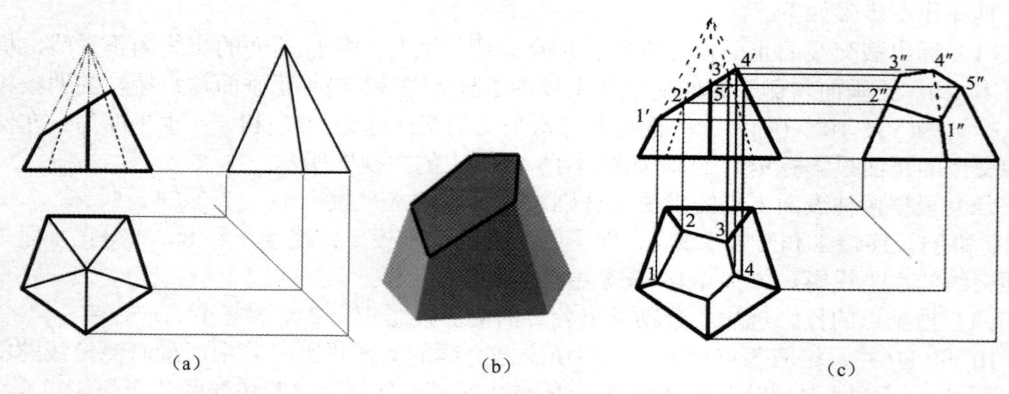

图 4-17　五棱锥被截切后的投影

【例 4-10】 如图 4-18（a）所示，补全三棱锥被截切后的水平投影和侧面投影。

分析：

从正面投影可知，三棱锥被一个正垂面和一个水平面截切，且左侧棱线有一段被截掉，因此，在水平投影和侧面投影中，该棱线的投影暂用细双点画线表示。由于水平截平面平行于底面，所以它与前后棱面的交线应分别平行于相应的底边；正垂截平面也与前后棱面相交，产生两条交线。由于两个截平面都垂直于正平面，所以它们的交线一定是正垂线。截切后的立体图如图 4-18（b）所示。因此，本例最终归结为求这些截交线的投影。

作图：

（1）先在主视图中对截交线进行标记（1′、2′、3′、4′），即正垂截平面与左侧棱线的交点为 I，水平截平面与左侧棱线的交点为 IV，正垂截平面与水平截平面的交线为正垂线 II III，因此本例的关键是求出这四个点的水平投影和侧面投影，由此即可求出截交线的投影。

（2）因为 I 点和 IV 点都在左侧棱线上，所以可直接求出该两点的水平投影 1、4 和侧面投影 1″、4″。

（3）由 4 作 42 平行于前底边、作 43 平行于后底边，再分别由 2′、3′在平行线上作 2、3。由 42、4′2′求出 4″2″，由 43、4′3′求出 4″3″，它们都重合在水平截平面的积聚成直线的侧面投影上。连接 12、1″2″及 13、1″3″，同时，连接两个截平面的交线的水平投影 23。

（4）用粗实线加深左侧棱线剩余部分的侧面投影和水平投影，用细双点画线表示的 I IV 段的三面投影实际上是不存在的，不应画出。

由此就补全了三棱锥被截切后的水平投影和侧面投影，如图 4-18（c）所示。

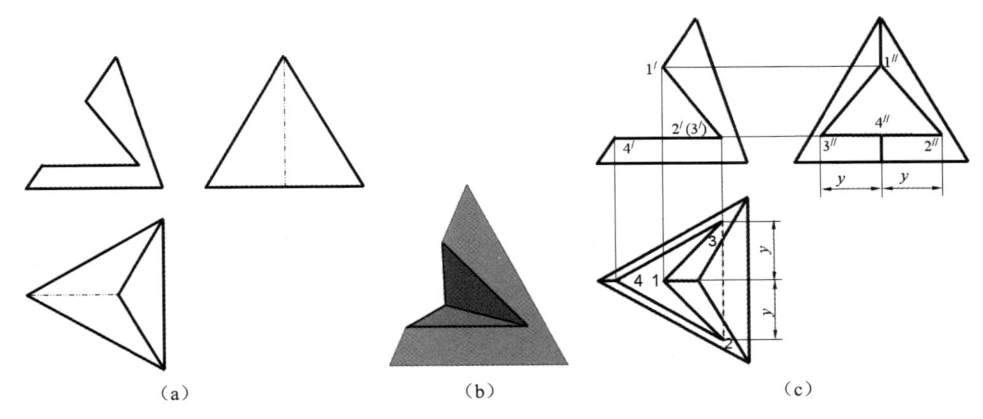

图 4-18　三棱锥被截切后的投影

4.4　平面与回转体表面相交

在工程实践中，常常会有平面与回转体表面相交的情况，如图 4-19 所示。当截平面与单个回转体表面相交时，其截交线通常是封闭的平面曲线，或者是由曲线和直线围成的平面图形或多边形，如图 4-19（a）所示。当截平面与复合回转体表面相交时，其截交线是截平面与基本几何体截交线的组合，如图 4-19（b）所示。多个截平面与回转体表面相交所得的截交线是各截平面所得截交线的组合；截交线的结合点是相邻两截平面与回转体表面的共有点，也是两截平面的交线与回转体表面的交点；两截平面的交线是各断面的分界线，如图 4-19（c）所示。

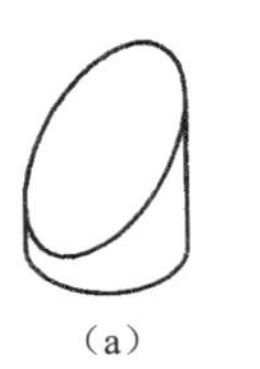

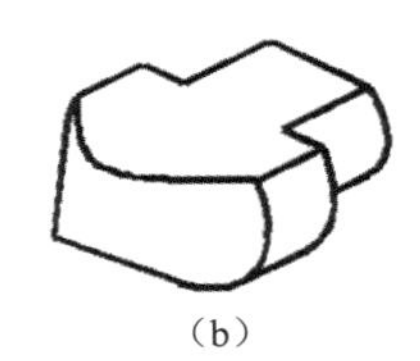

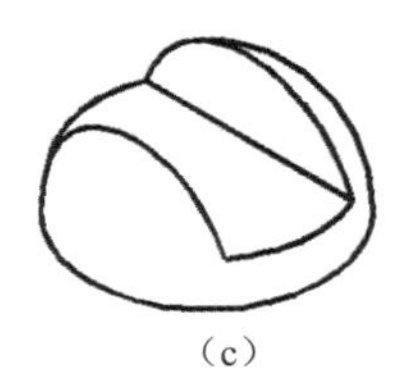

（a）　　（b）　　（c）

图 4-19　平面与回转体表面相交示例

由于截交线属于立体表面上的点和线，所以求截交线的方法与求立体表面上的点的方法一样。利用辅助线等方法求得一系列共有点的投影，再按一定的顺序连点成线。一般步骤如下。

（1）求特殊点，特殊点包括最高点、最低点、最左点、最右点、最前点、最后点、转向轮廓线上的点及特殊曲线的特殊点。

（2）求一般点。

（3）判断可见性，顺次光滑地连接曲线。

在此主要介绍特殊位置平面与回转体表面相交时截交线的特点及画法。

4.4.1 平面与圆柱相交

圆柱是由圆柱面及顶面、底面围成的立体。截平面与圆柱轴线的相对位置不同，所得的截交线的形状也不同，如表 4-1 所示。

表 4-1 圆柱的截交线

截平面位置	与圆柱轴线垂直	与圆柱轴线平行	与圆柱轴线倾斜
截交线形状	圆	矩形	椭圆
立 体 图			
投 影 图			

当截平面与圆柱轴线垂直时，截交线为圆。当截平面与圆柱轴线平行时，它与顶面和底面分别交得一段直线，与圆柱面上的两段直线交线共同围成矩形截交线。当截平面与圆柱轴线倾斜时，截交线是椭圆，若截平面既截到了圆柱面，又截到了顶面和底面，则截交线由两段直线和两段椭圆弧围成；若截平面既截到了圆柱面，又截到了顶面或底面之一，则截交线由一段直线和一段椭圆弧围成。

【例 4-11】 如图 4-20（a）所示，圆柱被正垂面截切，求作其三面投影。

分析：

由于截平面与圆柱轴线倾斜，所以其截交线为椭圆，并且截交线的正面投影积聚成一条斜线。因为截交线同时在圆柱面上，而圆柱轴线铅垂，圆柱的水平投影具有积聚性，所以截交线的水平投影重合于圆周。因此，截交线的正面投影及水平投影均已知，根据前面所学知识，截交线的侧面投影应为椭圆。因此需要求出椭圆上若干点的侧面投影，然后将其光滑地连接起来，即可得出截交线的侧面投影。

作图：

（1）求特殊点。在图 4-20（a）的正面投影中，斜线（截交线的正面投影）与圆柱的最左侧和最右侧的素线的交点分别为 1′和 3′，根据圆柱面取点的方法，可求出两点的水平投影 1、3 和侧面投影 1″和 3″，这两点为截交线的最左点和最右点，也是截交线上的最低点和最高点。同理，在正面投影中，斜线（截交线的正面投影）与圆柱轴线的交点为 2′和 4′，按照同样的方法，分别求出两点的水平投影 2、4 和侧面投影 2″、4″，这两点为截交线上的最前点和最后点。这四个点也是椭圆的长轴和短轴的端点。

（2）求一般点。为了精确作图，还需要找一些一般点。一般点一定要适量，不能过少，否则所作的图不准确；但也不能过多，否则图面太乱，不清楚。如图 4-20（b）所示，在正面投影中，在截交线的左下半部分标记 5′和(6′)，在截交线的右上半部分标记 7′和(8′)，同样，按照圆柱表面上点的求法，求出四点的水平投影 5、6、7、8 和侧面投影 5″、6″、

7″、8″。

（3）判别可见性，顺次光滑地连接曲线。在左视图中，截交线的侧面投影可见，按水平投影点的顺序依次光滑地连接各点的侧面投影，即得截交线的侧面投影，即椭圆。

最后，还要整理轮廓线，因为圆柱被切掉了一部分，所以，在左视图中，圆柱的侧面投影的转向轮廓线（最前端和最后端的素线）应分别画到 2″和 4″处，如图 4-20（b）所示。

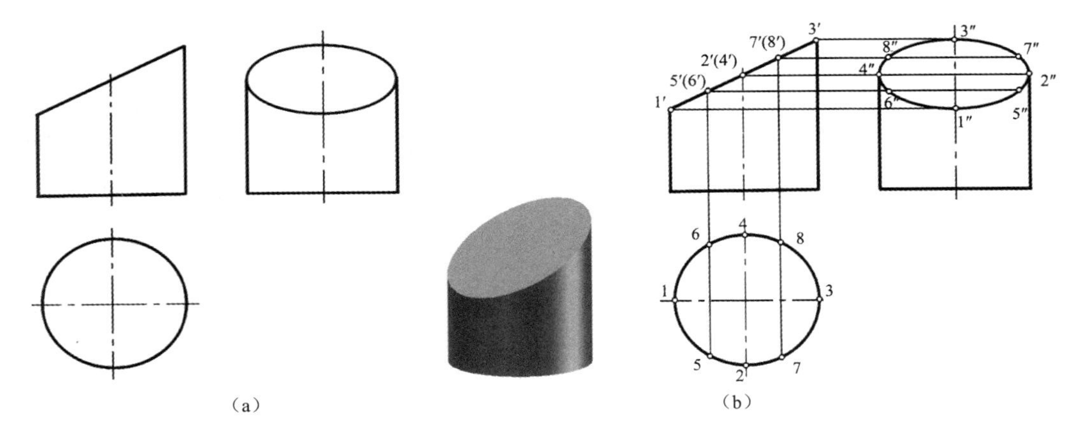

图 4-20　圆柱被正垂面截切后的投影

由本例可知，当圆柱被与轴线倾斜的正垂面截切时，其截交线椭圆的长/短轴在侧面投影中不反映其方位，当变动截平面与圆柱轴线的倾角（用 α 表示）时，椭圆的大小会发生变化，长/短轴的方位也会发生变化，其侧面投影也在变化，如图 4-21 所示。

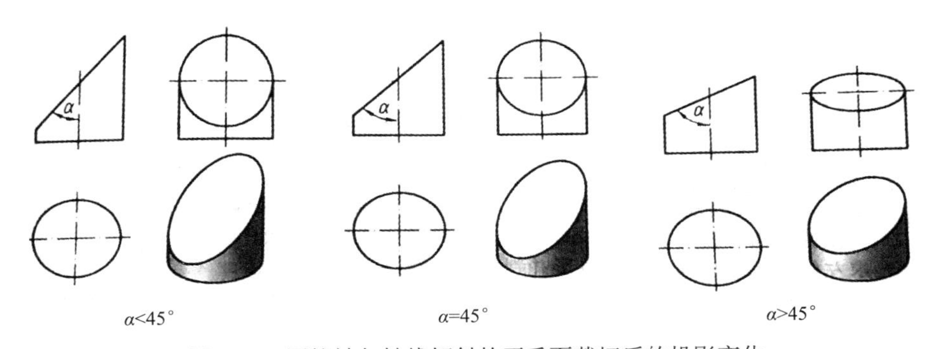

图 4-21　圆柱被与轴线倾斜的正垂面截切后的投影变化

【例 4-12】 如图 4-22（a）所示，已知圆柱上部被截切后的正面投影和水平投影，求作其侧面投影。

分析：

由图 4-22（a）可知，该圆柱上部是由两个左右对称的侧平面和一个不连续的水平面截切形成的，如图 4-22（b）中的立体图所示。对于多个截平面截切同一个圆柱的情况，在求其截交线的投影时，应分别求出每个截平面的截交线，再求出截平面之间的交线。对于本例来讲，圆柱被左右对称截切，因此只需求出一侧，另一侧对称画出即可。

作图：

先画出完整圆柱的左视图，再按下面的步骤画图，如图 4-22（b）所示。

（1）左侧侧平截平面与圆柱面的交线为两条直线，即 I III 和 II IV，其正面投影 1′3′、2′4′反映实长，且投影重合，水平投影积聚成 1、3 和 2、4。这两投影为已知条件，根据投影关系，可直接求出侧面投影 1″3″和 2″4″，侧面投影反映实长和实际位置。

（2）左侧垂直于轴线的水平截平面与圆柱面的交线为圆的一部分，即圆弧 III V IV，其正面投影积聚成一直线段 3′5′或 4′5′，水平投影为反映实形的圆弧，因水平截平面的侧面投影具有积聚性，故该圆弧的侧面投影积聚成一直线段 3″5″4″。

（3）求左侧侧平截平面与水平截平面之间的交线，其正面投影为 3′4′，水平投影为 34，侧面投影与水平截平面和圆柱面的交线的侧面投影重合。

最终完成的侧面投影如图 4-22（c）所示。

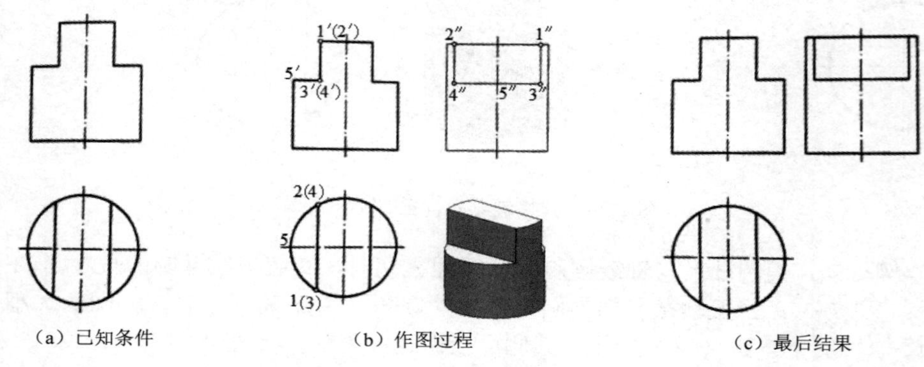

（a）已知条件　（b）作图过程　（c）最后结果

图 4-22　圆柱被截切后的投影

如图 4-23（a）所示，当空心圆柱被左右对称截切时，截平面不仅与外圆柱面产生交线，还与内圆柱面产生交线，其分析和作图过程与【例 4-12】的分析和作图过程类似，结果如图 4-23（b）所示。

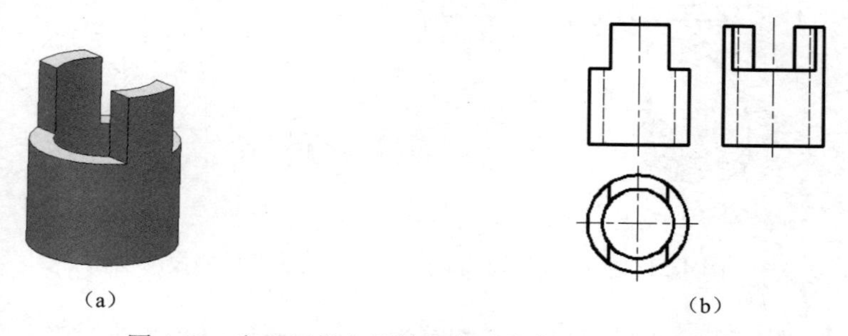

（a）　（b）

图 4-23　空心圆柱上部被左右对称截切后的投影

【例 4-13】 如图 4-24（a）所示，完成圆柱上部被开槽后的正面投影和水平投影，并求作其侧面投影。

分析：

圆柱上部中间切槽，槽壁为左右对称的侧平面，槽底为水平面，如图 4-24（b）中的立体图所示。三个截平面均与圆柱产生截交线，因为槽为前后通槽，所以截平面会与圆柱前后都产生交线。因此，在求截交线时，可只求出一侧，另一侧对称画出即可。在求多个截平面的截交线时，先求出单个截平面的截交线，再求截平面之间的交线。

作图：

先画出完整圆柱的侧面投影，再求截交线，如图 4-24（b）所示，具体步骤如下。

（1）求侧平截平面与圆柱表面的交线。两个侧平截平面与圆柱表面的交线为两条直素线，由侧平面的投影特点及截交线的基本性质可知，两条直素线的正面投影分别为 1′2′、3′4′，其水平投影积聚成两个点，因此可以求出两条交线的侧面投影 1″2″和 3″4″，它们的侧面投影重合。

（2）求水平截平面与圆柱表面的交线。水平截平面与圆柱表面的交线为圆弧，由水平面的投影特点及截交线的基本性质可知，该圆弧的正面投影为直线段 2′5′4′，与水平截平面的投影重合；水平投影为圆弧 254，反映实形；利用投影规律可求得其侧面投影为一直线段 2″5″或 4″5″。

（3）按对称性求出三个截平面与圆柱后半部分截交线的各面投影。

（4）求截平面之间的交线。三个截平面有两条交线，且两条交线均为正垂线，其正面投影积聚成两个点；水平投影为两条反映实长的直线段；侧面投影为反映实长的直线段，两条直线段投影重合且不可见，应画成一条虚线，如图 4-24（b）所示。

最后还要整理轮廓线，因为圆柱中间被切槽，所以水平截平面（槽底）以上、左右侧平面之间的部分被切掉了。因此，在左视图上，去掉槽底以上的部分圆柱的最前端和最后端的素线，结果如图 4-24（c）所示。

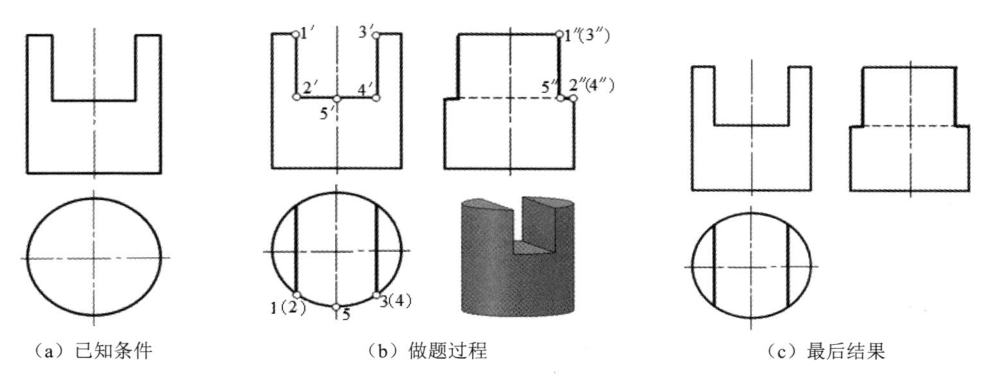

图 4-24　圆柱上部被开槽后的投影

当空心圆柱上部中间被开槽时，如图 4-25（a）所示，截平面不仅与外圆柱面产生交线，还与内圆柱面产生交线，其分析和作图过程与【例 4-13】的分析和作图过程类似，结果如图 4-25（b）所示。

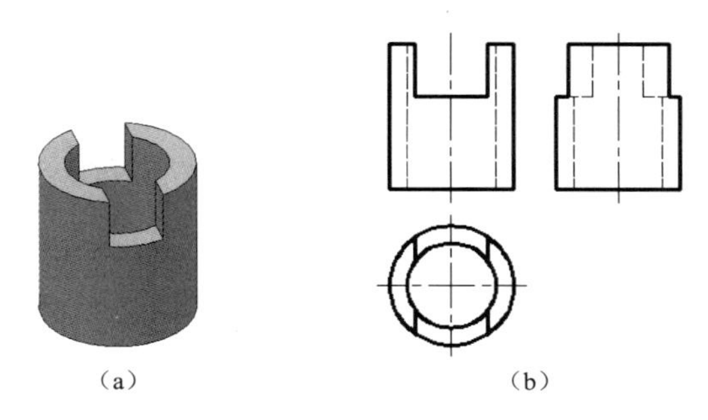

图 4-25　空心圆柱上部被切槽

4.4.2 平面与圆锥相交

当平面与圆锥相交时，如果截平面与圆锥轴线的相对位置不同，则其截交线的性质和形状也不同，如表 4-2 所示。

表 4-2 圆锥的截交线

截平面位置	垂直于轴线	过锥顶	倾斜于轴线 ($\theta<\alpha$)	平行（或倾斜）于轴线 ($\theta=90^\circ$或 $\theta>\alpha$)	平行于一条素线 ($\theta=\alpha$)
截 交 线	圆	等腰三角形	椭圆或椭圆弧和直线段	双曲线和直线段	抛物线和直线段
立 体 图		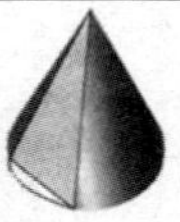			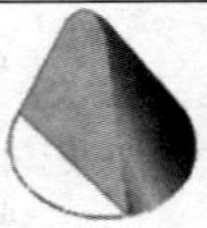
投 影 图	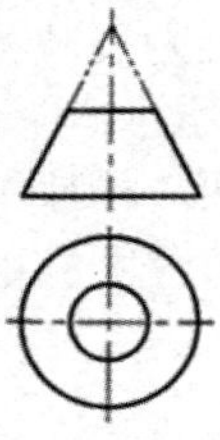	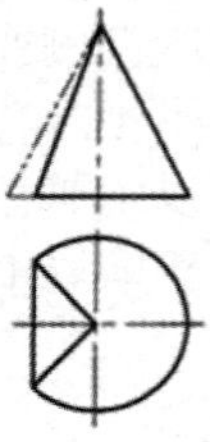	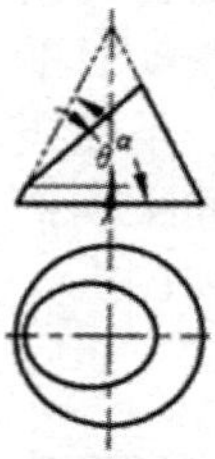	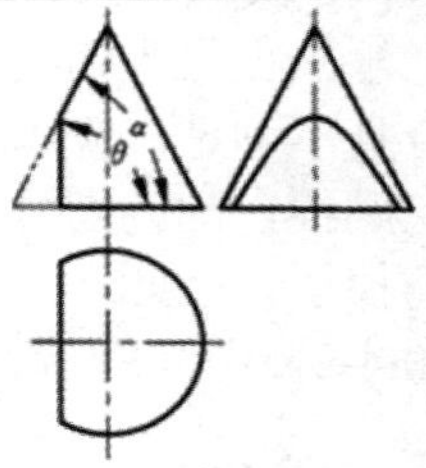	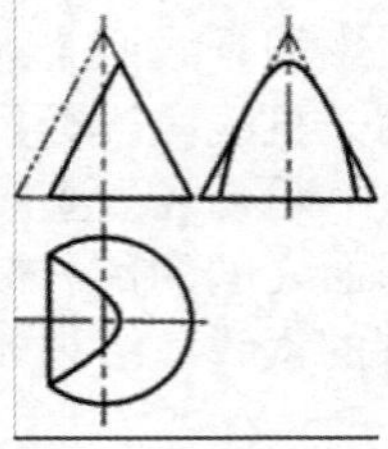

从表 4-2 可以看出，当截平面与圆锥相交时，若截平面垂直于轴线，则截交线为垂直于轴线的圆。若截平面倾斜于轴线（$\theta<\alpha$）且未截到底圆，则截交线为椭圆；当截到底圆时，截交线为椭圆弧和直线段。当 $\theta>\alpha$ 或 $\theta=90^\circ$时，截交线为双曲线和直线段。当 $\theta=\alpha$ 时，截交线为抛物线和直线段。若截平面通过锥顶，则截交线为等腰三角形。

【例 4-14】 如图 4-26（a）所示，完成圆锥被正平面截切后的正面投影。

分析：

由于截平面为正平面，所以此平面平行与圆锥轴线，由表 4-2 可知，其在圆锥上产生的截交线为双曲线和直线段围成的封闭线框。截交线中的直线段是截平面与圆锥底面的交线，其正面投影积聚到圆锥底面的正面投影上，因此，本例的关键是求双曲线的正面投影。根据该截交线的性质，双曲线的水平投影和侧面投影均为直线段，其正面投影可采用表面取点的方法绘制。

作图：

（1）求特殊点。截平面截切前半个圆锥面，与圆锥面的一条侧面转向轮廓线 *SA* 相交，其交点 I 是双曲线的最高点，因此是特殊点；截平面与圆锥底面相交，其交点 II、III 是双曲线的两个端点和两个最低点，因此也是特殊点。I 点的侧面投影和水平投影已知，可根据投影规律直接求出正面投影 1′；II、III 点在圆锥底面上，可根据底面正面投影的积聚性求出 2′和 3′。

（2）求一般点。在特殊点之间，取左右对称的两个一般点 IV 和 V，根据圆锥面上取点的方法——纬圆法，求得两点的正面投影 4′和 5′。

（3）判别可见性，依次光滑地连接曲线。双曲线在主视图上可见，所以用粗实线光滑地连接各点，完成全图，如图 4-26（b）所示。

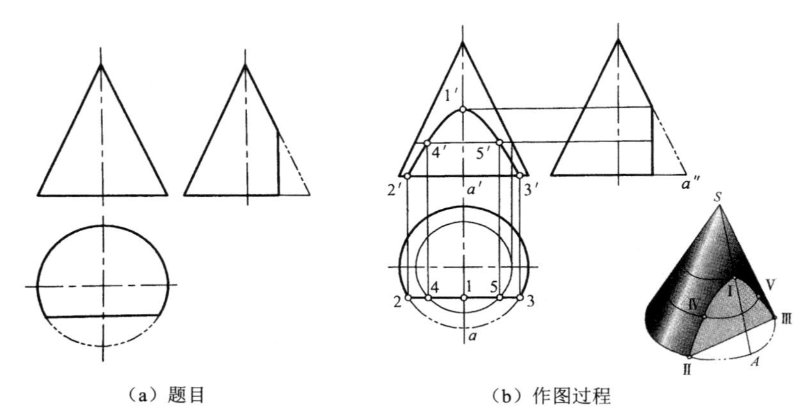

（a）题目　　（b）作图过程

图 4-26　圆锥截交线的投影

【例 4-15】 如图 4-27（a）所示，完成圆锥被截切后的投影。

分析：

圆锥的切口是由一个水平面和一个正垂面形成的，它们和圆锥的交线分别为圆的一部分和两条素线的一部分。在补画截交线的投影时，应分别求出每个截平面与圆锥的交线，注意不要丢掉截平面之间的交线。

作图［见图 4-27（b）］：

（1）求正垂截平面与圆锥的交线。通过已知条件可知，该正垂截平面恰好通过圆锥的锥顶，因此，交线为过锥顶的两条直素线的一部分 SI 和 SII，其正面投影积聚在正垂面的积聚性投影上，即 $s'1'$和 $s'2'$，根据纬圆法求出 1、2，连接 $s1$ 和 $s2$ 即得到交线的水平投影。根据点的投影规律求出 1″和 2″，连接 $s''1''$和 $s''2''$即得到交线的侧面投影。

（2）求水平截平面与圆锥的交线。水平截平面与圆锥的轴线垂直，其与圆锥面的交线为圆的一部分，圆弧的正面投影积聚在水平面的积聚性投影 3′2′和 3′1′上；水平投影反映圆弧的实形，即圆弧 231；侧面投影为 2″3″1″，积聚在水平截平面的侧面投影上。

（3）求截平面之间的交线。正垂截平面与水平截平面的交线为正垂线 III，其正面投影积聚成一个点；侧面投影与水平面的侧面投影重合；水平投影不可见，应画成细虚线。

最后要注意整理轮廓线，在左视图中，水平面以上的圆锥的最前端和最后端素线都被切掉了，因此应去掉其投影。

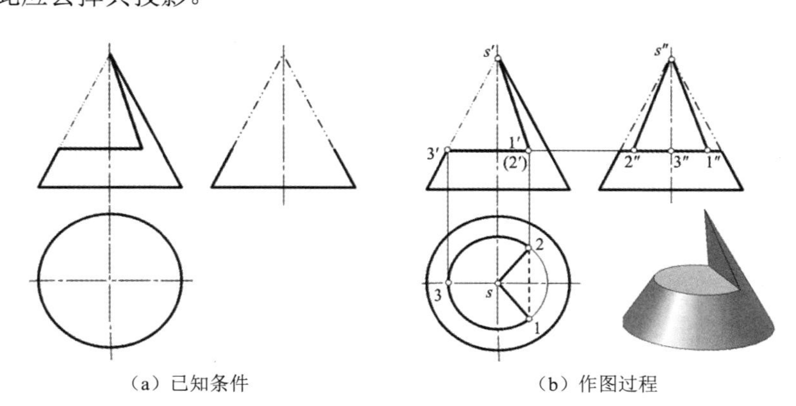

（a）已知条件　　（b）作图过程

图 4-27　圆锥被截切后的投影

4.4.3 平面与圆球相交

当平面与圆球相交时，不论截平面与圆球的相对位置如何，其截交线都为圆。当截平面平行于投影面时，截交线在该投影面的投影为圆，反映实形；当截平面垂直于投影面时，截交线在该投影面的投影为直线段；当截平面倾斜于投影面时，截交线在该投影面的投影为椭圆。

如图 4-28 所示，球面被水平面 Q 和侧平面 P 截切，其截交线分别为水平圆和侧平圆。截交线的作图方法采用纬圆法，具体步骤参考 4.2.3 节中的内容。

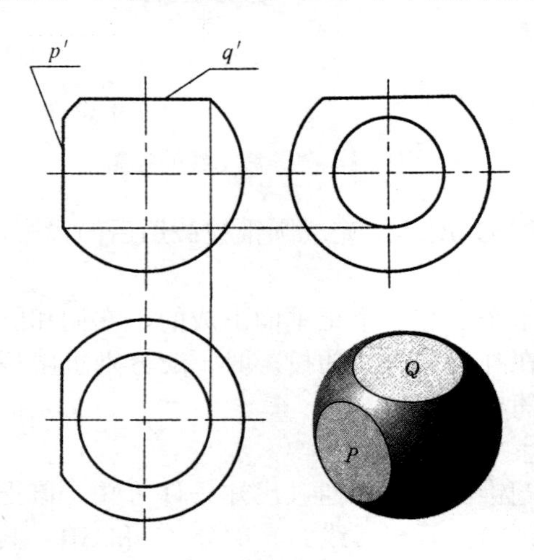

图 4-28　球的截交线的投影

【例 4-16】 如图 4-29（a）所示，完成半球被截切后的投影。

分析：

半球上部的缺口是由两个左右对称的侧平面和一个水平面截切形成的。这样，三个面就会和半球产生交线，侧平面截半球得侧平圆的一部分，水平面截半球得水平圆的一部分，同样，还要求侧平面和水平面之间的交线。因为缺口左右对称，所以可以求出一侧的截交线，另一侧再对称画出即可。

作图：

（1）求右侧侧平截平面与半球的交线。右侧侧平截平面与半球的交线为侧平圆的一部分 II I III，其正面投影具有积聚性，为直线段 1′2′和 1′3′；根据圆球表面的取点方法求得其侧面投影，即圆弧 2″1″3″，该圆弧反映实形；水平投影 213 积聚在侧平面的积聚性水平投影（直线段）上。

（2）求右侧水平截平面与半球的交线。右侧水平截平面与半球的交线为两段水平圆弧 II VI 和 III V，两段圆弧的正面投影 2′6′和 3′5′，两者都重合在水平面的积聚性正面投影（直线段）上；水平投影反映实形，分别为圆弧 26 和 35，这里同样需要用到圆球表面取点的方法；侧面投影都具有积聚性，分别积聚为两直线段 2″6″和 3″5″。

（3）求截平面之间的交线。侧平面和水平面的交线为正垂线 II III，其正面投影积聚成点，如图 4-29（b）所示；水平投影 23 反映实长，且与侧平面的水平投影重合；侧面投影同样反映实长，但不可见，因此应画成虚线 2″3″。

（4）对称求出左侧截交线的各面投影。根据对称性将左侧交线的投影求出来。

最后还要整理轮廓线，因为水平面以上及左、右侧平面之间的部分都被切掉了，所以在左视图中，应去掉水平面以上的最大侧平圆的投影。

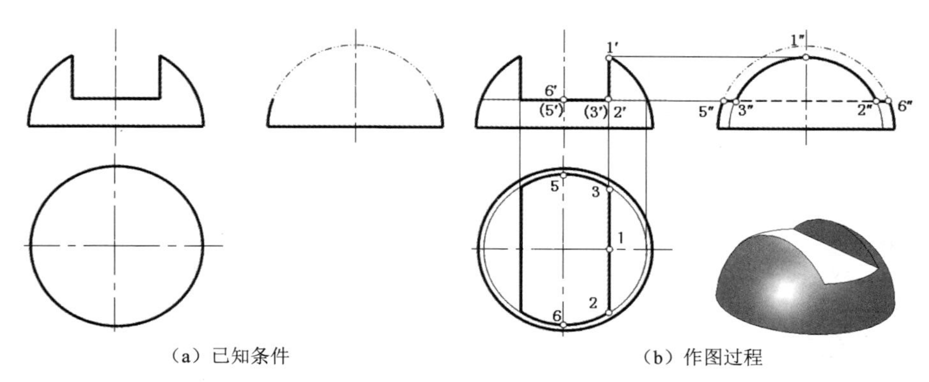

（a）已知条件　　（b）作图过程

图 4-29　半球被截切后的投影

4.5　两回转体表面相交

4.5.1　概述

在生产实践和日常生活中，常常可以见到由立体和立体相交形成的零件，图 4-30 所示的零件就是由几个立体相交形成的，这种立体和立体的相交称为相贯，相交立体表面产生的交线称为相贯线。

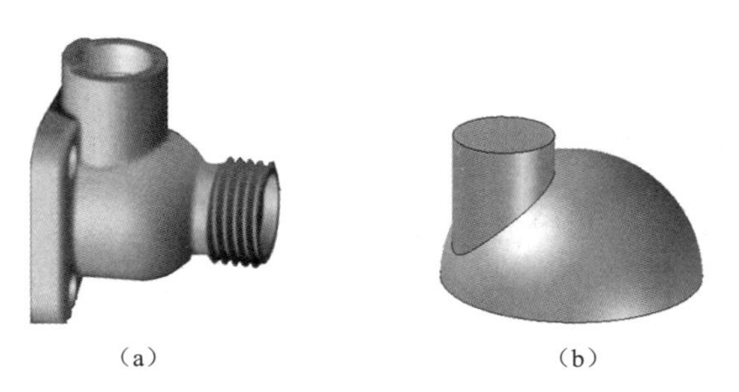

（a）　　（b）

图 4-30　相贯线示例

1．相贯线的性质

（1）表面性、共有性。相贯线位于相交立体的表面上，是相交立体表面的分界线。相贯线是相交立体表面的共有线，其上的点是相交立体表面的共有点，这是相贯线作图的理论依据。

（2）空间封闭性。相贯线一般为封闭的空间曲线，如图 4-30（b）所示。特殊情况下，相贯线为平面曲线或不封闭的空间曲线，也可能为直线段。例如，在图 4-31（a）中，相贯线为圆；在图 4-31（b）中，相贯线为直线段。

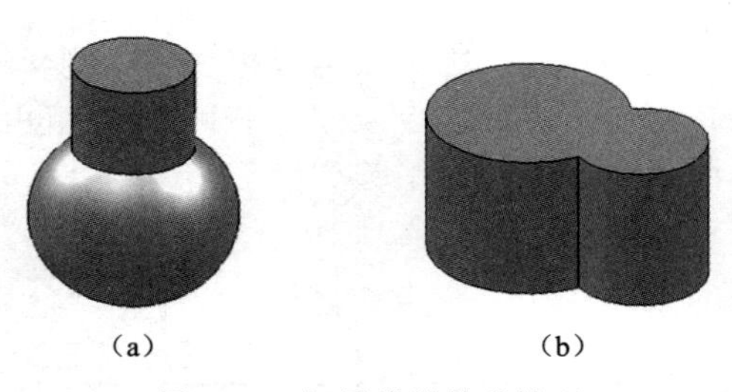

（a）　　　　　　　　（b）

图 4-31　相贯线的特殊情况

（3）形状多样性。相贯线的形状多种多样，其形状取决于相交立体的形状及相交位置，如图 4-32 所示。

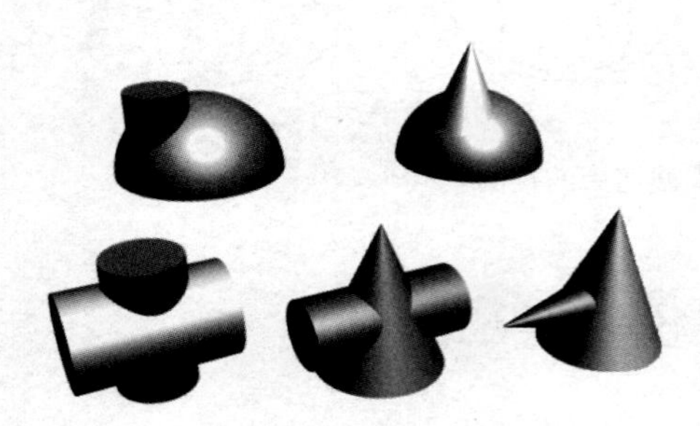

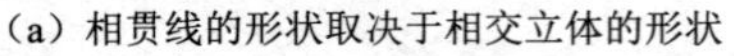

（a）相贯线的形状取决于相交立体的形状　　　（b）相贯线的形状取决于相交立体的位置

图 4-32　相贯线形状的决定因素

2．相贯线的形式

根据立体的表面性质不同，相贯线的形式可分为两平面立体表面相交、平面立体与回转体表面相交、两回转体表面相交，如图 4-33 所示。

（1）两平面立体表面相交。如图 4-33（a）所示，该立体是由一个六棱锥和一个四棱柱相贯形成的，立体表面相交会产生相贯线，其相贯线可以转化为四棱柱的四个棱面与六棱锥的截交线，求解过程如图 4-34（a）所示。

（2）平面立体与回转体表面相交。如图 4-33（b）所示，该立体由一个四棱柱和一个圆锥相贯而成，立体表面会产生相贯线，其相贯线可转化为四棱柱的上表面，以及前、后两表面与圆锥的截交线，求解过程如图 4-34（b）所示。

（3）两回转体表面相交。如图 4-33（c）所示，该立体是由两个圆柱相贯而成的，立体表面会产生相贯线，因为两平面立体、平面立体与回转体表面相交的相贯线均可转化为截交线，所以两回转体表面相交的交线是本节讲述的重点内容。

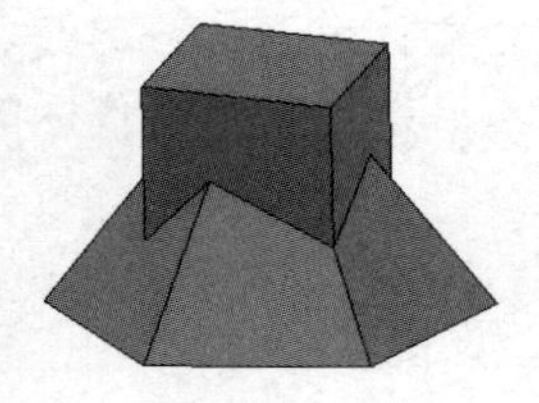

（a）两平面立体表面相交

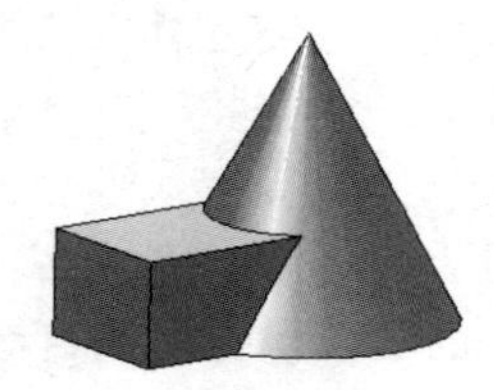

（b）平面立体与回转体表面相交

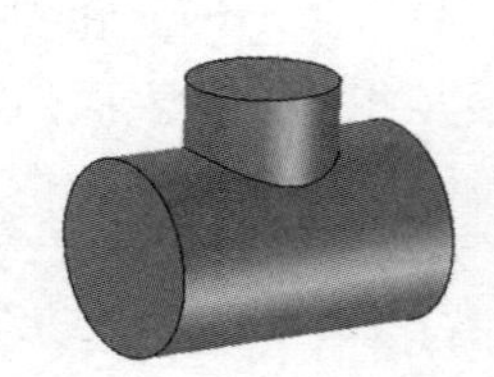

（c）两回转体表面相交

图 4-33　相贯线的形式

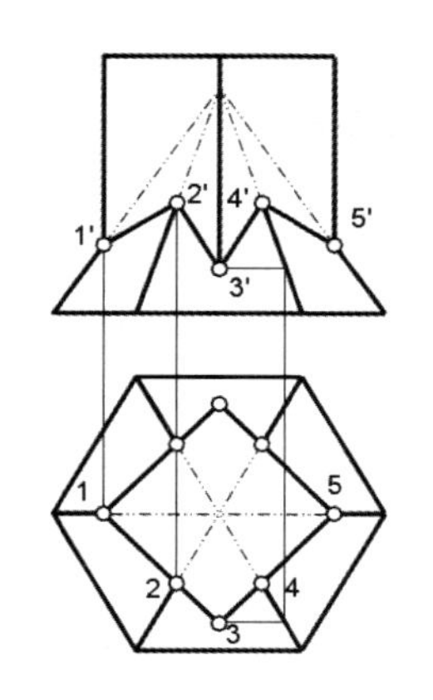

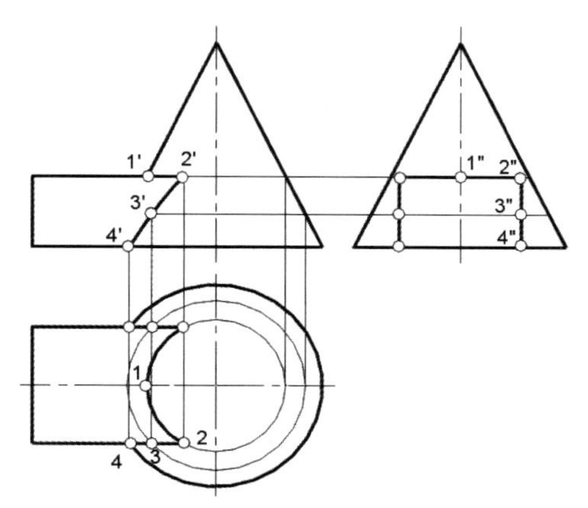

（a）两平面立体表面相交的相贯线　　（b）平面立体与回转体表面相交的相贯线

图 4-34　平面立体与平面立体（或回转体）的表面相交相贯线

4.5.2　求相贯线投影的方法

1．表面取点法

表面取点法是根据投影具有积聚性的特点，由两回转体表面上若干个共有点的已知投影求出其他未知投影，从而画出相贯线的投影的一种方法。

【例 4-17】 如图 4-35 所示，求作轴线垂直相交的两圆柱的相贯线。

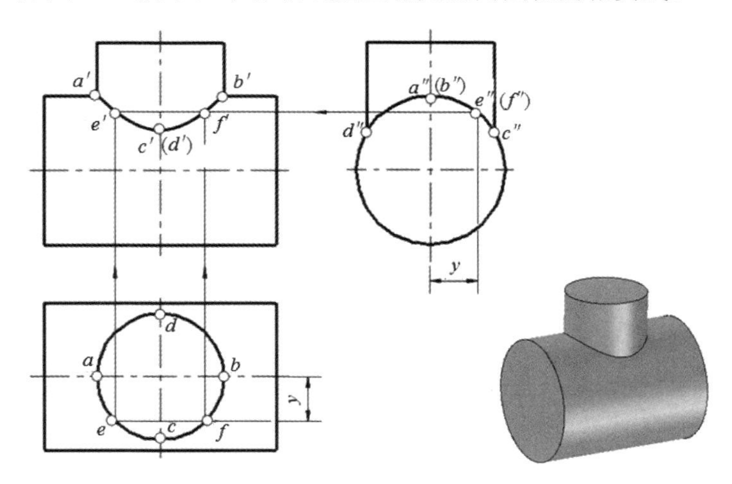

图 4-35　两圆柱垂直相交的相贯线

分析：

当轴线垂直的两圆柱相交时，有共同的前后对称面和左右对称面，小圆柱全部穿进大圆柱内，因此，其相贯线是一条闭合的空间曲线，并且是前后对称和左右对称的。

由于小圆柱的水平投影积聚为圆，因此相贯线的水平投影便积聚在该圆上。同理，大圆柱面的侧面投影积聚为圆，因此相贯线的侧面投影也积聚在小圆柱穿进处的一段圆弧上，且左半部分相贯线和右半部分相贯线的侧面投影重合。因此，该问题就归结为已知相贯线的侧面投影和水平投影，求作它的正面投影。采用圆柱面取点的方法求解。

作图：

（1）求特殊点。先在相贯线的水平投影上定出最左点 A、最右点 B、最前点 C 和最后点 D 的投影 a、b、c 和 d，再在相贯线的侧面投影上相应地求出 a''、b''、c''和 d''。由 a、b、c、d 和 a''、b''、c''、d''求出 a'、b'、c'、d'，A、B 和 C、D 分别是相贯线上的最高点和最低点。

（2）求一般点。因为相贯线前后对称，故先在相贯线的侧面投影的前半部分任取 E、F 两个一般点的侧面投影 e''、f''，根据宽相等找出两点的水平投影 e、f，然后求出两点的正面投影 e'和 f'。

（3）判别可见性，依次光滑地连接曲线。按相贯线的水平投影显示的各点的顺序连接各点的正面投影，即得相贯线的正面投影。对正面投影而言，前半部分相贯线在两个圆柱的可见表面上，因此其三面投影可见；后半部分相贯线在两个圆柱的不可见表面上，因此其正面投影不可见，但由于其与前半部分相贯线的可见投影相重合，因此在主视图上应画成粗实线。

轴线垂直相交的两圆柱在零件上较常见，它们的相贯线一般有三种形式，如图 4-36 所示。

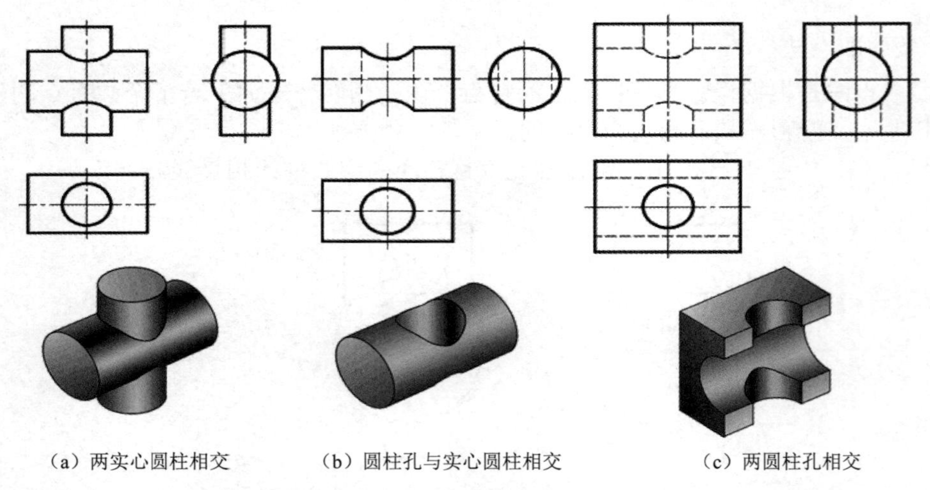

（a）两实心圆柱相交　（b）圆柱孔与实心圆柱相交　（c）两圆柱孔相交

图 4-36　两圆柱相贯线的常见情况

（1）图 4-36（a）为两实心圆柱相交，小圆柱全部贯穿大圆柱，两圆柱外表面相交，相贯线是上下对称的两条闭合的空间曲线。

（2）如图 4-36（b）所示，在大实心圆柱上贯通小圆柱孔，外表面与内表面相交，相贯线是上下对称的两条空间闭合曲线，即孔壁的上下孔口曲线。

（3）如图 4-36（c）所示，在长方体内部打通两个圆柱孔，两个内表面相交，相贯线同样是上下对称的两条空间闭合曲线，不同的是应以虚线表示。

轴线垂直相交的两圆柱的直径的相对变化对相贯线的影响如图 4-37 所示。

从图 4-37 中可以看出，当垂直圆柱的直径较大时，两圆柱的相贯线为左右对称的两条空间曲线，如图 4-37（a）所示；当垂直圆柱的直径较小时，两圆柱的相贯线为上下对称的两条空间曲线，如图 4-37（b）所示。由此可知，相贯线的弯曲方向总是朝向直径较大的圆柱的轴线。当两圆柱的直径相等即公切于一个球面时，相贯线为平面曲线——椭圆，且椭圆所在的平面垂直于两圆柱轴线决定的平面，如图 4-37（c）所示。

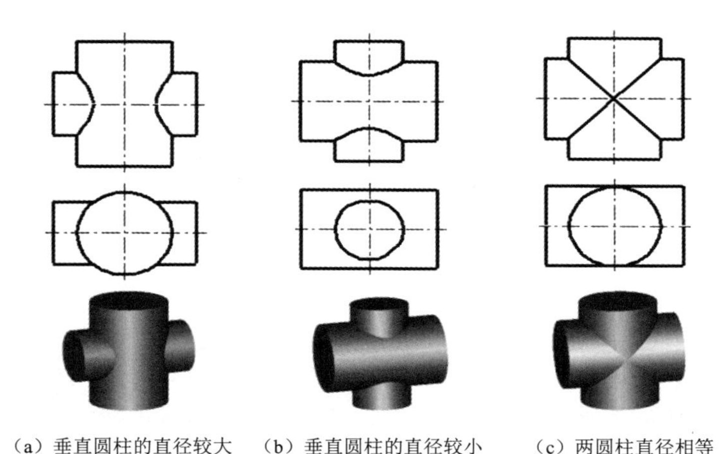

（a）垂直圆柱的直径较大　（b）垂直圆柱的直径较小　（c）两圆柱直径相等

图 4-37　轴线垂直相交的两圆柱的直径的相对变化对相贯线的影响

在工程上，轴线垂直相交的两圆柱的相贯线往往是自然形成的，因此，大多数情况下没有必要精确地画出，遇到此种情况，可用简化画法画出相贯线的投影。

如图 4-38 所示，轴线垂直相交的两个圆柱相贯，两个圆柱的直径不相等，其相贯线的投影可用简化画法即圆弧替代法画出。圆弧替代法有以下四个特点。

（1）替代圆弧画在两圆柱的投影都没有积聚性的视图上。因为在两圆柱的投影具有积聚性的视图中，相贯线的投影积聚在两圆柱面的投影上，所以相贯线的投影只需在两个圆柱面的投影都没有积聚性的视图上单独画出即可。如图 4-38 所示，水平圆柱在左视图上具有积聚性，垂直圆柱在俯视图上具有积聚性，因此，两个圆柱的相贯线只需在主视图上画出即可（用圆弧替代法简化画出）。

（2）替代圆弧的半径为大圆柱的半径。如图 4-38 所示，水平圆柱的直径比垂直圆柱的直径大，因此，替代圆弧的半径为水平圆柱的半径，即 $R=D/2$。

（3）替代圆弧的圆心在小圆柱的轴线上。如图 4-38 所示，替代圆弧的圆心在垂直圆柱的轴线上。

（4）替代圆弧凸向大圆柱轴线一侧。如图 4-38 所示，替代圆弧向下凸，即凸向水平圆柱的轴线。

由此可见，当用圆弧替代法画相贯线的投影时，特殊点的投影都是准确的，只有一般点的投影不准确，但这并不影响相贯线的直观性。

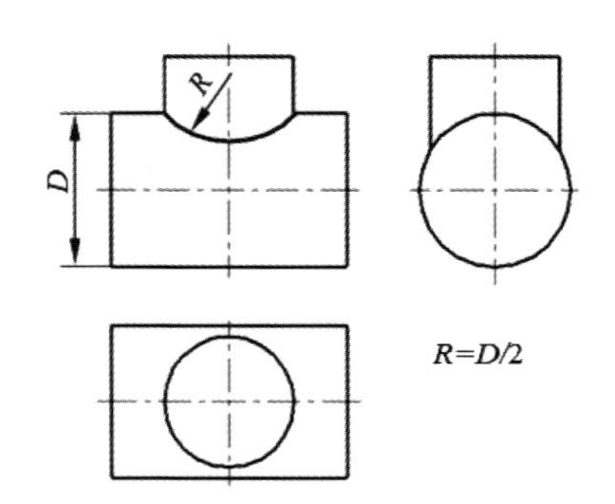

图 4-38　轴线垂直相交的两圆柱的相贯线投影的简化画法

若两个圆柱轴线垂直相交，且这两个圆柱的直径相等，则其相贯线为椭圆，其投影特性为：在两个圆柱面的投影具有积聚性的视图中，相贯线的投影积聚在圆柱面的投影上，不必单独画出，如图 4-37（c）所示，在俯视图（或左视图）中，相贯线的投影不必单独画出；在两个圆柱面的投影都不具有积聚性的视图中，相贯线的投影为直线段，画图时只需连接两个圆柱转向轮廓线的交点与轴线的交点即可，如图 4-37（c）中的主视图所示。

以后没有特殊说明，轴线垂直相交的两圆柱的相贯线的投影都采用简化画法。

2．辅助平面法

当两曲面立体的相贯线不能采用表面取点法求解时，可采用辅助平面法。辅助平面法求相贯线的基本原理是应用三面共点法，分别求出辅助平面与两曲面立体表面的交线，两交线的交点即相贯线上的点，该点既在辅助平面上，又在相交的曲面立体上。

辅助平面可分为投影面平行面、投影面垂直面和一般位置平面三种，一般多取投影面平行面为辅助平面。当为了作图方便而选择辅助平面时，应使截切两曲面的交线的投影尽可能为简单的直线段或圆。作图时要注意确定两曲面轮廓线上的特殊点，用以判断两曲面和相贯线的可见性。辅助平面的选择示例如图 4-39 所示。

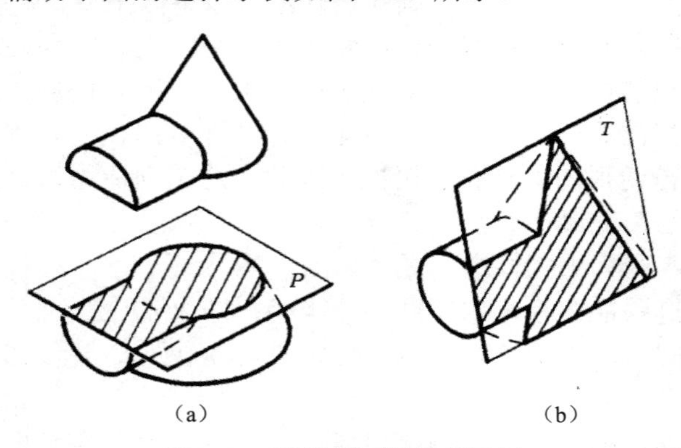

图 4-39　辅助平面的选择示例

前面讲述的【例 4-16】是利用表面取点法来求相贯线的，也可以用辅助平面法求解，但用表面取点法较简单。

【例 4-18】　如图 4-40（a）所示，求作圆柱和圆锥的相贯线。

分析：

当以水平面作为辅助平面时，作图最简单，它与两个曲面的截交线都很简单：与圆柱面的截交线为两条平行直线段；与圆锥面的截交线为纬圆，如图 4-39（a）所示。当然，也可以用过圆锥锥顶的正平面作为辅助平面，这样，它与圆柱面的截交线为两条平行直线段，与圆锥面的截交线为素线，如图 4-39（b）所示。

作图：

（1）求特殊点。因为圆柱全部参与相贯，且圆柱面和圆锥面的轴线相交，故两曲面的正面投影转向轮廓线的交点 I、II 即两曲面的共有点，也是相贯线上的最高点、最低点，由正面投影 1′、2′及侧面投影 1″、2″求得水平投影 1、2，如图 4-40（a）所示。

相贯线上的最前点、最后点 III、IV 可通过圆柱轴线作水平辅助平面 P_V 求得，水平辅助平面 P_V 截切圆柱面所得的交线的水平投影为圆柱水平投影的转向轮廓线；水平辅助平面 P_V 截切圆锥面所得交线的水平投影为圆，两者的交点即 III、IV 点的水平投影 3、4，然后根据 3″、4″求出 3′和 4′，如图 4-40（b）所示。

点 III、IV 也是交线的水平投影可见与不可见的分界点，当从上向下投射时，圆柱的上半部分与圆锥的交线是可见的，其下半部分与圆锥的交线是不可见的。

（2）求一般点。在点 I、III 之间作水平辅助平面 Q_V，截切圆柱和圆锥，分别得交线为两平行直线段和圆，找出两直线段和圆的水平投影，其交点 5、6 就是所求交线上点的水平投影，根据 5、6 和 5″、6″求出点 V、VI 的正面投影 5′、6′，如图 4-40（c）所示。同理，可在点 I、II 之间作一系列水平面为辅助平面，以求得相贯线上的若干点。

（3）判别可见性，依次光滑地连接曲线。在主视图上，相贯线的前后部分投影重合，因此应用粗实线画出；在俯视图上，圆柱的上半部分可见、下半部分不可见，故 4、6、1、5、3 可见，应用粗实线画出，其余不可见，用细虚线画出；最后整理轮廓线，结果如图 4-40（d）所示。

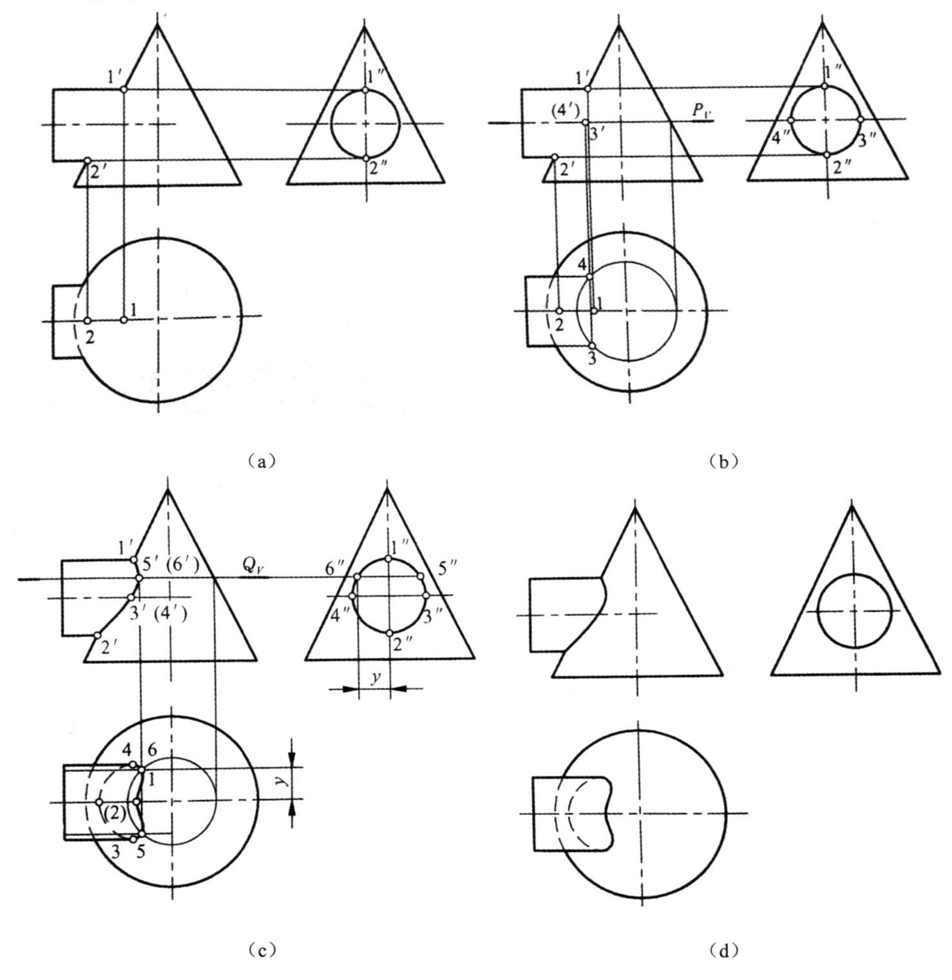

图 4-40　利用辅助平面法求相贯线

4.5.3 相贯线的特殊情况

如前所述，相贯线一般情况下是空间曲线，特殊情况下可能为平面曲线（椭圆、圆等）或直线。

1．两等径圆柱垂直相交的相贯线

垂直相交的两等径圆柱的相贯线是平面曲线，而且是两个椭圆，如图 4-37（c）所示。

2．两同轴回转体的相贯线

同轴的两个回转体表面相交，其相贯线为垂直于轴线的圆。在这种情况下，相贯线在与轴线垂直的投影面上的投影为圆，在与轴线平行的投影面上的投影积聚成直线段，如图 4-41 所示。

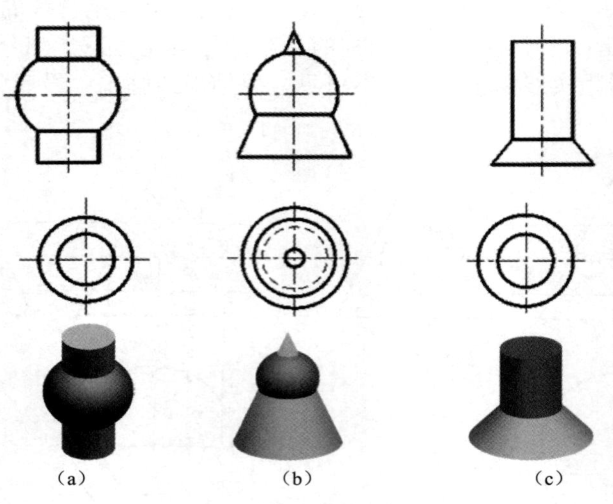

图 4-41　两同轴回转体的相贯线

3．轴线平行的两圆柱和两共顶圆锥相贯

当轴线平行的两圆柱相贯时，其相贯线是平行于轴线的直线段，如图 4-42（a）所示。当两共顶圆锥相贯时，其相贯线是过锥顶的直线，如图 4-42（b）所示。

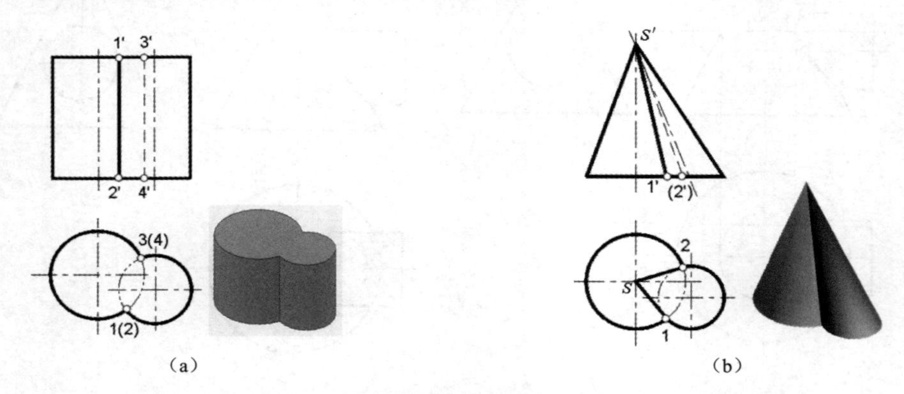

图 4-42　轴线平行的两圆柱相贯和两共顶圆锥相贯的投影

4．内切于同一球面的两回转体相贯

当相交的两回转体同时外切于一个球面时，其相贯线为两个椭圆，并且这两个椭圆在与相交的两回转体轴线平行的投影面上的投影为两回转体转向轮廓线交点相连的两直线段，如图 4-43 所示。

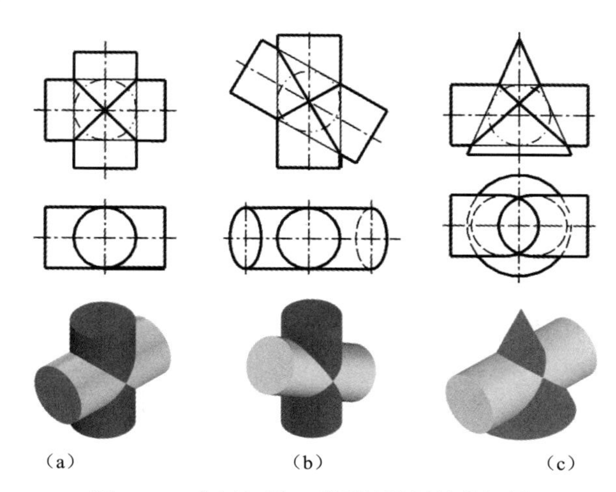

图 4-43　内切与同一球面的两回转体相贯

4.5.4　综合举例

【例 4-19】 如图 4-44（a）所示，求出立体的相贯线。

分析：

本例给出了立体的三个视图，显然是要求补画视图中所缺的相贯线的投影。通过分析可知，该立体是个复合立体，它由左上方的半球、左下方的圆柱和右侧圆柱三部分组成，如图 4-44（b）所示。半球和左侧圆柱的直径相等，圆柱面和球面之间没有分界线；半球与右侧圆柱的上半部分相交，二者的相贯线属于同轴回转体的相贯线；左侧圆柱和右侧圆柱的下半部分相交，两个圆柱轴线垂直相交，故相贯线可用简化画法画出。

作图：

（1）半球与右侧圆柱的上半部分相交，二者的相贯线属于同轴回转体的相贯线，即垂直于轴线的圆，因为是半球与半圆柱相贯，所以相贯线为半个侧平圆 II I III，该侧平圆在左视图上反映实形，投影为 2″1″3″；在主视图上的投影反映出了积聚性，为直线段 1′2′和 1′3′；在俯视图上的投影也具有积聚性，为直线段 213，如图 4-44（c）所示。

（2）左侧圆柱与右侧圆柱的下半部分垂直相交，两者的相贯线可通过简化画法（圆弧替代法）求出。根据投影特点，该相贯线的侧面投影为下半圆弧（细虚线）；水平投影为俯视图中的部分圆弧，不可见，为细虚线；正面投影需要用圆弧替代法求出。该圆弧上的特殊点为 II、III 和 IV 点，替代圆弧的半径为左侧圆柱的半径，其圆心在右侧圆柱的轴线上，这样，通过特殊点的正面投影 2′、3′和 4′，即可将该替代圆弧画出来，如图 4-44（c）所示。

（3）整理轮廓线，完成全图，如图 4-44（d）所示。

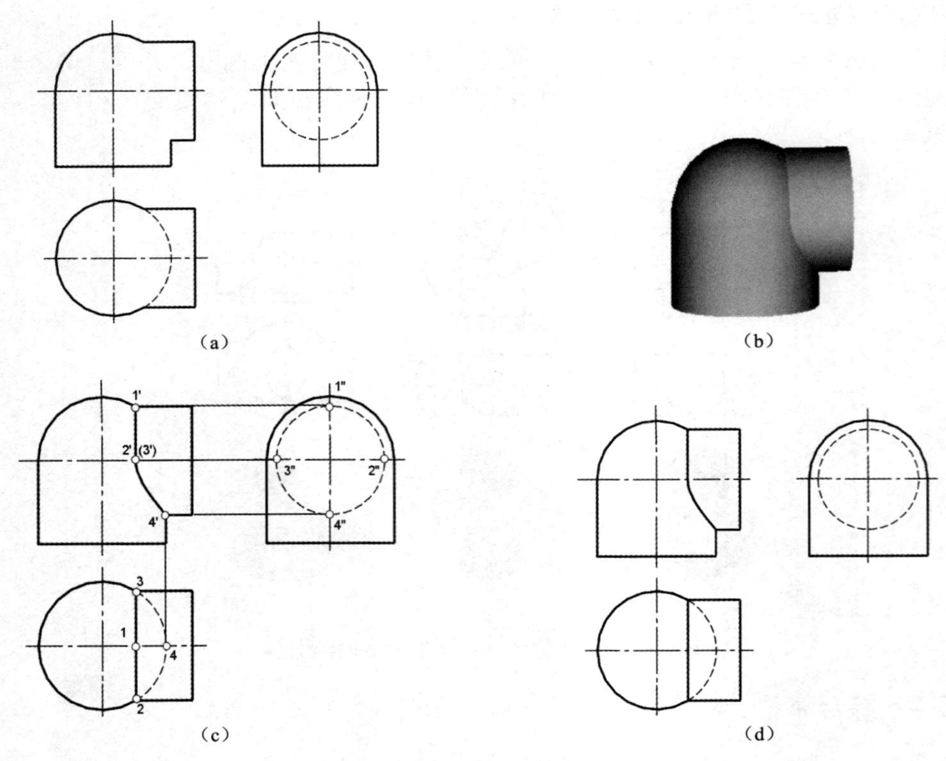

图 4-44 综合举例

第5章

组合体

前面介绍了基本体、切割体及相贯体的三视图，这些立体都是简单体，但是，在工程实践中，大部分机件并不是简单体，而是由简单体组合而成的。如图 5-1 所示，它是由底座、U 型立板和方形立板三个简单体组合而成的。这种由简单体以一定的组合方式组合而成的复杂形体称为组合体。组合体可以看作不考虑工艺结构的机械零件的几何模型，研究组合体的画图、读图及尺寸标注是学习零件图的画图、读图及尺寸标注的重要基础。

本章主要学习组合体的组合方式及表面连接关系，以及如何画组合体视图、如何读组合体视图、组合体的尺寸标注等。其中，重点是学习如何利用形体分析法来画图和读图。本章既是对前面所学知识的总结和综合运用，又是学好表达工程图样的基础，在整个课程体系中起承上启下的重要作用。

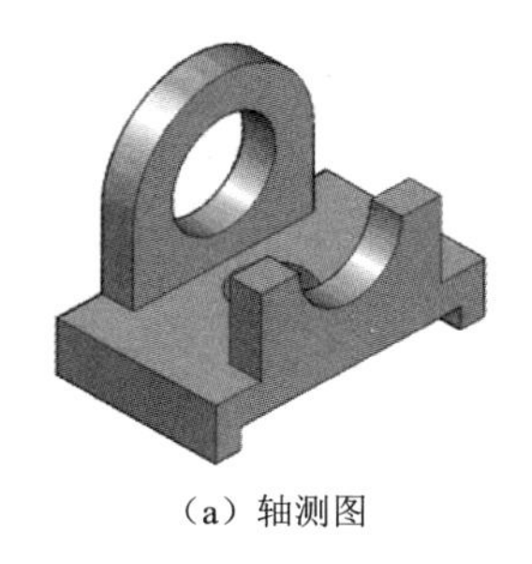

（a）轴测图

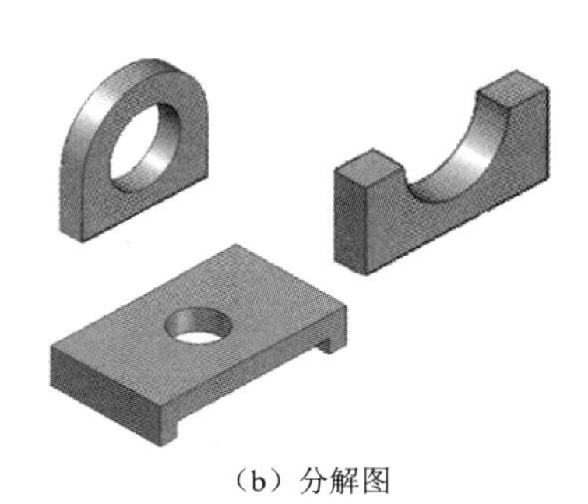

（b）分解图

图 5-1　组合体

5.1　组合体的组合方式、表面连接关系及形体分析法

5.1.1　组合体的组合方式

组合体常见的组合方式有叠加式、切割式和综合式三种。

1．叠加式组合体

叠加式组合体是由若干简单体按一定的位置关系叠加而成的。图 5-2（a）所示的组合体可以看成是由两个四棱柱叠加而成的。

2．切割式组合体

切割式组合体是由一个基本体根据功能需要挖切而成的复杂形体。图 5-2（b）所示的组合体是从四棱柱上切割掉两个三棱柱和一个圆柱形成的。

3．综合式组合体

综合式组合体是叠加式和切割式两种组合体的综合形式，一般形状较复杂，其应用最多。图 5-2（c）所示的组合体就是由一个 U 形耳板和一个底座叠加而成的，并且 U 形耳板被切掉了一个小圆柱；底座是一个大四棱柱，但被切掉了两个小圆柱、一个小四棱柱及两个圆角。

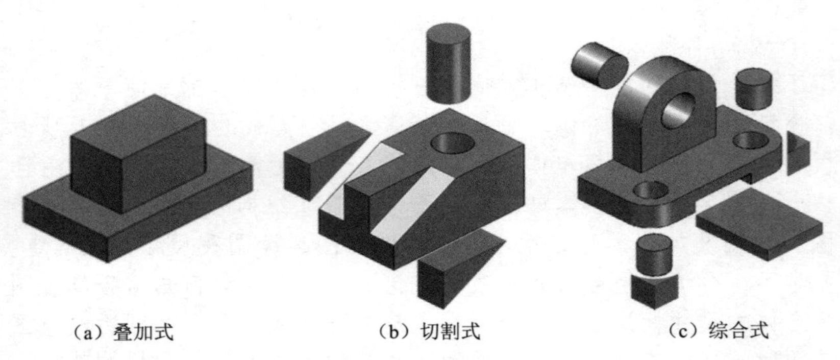

（a）叠加式　　（b）切割式　　（c）综合式

图 5-2　组合体的组合方式

5.1.2　组合体的表面连接关系

为了正确绘制组合体的三视图，必须分析组合体的各简单体之间的相对位置和相邻表面之间的连接关系。无论是哪种形式构成的组合体，其相互结合的两个简单体表面之间有平齐、相切、相交三种连接关系。

1．平齐

如图 5-3（a）所示，该组合体是由一个带孔的 U 形耳板和一个四棱柱底座叠加形成的。耳板和底座等宽，耳板与底座的前表面和后表面都平齐，即共面，因而它们之间不存在分界线。因此，在主视图中，耳板与底座的前表面和后表面的连接处不应画线。但在图 5-3（b）中，耳板与底座不等宽，两简单体仅前表面平齐，即前表面共面、后表面不共面。因此，在主视图中，要画出两简单体后表面的分界线，即要画细虚线。再如，在图 5-3（c）中，由于耳板与底座的前表面和后表面均不平齐，即不共面，所以要画出耳板与底座的前表面和后表面的分界线。因此，在主视图中要画粗实线。

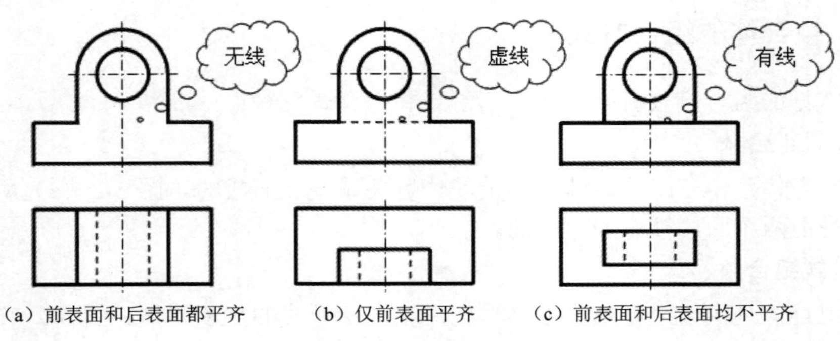

（a）前表面和后表面都平齐　　（b）仅前表面平齐　　（c）前表面和后表面均不平齐

图 5-3　平齐表面连接关系

2. 相切

当两立体表面相切时，由于相切处是光滑的，故在视图中不画切线。如图 5-4（a）所示，此组合体由底板和空心圆柱组成，底板的前侧面和后侧面与圆柱面相切，如图 5-4（a）中的箭头所示。因此，在主视图和左视图中均不画出切线，如图 5-4（b）所示。表面相切的投影位置应由俯视图中的切点位置度量确定，如图 5-4（b）中切点 A 的投影。在图 5-5 中，组合体由四棱柱和圆柱组合而成，四棱柱的前表面和后表面与圆柱面相切，因此，相切处应光滑过渡，而不应画线。

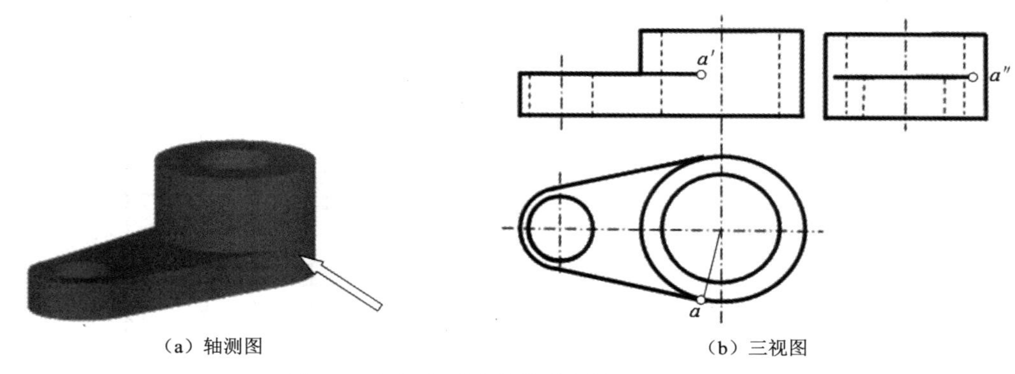

（a）轴测图　　（b）三视图

图 5-4　相切表面连接关系举例（一）

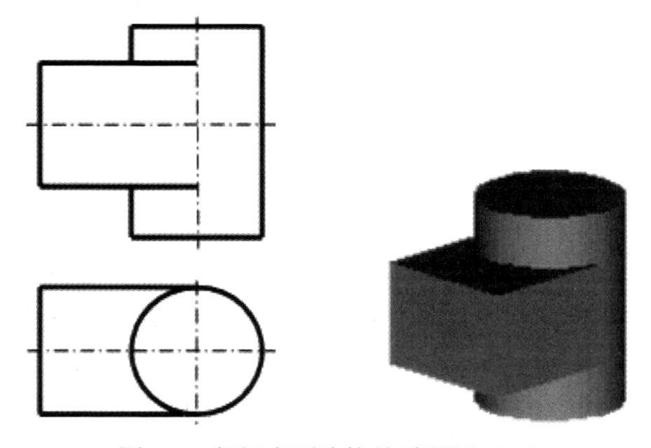

图 5-5　相切表面连接关系举例（二）

3. 相交

当两简单体相交时，其表面产生的交线应画出。如图 5-6（a）所示，该组合体由底座和空心圆柱组成，底座的前表面和后表面与圆柱面相交，产生交线，如图 5-6（a）中的箭头所示。在如图 5-6（b）所示的俯视图中，直线与圆的交点即交线的水平投影，由此可求出交线在主视图和左视图中的投影。图 5-6 为平面立体与曲面立体相交的情况，其交线为截交线；图 5-7 为两曲面立体相交的情况，其交线为相贯线。

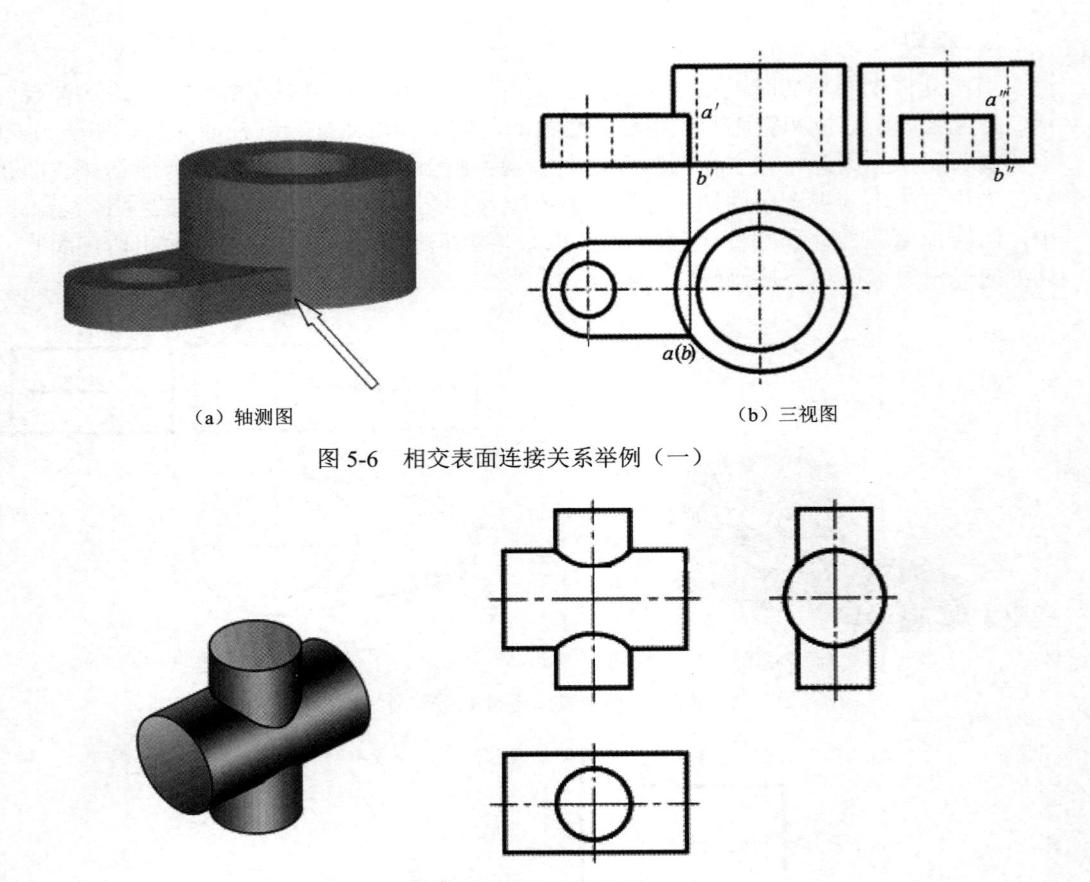

（a）轴测图　　（b）三视图

图 5-6　相交表面连接关系举例（一）

图 5-7　相交表面连接关系举例（二）

5.1.3　形体分析法

假想把复杂的组合体分解成由若干简单体，进而分析各简单体之间的相对位置和表面连接关系，这将使得组合体的画图和读图问题得以简化，这种思维方法称为形体分析法。形体分析法实质上是“化整为零”到“积零为整”的过程，它是分析和处理复杂问题的思维方法。形体分析法是画组合体视图的基本方法，也是读组合体视图及组合体尺寸标注的基本方法。

如图 5-8（a）所示，根据形体分析法对该组合体进行形体分析。形体分析的内容包括以下三方面。

1．各简单体的形状

图 5-8（a）所示的组合体由带上、下孔的半圆柱筒、小圆柱凸台和两个有 U 形槽的耳板组成，其分解图如图 5-8（b）所示。

2．各简单体的相对位置

以带上、下孔的半圆柱筒为基准，小圆柱凸台在其正上方并与其正交；两个有 U 形槽的耳板对称地位于半圆柱筒的左右。

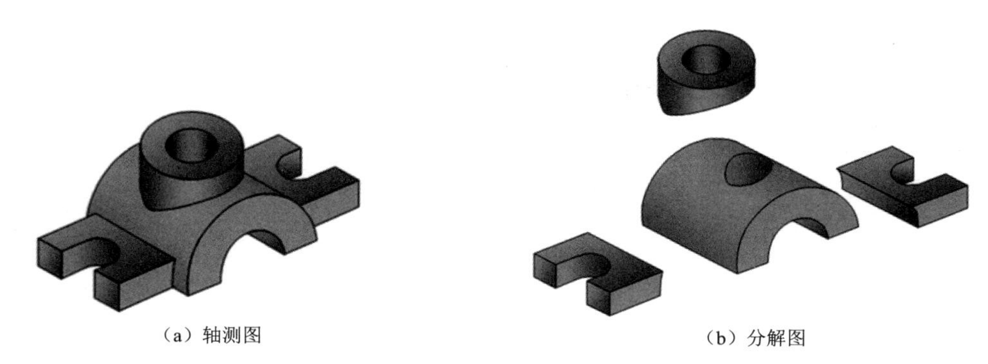

（a）轴测图　　（b）分解图

图 5-8　形体分析法

3. 各简单体之间的表面连接关系

如图 5-8 所示，小圆柱凸台的圆柱面与半圆柱筒的圆柱面相交，应有相贯线，同时，小圆柱凸台的上、下孔与半圆柱筒的前、后孔相交，也该有相贯线，这些相贯线均应符合正交圆柱相贯线的画法；两个有 U 形槽的耳板的上表面和前、后表面分别与半圆柱筒相交，应有交线，这些交线是截交线。另外，两个有 U 形槽的耳板的下表面与半圆柱筒的下表面平齐，连接处不应画线。

5.2　画组合体视图

组合体的画图方法主要采用形体分析法，即把组合体分解为若干简单体，并了解它们之间的相对位置和表面连接关系，然后逐个按形体进行作图。

现以如图 5-9 所示的轴承座为例，阐述画组合体视图的方法和步骤。

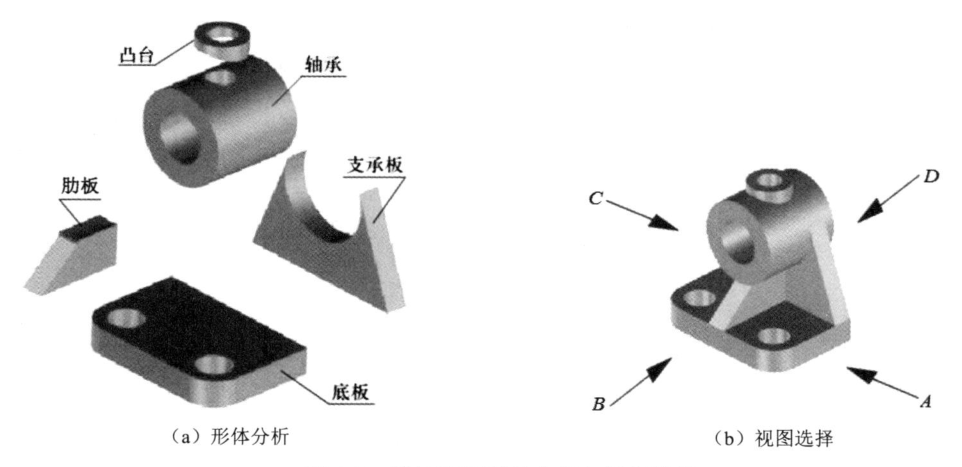

（a）形体分析　　（b）视图选择

图 5-9　轴承座的形体分析与视图选择

1. 形体分析

如图 5-9（a）所示，根据轴承座的形状特征，将其分解成凸台、轴承、支承板、肋板及底板五部分。凸台与轴承是两个轴线垂直相交的圆柱，因此两者的外圆柱面有相贯线，内圆柱面也有相贯线；支承板的两个斜侧面与轴承的外圆柱面相切，与底板的两个侧面相交，且其后表面与底板的后表面平齐；肋板的两个侧面与轴承的外圆柱相交，斜面与底板的前表面相交；底板的顶面与肋板和支承板互相叠合。

2. 视图选择

主视图是主要的视图，因此，在三个视图中，主视图的选择至关重要。主视图应能尽量反映机件的主要形状特征。如图 5-9（b）所示，当轴承座处于自然安放位置时，主视图有 *A*、*B*、*C*、*D* 四个方向的视图可供选择。在图 5-10 中，若以 *D* 向视图为主视图，则主视图虚线较多，显然不如以 *B* 向视图为主视图的方案简单；*A* 向视图与 *C* 向视图相比，虽然内外轮廓完全相同，但若以 *C* 向视图为主视图，则 *D* 向视图便为左视图，其虚线较多，因此不如选 *A* 向视图作为主视图，此时 *B* 向视图为左视图，此方案简单。然后根据形状特征比较以 *A* 向视图为主视图和以 *B* 向视图为主视图两个方案，发现以 *B* 向视图为主视图更能反映轴承座各部分的轮廓特征，因此，本例以 *B* 向视图为轴承座的主视图。主视图选择完成后，俯视图和左视图即可随之确定。

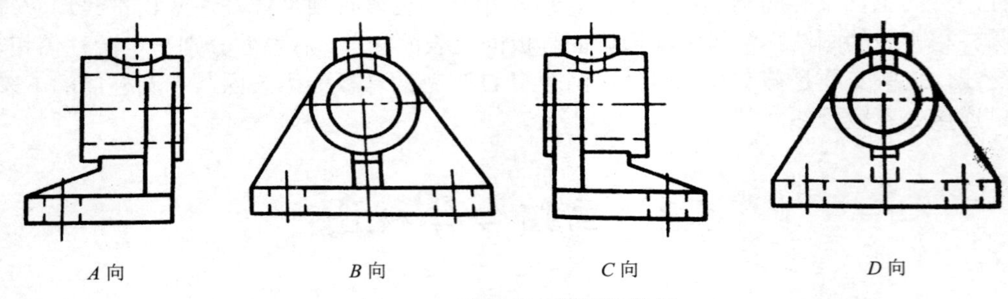

图 5-10　轴承座主视图的选择

3. 画三视图

在画组合体视图时，首先要根据机械形体的真实大小和复杂程度选定画图比例，在可能的情况下，尽量选取 1:1 的比例。然后按图幅布置视图的位置，画出作图基准线，基准线一般是轴线、中心线或较大的端面。按形体分析的结果画出各个简单体的三视图，注意处理好相切、相交等各情况。必须注意的是，在逐个画简单体时，应同时画出其三视图，这样既能保证各简单体之间的相对位置和投影关系，又能提高绘图速度，还能减少画图过程中的疏漏。底稿完成后要仔细检查，检查无误后即可描深，描深的一般步骤是先曲后直、先细后粗、先上后下、先左后右。轴承座的作图过程如图 5-11 所示。

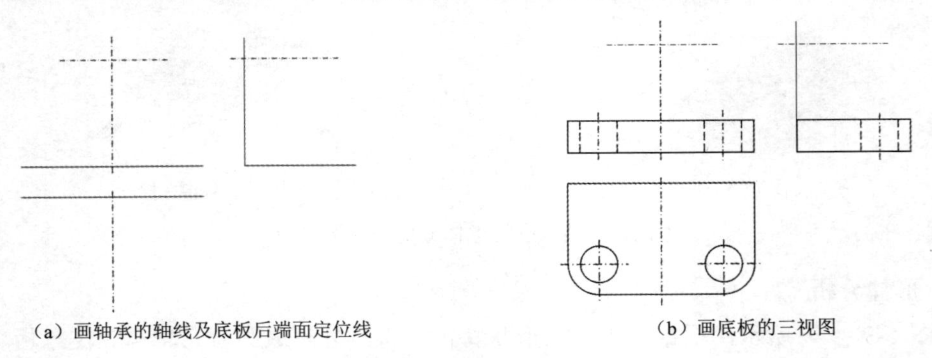

（a）画轴承的轴线及底板后端面定位线　　（b）画底板的三视图

图 5-11　轴承座的作图过程

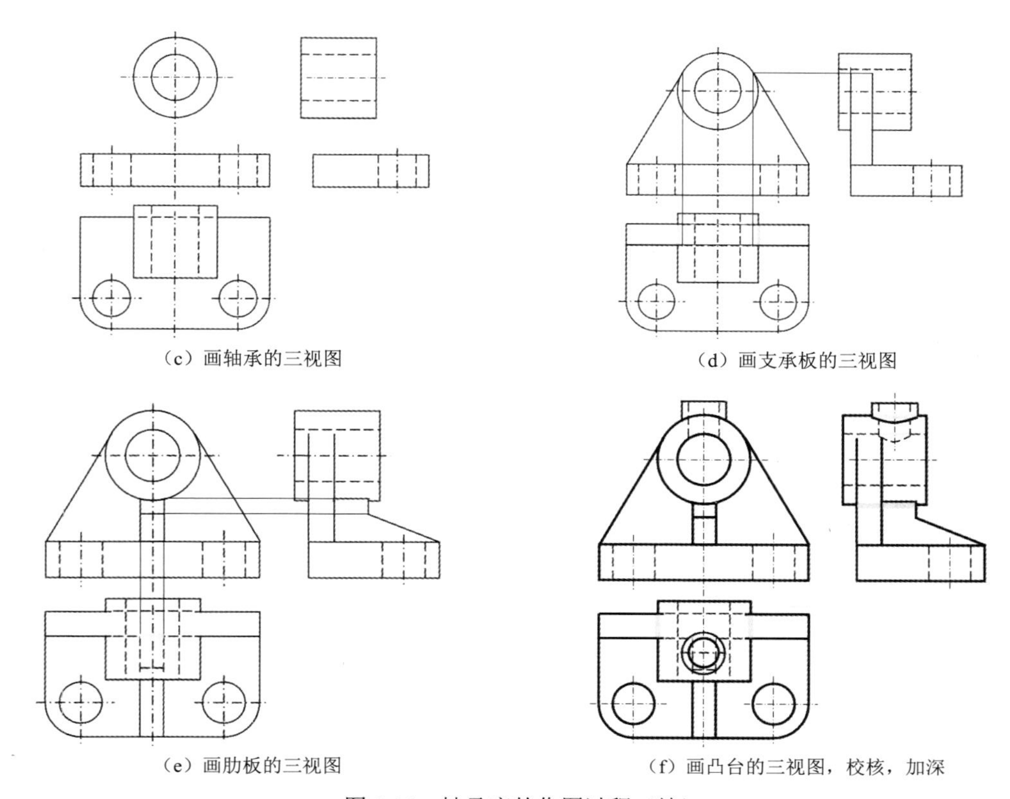

图 5-11　轴承座的作图过程（续）

【例 5-1】 根据如图 5-12 所示的组合体立体图，画出其三视图。

分析：

该组合体为切割式组合体，切割式组合体的画图方法不同于叠加式和综合式组合体的画图方法。应从整体出发，首先把原形体看成是四棱柱或圆柱等基本形体，然后逐次切去几部分，最后得到应有的形状。在画图时应注意：对于被切去的形体，应先画出切平面的具有积聚性的视图，再画其他视图。如图 5-12（a）所示，可将该组合体看成是由一 L 形棱柱经切割而成的。如图 5-12（b）所示，首先在水平板的左、右两边各切去一个三角块 I、II，其次在中间切出半圆柱槽 III，然后在竖板上挖一个梯形槽 IV，最后在左、右两侧各挖一个圆柱孔。本例切割式组合体的作图步骤如图 5-13 所示。

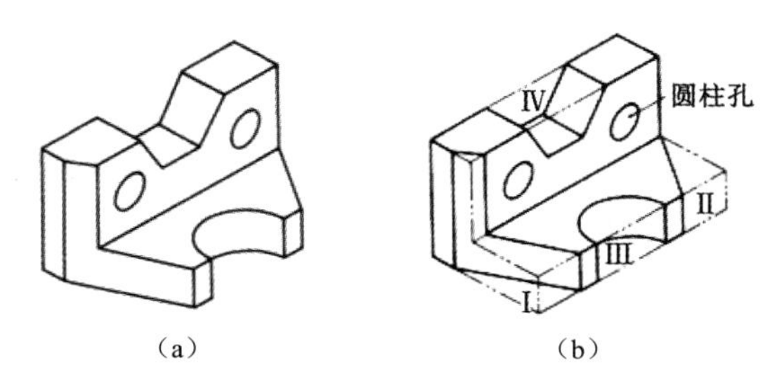

图 5-12　组合体立体图

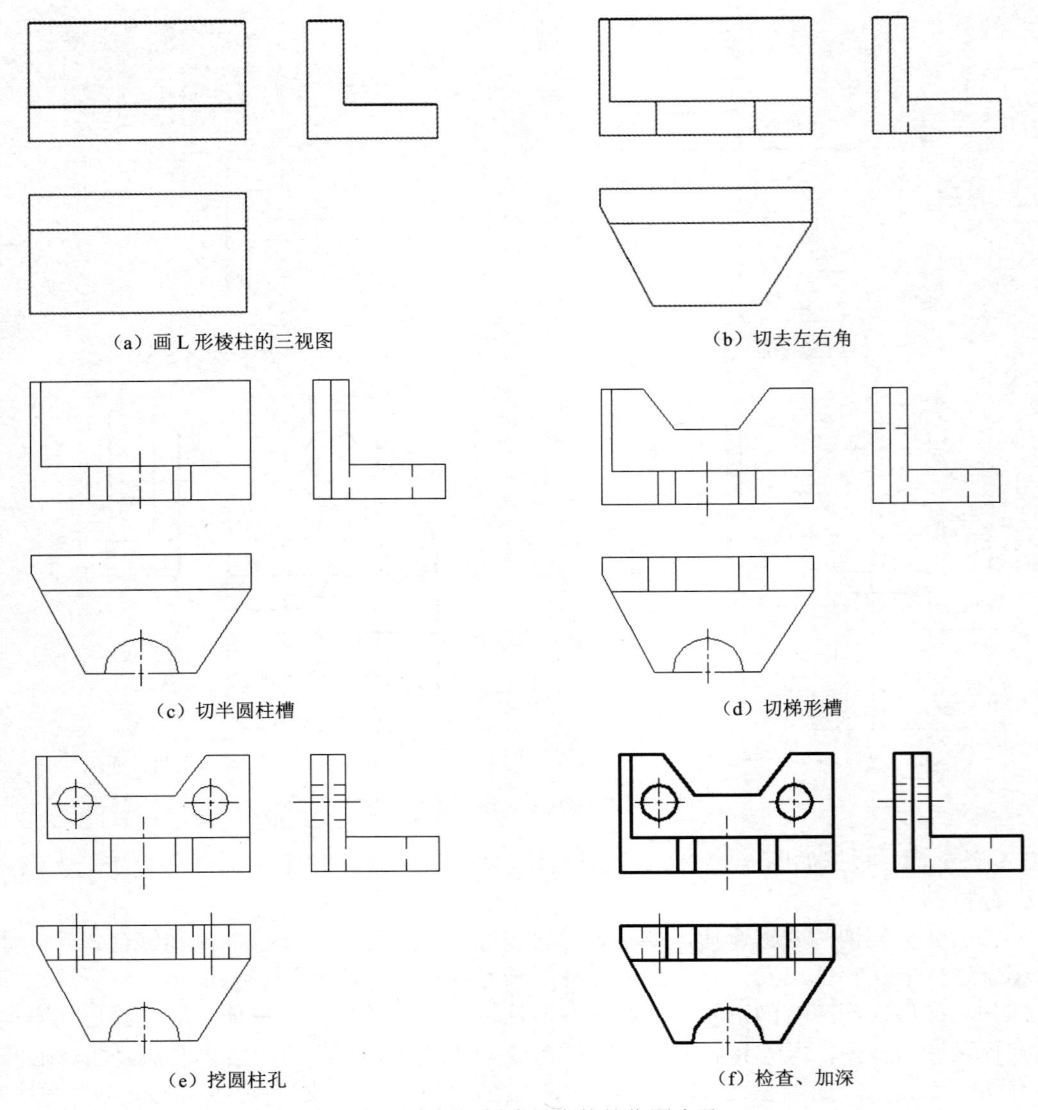

图 5-13　本例切割式组合体的作图步骤

5.3　AutoCAD 中组合体视图的绘制方法

下面以如图 5-9 所示的轴承座为例，讲述其在 AutoCAD 中的绘制过程。

1．绘制轴承的轴线和底板后端面定位线

(1) 设置四个图层，并将“中心线”层设置为当前层，如图 5-14 所示。

(2) 打开状态栏上的“正交”按钮、“对象捕捉”按钮、“对象捕捉追踪”按钮及“线宽”按钮。

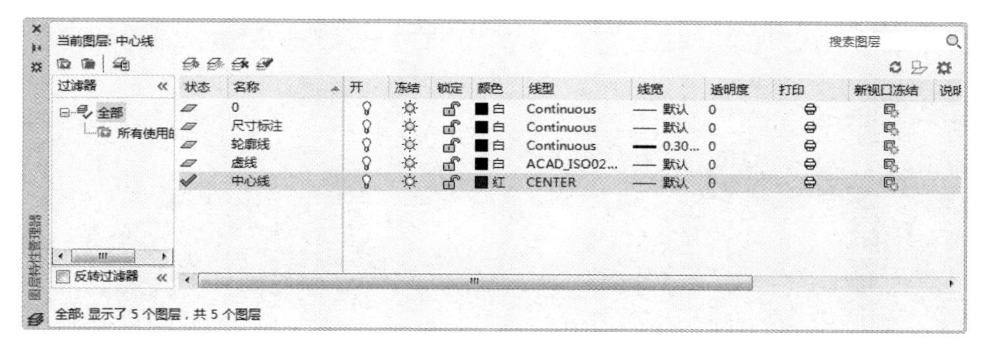

图 5-14　图层设置

（3）利用“直线”命令╱绘制两条正交线段，竖直线段长约 100mm，水平线段长约 60mm，命令行提示与操作如下：

```
命令: _line
指定第一个点: （在绘图区适当位置指定一点）
指定下一点或 [放弃(U)]: @60,0↙
指定下一点或 [退出(E)/放弃(U)]: ↙
命令: ↙（直接按 Enter 键，表示重复执行上一条命令）
指定第一个点: from↙（此命令表示基点偏移捕捉）
基点: （捕捉水平线段中点）
<偏移>: @0,30↙
指定下一点或 [放弃(U)]: @0,-100↙
指定下一点或 [退出(E)/放弃(U)]: ↙
```

执行上述命令，结果如图 5-15 所示。

（4）单击“默认”选项卡的“绘图”选项组中的“直线”按钮╱，结合对象捕捉追踪功能，以刚绘制的正交中心线为基准，分别向下和向右绘制两条长约 80mm 的线段，如图 5-16 所示。

（5）将当前图层转换成“轮廓线”层。单击“默认”选项卡的“绘图”选项组中的“直线”按钮╱，以中心线交点下方 60mm 的位置点为起点，绘制长 45mm 的水平线段，如图 5-17 所示。

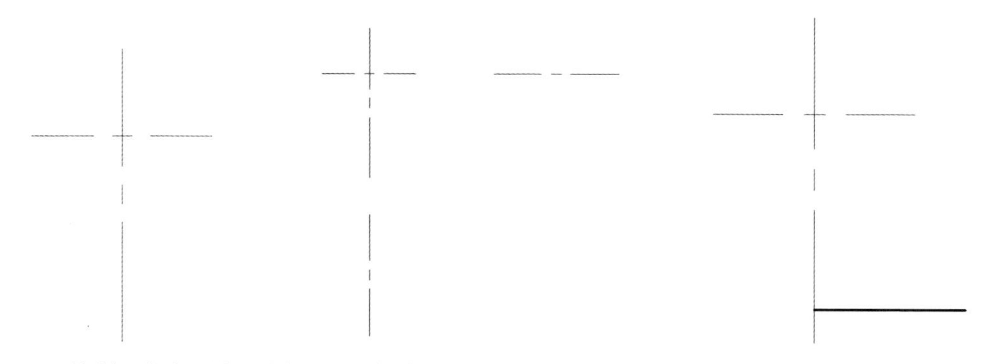

图 5-15　绘制正交中心线　图 5-16　绘制俯视图和左视图中心线　图 5-17　绘制水平线段

（6）单击“默认”选项卡的“修改”选项组中的“镜像”按钮 ，命令行提示与操作如下：

命令: _mirror
选择对象: （选择刚绘制的线段）
选择对象: ↙
指定镜像线的第一点: （选择竖直轴线上一点）
指定镜像线的第二点: （选择竖直轴线上另一点）
要删除源对象吗？[是(Y)/否(N)] <否>: ↙

执行上述命令，结果如图 5-18 所示。

（7）单击“默认”选项卡的“修改”选项组中的“偏移”按钮 ，将刚绘制和镜像复制的线段向下偏移 50mm，如图 5-19 所示。

（8）将当前图层转换成“中心线”层。单击“默认”选项卡的“绘图”选项组中的“直线”按钮 ，以主视图上的轮廓线右端点为起点绘制一条长 160mm、角度为-45°的斜线段，以此作为保持俯左宽相等的辅助线，如图 5-20 所示。

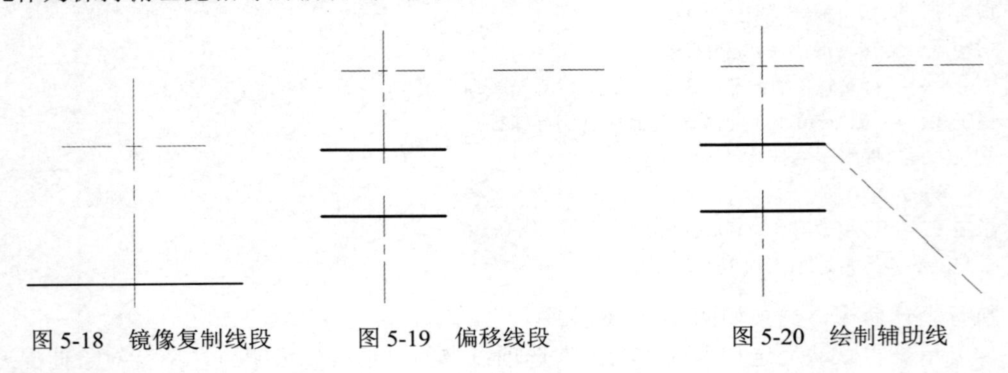

图 5-18　镜像复制线段　　图 5-19　偏移线段　　图 5-20　绘制辅助线

（9）将当前图层转换成“轮廓线”层。单击“默认”选项卡的“绘图”选项组中的“直线”按钮 ，以俯视图上的右端点为起点，向右绘制水平线段，找到此线段与斜辅助线的交点，再以此交点为起点向上绘制适当长度的竖直线。利用对象追踪功能，以刚绘制的竖直线上一点为起点，绘制与主视图轮廓线平齐的水平线段，线段长度为 60mm，如图 5-21 所示。

（10）单击“默认”选项卡的“修改”选项组中的“修剪”按钮 和“删除”按钮 ，修剪和删除多余的线段，结果如图 5-22 所示。这样就确立了三个视图上的轮廓线基准。

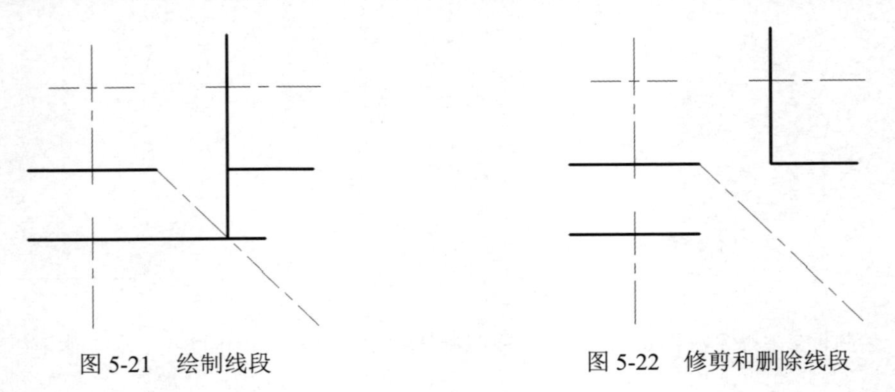

图 5-21　绘制线段　　图 5-22　修剪和删除线段

2．绘制底板的三视图

（1）单击“默认”选项卡的“修改”选项组中的“偏移”按钮⊆，将主视图和左视图上的水平轮廓线向上偏移 14mm，将俯视图上的水平轮廓线向下偏移 60mm，并单击“默认”选项卡的“绘图”选项组中的“直线”按钮╱，连接相应端点，如图 5-23 所示。

（2）单击“默认”选项卡的“修改”选项组中的“圆角”按钮◜，命令行提示与操作如下：

```
命令: _fillet
当前设置: 模式 = 修剪，半径 = 0.0000
选择第一个对象或 [放弃(U)/多段线(P)/半径(R)/修剪(T)/多个(M)]: r↙
指定圆角半径 <0.0000>: 16↙
选择第一个对象或 [放弃(U)/多段线(P)/半径(R)/修剪(T)/多个(M)]:（选择俯视图的竖边）
选择第二个对象，或按住 Shift 键选择对象以应用角点或 [半径(R)]: （选择俯视图下面的横边）
```

采用同样的方法对另一个角进行倒圆，结果如图 5-24 所示。

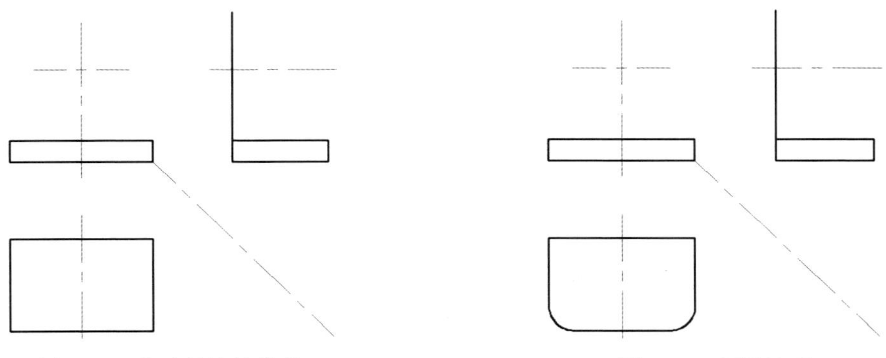

图 5-23　偏移并连接线段　　　　图 5-24　倒圆处理

（3）单击“默认”选项卡的“修改”选项组中的“偏移”按钮⊆，将俯视图的上面轮廓线和左视图的左边轮廓线向外（偏离主视图的方向都为向外，即向下和向右；相反，靠近主视图的方向都为向内，即向上和向左）偏移 44mm，将主视图和俯视图的竖直中心线分别向两边偏移 29mm，如图 5-25 所示。

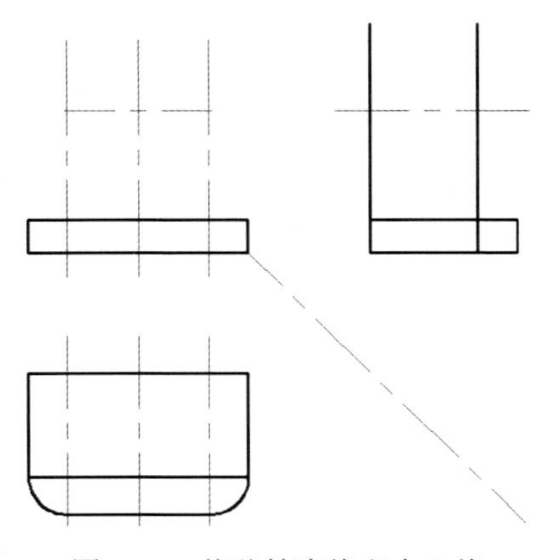

图 5-25　偏移轮廓线和中心线

（4）单击“默认”选项卡的“修改”选项组中的“打断”按钮，命令行提示与操作如下：

```
命令: _break
选择对象:（选择要修剪的轴线的起点）
指定第二个打断点或 [第一点(F)]:（选择要剪掉的线段的终点或终点延长线上一点）
```

采用相同的方法继续修剪过长的线段，结果如图 5-26 所示。

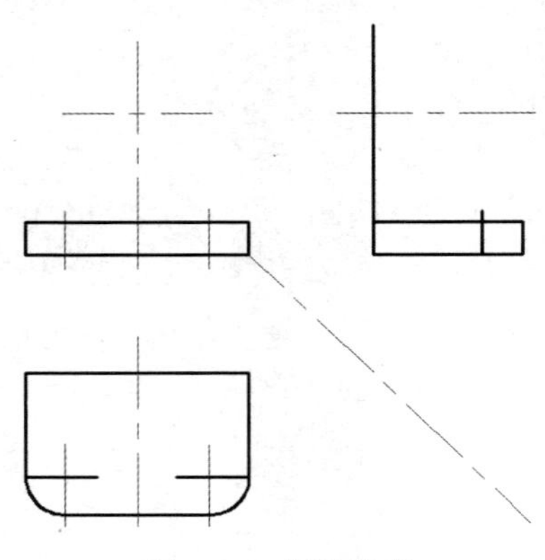

图 5-26　打断处理

（5）选择俯视图上刚修剪过的水平线段，该线段显示蓝色的编辑夹点，选择最左边的夹点，该夹点变成红色，向左拖动该夹点，将该线段向左拉长，如图 5-27 所示，然后单击绘图区上方“图层”工具栏的下拉按钮，打开图层下拉列表，单击其中的“中心线”层，将此线段所在图层转换到“中心线”层。用相同的方法打断另两条线段，结果如图 5-28 所示。

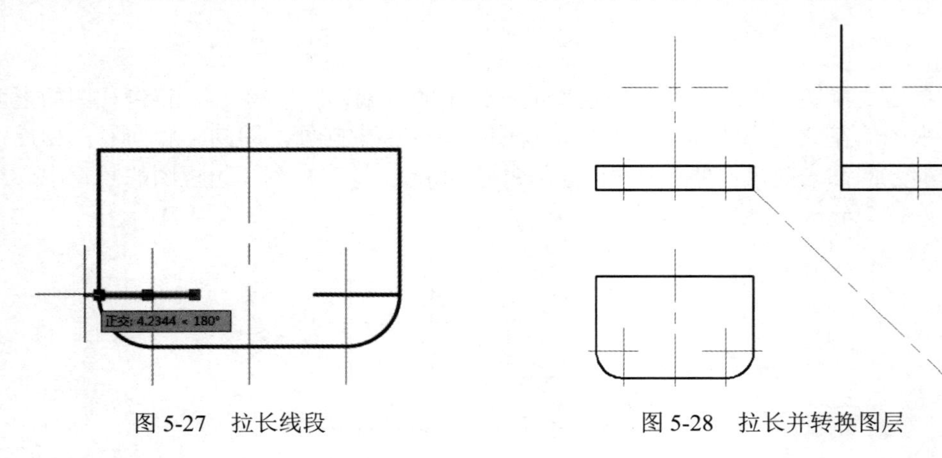

图 5-27　拉长线段　　　　图 5-28　拉长并转换图层

注 意

这里之所以要拉长线段，是因为《机械制图》国标规定中心线要超出轮廓线2～5mm。

（6）单击“默认”选项卡的“绘图”选项组中的“圆”按钮，命令行提示与操作如下：

```
命令: _circle
指定圆的圆心或 [三点(3P)/两点(2P)/切点、切点、半径(T)]:（捕捉俯视图上的正交中心线交点）
指定圆的半径或 [直径(D)]:9↙
```

采用同样的方法绘制另一个圆。单击“默认”选项卡的“修改”选项组中的“偏移”按钮，将主视图和左视图上对应的圆的中心线分别向两侧偏移 9mm，如图 5-29 所示。

（7）单击“默认”选项卡的“修改”选项组中的“修剪”按钮，修剪偏移的中心线，并将这些线的所在图层转换到“虚线”层，如图 5-30 所示。这样就完成了底板的三视图的绘制。

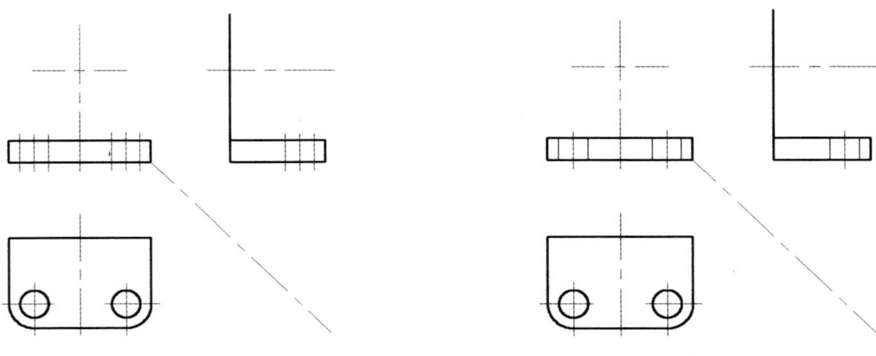

图 5-29　绘制圆孔视图　　　　图 5-30　修剪并转换图层

3．绘制轴承的三视图

（1）单击“默认”选项卡的“绘图”选项组中的“圆”按钮，捕捉主视图上的正交中心线交点为圆心，分别绘制半径为 25mm 和 13mm 的两个同心圆；单击“默认”选项卡的“绘图”选项组中的“直线”按钮，分别捕捉两个同心圆的象限点，并向右和向下绘制适当长度的水平和竖直线；单击“默认”选项卡的“修改”选项组中的“偏移”按钮，将俯视图的最上水平线及左视图的最左竖直线分别向内和向外偏移 7mm 和 43mm，如图 5-31 所示。

（2）单击“默认”选项卡的“修改”选项组中的“修剪”按钮，修剪相关线段，结果如图 5-32 所示。

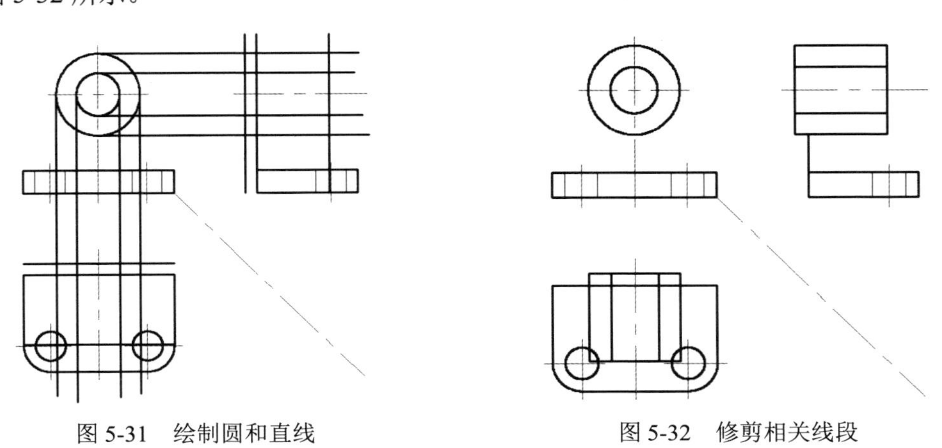

图 5-31　绘制圆和直线　　　　图 5-32　修剪相关线段

（3）单击“默认”选项卡的“修改”选项组中的“打断于点”按钮，命令行提示与操作如下：

```
命令: _break
选择对象:（选择俯视图上最开始绘制的那条水平轮廓线）
指定第二个打断点或 [第一点(F)]: _f
指定第一个打断点:（选择此水平线段与外面那条竖直线段的交点）
指定第二个打断点: @
```

结果此水平线段就从交点处被打断成了两条线段，选择其中一段，可以看出，其成为一条独立的线段，如图 5-33 所示。采用同样的方法打断对称的另一条线段。

（4）选择相关线段，将其所在图层转换到“虚线”层，并单击“默认”选项卡的“修改”选项组中的“修剪”按钮，修剪俯视图上的圆，结果如图 5-34 所示。这样就完成了轴承三视图的绘制。

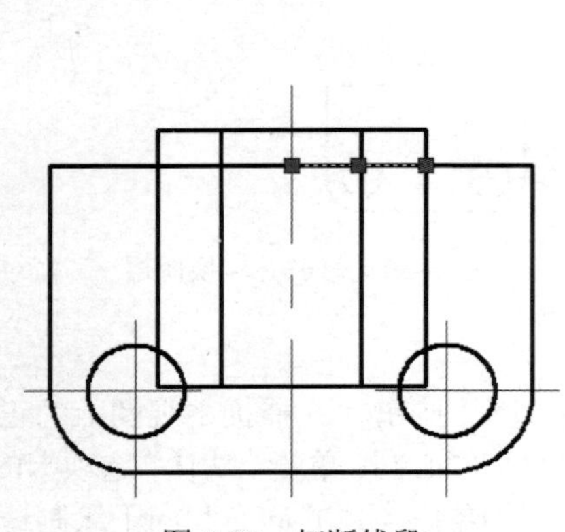

图 5-33　打断线段

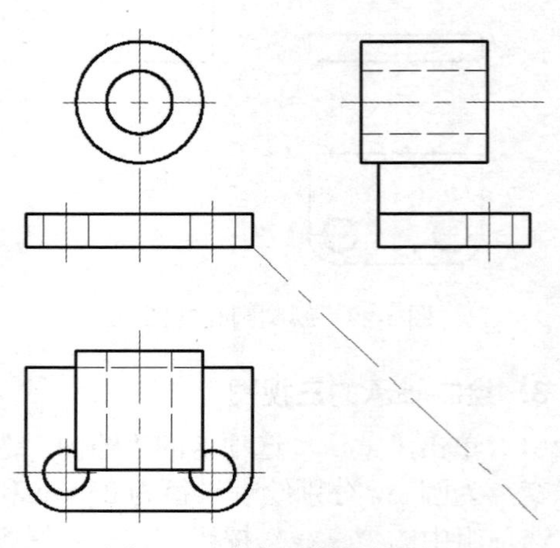

图 5-34　修剪圆并转换图层

4．绘制支承板的三视图

（1）关闭状态栏上的“正交”按钮，单击“默认”选项卡的“绘图”选项组中的“直线”按钮，分别捕捉主视图上的最上水平轮廓线的左端点和同侧对应的外面同心圆的切点，并以此作为起始点及终点绘制切线。采用同样的方法绘制另一条对称的切线。再打开状态栏上的“正交”按钮，单击“默认”选项卡的“绘图”选项组中的“直线”按钮，捕捉主视图上的切线切点，并分别向下和向右绘制适当长度的正交线，如图 5-35 所示。

（2）单击“默认”选项卡的“修改”选项组中的“延伸”按钮，命令行提示与操作如下：

```
命令: _extend
当前设置:投影=UCS，边=延伸
选择边界的边...
选择对象或 <全部选择>:（选择刚绘制的水平线）
选择对象: ↙
选择要延伸的对象，或按住 Shift 键选择要修剪的对象，或者[栏选(F)/窗交(C)/投影(P)/边(E)]:（选择左视图上最开始绘制的那条竖直轮廓线）
选择要延伸的对象，或按住 Shift 键选择要修剪的对象，或者[栏选(F)/窗交(C)/投影(P)/边(E)/放弃(U)]: ↙
```

采用同样的方法延长俯视图上最开始绘制的那条水平轮廓线，局部图形如图 5-36 所示。

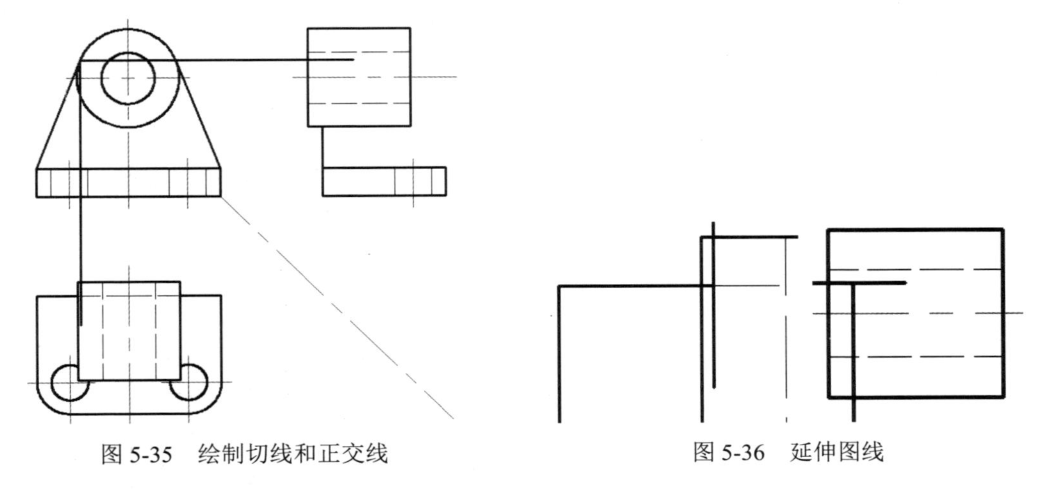

图 5-35　绘制切线和正交线　　　　图 5-36　延伸图线

（3）用相同的方法延伸俯视图上对称侧的图线，并单击“默认”选项卡的“修改”选项组中的“偏移”按钮⊆，将俯视图和左视图上的相应图线向外偏移 12mm，结果如图 5-37 所示。

（4）单击“默认”选项卡的“修改”选项组中的“修剪”按钮，修剪相关线段，并单击“默认”选项卡的“修改”选项组中的“删除”按钮，删除多余的线段，结果如图 5-38 所示。这样就完成了支承板的三视图的绘制。

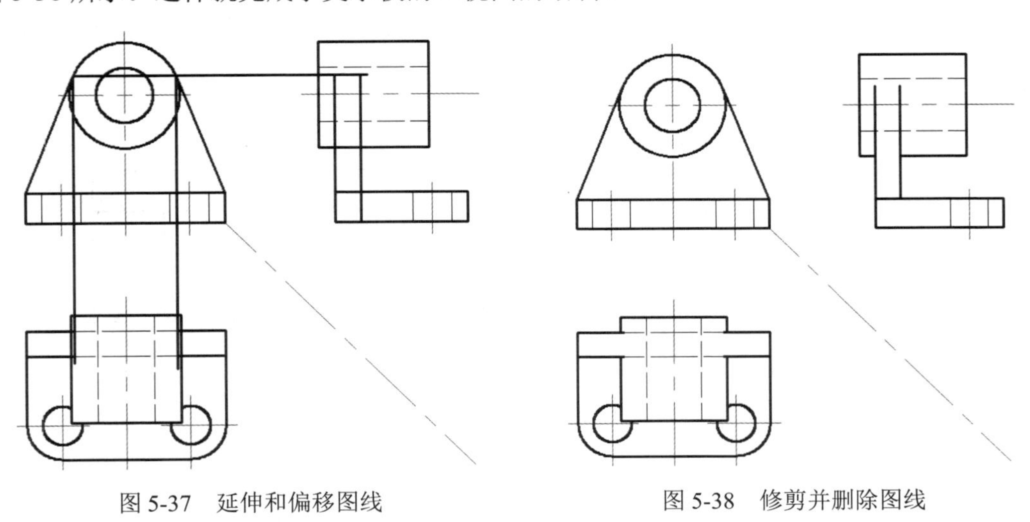

图 5-37　延伸和偏移图线　　　　图 5-38　修剪并删除图线

5．绘制肋板的三视图

（1）单击“默认”选项卡的“修改”选项组中的“偏移”按钮⊆，将主视图上的竖直中心线向两侧各偏移 6mm，并将偏移后的线段所在的图层改为“轮廓线”层；将主视图的最上水平轮廓线向上偏移 20mm；单击“默认”选项卡的“修改”选项组中的“修剪”按钮，修剪相关线段，结果如图 5-39 所示。

（2）单击“默认”选项卡的“绘图”选项组中的“直线”按钮／，分别捕捉刚修剪出的主视图上的两条竖直线的端点，并以此为起点，以与俯视图上的最下水平轮廓线的垂足为终点绘制两条竖直线。单击“默认”选项卡的“修改”选项组中的“偏移”按钮⊆，将俯视图下面那条虚线向下偏移 26mm，如图 5-40 所示。

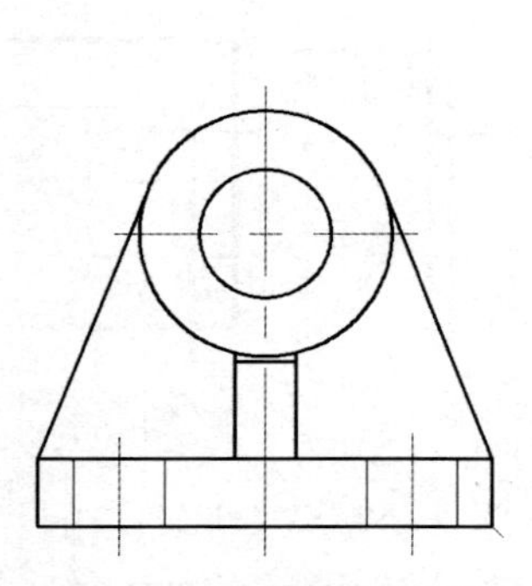

图 5-39 偏移和修剪图线

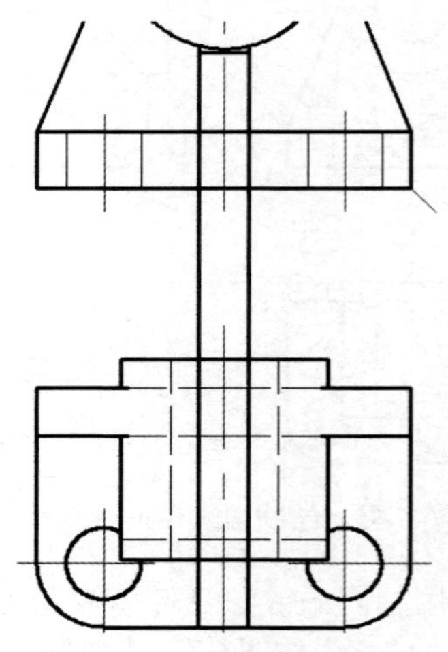

图 5-40 绘制和偏移直线

（3）单击“默认”选项卡的“修改”选项组中的“修剪”按钮，修剪俯视图上的相关线段，结果如图 5-41 所示。

（4）单击“默认”选项卡的“修改”选项组中的“打断于点”按钮，将俯视图上的中心线两侧紧邻的竖直轮廓线以与之相交的轮廓线的交点为界，分别打断成两条独立的线段，再将其上部分线段所在图层转换为“虚线”层，如图 5-42 所示。

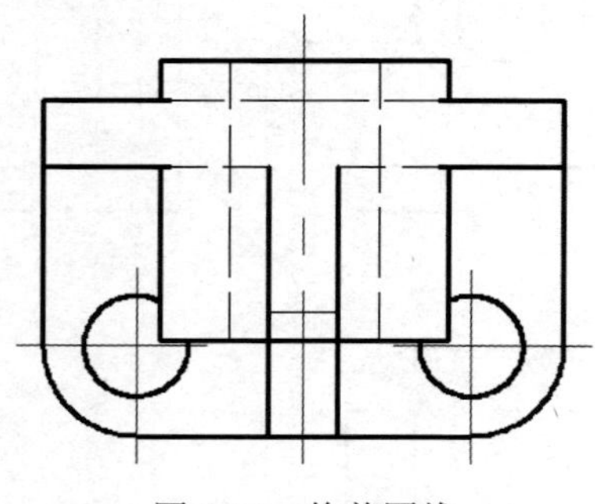

图 5-41 修剪图线

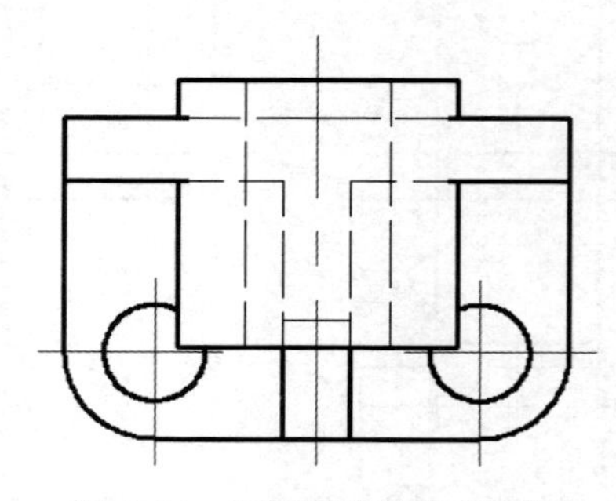

图 5-42 打断图线并改变图层

（5）单击“默认”选项卡的“绘图”选项组中的“直线”按钮╱，分别捕捉主视图上的相关端点为起点，向右绘制适当长度的水平线。单击“默认”选项卡的“修改”选项组中的“偏移”按钮⊆，将左视图的基准竖线右边紧邻的那条线向右偏移 26mm。关闭状态栏上的“正交”按钮，利用“直线”命令╱，分别捕捉偏移线与刚绘制的下面那条水平线的交点及左视图右上角点，并以此作为端点绘制斜线，如图 5-43 所示。

（6）单击“默认”选项卡的“修改”选项组中的“修剪”按钮，修剪左视图上的相关线段，结果如图 5-44 所示。这样就完成了肋板三视图的绘制。

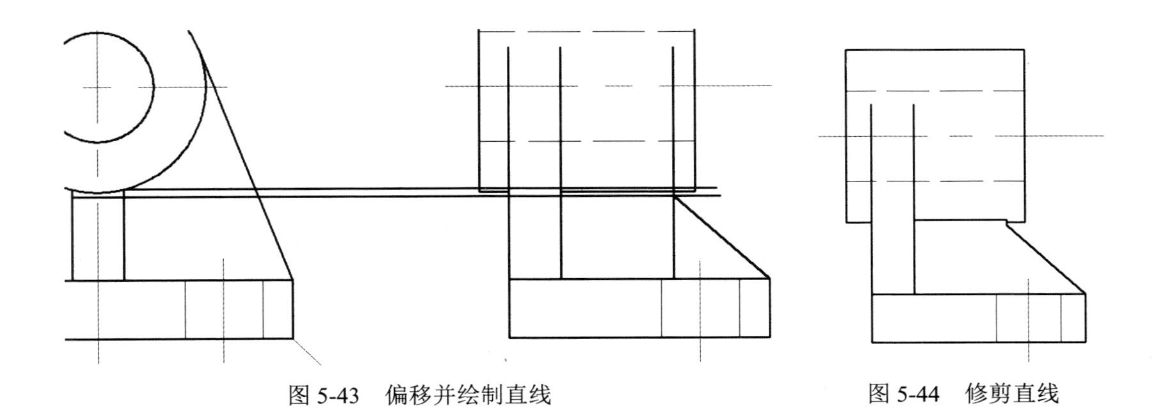

图 5-43　偏移并绘制直线　　　　图 5-44　修剪直线

6．绘制凸台的三视图

（1）单击“默认”选项卡的“修改”选项组中的“偏移”按钮，将俯视图上的最上轮廓线向下偏移 26mm，并将偏移后的线段所在的图层改为“中心线”层。单击“默认”选项卡的“绘图”选项组中的“圆”按钮，捕捉俯视图上刚偏移形成的中心线与竖直中心线的交点，并以此作为圆心，绘制半径分别为 13mm 和 7mm 的两个同心圆；单击“默认”选项卡的“修改”选项组中的“打断”按钮，适当修剪超出同心圆的水平中心线，结果如图 5-45 所示。

（2）单击“默认”选项卡的“修改”选项组中的“偏移”按钮，将主视图上的最下轮廓线向上偏移 90mm。打开状态栏上的“正交”按钮，单击“默认”选项卡的“绘图”选项组中的“直线”按钮，分别捕捉俯视图中同心圆的左、右两侧象限点，并以此为起点，向上绘制竖直线，终点为与刚刚偏移形成的直线的垂足，如图 5-46 所示。

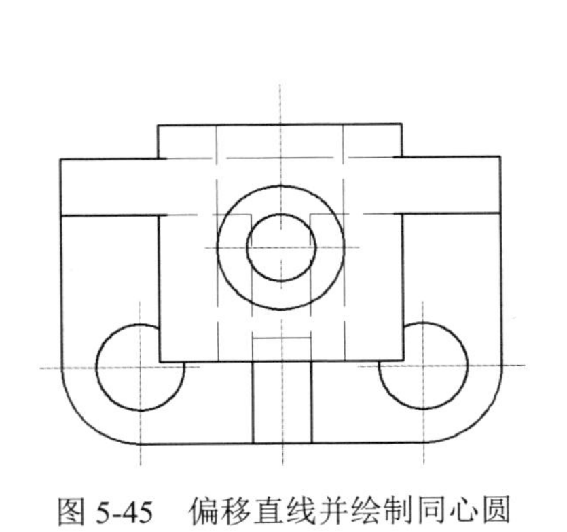

图 5-45　偏移直线并绘制同心圆

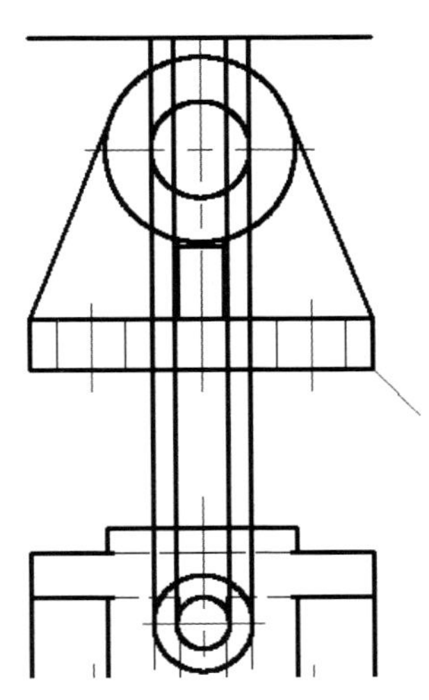

图 5-46　偏移和绘制直线 1

（3）单击“默认”选项卡的“修改”选项组中的“修剪”按钮，修剪主视图上的相关线段，并将修剪后的里面两条线段所在的图层转换为“虚线”层，如图 5-47 所示。

（4）单击“默认”选项卡的“修改”选项组中的“偏移”按钮，将左视图上的最下轮廓线向上偏移 90mm、最左轮廓线向右偏移 26mm，并将偏移后的竖直线分别向两侧偏移 13mm 和 7mm。单击“默认”选项卡的“绘图”选项组中的“直线”按钮，分别捕捉主视图上的相关端点，以此作为起点，并以与第一次偏移形成的竖直线的垂足为终点绘制两条水平线，如图 5-48 所示。

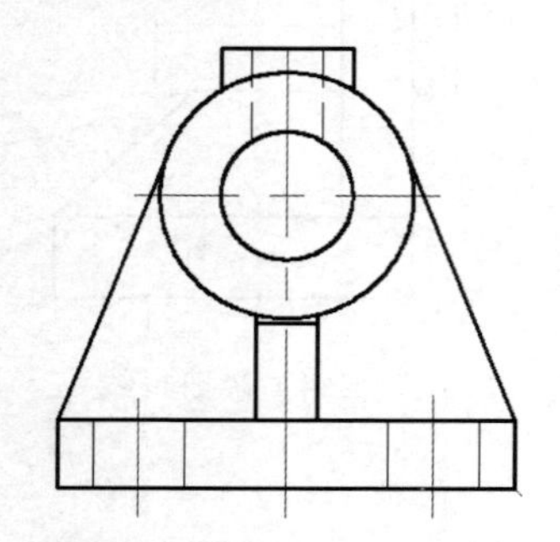

图 5-47 修剪直线并转换图层

图 5-48 偏移和绘制直线 2

（5）单击“默认”选项卡的“修改”选项组中的“延伸”按钮，将左视图上向两侧偏移形成的竖直线延伸到最上面的轮廓线。单击“默认”选项卡的“绘图”选项组中的“圆弧”按钮，命令行提示与操作如下：

```
命令: _arc
指定圆弧的起点或 [圆心(C)]:（捕捉相关交点）
指定圆弧的第二个点或 [圆心(C)/端点(E)]: （捕捉相关交点）
指定圆弧的端点: （捕捉相关交点）
```

采用同样的方法绘制另一个圆弧，结果如图 5-49 所示。

（6）单击“默认”选项卡的“修改”选项组中的“修剪”按钮，修剪左视图上的相关线段，并将修剪后的里面两条线段及对应的圆弧所在的图层转换为“虚线”层，如图 5-50 所示。

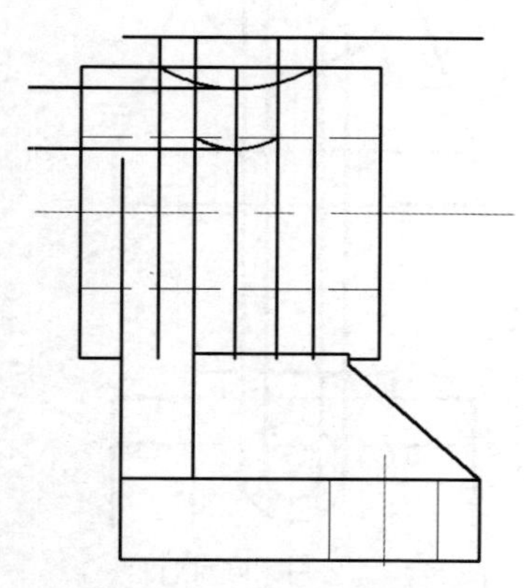

图 5-49 延伸并绘制圆弧

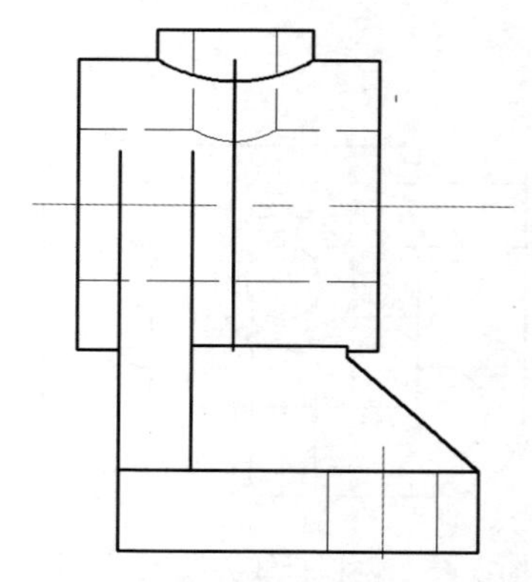

图 5-50 修剪并转换图层为“虚线”层

（7）选择与圆弧相交的竖直线，将其所在的图层转换为“中心线”层，单击“默认”选项卡的“修改”选项组中的“移动”按钮，命令行提示与操作如下：

命令: _move
选择对象: （选择刚才转换图层的直线）
选择对象: ↙
指定基点或 [位移(D)] <位移>:（指定此线段的上端点）
指定第二个点或 <使用第一个点作为位移>:（向上拖动鼠标，在超出最上面轮廓线 2～5mm 的地方单击以确定位置点）

再单击“默认”选项卡的“修改”选项组中的“打断”按钮，进行修剪，结果如图 5-51 所示。这样凸台的三视图就绘制完成了。

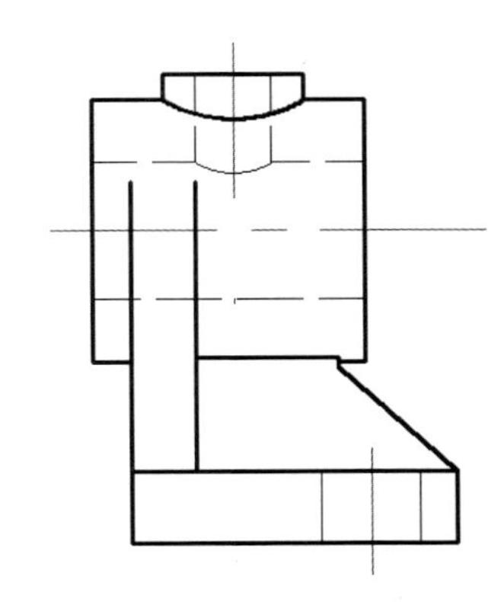

图 5-51　移动并修剪轴线

7．图线整理

（1）单击“默认”选项卡的“修改”选项组中的“删除”按钮，删除辅助斜线；单击“默认”选项卡的“修改”选项组中的“打断”按钮，修整过长的中心线。

（2）选择所有的中心线，然后单击鼠标右键，打开快捷菜单，选择其中的“特性”命令，如图 5-52 所示。打开“特性”选项板，将其中的“线型比例”设置成 0.3，如图 5-53 所示。关闭“特性”选项板，最终的结果如图 5-54 所示。

（3）单击快速访问工具栏上的“保存”按钮，将绘制的图形命名保存。

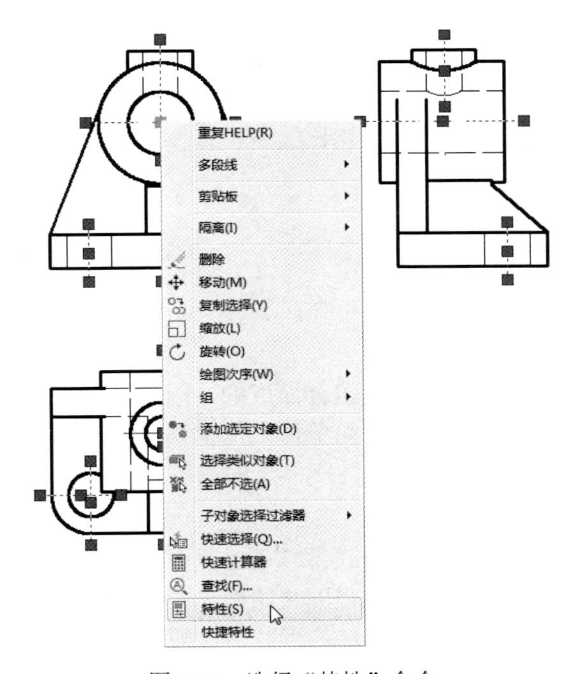

图 5-52　选择“特性”命令

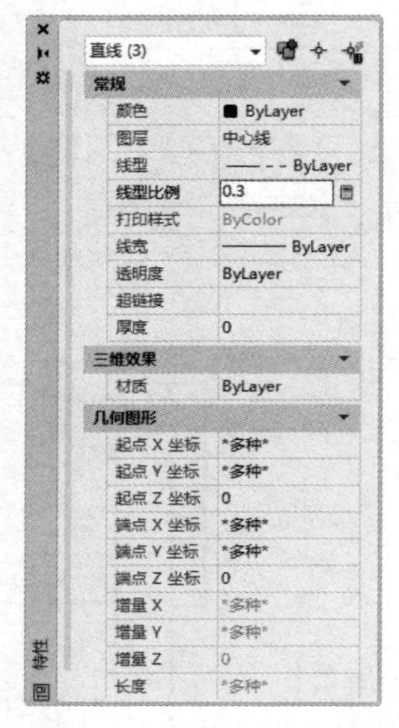

图 5-53 “特性”选项板

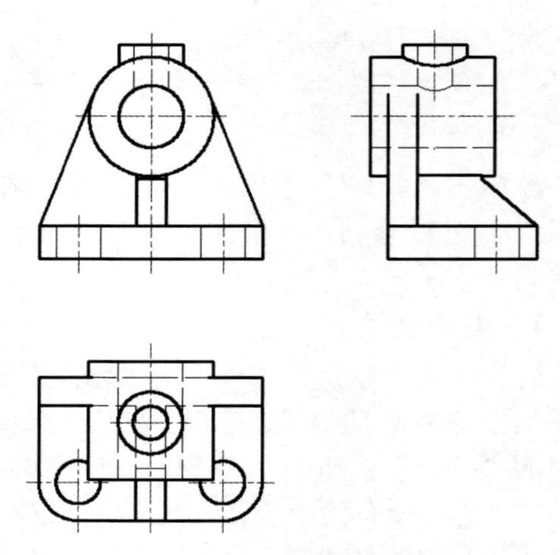

图 5-54 轴承座三视图

5.4 读组合体视图

根据组合体的视图想象出组合体的形状的过程叫作读组合体视图。读图是画图的逆过程，画图是把三维形体绘制成二维视图，是从形象到抽象的过程；读图是由二维视图想象出三维形体，是从抽象到形象的过程。相比之下，读图比画图难得多，必须经过反复地练习和实践，读图能力才能得到提高。

5.4.1 组合体读图基本要领

要想能够正确、快速地读懂视图，首先必须夯实基础，掌握读图的基本要领。

1. 熟悉简单体的视图

组合体是简单体以一定的组合方式组合而成的，因此，要想读懂组合体视图，熟悉简单体视图是基础。对于前面学过的各种简单体，包括基本体、切割体及相贯体的视图，要在熟记的基础上加以理解，明确三视图与立体之间的关系，这是形体分析法读图的基础。

2. 联系几个视图对照分析

在读组合体视图时，要把几个视图联系起来对照分析，切忌只看一个或两个视图就判断其形状。因为组合体的形状是由一组视图共同确定的，所以只有将一组视图联系起来，互相对照着看，才能确定物体各部分的结构形状。一般情况下，一个视图往往不能确定组合体的形状。例如，在图 5-55 中，五个组合体的主视图相同，但它们代表不同的五个组合体。两个视图有时也不能完全确定组合体的形状。例如，在图 5-56 中，三个组合体的主视图和俯视图都相同，但它们代表三个不同的组合体。因此，在读图时，一定要联系几个视图对照分析。

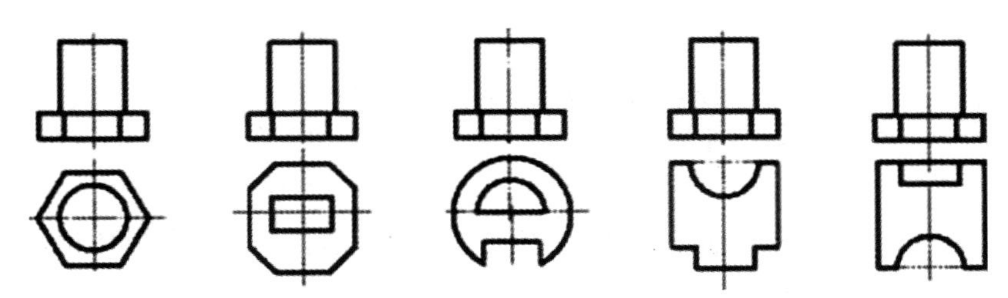

图 5-55　一个视图不能确定组合体的形状

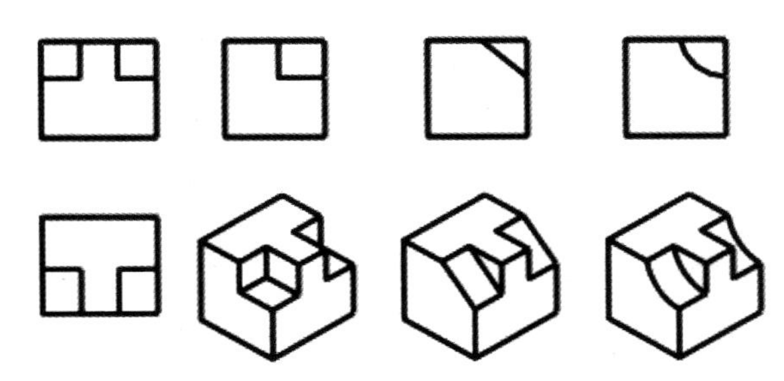

图 5-56　两个视图有时也不能确定组合体的形状

3．善于利用特征视图

组合体的形状由一组视图确定，这几个视图是相互联系、不可分割的，但是，这几个视图在表达物体时所起的作用并不相同。如图 5-57（a）所示，通过主视图和左视图分析得知，这个组合体是由一个四棱柱切槽形成的，但是槽的具体形状（圆形或方形）需要通过俯视图才能一目了然。这里，俯视图对表达物体的形状起决定性作用，这种对表达物体的形状起决定性作用的视图就称为形状特征视图。除了形状特征视图，还有一种特征视图，如图 5-57（b）所示，通过主视图和俯视图分析得知，这个组合体的主体结构是一个 U 形块，主视图上有一个圆和一个矩形，但是，圆和矩形都与俯视图中的矩形和两条虚线相对应，即一个为孔，一个为凸台，但并不能确定哪个形体是孔，哪个形体是凸台；而在左视图中，圆和矩形对应的结构非常明显。这里，左视图对表达这两个局部结构的位置起决定性作用，这种最能反映物体位置的视图称为位置特征视图。利用特征视图抓表达物体的关键所在，这是读组合体视图必须具备的基础技能。

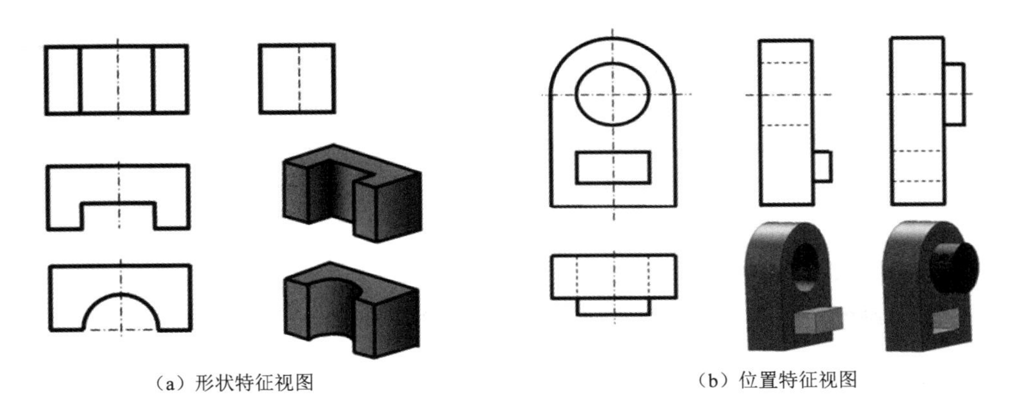

（a）形状特征视图　　（b）位置特征视图

图 5-57　特征视图

4．理解图线和线框的含义

视图实际上是由一条条图线和一个个封闭线框组成的，因此，只有正确分析出视图中图线和线框的含义，才能想象出立体的形状。

1）图线

如图 5-58 所示，视图中的每一条轮廓线都可能为物体的下列要素的投影。

（1）交线的投影：可能是平面与平面的交线、平面与曲面的交线，也可能是曲面与曲面的交线。

（2）面的投影：平面或曲面的积聚性投影。

（3）曲面转向轮廓线的投影。

2）线框

线框是由图线首尾相接而形成的封闭图形。视图中封闭的线框一般是面的投影，但也可能是孔的投影。

（1）一般是平面或曲面的投影，但也可能是曲面及其切平面的投影。如图 5-58 所示，a'为曲面的投影，b'为平面的投影；而在图 5-59 中，粗实线框 c'为曲面及其切平面的投影。

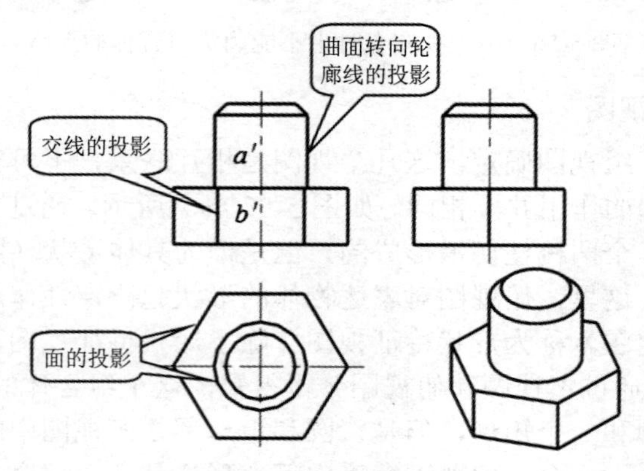

图 5-58　图线和线框的含义

（2）孔的投影。如图 5-59 所示，左视图中的两个小圆线框是圆柱孔的投影。

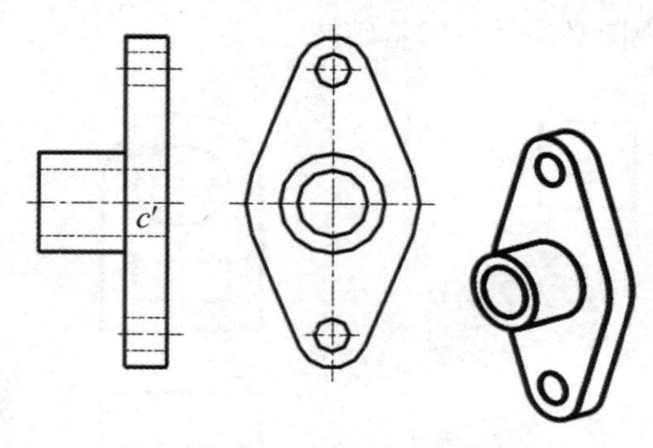

图 5-59　线框的含义

视图中的线框并不是孤立的，线框和线框可能相邻，也可能相套，分析线框相邻和线框相套的含义，对读懂组合体视图具有重要的作用。

线框相邻：两个线框相邻代表两个面（或其中一个为通孔）相交，如图 5-60（a）、（b）

所示，俯视图中的两个线框相邻，图 5-60（a）表示平面与曲面相交，图 5-60（b）表示平面与平面相交，当然也有其他情况，可能表示曲面与曲面相交；两个线框相邻也可能代表两个面（或其中一个为通孔）的位置错开，如图 5-60（c）、（d）所示，俯视图中的两个线框相邻，代表这两个面的上、下位置是错开的。

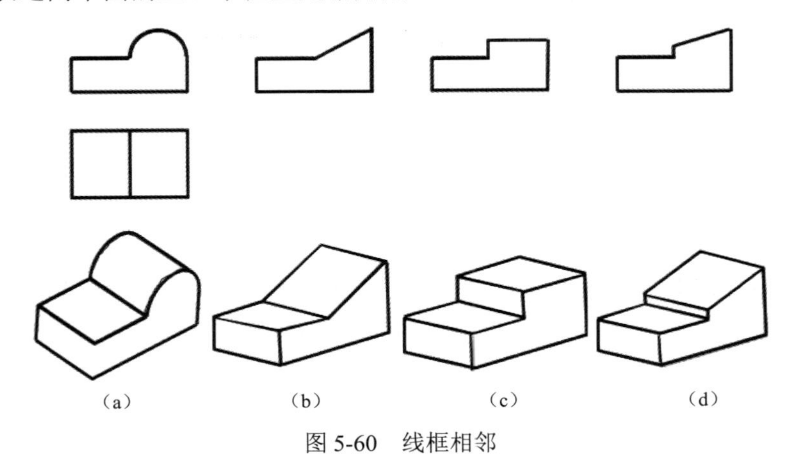

图 5-60　线框相邻

线框相套：大线框套小线框称为线框相套，此时小线框代表的面相对于大线框代表的面来说，可能凸出来，如图 5-61（a）所示；可能凹进去，如图 5-20（b）所示；也可能是通孔，如图 5-61（c）所示。

图线、线框、线框相邻、线框相套能构成复杂多样的视图，可以表达形状各异的形体，掌握这些知识点，能为读组合体视图夯实牢固的基础。

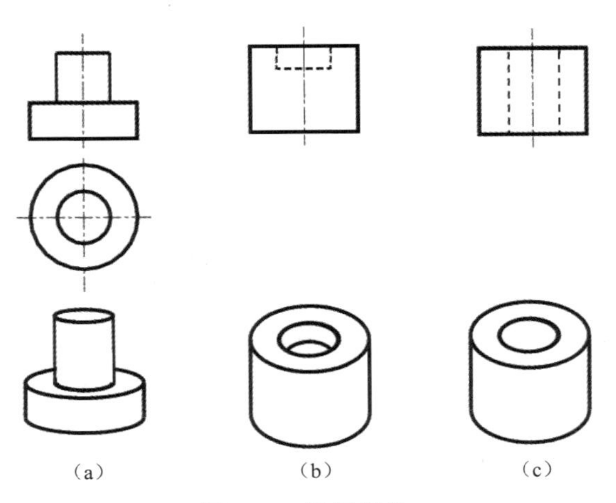

图 5-61　线框相套

5.4.2　形体分析法读图

形体分析法是最基本的看图方法。一般从最能反映物体特征的视图入手，按实线线框数量将视图划分成几部分；再根据投影关系在其他视图上逐个找出它们的投影，分别判断各部分的形状；最后综合各部分的位置关系，想象出整个物体的形状。下面以图 5-62 所示的三视图为例，具体说明形体分析法读图的方法和步骤。

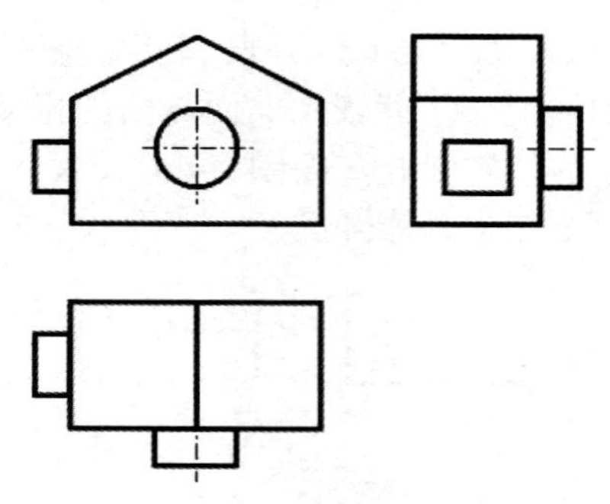

图 5-62　用形体分析法读图

1．按线框，分部分

在表达该组合体形状特征较明显的视图中划分线框，将组合体分成几个简单体，一般从主视图入手。如图 5-63 所示，将组合体按线框分为三部分，可以认为该组合体是由三个简单体组成的。

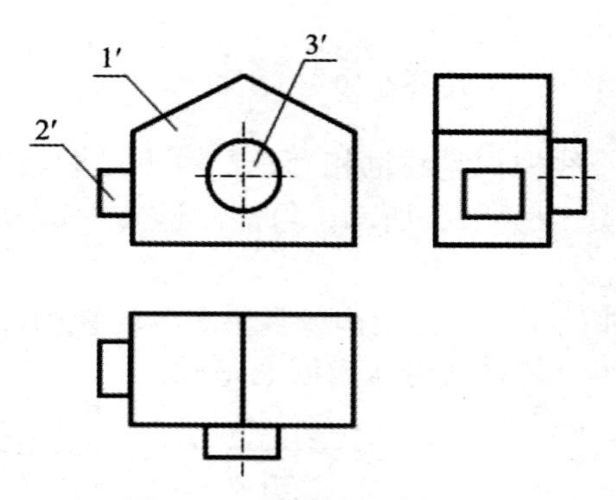

图 5-63　按线框，分部分

2．对投影，识形体

找出各个线框对应的其他投影，想象出各部分的形状。如图 5-64（a）所示，主视图中的线框 1′是一个五边形线框，与俯视图和左视图对投影得知，该简单体为一五棱柱。

如图 5-64（b）所示，线框 2′ 为一个矩形线框，通过对投影得知，其分别对应俯视图和左视图中的矩形，由此得知该简单体为一四棱柱。

如图 5-64（c）所示，线框 3′为一个圆形线框，通过对投影得知，其分别对应俯视图和左视图中的矩形，由此得知该简单体为一轴线正垂的小圆柱。

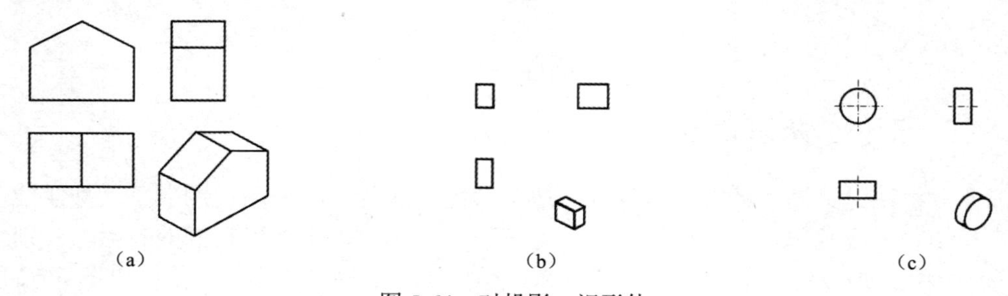

图 5-64　对投影，识形体

3．合起来，想整体

在读懂各部分简单体形状的基础上，根据该组合体显示的各部分的相对位置和连接关系，把三部分构成一个整体，此时就能想象出这个组合体的整体形状了，如图 5-65 所示。

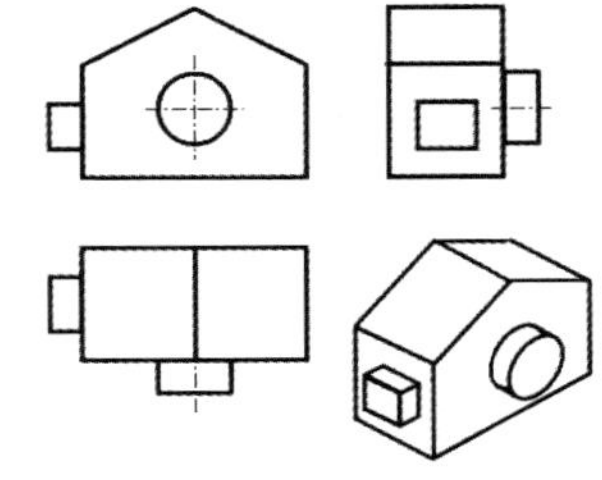

图 5-65　合起来，想整体

【例 5-2】如图 5-66 所示，已知组合体的主视图和俯视图，补画左视图。

分析：

按照形体分析法读图的方法和步骤，从主视图入手，将其按线框分成四部分，如图 5-67 所示。1′是一个 U 形与矩形的组合线框；2′是一个小的 U 形线框；3′是个圆线框；4′是个包含两条细虚线的线框。对照俯视图，逐个想象各个简单体的形状，同时补画左视图，然后分析它们之间的相对位置和表面连接关系，综合想象出整个组合体的形状。

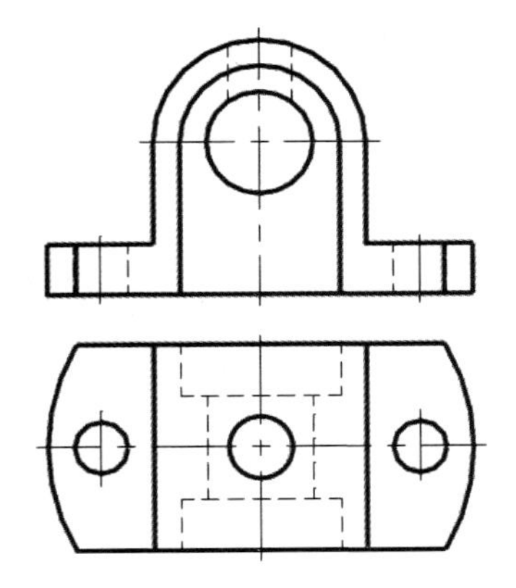

图 5-66　组合体的主视图和俯视图

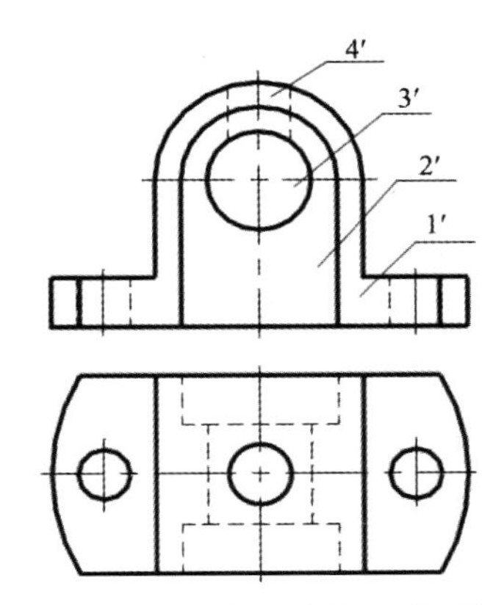

图 5-67　将组合体按线框分成四部分

作图：

（1）在主视图上分离线框 1′。由主视图和俯视图对投影，可以看出，这个简单体是该组合体的主体结构，它是由一个大圆柱经过平面及圆柱面切割后形成的，画出其左视图，如图 5-68（a）所示。

（2）在主视图上分离线框 2′。根据俯视图中的相应投影可知，这个简单体是两个 U 形块，即在主体结构的基础上挖去了两个 U 形块（从主体结构的前、后两表面各挖了一个 U 形槽），画出其左视图，如图 5-68（b）所示。

（3）在主视图上分离线框 3′。这个简单体很简单，它在主视图上的投影是一个圆线框，根据它在俯视图中的投影可知，它是一个小圆柱，即在主体结构上挖了两个 U 形槽之后，又在两个槽之间挖了一个圆柱孔，画出该圆柱孔的左视图，如图 5-68（c）所示。

（4）在主视图上分离线框 4′。根据俯视图中的相应投影可知，同圆柱孔 III 一样，这个简单体也是一个小圆柱，即在主体结构的基础上挖了一个圆柱孔，该孔的轴线铅垂，从主体结构的上表面一直与圆柱孔 III 挖通，这样，该孔与主体结构的圆柱面有相贯线，与圆柱孔 III 也有相贯线，画出该简单体的左视图，如图 5-68（d）所示。

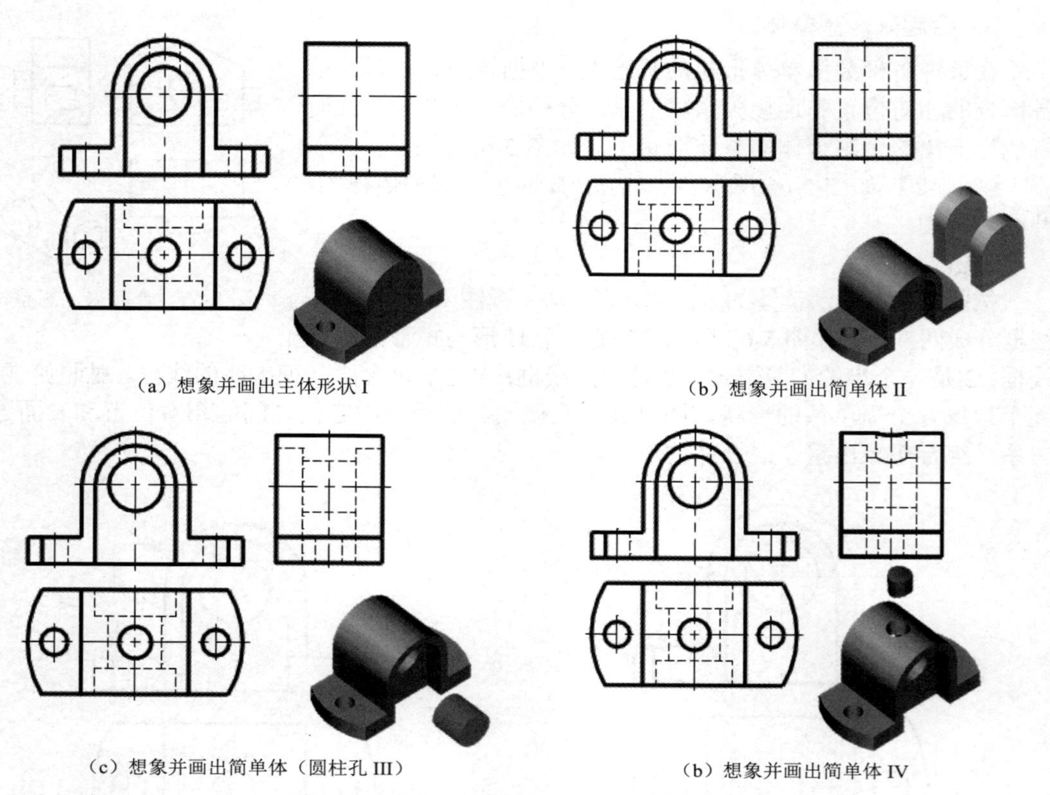

（a）想象并画出主体形状 I　　（b）想象并画出简单体 II

（c）想象并画出简单体（圆柱孔 III）　　（b）想象并画出简单体 IV

图 5-68　想象组合体的形状并补画左视图

5.4.3　线面分析法读图

形体分析法是从“体”的角度将组合体分析为一些简单体。但是，对于挖切而成的组合体，用形体分析法就不方便了。我们知道，每个立体都是由面（平面或曲面）围成的，而面又是由线段（直线或曲线）构成的。因此，可以从“面”和“线”的角度去分析组合体。这种通过分析组合体表面的面、线的形状和相对位置得到整体形状的方法就叫线面分析法。线面分析法适合于以切割为主的组合体，是形体分析法的补充。在读图时，通常将形体分析法和线面分析法配合起来使用，这样效果更好。

下面以如图 5-69（a）所示的三视图为例，说明线面分析法在读图中的应用。

（1）由于图 5-69（a）中的组合体的三个视图的外形轮廓都是长方形，所以该组合体的主体结构是四棱柱。其中，主视图和俯视图有缺角，左视图有缺口，可以想象出该组合体是四棱柱经过切割形成的。

（2）如图 5-69（b）所示，主视图中有一个缺角，即斜线 1′的左上方被切掉了，该斜线应为一个面的投影。该斜线 1′的投影在俯视图上对应一个十边形 1，在左视图上也对应一个类似的十边形 1″。根据投影面垂直面的投影特性可判断出 I 面为一个正垂面。

（3）如图 5-69（c）所示，俯视图中有两个缺角，即斜线 2 的前角和后角都被切掉了，因此斜线 2 应为面的投影。该斜线 2 的投影在主视图上对应重合的两个三角形，在左视图上同样对应两个三角形。根据投影面垂直面的投影特性可知，II 面为铅垂面。

（4）如图 5-69（d）所示，左视图中有个缺口，该缺口的底边 3″的投影在主视图上对应细虚线，在俯视图上对应一个矩形线框，可知 III 面为水平面，不难想象，它是在四棱柱的上部中间，用前、后两个正平面和一个水平面 III 切出了一个矩形槽。

（5）通过上述线面分析可得出，该组合体是一个四棱柱的左上方被一个正垂面切掉了一个角；又用两个铅垂面将立体的左前方和左后方的两个角切掉了；最后在立体的上方中间，用两个正平面和一个水平面切了一个左右的矩形通槽，如图 5-69（e）所示。

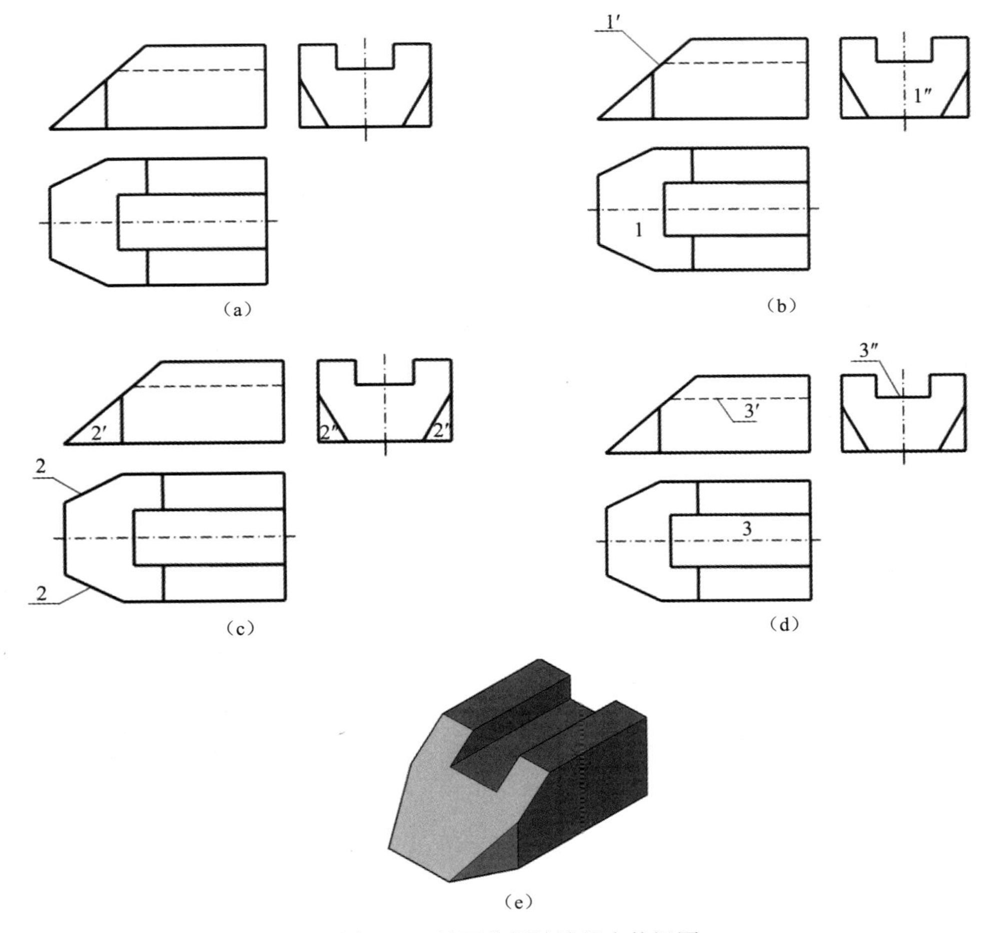

（e）

图 5-69　线面分析法读组合体视图

图 5-70（a）为 57mm 的高射炮阻弹器驻栓的三视图。在读图时，可先按形体分析法将三个视图联系起来分析，可知驻栓的主体形状是个圆柱，对其上半部进行了切割。至于是如何切割的，切割后的形状是什么样的，需要用线面分析法进行深入分析。

分析时，要抓住特征视图。例如，通过主视图可知，驻栓的左上角被切掉了；然后结合左视图和俯视图进行分析，通过投影规律可以得出，驻栓的左上部被水平面 *B* 和铅垂面 *F* 切掉了一块。

同理，左视图的前上部缺了一部分，可知驻栓的前面由正平面 *E*、水平面 *C*、*D* 和侧平面 *N* 切割而成。利用投影关系不难找出它们在主视图和俯视图上的投影，进而可以确定它们的形状及位置，如图 5-70（b）、（c）所示。最后，综合想象出驻栓的整体形状，如图 5-70（d）所示。

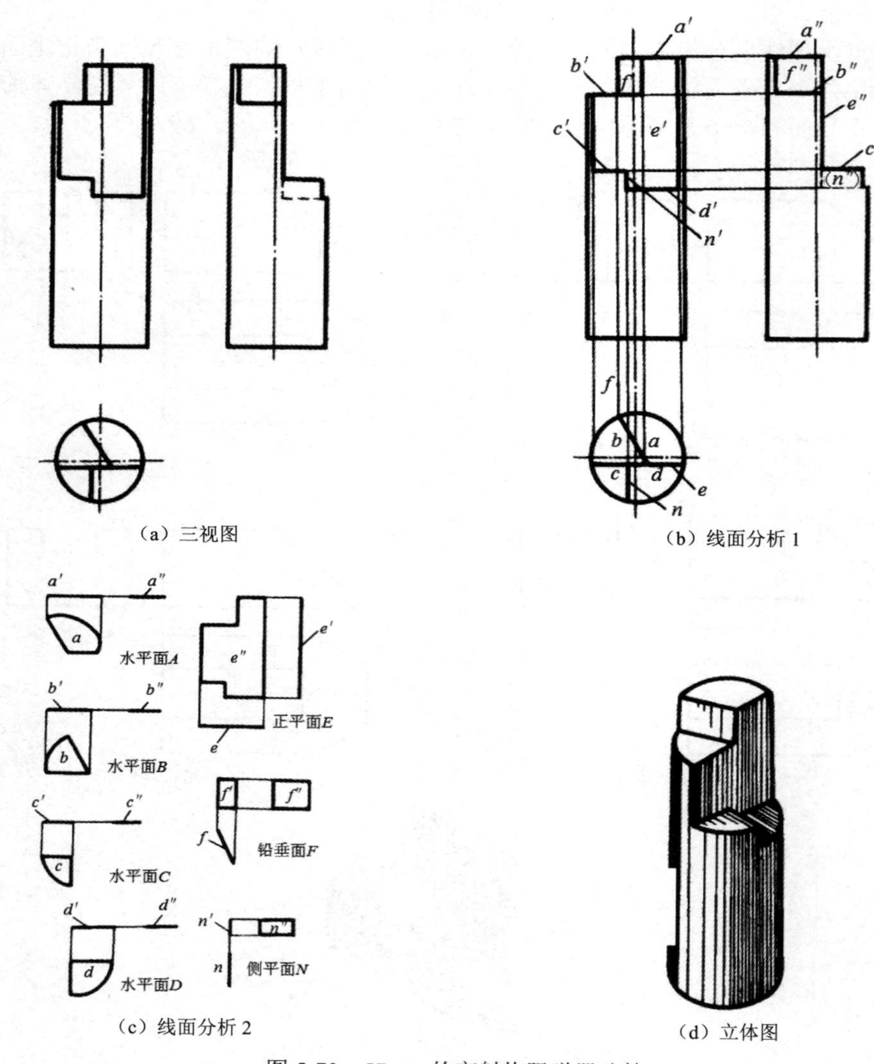

（a）三视图 （b）线面分析 1

（c）线面分析 2 （d）立体图

图 5-70　57mm 的高射炮阻弹器驻栓

【例 5-3】 如图 5-71（a）所示，补画组合体三视图中所缺的图线。

分析：从已知的三视图入手，按照投影规律进行分析，可知该组合体是综合式组合体，由三部分组合而成。其中，半圆柱筒轴线正垂，其上是一个轴线铅垂的圆柱筒，从主视图得知，该圆柱筒上面有孔，因为圆孔可见、矩形孔不可见，所以该圆柱筒前半部分挖圆孔，后半部分挖矩形孔，然后按要求补画视图或图线。

具体作图过程如下。

（1）通过分析得知，小四棱柱与半圆柱筒相交，因此有交线。根据截交线的特点，从主视图入手，按照长对正的关系，在俯视图中将交线的投影补画出来，如图 5-71（c）所示。

（2）轴线正垂的半圆柱筒与轴线铅垂的小圆柱筒相交，因此两者外表面有相贯线。按照正交圆柱相贯线的简化画法，在左视图中将外表面的相贯线补画出来。同理，半圆柱筒的内表面与小圆柱筒的内表面也有相贯线，作图方法同上，结果如图 5-71（d）所示。

（3）由上述分析得知，轴线铅垂的小圆柱筒的前半部分挖圆孔、后半部分挖矩形孔。这样，圆孔与小圆柱筒的内、外表面均有相贯线，按照正交圆柱相贯线的简化画法作图；后半部分的矩形孔与小圆柱筒的内、外表面也有交线，按照截交线的作图方法画出，结果如图 5-71（e）所示。

（4）图 5-71（f）为完成图。

（a）三视图　（b）立体图

（c）补画图线 1　（d）补画图线 2

（e）补画图线 3　（f）完成图

图 5-71　补画视图中所缺的图线

5.5 组合体的尺寸标注

视图只能表达物体的形状，而其真实大小及其各组成部分的相对位置则需要通过标注尺寸来确定。尺寸标注是机械图样中的一项重要内容。国标中明确规定，机件的真实大小以图上标注的尺寸为准，与图样的大小及绘图的准确程度无关。也就是说，尺寸是确定机件真实大小的唯一依据。

5.5.1 尺寸标注的基本要求

在组合体上标注尺寸的基本要求是正确、完整、清晰。

正确是指所注尺寸要符合《机械制图》国标中对尺寸注法的规定。

完整是指所注尺寸要齐全，既无遗漏，又不重复。

清晰是指所注尺寸在排列和布局上要清晰、整齐，便于读图。

5.5.2 尺寸基准和尺寸分类

1. 尺寸基准

确定尺寸位置的几何要素称为尺寸基准。尺寸基准通常是标注尺寸的起点，如组合体较重要的端面、底面、对称平面或回转体的轴线。在每个方向上都有一个主要尺寸基准，还可能有一个或几个辅助尺寸基准。如图 5-72 所示，高度方向上的尺寸基准为组合体的底面 *A*，长度方向上的尺寸基准为底座的右端面 *B*，宽度方向上的尺寸基准为组合体的前后对称面 *C*。

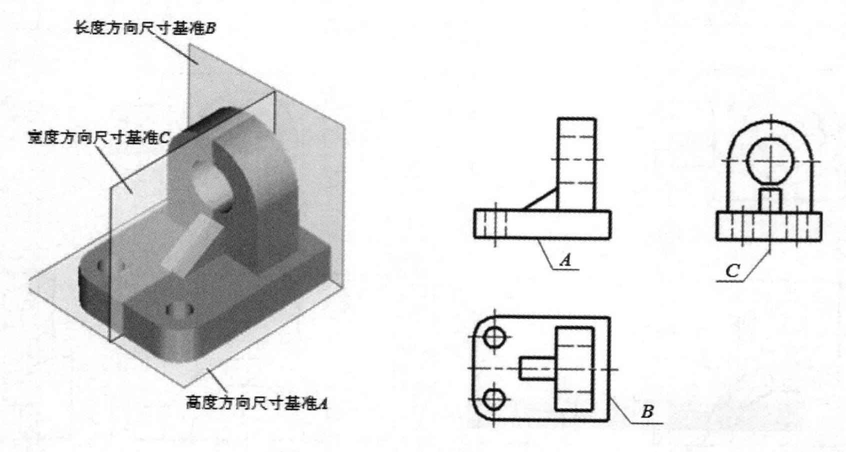

图 5-72 组合体的尺寸基准

2. 尺寸分类

（1）定形尺寸：表明形体形状大小的尺寸。如图 5-73 所示，底座的长、宽、高尺寸 52、40、11，圆角和圆孔尺寸 R8 和 2×Φ8，肋板的长、宽、高尺寸 14、8、9，竖板的半圆头半径尺寸 R16，圆孔的直径尺寸Φ18（其高度尺寸可通过计算得出，因此不必标注）都是定形尺寸。

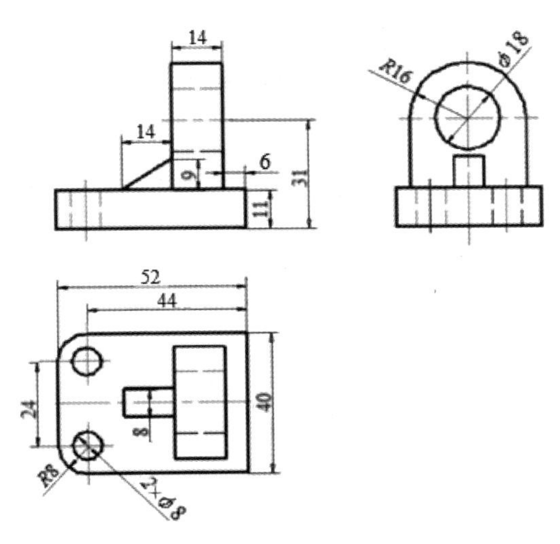

图 5-73　组合体的尺寸分类

（2）定位尺寸：确定各形体之间相对位置的尺寸。通常先标注简单体本身的各细部的定位尺寸。在图 5-73 中，底座上的两个小圆孔在长度方向上需要定位，以底座右端面为基准，标注尺寸 44；宽度方向上以底座前后对称面为基准，标注定位尺寸 24；高度方向上不必标注定位尺寸。由于竖板的底面即底座的顶面，所以高度方向上不必标注定位尺寸；在前后方向上，由于底座与竖板具有共同的前后对称面，所以宽度方向上也不必标注定位尺寸。因此，只在长度方向上注出了竖板的右表面与底座右表面的距离尺寸 6。为了读图及画图方便，可将尺寸 31 看作竖板对底座的定位尺寸，也可看作竖板上圆孔的定位尺寸。

（3）总体尺寸：表示组合体总长、总高、总宽的尺寸。该组合体的总长和总宽尺寸为 52 和 40，总高尺寸应为 31 加上竖板半圆头的半径 *R*16，即 47，但如果标注 47，则尺寸 31、*R*16 与 47 将首尾相接，形成封闭的尺寸链，因此保留了 31 和 *R*16，不标注 47。

值得注意的是，有时为了画图方便、读图清晰、便于加工，虽然有些尺寸可以通过计算获得，但仍都注出。例如，底座的宽度方向的定形尺寸 40 等于两个圆孔的定位尺寸 24 加上两个圆角的定形尺寸 *R*8；长度方向的定形尺寸 52 等于圆孔的定位尺寸 44 加上一个圆角的定形尺寸 *R*8，它们都全部注出。

5.5.3　基本形体的尺寸标注

基本形体一般只需直接或间接地给出长、宽、高三个方向的定形尺寸，即可完全确定其大小。图 5-74 给出了几种常见的基本形体的尺寸标注示例。正六棱柱的尺寸有两种标注形式：一种是标注对角尺寸；另一种是标注对边尺寸。只需注出两者之一即可，若两个尺寸都注出，则应将其中一个作为参考尺寸，加上圆括号。对于圆柱、圆锥和圆球等回转体，当完整地标注了它们的尺寸后，只用其中一个视图就能确定其形状和大小，其他视图可省略不画。

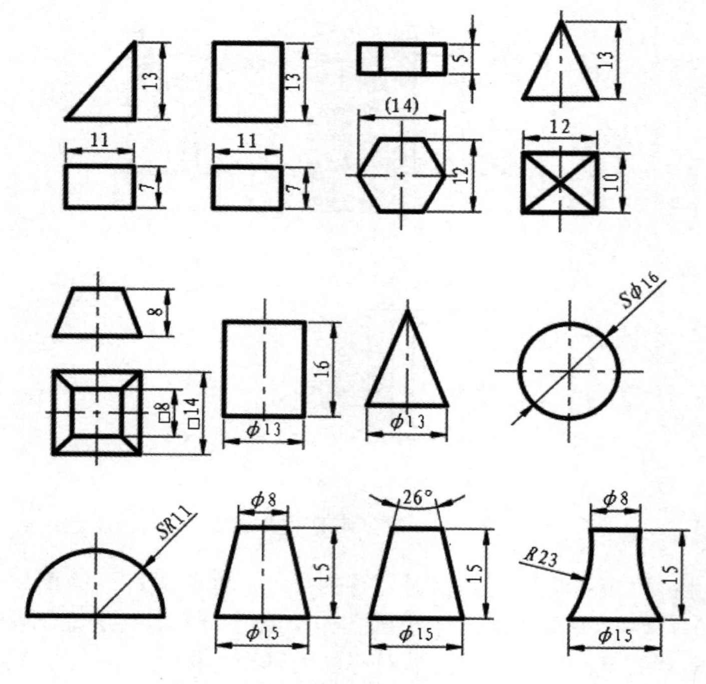

图 5-74　基本形体的尺寸标注示例

5.5.4　具有切口的简单体的尺寸标注

对于带有切口的简单体，除了要给出形体的长、宽、高三个方向上的定形尺寸，还要给出切口尺寸。因为切口形状是由被截立体的表面形状和立体与截平面的相对位置决定的，切口处的截交线是在加工切口时自然形成的，所以应避免直接标注截交线的尺寸，而应在立体形状已确定的情况下，标注确定截平面与立体相对位置的定位尺寸，如图 5-75 所示。

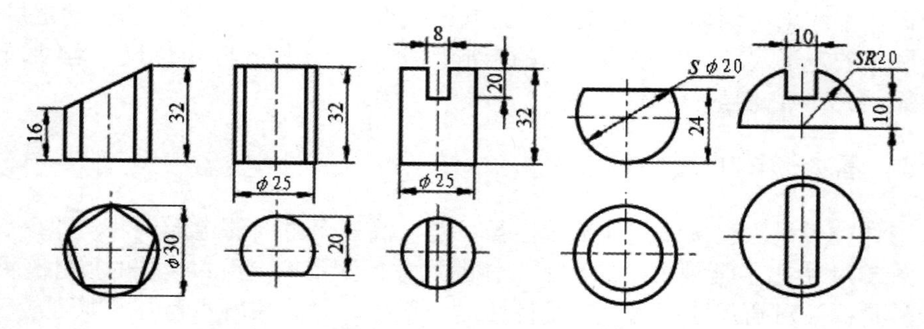

图 5-75　具有切口的简单体的尺寸标注示例

5.5.5　常见板的尺寸标注

图 5-76 给出了一些常见的、不同形状的板的尺寸注法，要特别注意图中的对称和均布结构的尺寸标注方法。

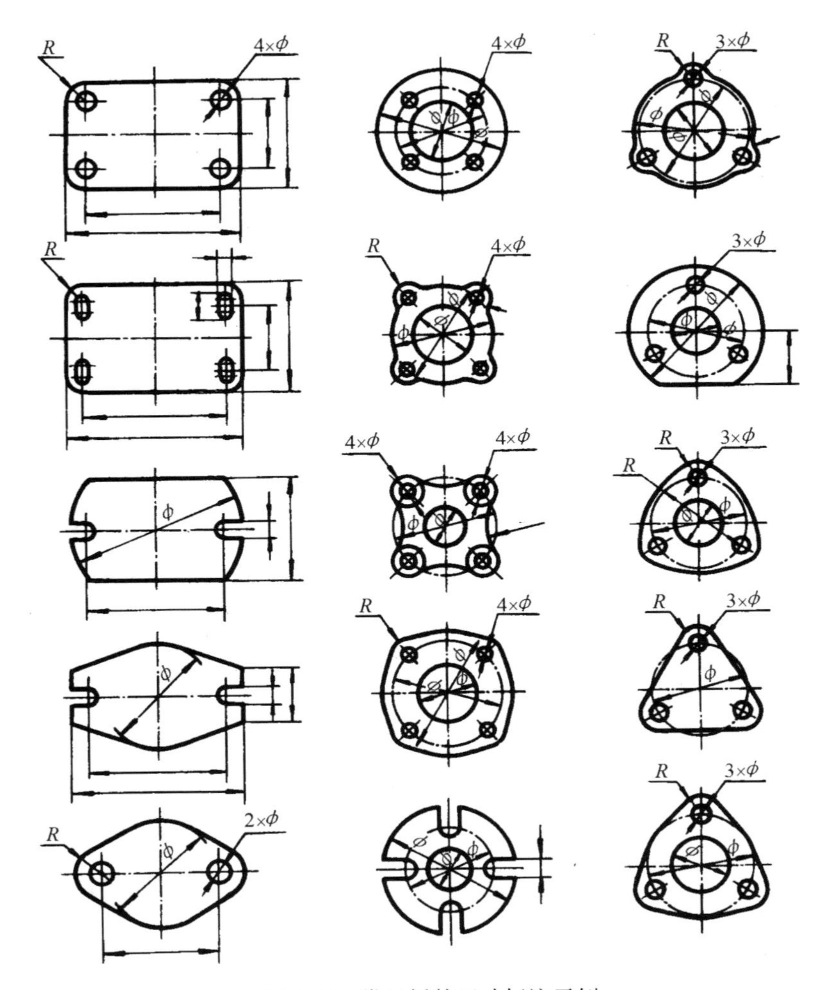

图 5-76　常见板的尺寸标注示例

5.5.6　尺寸标注的注意事项

标注尺寸除了要求正确、完整，为了便于看图，还要求标注清晰、合理。标注组合体尺寸的注意事项如下。

（1）对于截交线、相贯线，不应直接标注其尺寸。

截交线的尺寸并不是独立的，它受立体形状及截平面与立体的相对位置的制约。因此，在标注尺寸时，不应直接标注截交线的尺寸，图 5-77（a）是错误的标注形式，应标注截平面的位置尺寸，正确的标注形式如图 5-77（b）所示。同样，也不能直接标注相贯线的尺寸，而只能标注产生相贯线各形体的定形尺寸和定位尺寸，图 5-77（c）是错误的标注形式，正确的标注形式如图 5-77（d）所示。

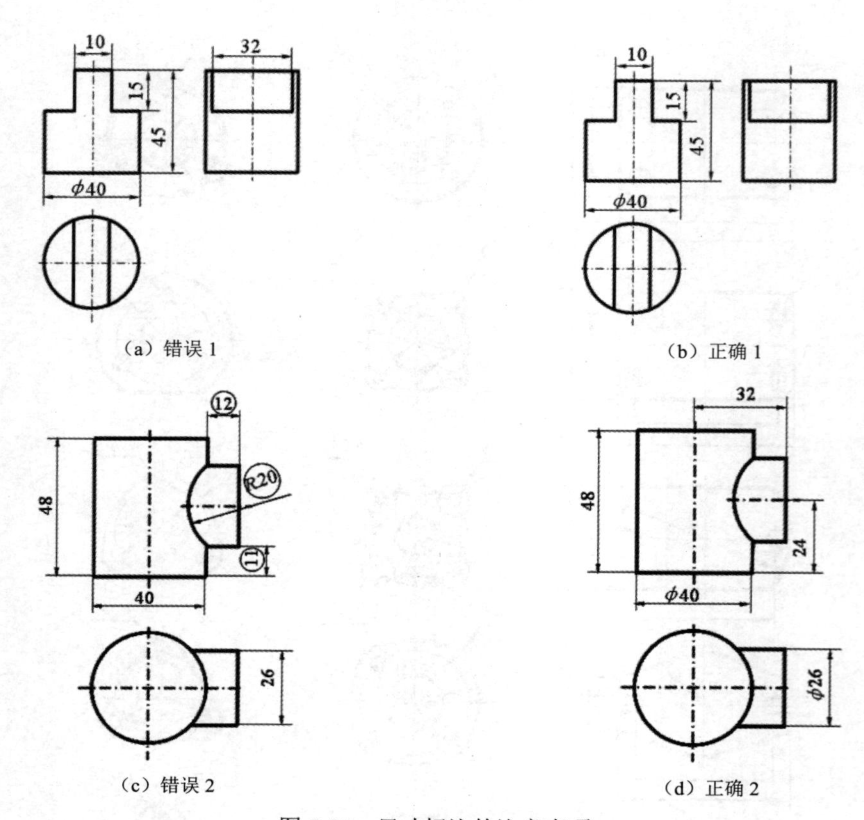

（a）错误 1　（b）正确 1　（c）错误 2　（d）正确 2

图 5-77　尺寸标注的注意事项

（2）当孔与端面同轴线时，一般不直接标注总体尺寸，如图 5-78 所示。

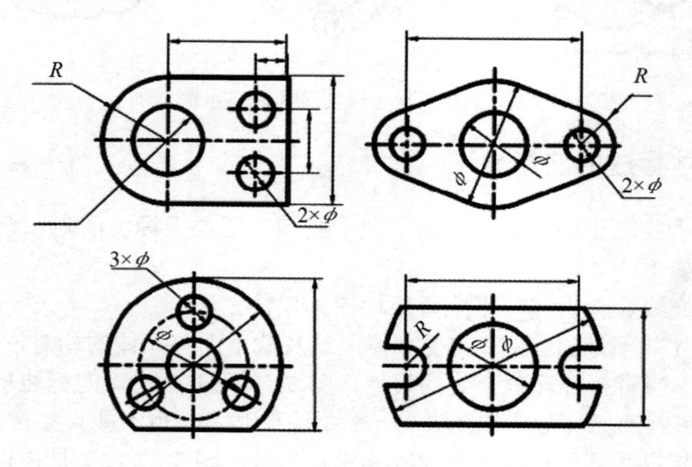

图 5-78　孔与端面同轴线

（3）同一结构的尺寸应尽量集中标注，相关尺寸放置在两视图之间，如图 5-79 所示。
（4）尺寸应该标注在反映形体特征的视图上，如图 5-80 所示。

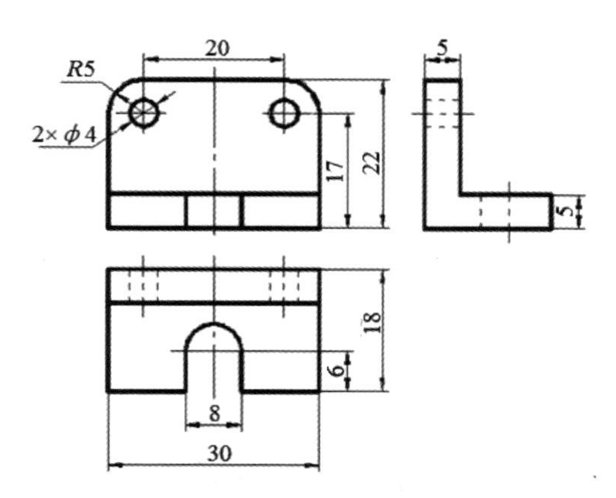

图 5-79　同一结构的尺寸应尽量集中标注

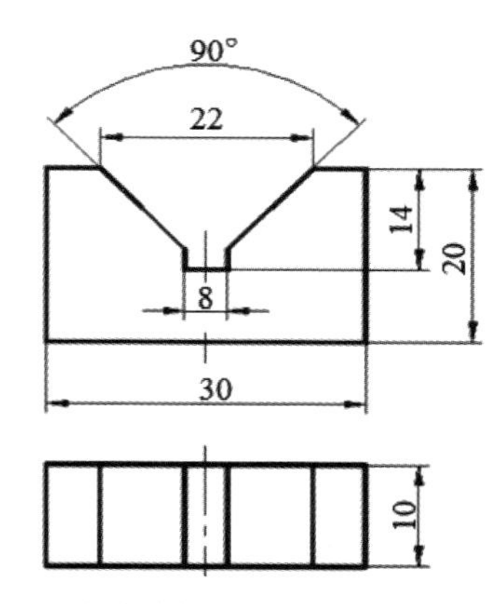

图 5-80　尺寸应该标注在反映形体特征的视图上

（5）同轴回转体的直径应尽量标注在非圆视图上，如图 5-81 所示。

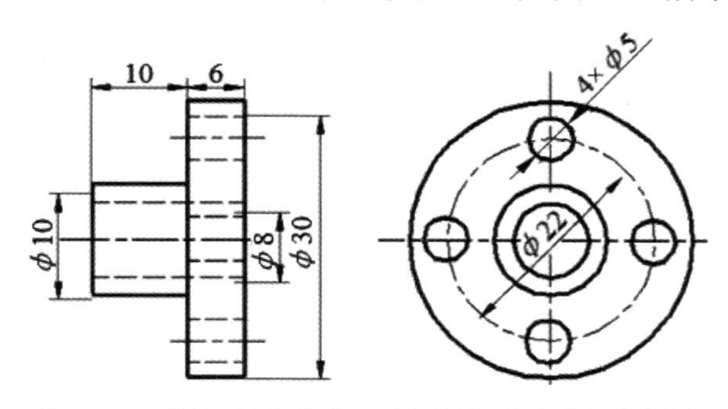

图 5-81　同轴回转体的直径应尽量标注在非圆视图上

（6）尺寸排列要清晰，平行的尺寸应按“大尺寸在外、小尺寸在内”的原则排列，如图 5-79 所示，在主视图和左视图中，尺寸排列均应遵循该原则。

（7）内形尺寸和外形尺寸应分别标注在视图的两侧。与图 5-82（a）相比，图 5-82（b）中标注的内形尺寸和外形尺寸排列得更整齐，更便于读图。

在标注尺寸时，以上几点有时也不可能完全兼顾，但必须保证在正确、完整的前提下，灵活掌握，使尺寸标注布置合理，力求清晰。

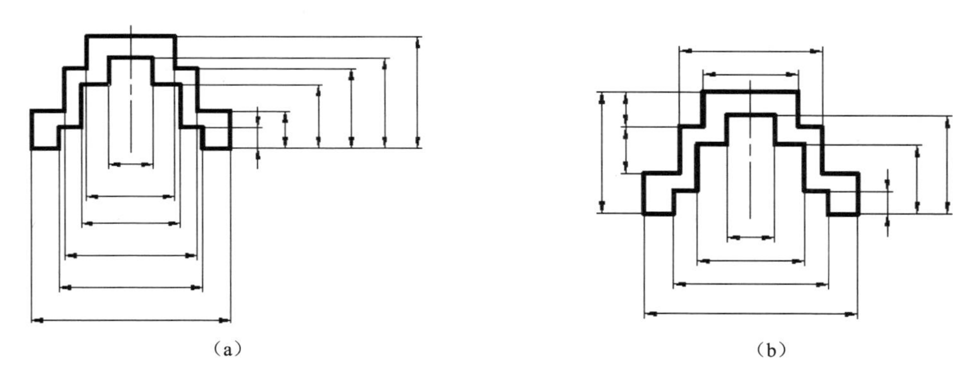

（a）　　　　（b）

图 5-82　内形尺寸和外形尺寸应分别标注在视图的两侧

5.5.7 组合体的尺寸标注举例

在标注组合体的尺寸时，应首先对组合体进行形体分析；确定长、宽、高三个方向的尺寸基准；然后逐个标注组成组合体的各个简单体的定形尺寸和定位尺寸；最后加注总体尺寸，并对所有尺寸进行适当的调整，归并和去掉多余的尺寸。

下面以如图 5-83 所示的轴承座为例，说明组合体尺寸标注的方法与步骤。

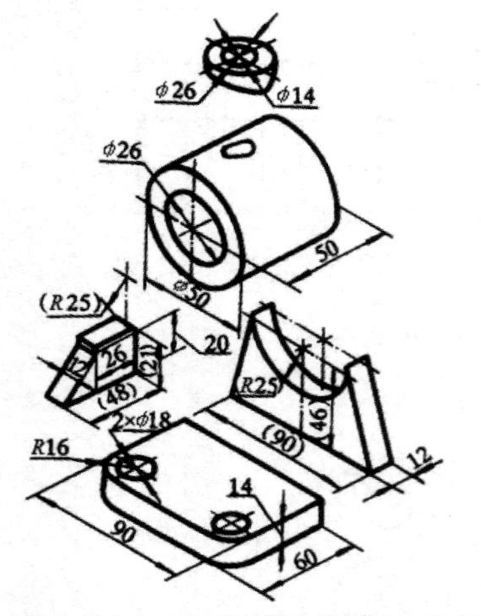

（a）进行形体分析并初步考虑各简单体的定形尺寸

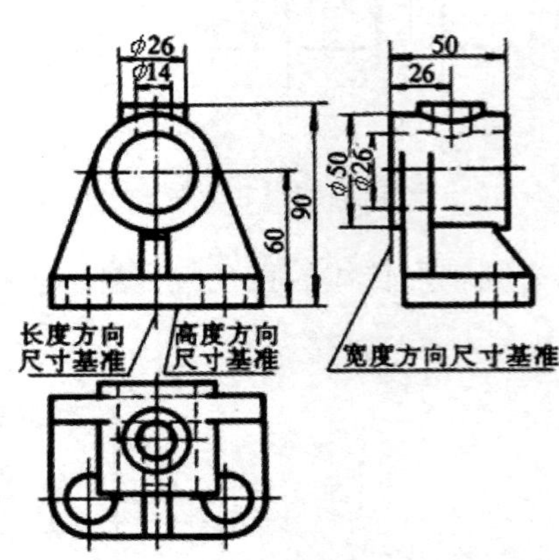

（b）确定尺寸基准，标注轴承和凸台的尺寸

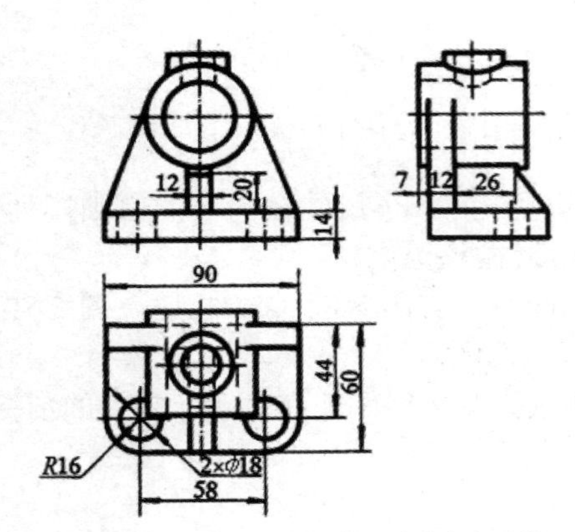

（c）标注底板、支承板、肋板的尺寸并考虑总体尺寸

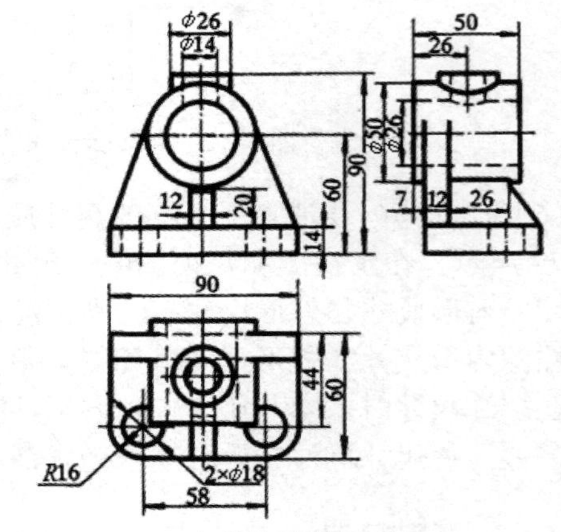

（d）校核后的标注结果

图 5-83 轴承座的尺寸标注

1．进行形体分析

如图 5-83（a）所示，轴承座由轴承、凸台、底板、支承板和肋板五个简单体组成，简单体的形状、相对位置及表面连接关系等可参照 5.2 节的内容。

2．选定尺寸基准

如前所述，机件的长、宽、高三个方向的尺寸基准常采用机件的底面、端面、对称面及主要回转体的轴线等。对于如图 5-83（a）所示的轴承座，用轴承座的左右对称面作为长度方向的尺寸基准；用轴承的后端面作为宽度方向的尺寸基准；用底板的底面作为高度方向的尺寸基准，如图 5-83（b）所示。

3．逐个标注各简单体的定形尺寸和定位尺寸

在标注组合体的尺寸时，通常先标注组合体中最主要的简单体的尺寸，在这个轴承座中，最主要的简单体是轴承，然后在余下的简单体中，标注与尺寸基准有直接联系的简单体的尺寸，或者标注在已标注尺寸的简单体旁边且与它有尺寸联系的简单体的尺寸。按此顺序逐个标注各基本体的定位尺寸和定形尺寸。

（1）轴承。

如图 5-83（b）所示，从作为高度基准的底板的底面出发，标注轴承座的轴线位置，即标注定位尺寸 60，以这条轴线作为径向基准，标注出轴承内、外圆柱面的定形尺寸 ϕ26 和 ϕ50。然后从宽度基准（轴承后端面）出发，标注轴承长度的定形尺寸 50。

（2）凸台。

如图 5-83（b）所示，由长度基准和从宽度基准出发的定位尺寸 26 定出凸台的轴线，并以此为径向基准，注出定形尺寸 ϕ14 和 ϕ26。然后由从高度基准出发的定位尺寸 90 定出凸台顶面的位置；由于轴承和凸台顶面都已定位，所以凸台的高度也就确定了，不应再标注。

（3）底板。

如图 5-83（c）所示，从宽度基准出发，标注定位尺寸 7，定出底板后壁的位置，并由此标注出板宽的定形尺寸 60 和底板上的圆柱孔、圆角的定位尺寸 44；从长度基准出发，标注出底板长度的定形尺寸 90 和底板上的圆柱孔、圆角的定位尺寸 58，由上述定位尺寸 44 和 58 定出圆孔的轴线，并以此为径向尺寸基准，标注出定形尺寸 2× ϕ18 和 R16；从高度基准出发，标注出底板厚度的定形尺寸 14。

（4）支承板。

在图 5-83（c）中，由已标注出的从宽度基准出发的定位尺寸 7 定出了支承板后壁的位置，由此标注出支承板板厚度的定形尺寸 12。底板的厚度尺寸 14 就是支承板底面位置的定位尺寸。从长度基准出发的支承板底面的长度尺寸，由已标注出的底板的长度尺寸 90 充当，不应再标注。左、右两侧与轴承相切的斜面可直接由作图确定，不应标注任何尺寸。

（5）肋板。

如图 5-83（c）所示，从长度基准出发，标注出肋板厚度的定形尺寸 12；肋板底面的定位尺寸已由底板的厚度尺寸 14 充当，肋板后壁的定位尺寸已由支承板后壁的定位尺寸 7 和支承板的厚度尺寸 12 充当，都不应再标注；由肋板的底面和后壁出发，分别标注出定形尺寸 20 和 26；肋板的底面的宽度尺寸可由底板的尺寸减去支承板的厚度尺寸 12 得出，不应再标注；肋板两侧壁面与轴承的截交线由作图确定，不应标注高度尺寸。

4．标注总体尺寸

标注了组合体中各简单体的定位尺寸和定形尺寸以后，对于整个轴承座，还要考虑总体尺寸的标注。如图 5-83（b）、（c）所示，轴承座的总长和总高尺寸都是 90，在图上已经标注出。总宽尺寸应为 67，但是这个尺寸以不标注为宜，因为如果标注出总宽尺寸，那么尺寸 7 或 60 就是不应标注的重复尺寸，然而标注出上述两个尺寸 60 和 7，有利于明显表示底板的宽度及其与支承板之间的定位；如果保留了 7 和 60 这两个尺寸，还要标注总宽尺寸，则可标注总宽尺寸 67（作为参考尺寸标注出）。

5. 校核

最后，对已标注的尺寸按正确、完整、清晰、合理的要求进行校核，如果有不妥之处，则进行适当的修改或调整，这样就完成了标注尺寸的工作，如图 5-83（d）所示。

5.6 AutoCAD 中组合体尺寸标注的方法

下面以如图 5-83 所示的轴承座为例，讲述在 AutoCAD 中进行尺寸标注的方法与步骤。

（1）在 AutoCAD 中打开 5.3 节绘制的轴承座图形，然后将“尺寸标注”图层设置为当前图层。

（2）在绘图区上方任意一个工具栏上单击鼠标右键，打开快捷菜单，选择其中的“标注”选项，如图 5-84 所示。从而使“标注”工具栏显示在图形界面上，如图 5-85 所示。

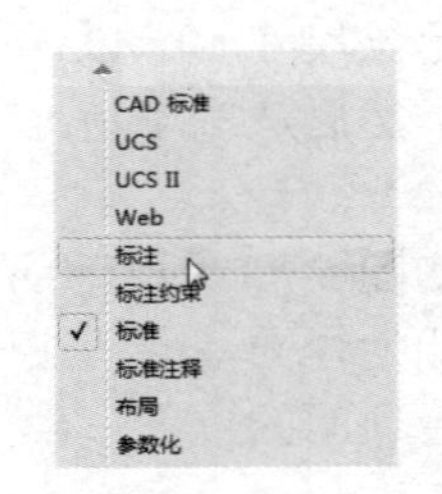

图 5-84　选择“标注”选项

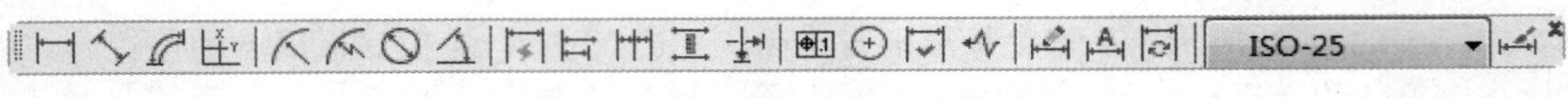

图 5-85　“标注”工具栏

（3）单击“标注”工具栏中的“标注样式”按钮，打开“标注样式管理器”对话框，如图 5-86 所示。单击“修改”按钮，打开“修改标注样式:ISO-25”对话框中的“文字”选项卡，如图 5-87 所示。将“文字高度”设置为 5mm，单击“文字样式”选项后面的按钮，打开“文字样式”对话框，如图 5-88 所示。将“字体名”设置为仿宋_GB2312，将“宽度因子”设置为 0.7000，单击“应用”按钮，关闭该对话框。打开“修改标注样式:ISO-25”对话框中的“符号和箭头”选项卡，如图 5-89 所示，将“箭头大小”设置为 4。打开“主单位”选项卡，如图 5-90 所示，将“精度”设置为 0，将“小数分隔符”设置为句点。打开“线”选项卡，如图 5-91 所示，将“基线间距”设置为 7mm，单击“确定”按钮，返回“标注样式管理器”对话框，单击“关闭”按钮退出。

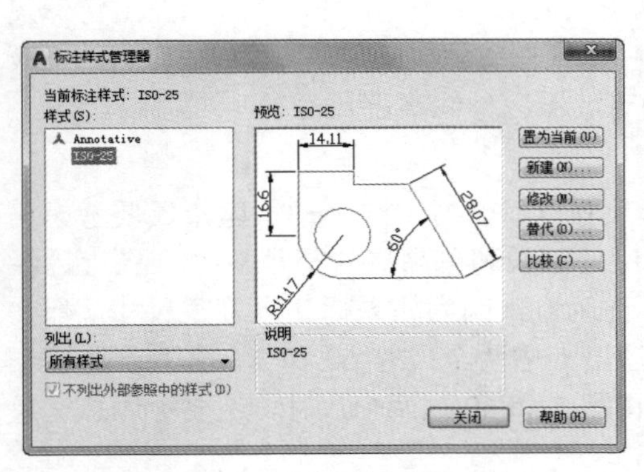

图 5-86　“标注样式管理器”对话框

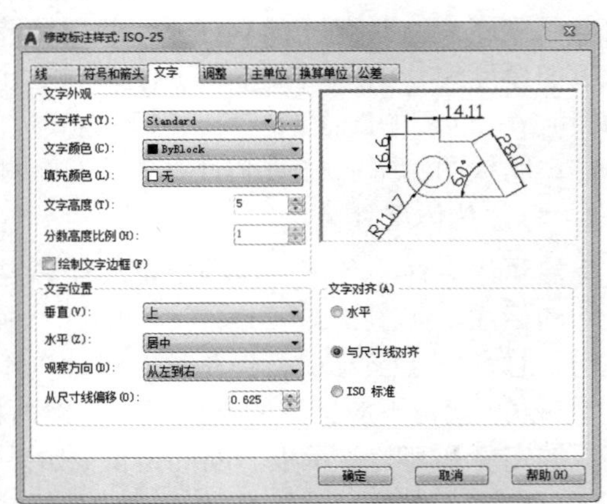

图 5-87　“修改标注样式:ISO-25”对话框中的“文字”选项卡

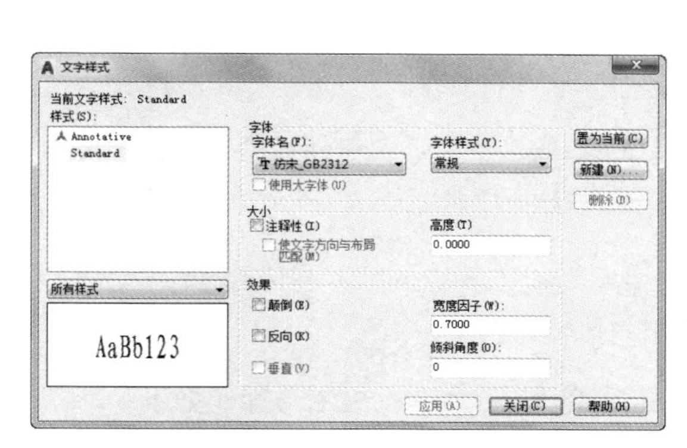

图 5-88　“文字样式”对话框

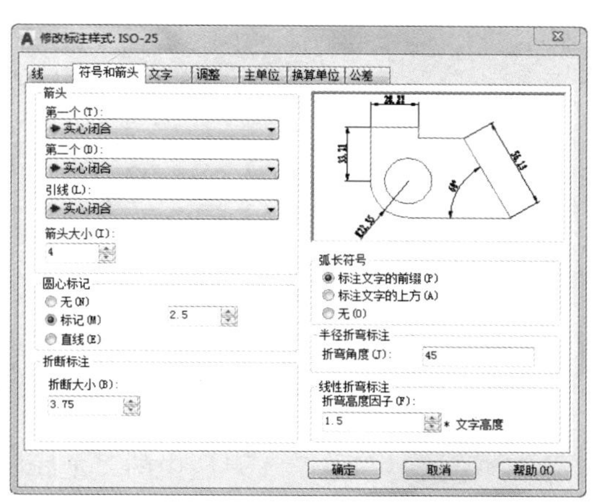

图 5-89　“修改标注样式:ISO-25”对话框中的“符号和箭头”选项卡

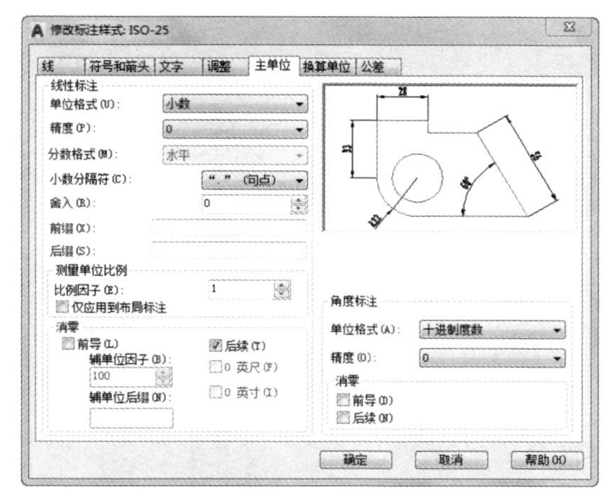

图 5-90　“修改标注样式:ISO-25”对话框中的“主单位”选项卡

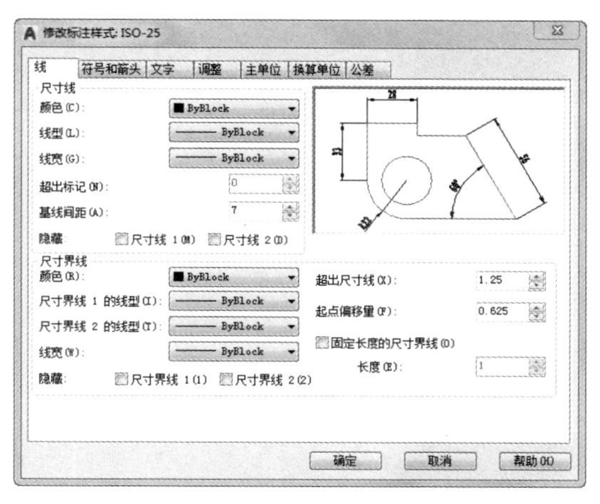

图 5-91　“修改标注样式:ISO-25”对话框中的“线”选项卡

（4）单击“标注”工具栏中的“线性标注”按钮，命令行提示与操作如下：

命令: _dimlinear
指定第一个尺寸界线原点或 <选择对象>:（选择主视图上最下面边的一个角点）
指定第二条尺寸界线原点:（选择主视图上最下面边的另一个角点）
指定尺寸线位置或[多行文字(M)/文字(T)/角度(A)/水平(H)/垂直(V)/旋转(R)]:（适当指定）
标注文字 =90

采用相同的方法标注主视图上的另外四个尺寸 58、12、20 和 14，结果如图 5-92 所示。

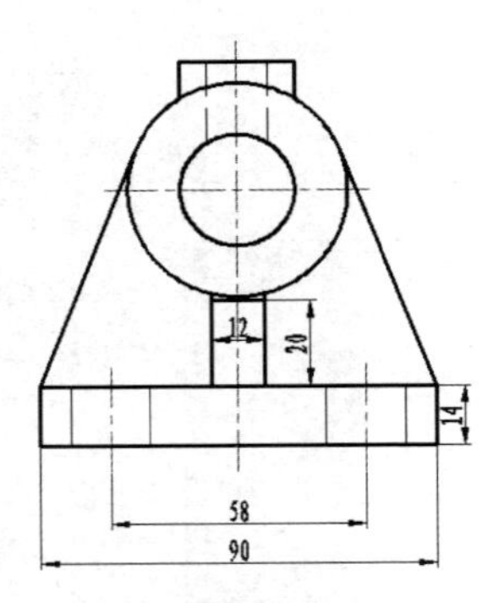

图 5-92　标注线性尺寸

（5）单击“标注”工具栏中的“基线标注”按钮，命令行提示与操作如下：

```
命令: _dimbaseline
选择基准标注:（选择刚刚标注的线性尺寸 14）
指定第二个尺寸界线原点或 [选择(S)/放弃(U)] <选择>:（选择主视图上轴承孔水平中心线的右端点）
标注文字 ＝60
指定第二个尺寸界线原点或 [选择(S)/放弃(U)] <选择>:（选择主视图上最上水平轮廓线的右端点）
标注文字 ＝90
指定第二个尺寸界线原点或 [选择(S)/放弃(U)] <选择>: ↙
```

执行上述命令，结果如图 5-93 所示。采用同样的方法标注另外两组基线尺寸 44、60 和 26、50，结果如图 5-94 所示。

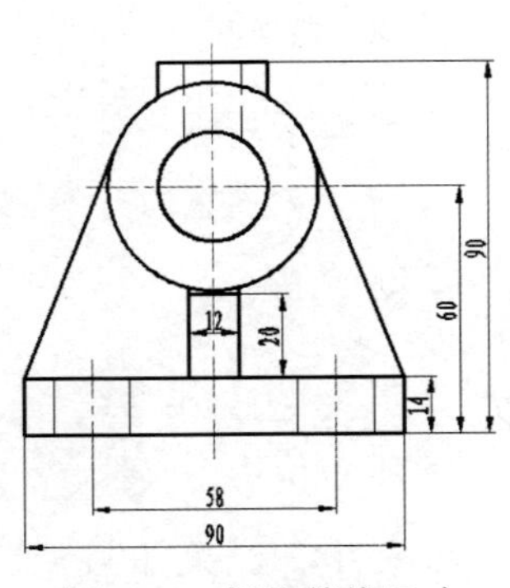

图 5-93　标注基线尺寸

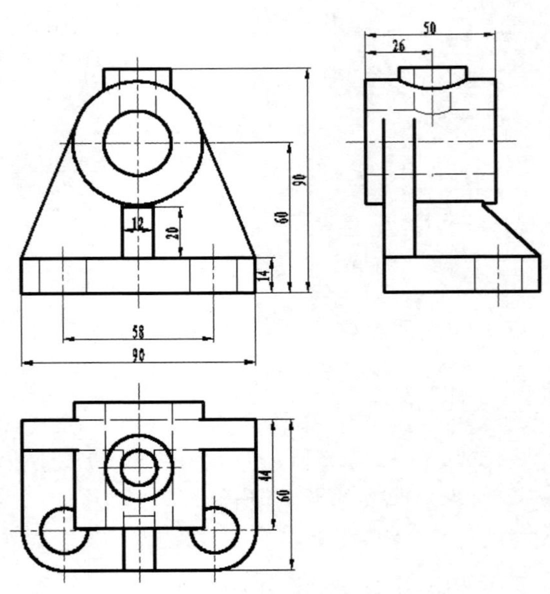

图 5-94　标注左视图和俯视图基线尺寸

（6）利用“线性标注”命令标注左视图上的尺寸 7，然后单击“标注”工具栏中的“连续标注”按钮，命令行提示与操作如下：

```
命令: _dimcontinue
指定第二个尺寸界线原点或 [选择(S)/放弃(U)] <选择>:（顺着刚才标注的尺寸 7 选择支承板的右边轮廓线）
标注文字 =12
指定第二个尺寸界线原点或 [选择(S)/放弃(U)] <选择>:（继续选择左视图上的肋板短竖线）
标注文字 =26
指定第二个尺寸界线原点或 [选择(S)/放弃(U)] <选择>:↙
```

执行上述命令，结果如图 5-95 所示。

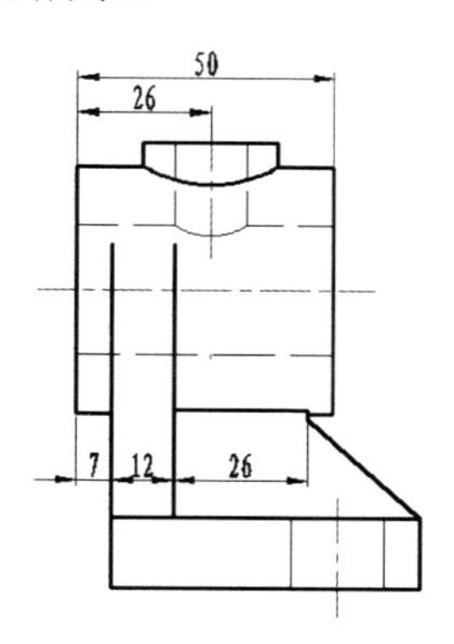

图 5-95　标注连续尺寸

（7）单击“标注”工具栏中的“线性标注”按钮，命令行提示与操作如下：

```
命令: _dimlinear
指定第一个尺寸界线原点或 <选择对象>:（选择主视图上的最上水平轮廓线与虚线的交点）
指定第二条尺寸界线原点: （选择主视图上的最上水平轮廓线与虚线的另一交点）
指定尺寸线位置或 [多行文字(M)/文字(T)/角度(A)/水平(H)/垂直(V)/旋转(R)]: t↙
输入标注文字 <14>: %%C14↙（%%C 在 AutoCAD 中表示 φ）
指定尺寸线位置或 [多行文字(M)/文字(T)/角度(A)/水平(H)/垂直(V)/旋转(R)]:（适当指定）
标注文字 =14
```

采用相同的方法标注另外几个直径线性尺寸 ϕ26、ϕ26（图中有两个 ϕ26）、ϕ50，如图 5-96 所示。

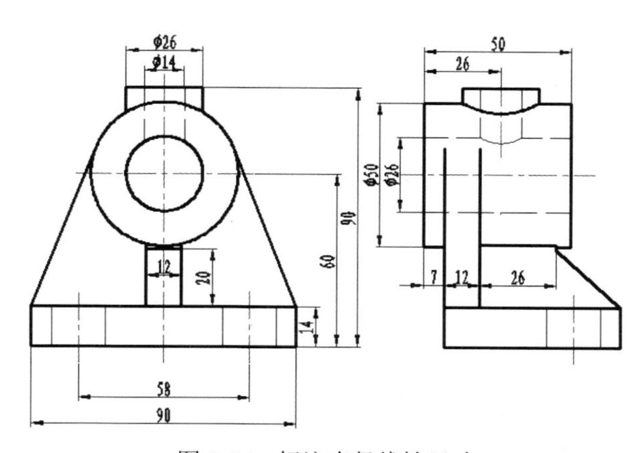

图 5-96　标注直径线性尺寸

（8）单击“标注”工具栏中的“标注样式”按钮，打开“标注样式管理器”对话框，单击“新建”按钮，打开“创建新标注样式”对话框，如图 5-97 所示。在“用于”下拉列表中选择“半径标注”选项，单击“继续”按钮，打开“新建标注样式:ISO-25:半径”对话框，打开“文字”选项卡，如图 5-98 所示。在“文字对齐”选区中选择“水平”单选按钮，单击“确定”按钮。

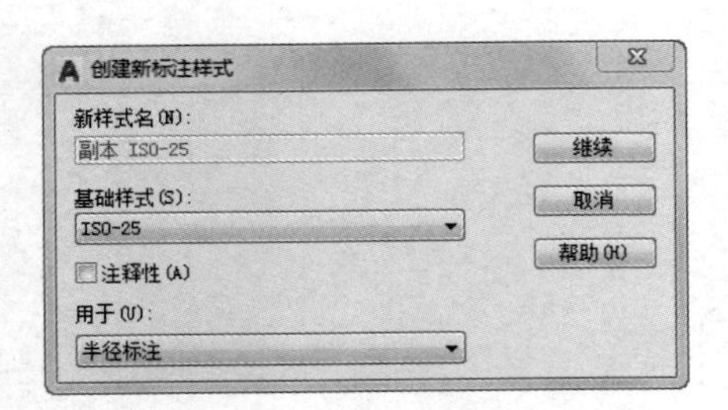

图 5-97　“创建新标注样式”对话框

图 5-98　“新建标注样式:ISO:半径”对话框中的“文字”选项卡

（9）单击“标注”工具栏中的“半径标注”按钮，命令行提示与操作如下：

```
命令: _dimradius
选择圆弧或圆:（选择俯视图上左边圆角）
标注文字 = 16
指定尺寸线位置或 [多行文字(M)/文字(T)/角度(A)]:（适当指定）
```

执行上述命令，结果如图 5-99 所示。

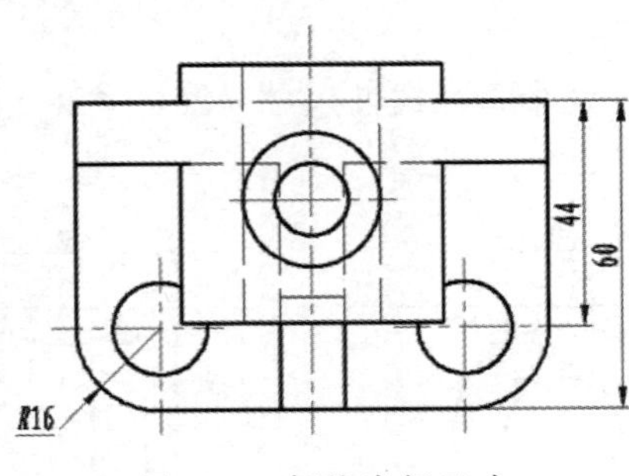

图 5-99　标注半径尺寸

（10）采用同样的方法设置一个新的标注样式，用于标注直径，将“文字对齐”方式同样设置为水平对齐。单击“标注”工具栏中的“直径标注”按钮，命令行提示与操作如下：

```
命令: _dimdiameter
选择圆弧或圆:
```

```
标注文字 =18
指定尺寸线位置或 [多行文字(M)/文字(T)/角度(A)]: m↙
```

系统打开“文字编辑器”选项卡，在“文字”数值框里输入“5”，然后单击“符号”下拉按钮，在下拉菜单中选择“其他”选项，如图 5-100 所示。打开“字符映射表”窗口，如图 5-101 所示，找到“×”号，单击“选择”按钮，再单击“复制”按钮，在“复制字符”文本框中按下 Ctrl+V 组合键，“×”号被粘贴到文本框中，接着输入“%%C18”，单击“关闭”按钮，系统继续提示：

```
指定尺寸线位置或 [多行文字(M)/文字(T)/角度(A)]:（适当指定位置）
```

最终标注结果如图 5-102 所示。

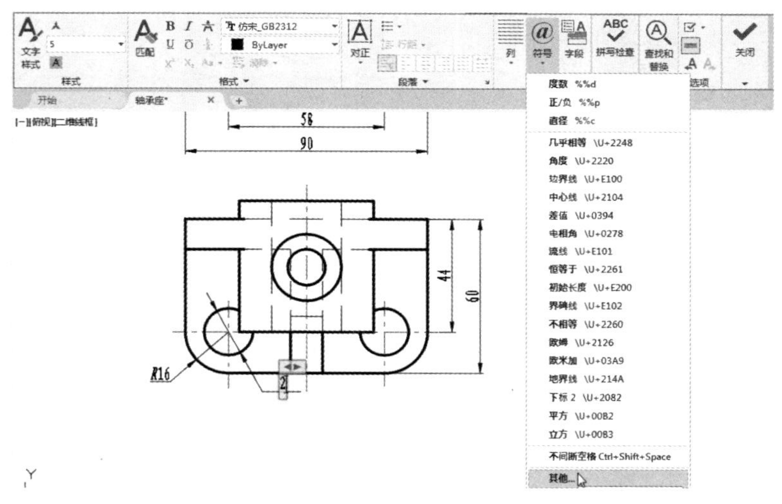

图 5-100　选择“其他”选项

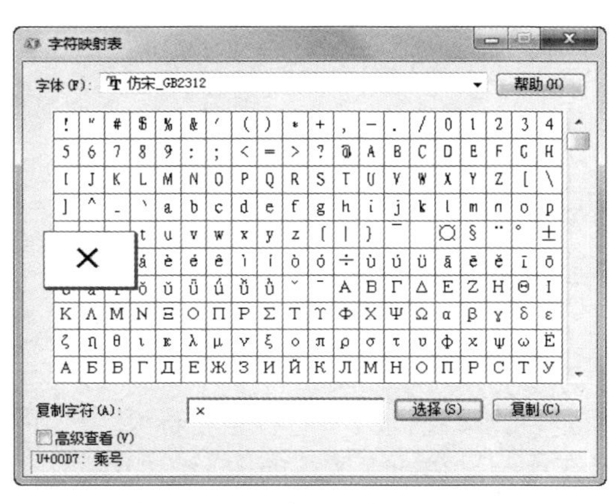

图 5-101　“字符映射表”窗口

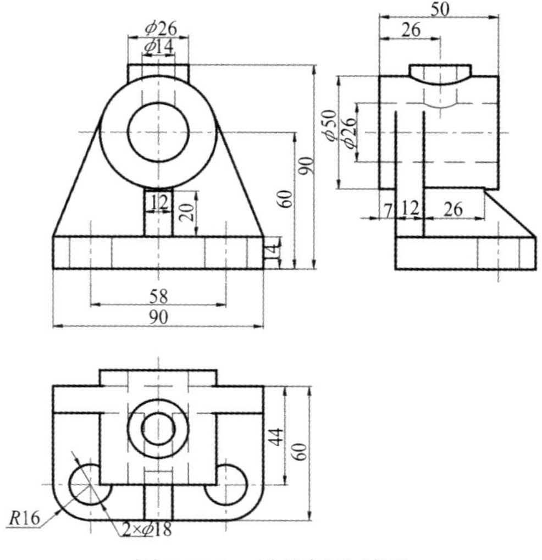

图 5-102　最终标注结果

第6章

轴测图

轴测图是将物体投射到单一投影面上得到的图形，与工程上常用的多面正投影图相比，轴测图能同时反映物体长、宽、高三个方向上的尺度，立体感强。因此，轴测图常作为读图的辅助性图样。

本章主要学习轴测图的形成、投影特性及分类并重点介绍正等轴测图和斜二轴测图的作图方法。

6.1　轴测图的形成、投影特性及分类

工程上常用的图样是多面正投影图，如图 6-1（a）所示，它通常能较完整、较确切地表达出零件各部分的形状，具有作图简单、度量性好和实形性好等优点，但缺乏立体感，只有具有一定读图能力的人才能看懂。为了帮助读图，工程上还采用轴测投影图（简称轴测图），如图 6-1（b）所示，它能在一个投影上同时反映物体的正面、顶面和侧面的形状，因此富有立体感。但物体上原来的长方形平面在轴测图上变成了平行四边形，圆也变成了椭圆。因此，轴测图不能确切地表达出物体原来的形状和大小，而且作图复杂，在工程上常作为辅助性图样。

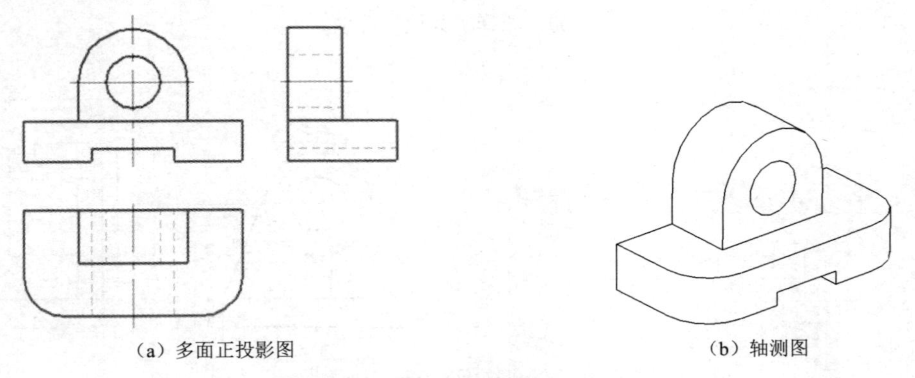

（a）多面正投影图　　（b）轴测图

图 6-1　多面正投影图与轴测图的比较

6.1.1　轴测图的形成

图 6-2 表明了轴测图的形成方法。轴测投影是将物体连同其参考直角坐标系，沿不平行于任一坐标面的方向，用平行投影法将其投射在单一投影面上所得的图形。如图 6-2 所示，P 面称为轴测投影面；空间直角坐标系 OX、OY、OZ 在轴测投影面上的投影 O_1X_1、O_1Y_1、O_1Z_1 称为轴测投影轴（简称轴测轴）；轴测轴之间的夹角 $\angle X_1O_1Y_1$、$\angle X_1O_1Z_1$、$\angle Y_1O_1Z_1$

称为轴间角；直角坐标轴的轴测投影的单位长度与相应直角坐标轴上的单位长度的比值称为轴向伸缩系数，分别用 p_1、q_1、r_1 表示，简化伸缩系数分别用 p、q、r 表示。对于常用的轴测图，三条轴的轴向伸缩系数都是已知的。这样，就可以在轴测图上按轴向伸缩系数来度量长度了。

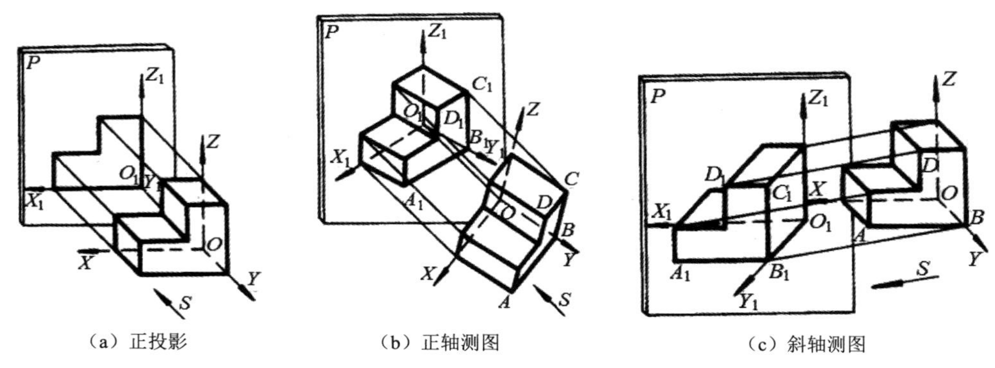

（a）正投影　（b）正轴测图　（c）斜轴测图

图 6-2　轴测图的形成方法

轴测图有以下两种基本形成方法。

（1）将物体倾斜放置，使轴测投影面与物体上的三个坐标面都处于倾斜位置，用正投影法得到的轴测投影称为正轴测图，如图 6-2（b）所示。

（2）不改变物体和轴测投影面的相对位置，用斜投影法得到的轴测投影称为斜轴测图，如图 6-2（c）所示。

6.1.2　轴测图的投影特性

轴测图是用平行投影法得到的一种投影图，由立体几何可以证明，与投射方向不一致的两平行直线段的平行投影仍保持平行，且各线段的平行投影与原线段的长度比相等，由此可得出轴测图的以下投影特性。

1. 平行性

在轴测图中，物体上平行于坐标轴的直线段的轴测投影仍与相应的轴测轴平行。

2. 定比性

物体上平行于坐标轴的直线段的轴测投影与原线段的长度比等于该轴的轴向伸缩系数。

由此可知，凡是平行于原坐标轴的线段，其长度乘以相应的轴向伸缩系数，就是该线段的轴测投影长度。换言之，在轴测图中，只有沿轴测轴方向测量的长度才与原坐标轴方向的长度有一定的对应关系，这就是“轴测”二字的含义。

6.1.3　轴测图的分类

轴测图分为正轴测图和斜轴测图两大类。当投射方向垂直于轴测投影面时，称为正轴测图，当投射方向倾斜于轴测投影面时，称为斜轴测图。每类轴测图按轴向伸缩系数的不同又分为三种。

（1）正（或斜）等轴测图（简称正等测或斜等测）：$p_1=q_1=r_1$。

（2）正（或斜）二等轴测图（简称正二测或斜二测）：$p_1= q_1\neq r_1$ 或 $p_1\neq q_1= r_1$，或者

$p_1 = r_1 \neq q_1$。

（3）正（或斜）三等轴测图（简称正三测或斜三测）：$p_1 \neq q_1 \neq r_1$。

工程中用得较多的是正等测和斜二测，本书主要介绍这两种轴测图。

6.2 正等测

6.2.1 正等测的轴间角和轴向伸缩系数

1. 正等测的轴间角

根据理论分析，正等测的轴间角相等，均为120°，即$\angle X_1O_1Y_1=\angle X_1O_1Z_1=\angle Y_1O_1Z_1=120^\circ$，作图时，一般使$O_1Z_1$轴处于铅垂位置，$O_1X_1$轴和$O_1Y_1$轴分别与水平线成30°，如图6-3所示。

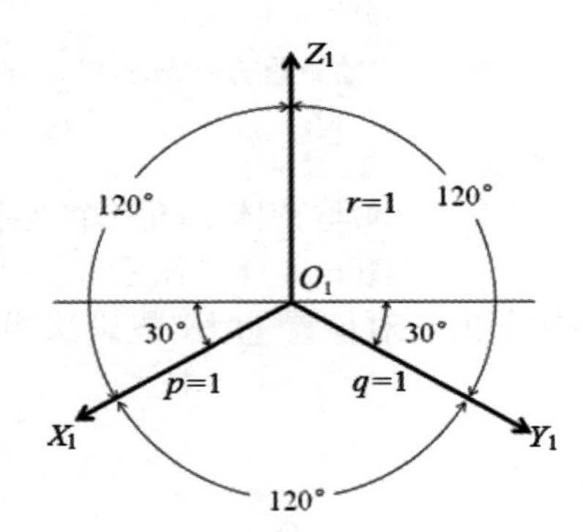

图6-3 正等测的轴间角和简化伸缩系数

2. 正等测的轴向伸缩系数

根据计算，正等测的轴向伸缩系数$p_1=q_1=r_1\approx0.82$。为了作图简便，常用简化伸缩系数，取$p=q=r=1$，如图6-3所示。用简化伸缩系数画的正等测，其形状不变，只是其三个轴向尺寸是用轴向伸缩系数（0.82）所画的正等测的三个轴向尺寸的1/0.82=1.22倍。

6.2.2 平面立体的正等测的画法

画平面立体轴测图的基本方法是坐标法，即根据立体表面各顶点的坐标，分别画出各顶点的轴测投影，然后顺次连接各顶点的轴测投影（可见的棱线画成粗实线）。此外，根据立体的结构特点，还可以采用切割法。为了使图形清晰，轴测图上通常不画出不可见轮廓线。

【例6-1】 如图6-4（a）所示，已知正六棱柱的主视图和俯视图，绘制正六棱柱的正等测。

用坐标法画正六棱柱的正等测的步骤如下。

（1）形体分析，确定坐标轴。在正投影图中选坐标轴时，应考虑作图简便。如图6-4（a）所示，正六棱柱的顶面和底面是处于水平位置的正六边形，因此取顶面中心为坐标原点，并确定如图6-4（a）所示的坐标轴，为了便于画轴测图，设正六边形的边长为a，正六棱柱的长、宽、高分别为 D、S、H。

（2）画轴测轴。在 O_1X_1 轴上取 $O_1\text{I}_1=O_1\text{II}_1=D/2$，在 O_1Y_1 轴上取 $O_1\text{III}_1=O_1\text{IV}_1=S/2$，如图 6-4（b）所示。

（3）画顶面的轴测投影。过点 III_1、IV_1 作 O_1X_1 轴的平行线，取 $\text{III}_1G_1=\text{III}_1H_1=\text{IV}_1E_1=\text{IV}_1F_1=a/2$，连接各顶点，得到顶面的轴测投影，如图 6-4（c）所示。

（4）过各顶点向下作 O_1Z_1 的平行线，取长度为棱柱的高度 H，连接底面各点，擦去作图线，加深可见棱线的投影，即完成正六棱柱的正等测，如图 6-4（d）所示。

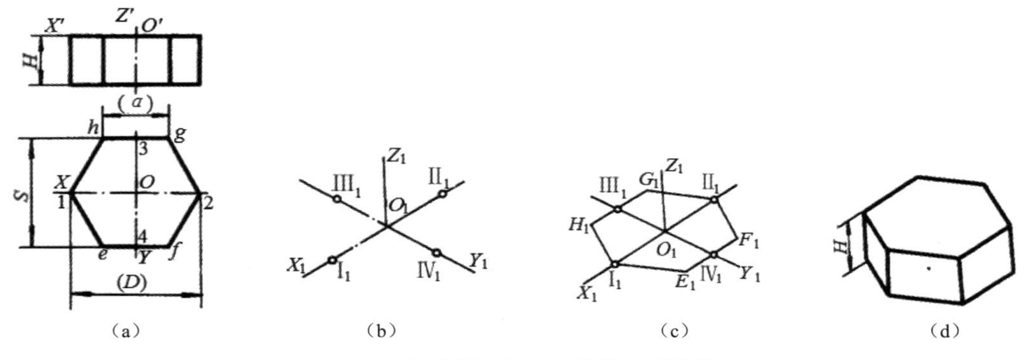

图 6-4 用坐标法画正六棱柱的正等测

【例 6-2】 求作如图 6-5 所示的立体的正等测。

具体的作图步骤如下。

（1）形体分析，确定坐标轴。

对于如图 6-5 所示的三视图，利用形体分析法和线面分析法可知，该立体是由一个长方体经过切割形成的，它先被一个正垂面切掉了左上角，然后被一个正平面和一个水平面将前方切掉。通过分析可知，该立体的正等测可采用切割法求出，先画出长方体的正等测，然后按照切割过程，将长方体上需要切掉的部分逐个切掉，即可完成该立体的正等测的绘制。分析后，先确定如图 6-5 所示的坐标轴。

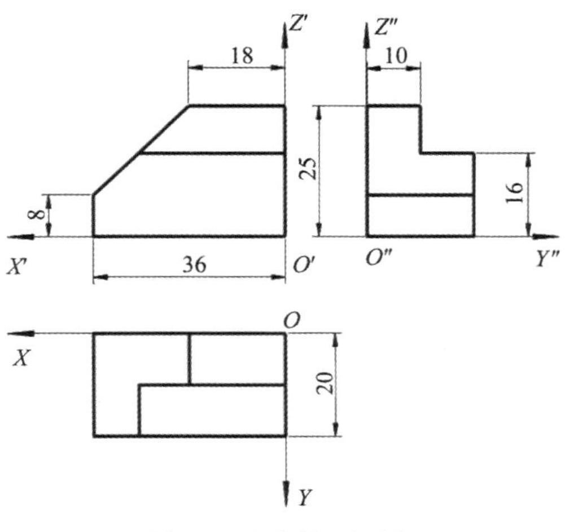

图 6-5 立体的三视图

（2）画轴测轴。按长方体的长（36mm）、宽（20mm）和高（25mm）画出未切割的长方体的正等测，如图 6-6（a）所示。

（3）根据三视图中的尺寸 8 和 18 画出长方体左上角被切掉后的立体的正等测，如图 6-6（b）所示。

（4）根据三视图中的尺寸 10 和 16 画出长方体左上角被切掉（用一个正平面和一个水平面将前方切掉）后的立体的正等测，如图 6-6（c）所示

（5）擦去作图线，加深，结果如图 6-6（d）所示。

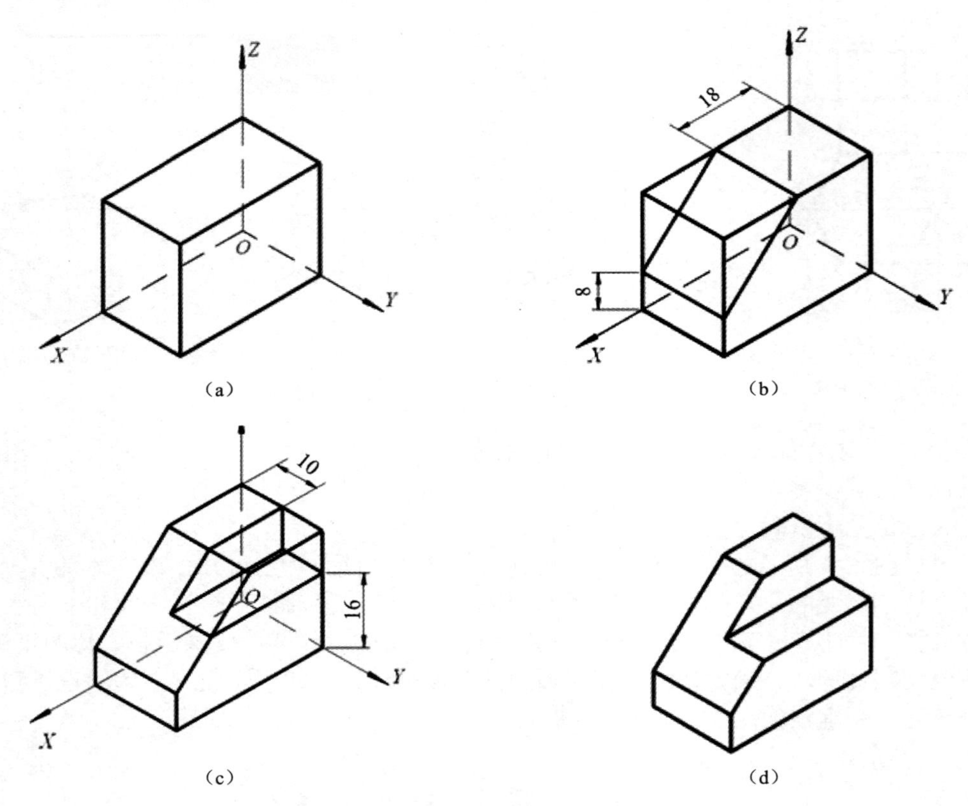

图 6-6　具体作图过程

6.2.3　回转体的正等测的画法

回转体的正等测的关键是回转体端面的正等测，即椭圆画法。

1．平行于坐标面的圆的正等测

平行于任一坐标面的圆因与轴测投影面都不平行，所以其正等测都是椭圆。为了作图简便，正等测中的椭圆常采用四心法（或菱形法）简化画出。

作图时，把平行于坐标面或坐标面上的圆看作正方形的内切圆，先画出正方形的正等测——菱形，因为圆的正等测（椭圆）内切于该菱形，且在圆上分别平行于两个坐标轴的一对直径（过内切圆四个切点），所以其在轴测图中的投影仍分别平行于相应的轴测轴。然后用四段圆弧分别与菱形相切并光滑连接成椭圆。现以水平面上的圆的正等测为例，说明作图方法，如图 6-7 所示。

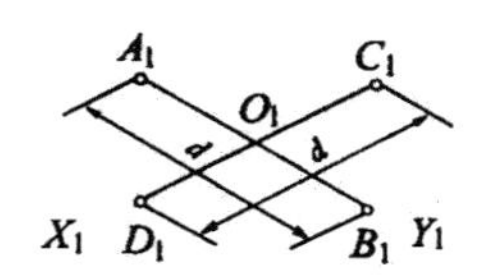

（a）画轴测轴，按直径 d 量取 A_1、B_1、C_1、D_1 点

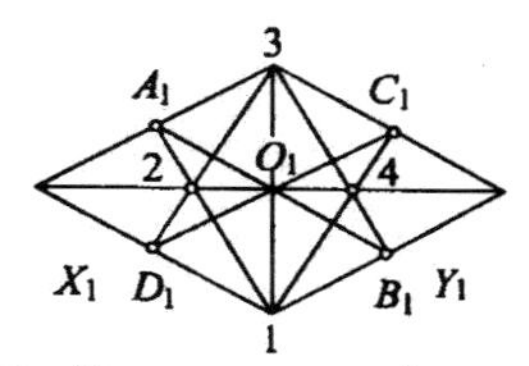

（b）作菱形，连 $1A_1$、$1C_1$、$3D_1$ 和 $3B_1$，得交点 2、4

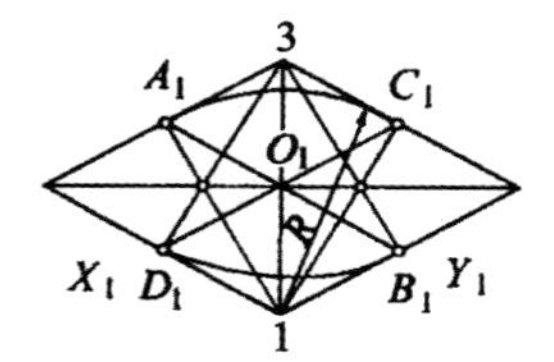

（c）以点 1、3 为圆心、$1A_1$ 为半径作两大圆弧

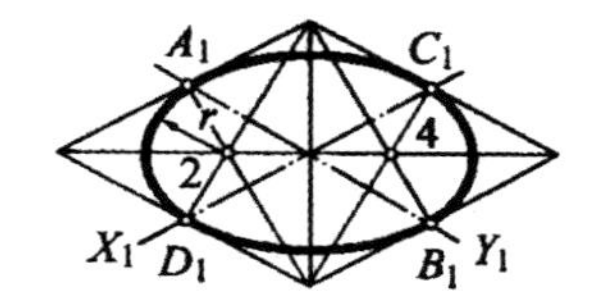

（d）以点 2、4 为圆心、$2A_1$ 为半径作两小圆弧

图 6-7　水平面上的圆的正等测的画法

平行于其他坐标面的圆的正等测的画法与水平面上的圆的正等测的画法一样，它们的形状大小相同，只是长/短轴方向不同。

根据理论分析，与坐标面平行的圆的正等测（椭圆）的长轴与该坐标面垂直的轴测轴垂直，短轴与该轴测轴平行，如图 6-8 所示。当圆位于 XOY 面内时，它的正等测（椭圆）的长轴与 O_1Z_1 轴垂直，短轴平行于 O_1Z_1 轴。同理，位于 YOZ 面内的圆的正等测（椭圆）的长轴垂直于 O_1X_1 轴，短轴平行于 O_1X_1 轴；位于 XOZ 面内的圆的正等轴测图（椭圆）的长轴垂直于 O_1Y_1 轴，短轴平行于 O_1Y_1 轴。正等测中的椭圆的长轴为 d，短轴为 $0.58d$，如图 6-8（a）所示。当按简化伸缩系数作图时，其长/短轴均被放大为原来的 1.22 倍，如图 6-8（b）所示。

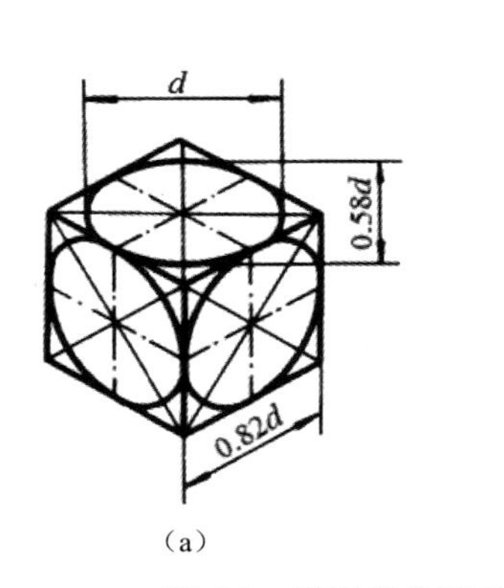

（a）

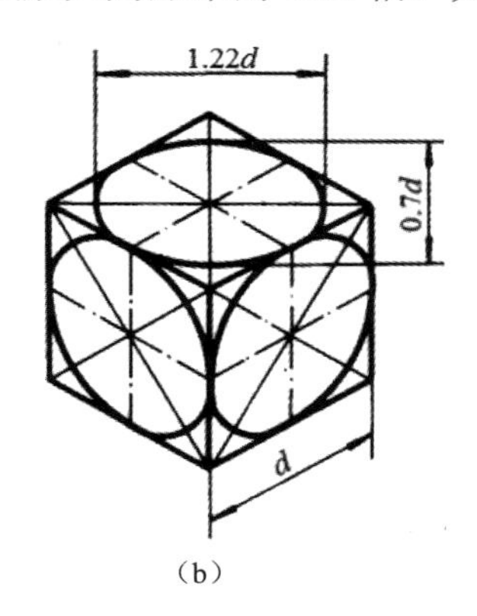

（b）

图 6-8　平行于坐标面的圆的正等测的画法

2. 回转体的正等测的具体绘制过程

在画回转体的正等测时，首先用四心法画出回转体中平行于坐标面的圆的正等测，然后画出整个回转体的正等测。

图 6-9 为圆柱的正等测的画法，具体的作图过程如下。

（1）在正投影图中选定坐标原点和坐标轴，如图 6-9（a）所示。

（2）画轴测轴。按四心法画顶圆的轴测投影坐标轴，原点为顶圆圆心，如图 6-9（b）所示。

（3）由点 O_1、O_2、O_3、O_4 作 Z_1 轴的平行线，沿 Z_1 轴量取圆柱的高度 h，得 O_5、O_6、O_7、O_8 点，以其为四心作底圆的轴测投影，如图 6-9（c）所示。

（4）作两椭圆的公共切线，去掉不可见部分并加深，结果如图 6-9（d）所示。

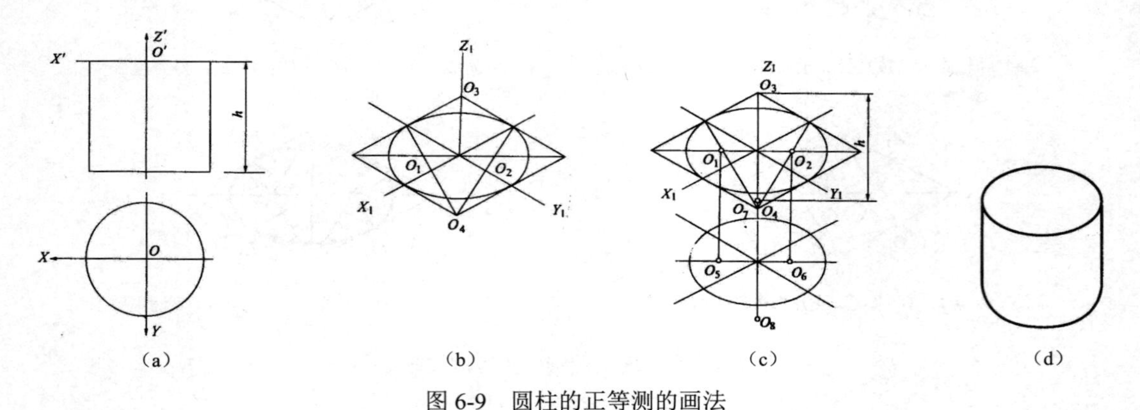

图 6-9　圆柱的正等测的画法

6.2.4　组合体的正等测的画法

在画组合体的正等测时，只需按各组成部分的相对位置分别画出各个简单体的轴测图即可。

如图 6-10（a）所示，此支架由带圆角的底板、半圆板和肋板三部分组成。作图时可分别画出这三部分的轴测图，最后完成全图。具体作图步骤如图 6-10（b）～（f）所示。

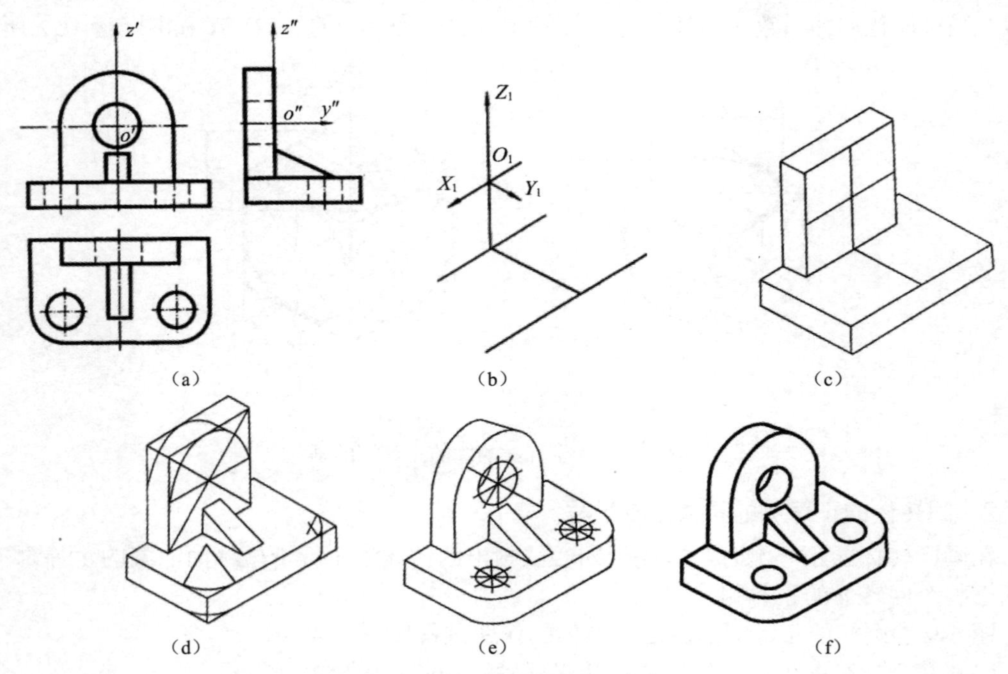

图 6-10　支架的正等测的画法

关于连接直角的圆弧，如图 6-11（a）所示，其正等测圆的简化画法与圆的正等测（椭圆）的画法相同。只需在所作圆角的边上量取圆角半径 *R*，自量取的点开始作边线的垂线即可，如图 6-11（b）所示。然后以两垂线的交点为圆心、垂线长为半径画弧，所画弧即轴测图上的圆角，如图 6-11（c）所示。

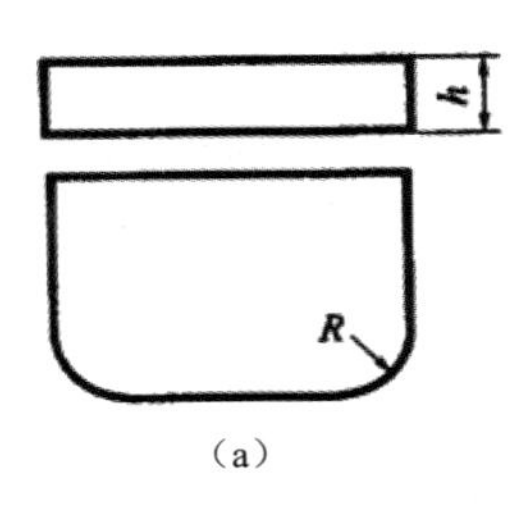

（a）

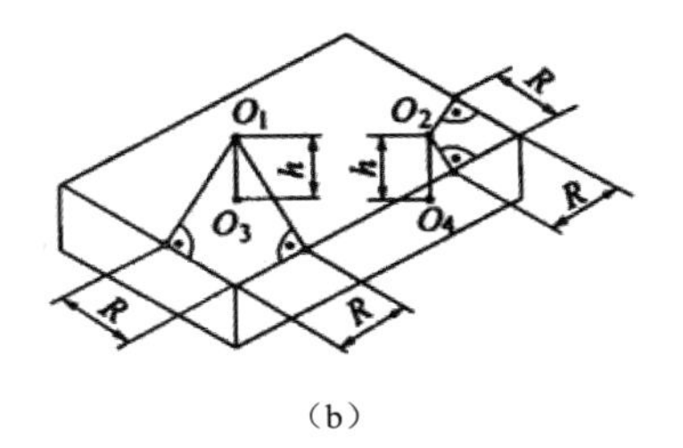

（b）

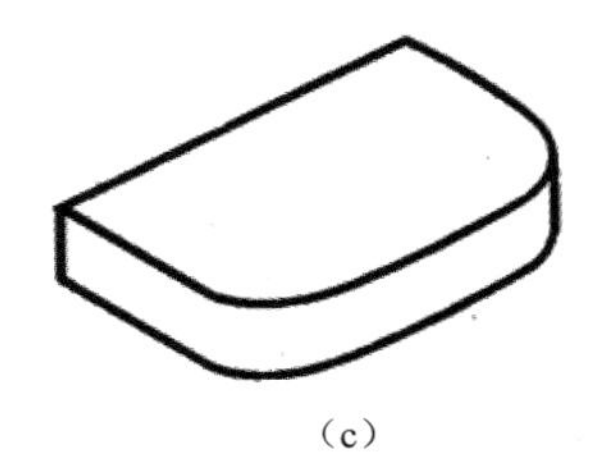

（c）

图 6-11　圆角的正等测的画法

6.3　斜二测

如图 6-2（c）所示，将坐标轴 *OZ* 放置在铅垂位置上，并使坐标平面 *XOZ* 平行于轴测投影面 *P*，然后按一定的投射方向进行投影，得到的图形称为斜二等轴测图，简称斜二测。

1．斜二测的轴间角和轴向伸缩系数

在图 6-2（c）中，因坐标面 *XOZ* 平行于轴测投影面 *P*，故无论投射方向如何，坐标面 *XOZ* 的轴测投影都反映实形，即$\angle X_1O_1Z_1=90^\circ$，$p_1=r_1=1$。只有 *OY* 轴的伸缩系数和轴间角随投射方向的不同而变化。为了使图形更接近视觉效果和简化作图，常取$\angle X_1O_1Y_1=\angle Y_1O_1Z_1=135^\circ$，$q_1=0.5$，如图 6-12 所示。

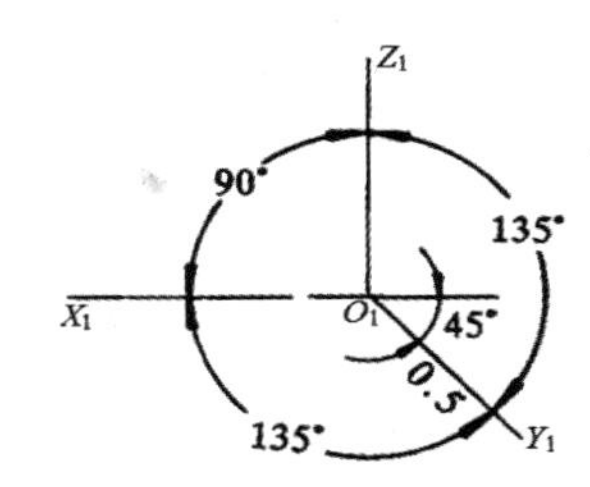

图 6-12　斜二测的轴间角和轴向伸缩系数

2．平行于坐标面的圆的斜二测

平行于坐标面的圆的斜二测的画法如图 6-13 所示。从图 6-13 中可看出，平行于 *XOZ* 坐标面的圆的斜二测反映实形，平行于 *XOY* 和 *YOZ* 坐标面的圆的斜二测都是椭圆，它们的形状相同，作图方法也一样，只是椭圆的长/短轴的方向不同。

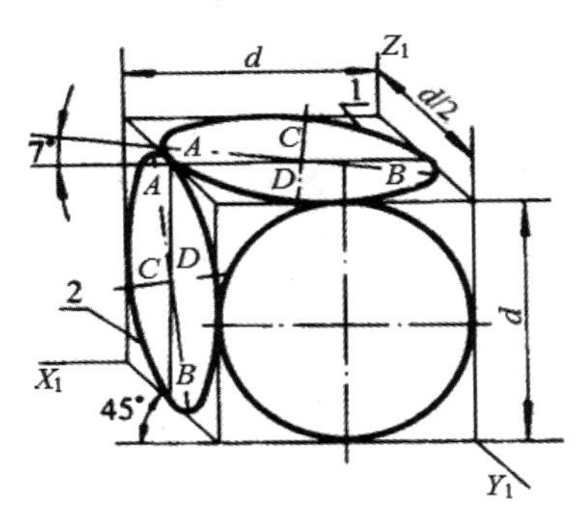

图 6-13　平行于坐标面的圆的斜二测的画法

平行于 *XOY* 坐标面的圆的斜二测（椭圆）的近似画法如图 6-14 所示，其具体作图步

骤如下。

（1）以圆心 O 为坐标原点，作轴测轴 OX_1、OY_1 及四条边均平行于坐标轴的圆的外切正方形的斜二测，四条边的中点分别为 1_1、2_1、3_1、4_1。再作 A_1B_1，与 OX_1 轴成 7º 10′，即椭圆的长轴方向；作 $C_1D_1 \perp A_1B_1$，即椭圆的短轴方向，如图 6-14（a）所示。

（2）在短轴 C_1D_1 的延长线上取 $O5_1=O6_1=d$ （圆的直径），分别连接点 5_1 与 2_1、6_1 与 1_1，连线 5_12_1、6_11_1 与长轴相交于点 8_1、7_1，点 5_1、6_1、7_1、8_1 即圆弧的圆点，如图 6-14（b）所示。

（3）以点 5_1、6_1 为圆心，5_12_1、6_11_1 为半径，画圆弧 9_12_1、10_11_1，与圆心连线 5_17_1、6_18_1 的延长线相交于点 9_1、10_1；以点 7_1、8_1 为圆心，7_11_1、8_12_1 为半径，作圆弧 1_19_1、2_110_1。由此连成近似椭圆，切点为 1_1、9_1 、2_1、10_1，如图 6-14（c）所示。

由于斜二测能反映 XOZ 坐标面及其平行面的实形，所以特别适合用于绘制只在一个方向上有圆或圆弧的物体。

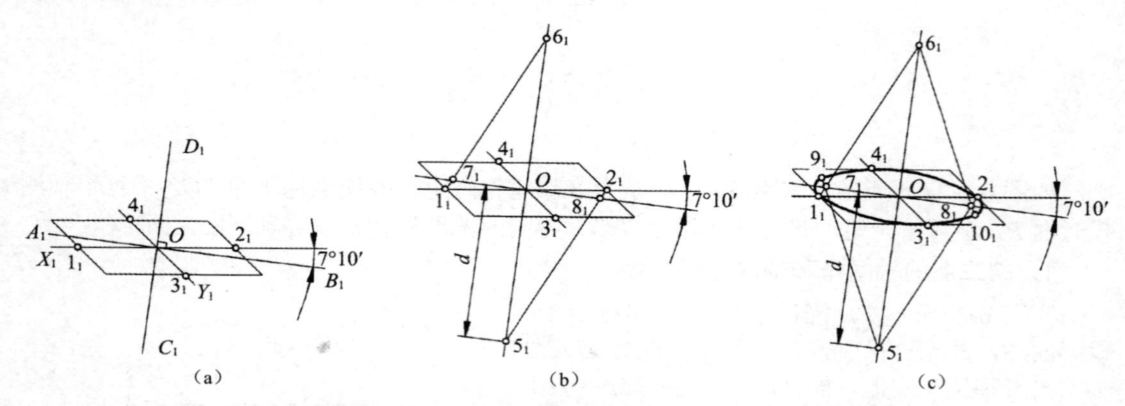

图 6-14　平行于 XOY 坐标面的圆的斜二测（椭圆）的近似画法

3．斜二测的画法

斜二测的基本作图方法和正等测的作图方法一样。图 6-15 所示的端盖就适合用斜二测来表达。具体作图步骤如下。

（1）选择坐标系，如图 6-15（a）、（b）所示。

（2）画轴测轴。经 O_1Y_1 轴量取尺寸 $0.5L$ 和 $0.5S$，定出各圆圆心，如图 6-15（c）所示。

（3）分别画出前、后两圆柱的端面圆，并画出各圆柱的轮廓切线，如图 6-15（d）所示。

（4）画出两圆柱上的圆孔，如图 6-15（e）所示。

（5）擦去多余图线，加深，完成作图，如图 6-15（f）所示。

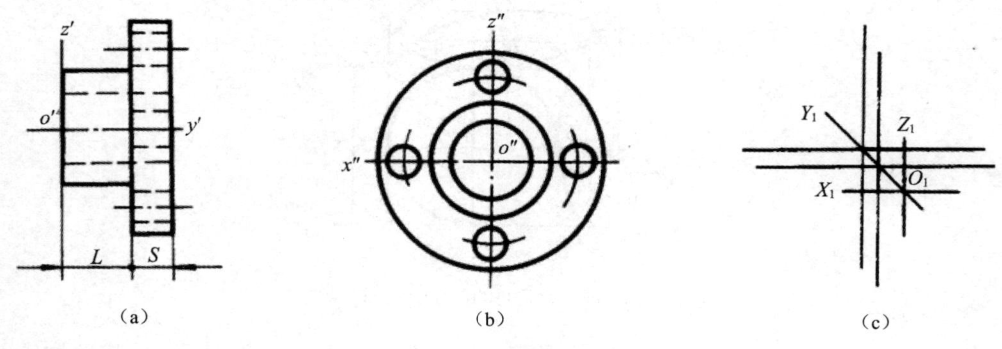

图 6-15　端盖的斜二测的画法

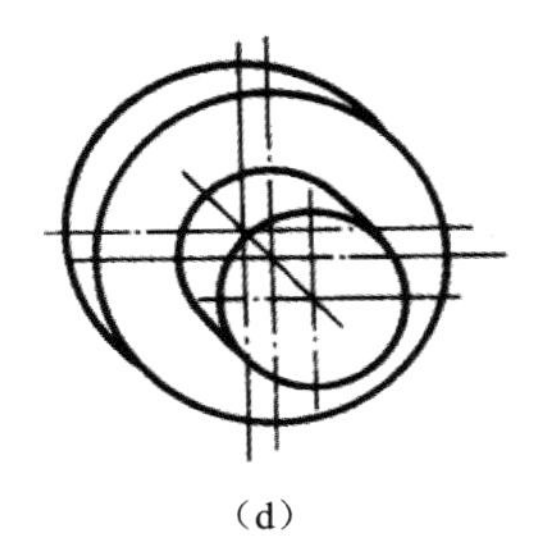

(d)

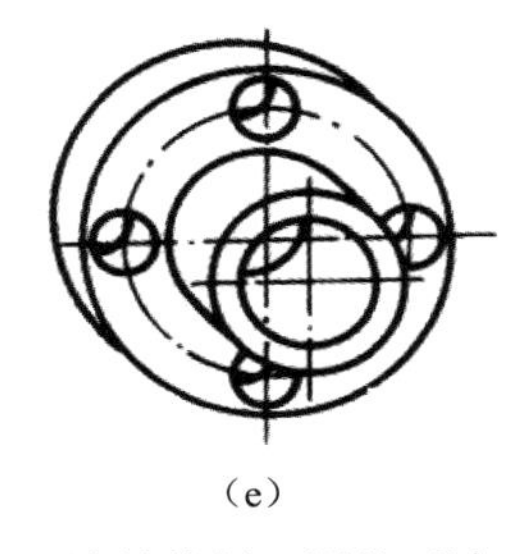

(e)

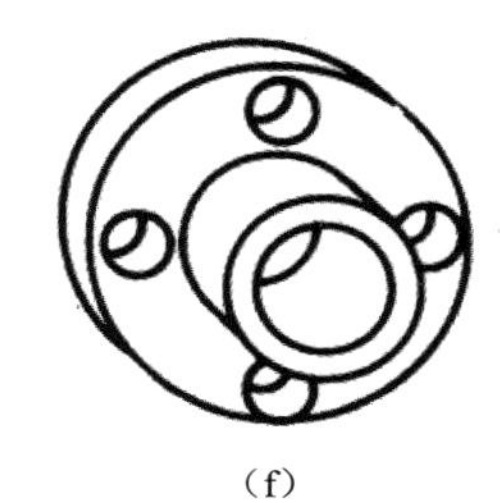

(f)

图 6-15　端盖的斜二测的画法（续）

第7章

机件常用的表达方法

前面我们一直在学习三视图；学习把一个空间物体用三视图表达出来；学习根据三视图想象出一个物体的空间形状。但是，实际上，并不是所有的物体都只能用三视图来表达，也并不是所有的三视图都能把一个物体表达清楚。如图 7-1 所示，这是一个物体的三视图及其对应的轴测图，不难发现，这个物体是由一个大四棱柱切割掉若干小四棱柱形成的，但是，到底切割掉了 7 个小四棱柱还是 8 个小四棱柱，仅根据三视图，无法确定大四棱柱右后下方的那个角有没有被切掉。这个例子说明，有些物体仅用三视图是表达不清楚的，因此需要用其他的表达方法。在工程实践中，机件的形状多种多样，如何根据机件的结构特点选择合理的表达方案是工程技术人员必须具备的基本技能之一。

本章主要介绍几种机件常用的表达方法，包括表达外形的视图，表达内形的剖视图，表达断面形状的断面图，以及局部放大图、简化画法及其他规定画法。重点掌握各种表达方法的画法、标注及应用场合。

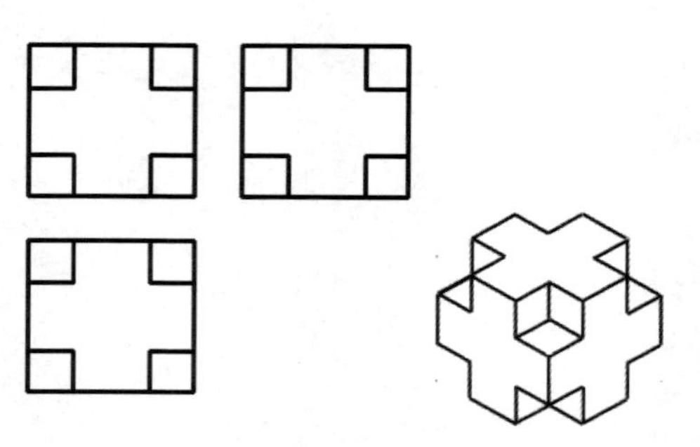

图 7-1　物体的三视图及轴测图

7.1　视图

国标规定，视图主要用来表达物体的外部结构和形状，在视图中，一般只画出物体的可见部分，只有在必要时才用虚线画出其不可见部分。视图有基本视图、向视图、局部视图和斜视图四种，可按需要进行选择，现分别介绍如下。

7.1.1　基本视图

1．基本视图的形成与配置

三视图是把空间物体放到三投影面体系中，利用正投影的方法得到的，但是，主视图只能使物体的前方可见，而后方不可见。同样，俯视图和左视图也只能使物体的上方和左方可见，而物体的下方和右方不可见，这就使得三视图在表达物体时受到一定的限制，为了多角度、全方位地表达物体，国标规定，在物体的上方放置一个和 H 面相平行的投影面，把物体从下向上投射所得到的视图称为仰视图；在物体的右方放置一个和 W 面相平行的投影面，把物体从右向左投射所得到的视图称为右视图；同样，在物体的后方放置一个和 V 面相平行的投影面，把物体从后向前投射所得到的视图称为后视图。这样，主视图、俯视图、左视图、仰视图、右视图和后视图这六个视图就称为基本视图，相应的六个投影面称为基本投影面。实际上，基本投影面就是正六面体的六个面，如图 7-2（a）所示。

六个基本视图在展开时，国标规定，主视图保持不动，其他视图按如图 7-2（b）所示的方向（箭头）进行旋转，使其与主视图共面。基本视图的配置如图 7-2（c）所示，以主视图为基准，俯视图配置在主视图的正下方，左视图配置在主视图的正右方，仰视图配置在主视图的正上方，右视图配置在主视图的正左方，后视图配置在左视图的正右方。这种位置配置就是按投影面的展开摆放的，称为按投影关系配置。在同一张图纸内，当按此位置配置视图时，一律不标注视图的名称，如图 7-2（d）所示。

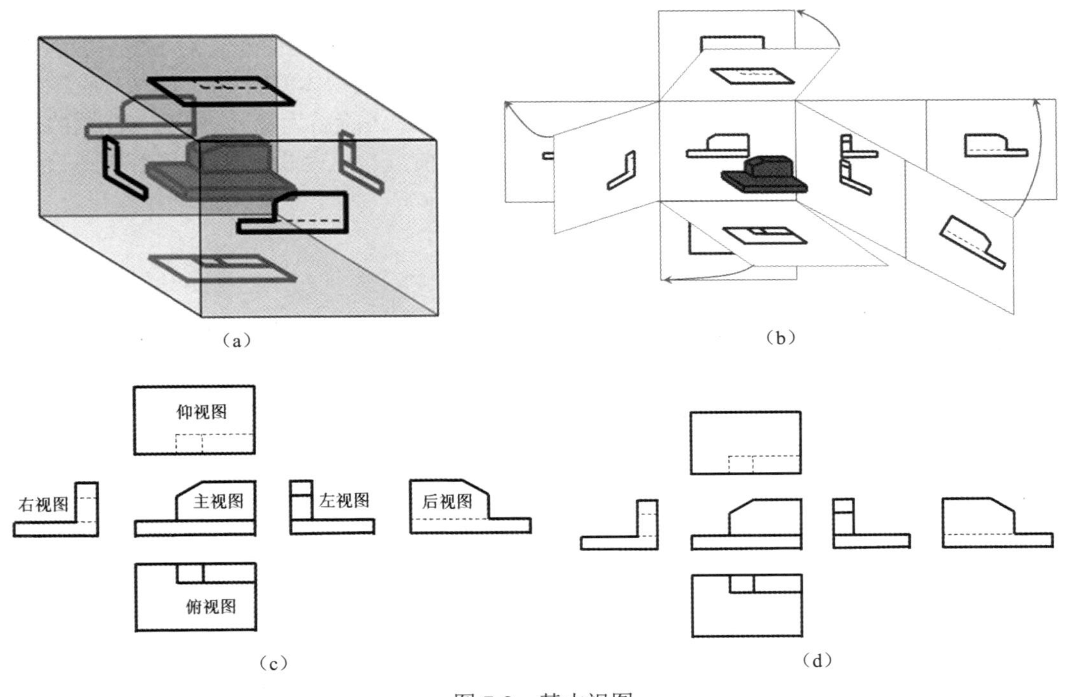

（a）　（b）

（c）　（d）

图 7-2　基本视图

2．基本视图的投影规律及方位关系

（1）投影规律。

六个视图之间仍然满足长对正、高平齐、宽相等的投影关系，如图 7-3 所示。由图 7-3 可知，每四个基本视图反映物体的同一方向的尺寸，每个基本视图都能反映物体的两个方向上的尺寸。主视图、俯视图、仰视图和后视图都反映物体的长，但是，只有主视图、俯视图和仰视图保持长对正，这是因为后视图在基本视图展开时旋转了 180°；主视图、左视图、右视图和后视图共同反映物体的高，四个基本视图之间保持高平齐；俯视图、左视图、右视图和仰视图都反映物体的宽，四个基本视图之间保持宽相等。

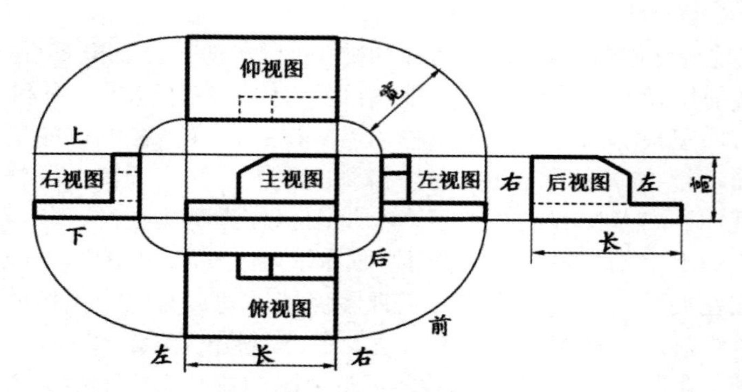

图 7-3　基本视图的投影规律及方位关系

（2）方位关系。

如图 7-3 所示，主视图、左视图、右视图和后视图都反映物体的高（上下为高），因此，视图的上方就对应物体的上方，视图的下方就对应物体的下方；主视图、俯视图、仰视图和后视图都反映物体的长（左右为长），主视图、俯视图和仰视图的左方对应物体的左方，视图的右方就对应物体的右方，而对于后视图，其左方对应物体的右方，右方对应物体的左方；俯视图、左视图、仰视图和右视图都反映物体的宽（前后为宽），靠近主视图的一侧就对应物体的后方，远离主视图的一侧就对应物体的前方，这是由这四个基本视图的展开方式决定的。

7.1.2　向视图

为了合理利用图纸，当基本视图不能按图 7-2（d）进行配置时，允许自由配置。

1．向视图的概念

向视图是自由配置的基本视图。

2．向视图的标注

为了表达清楚，应对向视图进行标注，在视图的上方标注出视图的名称，在相应视图的附近用箭头指明投射方向，并标注相同的字母，如图 7-4 所示，*A*、*B* 向视图分别是右视图和后视图未在规定位置上的标注，未加注的那四个基本视图按投影关系配置在规定的位置上。向视图表示投射方向的箭头应四周正射地指向主视图，以便使向视图与基本视图一致，如图 7-4 中的 *A* 向视图；表示后视图投射方向的箭头应配置在左视图或右视图上，如图 7-4 中的 *B* 向视图。

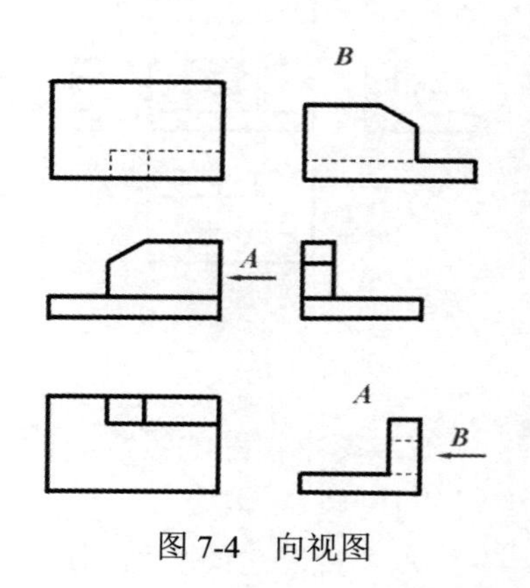

图 7-4　向视图

实际上，向视图是基本视图的平移，向视图和基本视图之间仅仅是位置上的差别，视图之间的投影关系和方位关系仍保持不变。

虽然物体的外形用六个基本视图来表达，但在实际应用中，并非所有的物体都需要用六个基本视图，应根据物体的形状和结构特点，选用必要的基本视图，对于已经表达清楚的形状，在其他视图上的虚线可以省略。例如，在图 7-5（a）中，*A*、*B* 向视图及仰视图中的细虚线均可省略。另外，在完整表达物体的前提下，视图数量越少越好，如图 7-5（b）所示，该物体只需用主视图和俯视图就可以表达清楚，因此不需要其他的视图。

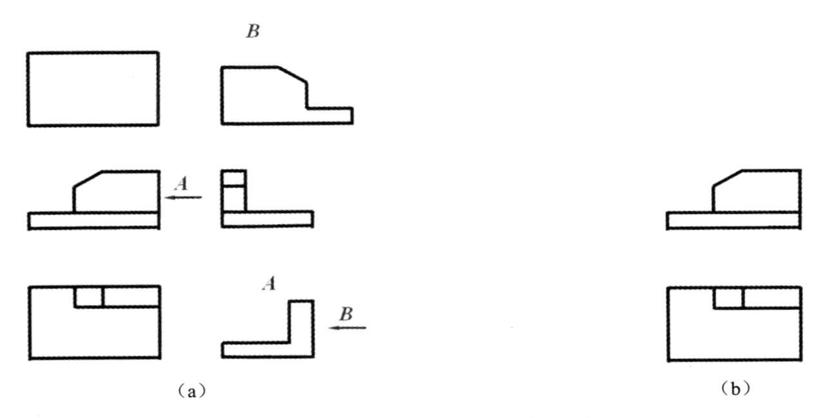

图 7-5　基本视图和向视图

7.1.3　局部视图

当采用一定数量的基本视图后，机件上仍有部分结构形状尚未表达清楚，而又没有必要画出完整的基本视图时，可采用局部视图。

1．局部视图的概念

将机件的某一部分向基本投影面进行投射所得的视图称为局部视图。

当用主视图和俯视图表达如图 7-6 所示的机件时，构成物体的大圆筒和底板的外形，以及组成这个物体的各个形体之间的相对位置关系都表达清楚了，但是左侧凸台和右侧凸缘的形状均未表达出来。在此基础上，增加机件的左视图和右视图，就可以将它们两个的形状表达出来了。但是，这样表达物体，左视图和右视图会对圆筒和底板部分进行重复表达，作图既烦琐又多余，违背了作图简便的原则。此时，可以对左侧凸台和右侧凸缘采用局部视图进行表达，这样可以做到重点突出、简单明了，如图 7-6 所示。

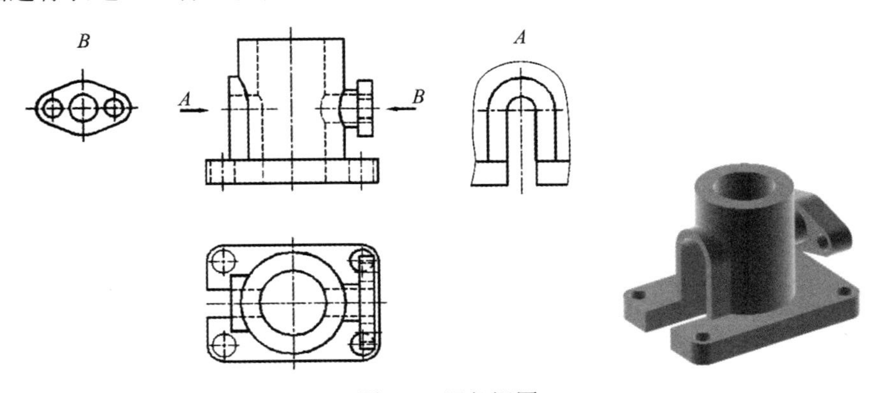

图 7-6　局部视图

2．局部视图的画法

在局部视图里，波浪线表示物体的断裂边界。断裂边界只能发生在物体的实体部分上，因此，波浪线不能超越视图轮廓线的边界，即不越界。同理，波浪线不能过通孔、通槽等，即不过空。另外，为了避免引起误解及保证视图清晰，波浪线也不应与视图中的其他图线重合，即不重合。波浪线的错误画法如图 7-7 所示。当所表达的局部结构是完整的且外轮廓线封闭时，波浪线可以省略不画。例如，在图 7-6 中，*B* 向局部视图的波浪线省略不画。

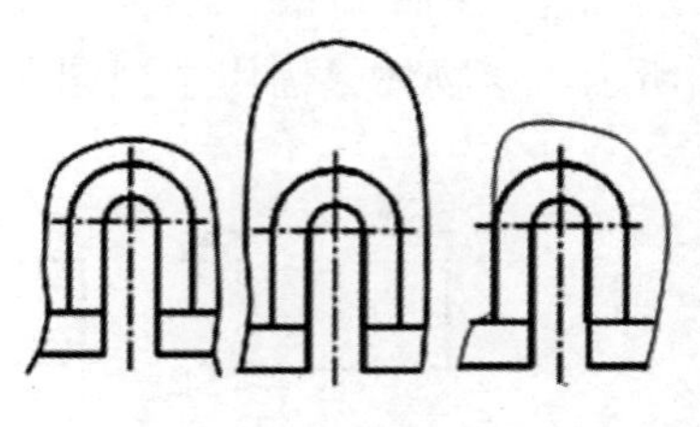

图 7-7　波浪线的错误画法

3．局部视图的标注

局部视图的标注方法是在视图上方用大写字母标注出视图名称，同时在相应视图附近用箭头标注出投射方向，并标注上相同的字母。为了读图方便，局部视图应尽量与原有视图满足投影关系配置。当局部视图按投影关系配置且中间又没有其他图形隔开时，可省略标注，如图 7-8 所示，这两个局部视图的标注均可省略。

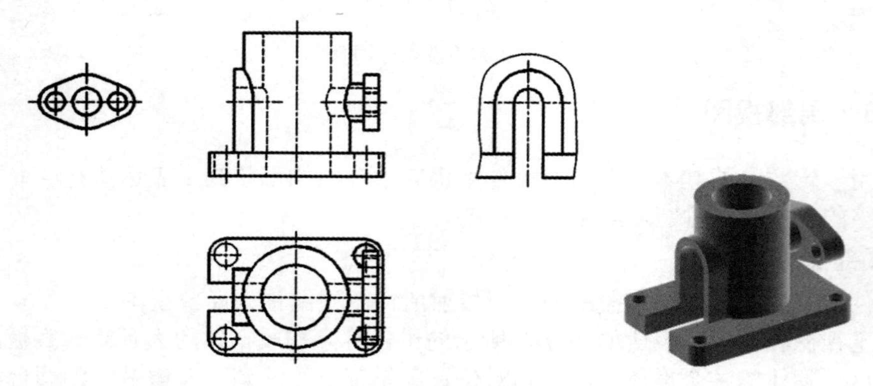

图 7-8　局部视图的标注

4．局部视图的配置

为了读图方便，局部视图应尽量配置在箭头所指的方向，并与原有视图保持投影关系，但也允许配置在其他适当的地方，即平移配置，如图 7-9 所示，局部视图 *A* 就是平移配置。

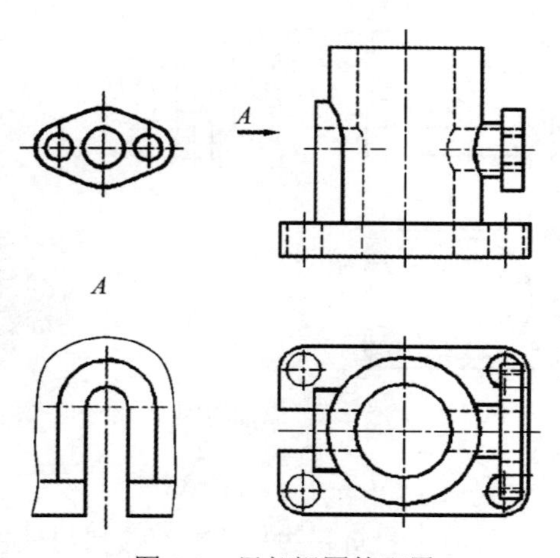

图 7-9　局部视图的配置

对于如图 7-1 所示的物体，如何才能将右后下角表达清楚呢？可增加一个右视图，如图 7-10 所示，以说明该角没有被切掉，即该物体是由大四棱柱被切掉七个小四棱柱形成的；若右视图中的两条细虚线变为实线，则说明该角被切掉了，即该物体是由大四棱柱被切掉八个小四棱柱形成的；根据前面的内容，若该物体是由大四棱柱被切掉七个小四棱柱形成的，则右视图中的两条细虚线可以省略。

根据需要，还可以将右视图平移到其他位置，如图 7-11 所示，这时，原来的右视图就变成了向视图（向视图需要标注）。

为了将右后下角表达清楚，还有其他的表达方法，请自行思考。

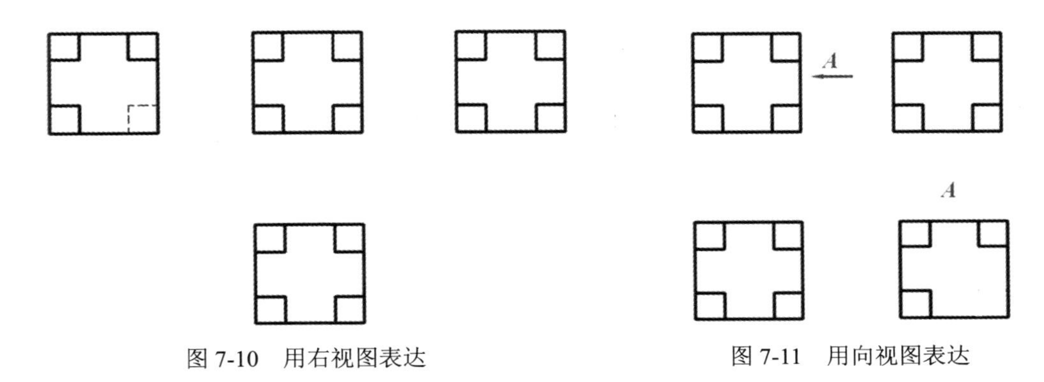

图 7-10　用右视图表达　　　　图 7-11　用向视图表达

7.1.4　斜视图

如图 7-12（a）所示，用基本视图表达压紧杆，由于压紧杆上有倾斜耳板，所以其视图不反映实形，表达得不够清楚，给画图及读图带来了不便。为了清楚地表达物体上的倾斜结构，增设一个新投影面，此投影面平行于倾斜结构（耳板），并垂直于 *V* 投影面。将倾斜结构向新的投影面进行投射，可得到反映其实形的视图，即斜视图，如图 7-12（b）所示。

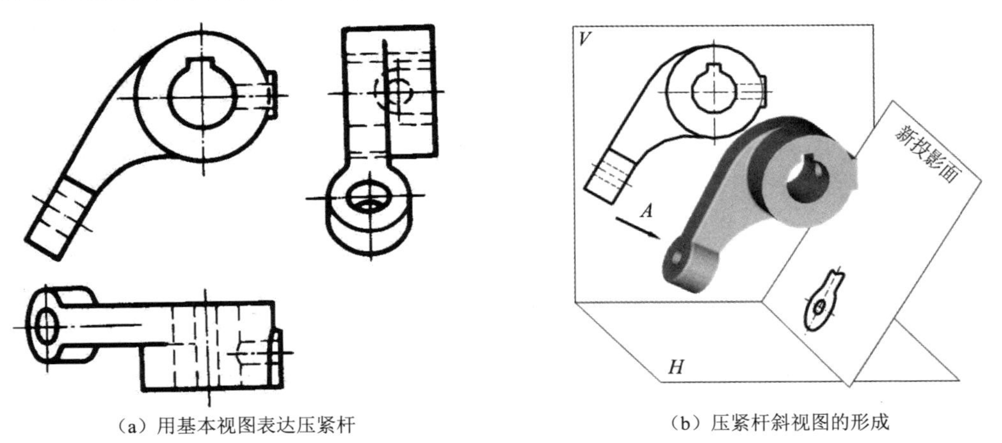

（a）用基本视图表达压紧杆　　（b）压紧杆斜视图的形成

图 7-12　用基本视图表达压紧杆及其斜视图的形成

1．斜视图的概念

向不平行于任何基本投影面的平面投射所得的视图称为斜视图。

2. 斜视图的画法

增画斜视图只是为了表达物体倾斜结构的局部形状，因此，在画出倾斜结构的实形后，就可以用波浪线将其与物体的其他部分断开，从而成为一个局部的斜视图。波浪线的含义及画法如前所述，与局部视图一样，当所表示的局部结构是完整的且外形轮廓线封闭时，波浪线可省略不画。

3. 斜视图的标注

斜视图必须标注，其标注形式同向视图的标注形式：必须在斜视图的上方标注出视图的名称，在相应视图的附近用箭头指明投射方向，并标注上同样的字母（字母一律水平书写），如图 7-13 所示。

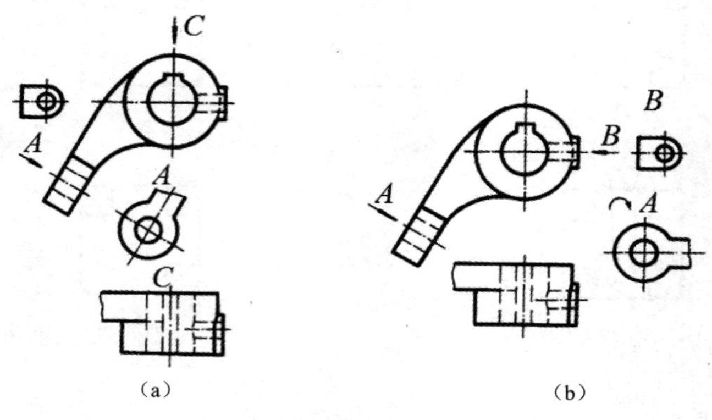

图 7-13 斜视图的标注及配置

4. 斜视图的配置

斜视图一般按投影关系进行配置，如图 7-13（a）所示，必要时也可配置在其他适当的位置上。为了绘图和读图方便，在不致引起误解的情况下，允许将斜视图旋转配置，如图 7-13（b）所示，一般使图形旋转的角度不大于 90°，应使斜视图的主要轮廓线呈水平或铅垂状态。旋转配置时，应标注表示斜视图旋转方向的箭头，表示该视图名称的字母应靠近旋转符号的箭头端，也允许将旋转角度标注在字母之后。

斜视图主要表达倾斜结构的实形，对于不反映倾斜部分实形的那个视图，一般采用局部视图。例如，在图 7-13 中，俯视图位置上就采用了 *C* 局部视图；对于右侧的凸台形状的表达，用了 *B* 局部视图。

7.2 剖视图

剖视图主要用来表达机件的内部结构形状，是一种重要的机件结构表达方法。下面对它进行简要讲述。

7.2.1 剖视图的基础知识

视图主要用于表达机件的外部结构形状，当机件的内部形状较复杂时，视图上将出现许多虚线。例如，在图 7-14（摇杆的立体图和两面视图）中，主视图中表示内、外结构的细虚线与细虚线、细虚线与粗实线重叠相交，既影响视图的清晰度，又不便于画图、读图和标注尺寸。为了完整、清晰地表达机件的内部结构形状，国标规定用剖视图。

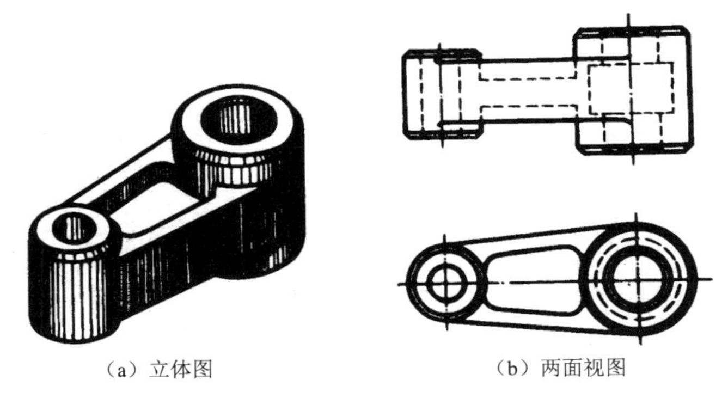

（a）立体图　　（b）两面视图

图 7-14　摇杆

1．剖视图的概念

假想用剖切面剖开机件，将处在观察者和剖切面之间的部分移去，将其余部分向投影面进行投射所得的图形称为剖视图，简称剖视。理解剖视图的概念注意抓住“剖”“移”“投”这三个动词。如图 7-15（a）所示，假想用一个剖切面沿摇杆的前后对称面将摇杆“剖”开，“移”去剖切面和观察者之间的那一部分，将剖切面与摇杆接触部分及剖切面后方可见的部分一起向 V 投影面进行“投”射，即得如图 7-15（b）所示的剖视图。

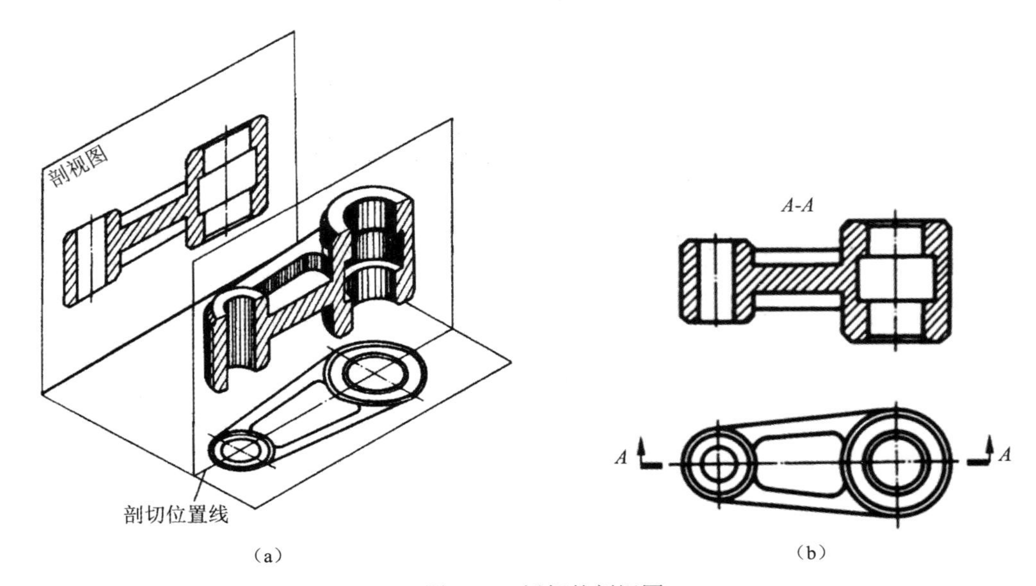

（a）　　（b）

图 7-15　摇杆的剖视图

2．剖视图的画法

（1）确定要取剖视的视图及剖切面的位置。

一般情况下，若在某个视图中取剖视，则剖切面的位置必须在另两个视图中确定。例如，在主视图中取剖视，此时剖切面的位置必须在俯视图或左视图中确定。

（2）画剖视图。

假想剖开物体后，确定将哪部分移走、哪部分向投影面进行投射。在画剖视图时，一般先画出外形轮廓，再将假想剖切后看得见的内部结构及剖切面后面的可见轮廓一并用粗实线画出。

（3）画剖面符号。

在物体和剖切面接触的实心部分画出剖面符号。国标中规定了不同材料的剖面符号，如表 7-1 所示。其中常用的是金属材料的剖面符号。金属材料的剖面符号用与水平线成 45°且互相平行、间隔相等的细实线（称剖面线）绘制。当图形中的主要轮廓线与水平线成 45°时，该图形的剖面线应画成 30°或 60°的平行线，其倾斜方向仍与其他图形的剖面线的倾斜方向一致，如图 7-16 所示。

表 7-1　剖面符号

材　料		符　号	材　料	符　号
金属材料（已有规定剖面符号者除外）			木质胶合板（不分层数）	
线圈绕组元件			基础周围的泥土	
转子、电枢、变压器和电抗器等的叠钢片			混凝土	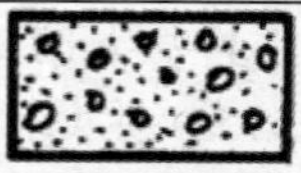
非金属材料（已有规定剖面符号者除外）			砖	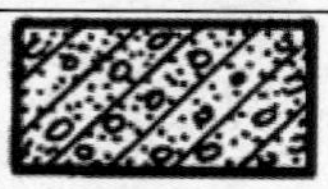
型砂、填砂、粉末冶金、砂轮、陶瓷刀片、硬质合金刀片			钢筋混凝土	
玻璃及供观察用的其他透明材料			格网（筛网、过滤网等）	
木材	纵剖面		液体	
	横剖面			

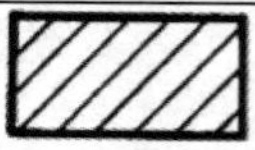

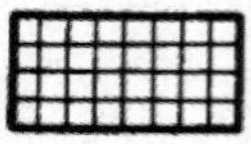

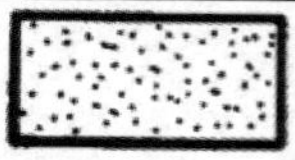

注：1. 剖面符号仅表示材料的类别，材料的名称和代号必须另行注明。

2. 叠钢片的剖面线方向应与束装中叠钢片的方向一致。

3. 液面用细实线绘制。

（4）标注。

按规定对剖视图的名称和剖切面的位置、投射方向进行标注。

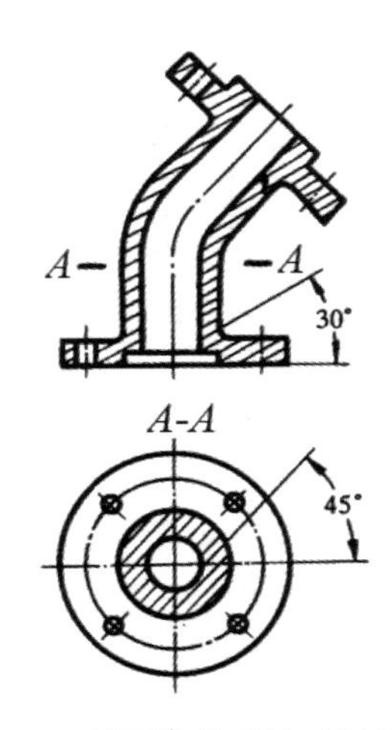

图 7-16　剖面线的画法及标注省略

3．剖视图的标注

完整的剖视图标注包括剖切面的位置、剖视图的投射方向和剖视图的名称三方面的内容。

（1）剖切面的位置。

一般用粗短画线表示剖切面的位置，如图 7-15（b）所示。

（2）剖视图的投射方向。

用箭头表明剖视图的投射方向。箭头应位于粗短画线的两侧且与其垂直，如图 7-15（b）所示。

（3）剖视图的名称。

用大写拉丁字母标出剖视图的名称，形如“×-×”，并在剖切位置处标出相同的字母，如图 7-15（b）所示。

当符合一定的条件时，剖视图的标注可部分或全部省略。

（1）当剖视图按投影关系配置且中间没有其他图形隔开时，箭头可以省略，如图 7-16 所示。

（2）当单一的剖切面通过物体的对称面（或基本对称平面），剖视图按投影关系配置且中间没有其他图形隔开时，标注可以全部省略，如图 7-15（b）所示。

4．画剖视图时的注意事项

（1）画剖视图的目的是表达物体的内部结构形状，因此，应使剖切面平行于剖视图所在的投影面，且尽量通过较多的内部结构（孔、槽）的对称平面或轴线等。例如，在图 7-15 中，剖切面通过了摇杆的前后对称平面。

（2）剖视图是假想用剖切面剖切物体所得的图形，因此，当某个视图用剖视图表达后，并不影响其他的视图，即其他视图应完整画出。例如，在图 7-15 中，主视图采用的是剖视图，但俯视图仍为完整物体的投影。

（3）机件被剖切后，剩下部分的可见轮廓线必须画全，不能漏线，如图 7-17 所示。

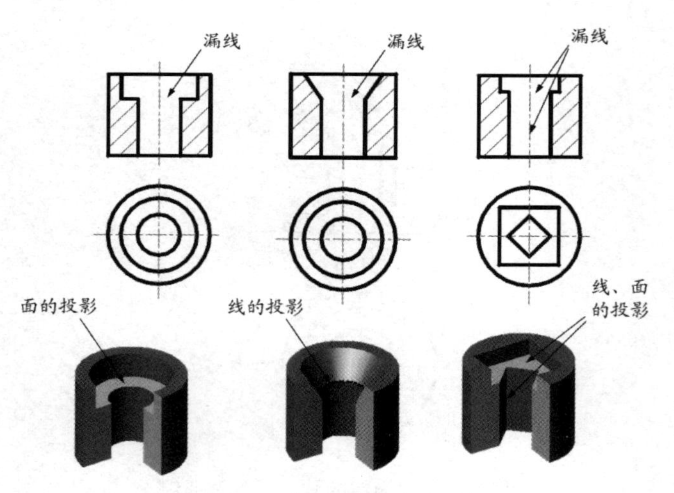

图 7-17　剖视图中不要漏线

（4）在剖视图中，一般不画细虚线，只有对未表达清楚的结构才用细虚线画出，如图 7-18 所示。在其他视图上，凡已表达清楚的内部结构，其细虚线均可省略。例如，在图 7-19 中，左视图中省略了表达孔的投影的细虚线。

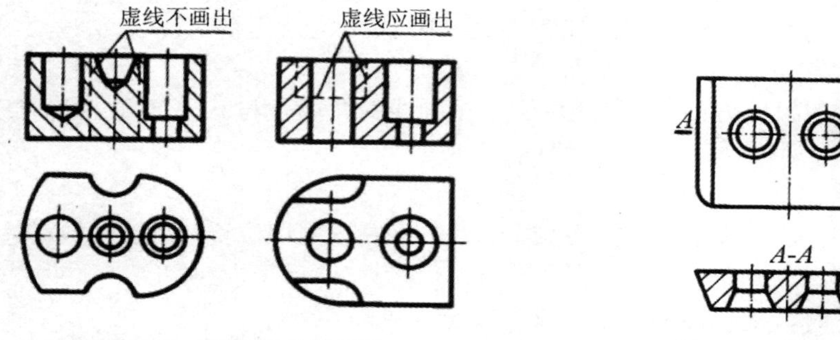

图 7-18　剖视图中的虚线

图 7-19　其他视图中的虚线

（5）对于表示同一机件的各个剖视图，其剖面线的方向及间距均应一致。如图 7-20 所示，该物体的主视图和左视图均采用了剖视图，但这几个视图表达的是同一个物体，因此这两个剖视图的剖面线应该一致。

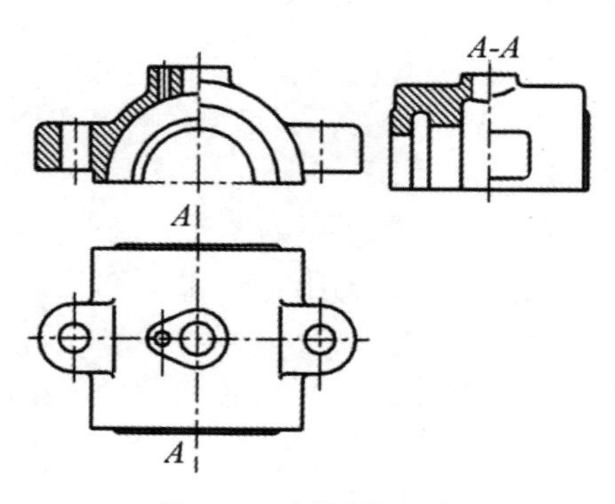

图 7-20　剖面线一致

7.2.2　剖视图的种类

国标规定，按照剖切范围的大小（移走部分的多少），剖视图分为全剖视图、半剖视图和局部剖视图。

1．全剖视图

1）定义

用剖切面完全剖开物体所得的剖视图称为全剖视图，所谓完全剖开，实际上就是指将剖切面与观察者之间的部分全部移走，如图 7-21 所示。图 7-15～图 7-19 所示的剖视图均为全剖视图。

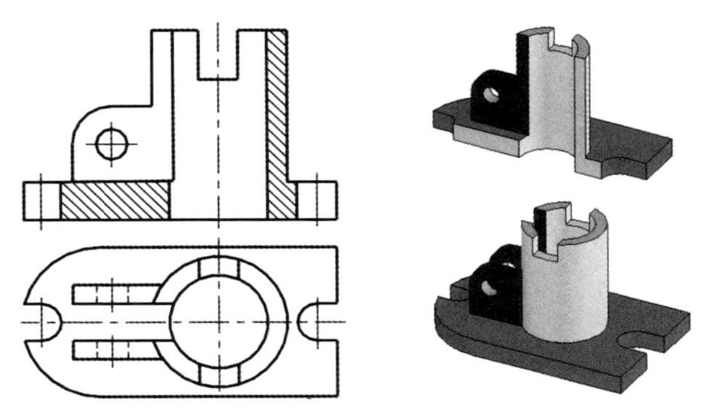

图 7-21　全剖视图

2）应用场合

全剖视图主要应用于内繁外简或内外均繁但外形在其他视图已表达清楚的形体。

图 7-22 为一个轴承座，从图中可见，主视图采用视图表达外形，俯视图采用 *A-A* 全剖视图，左视图采用的是以左右对称面为剖切面的全剖视图。国标规定，对于机件的肋板、轮辐及薄板等，如果按纵向剖切，则这些结构通常按不剖绘制，即不画剖面符号，而用粗实线将它与邻接部分分开。如图 7-22 所示，在左视图中，肋板纵剖，就是按上述规定画法画出的；而俯视图的全剖视图，肋板横剖，按普通剖视图的画法画出。

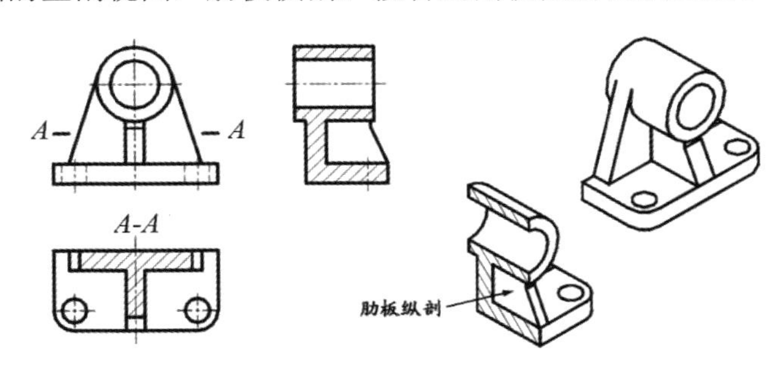

图 7-22　剖视图中肋板的规定画法

2．半剖视图

1）定义

当机件具有对称平面时，在垂直于对称平面的投影面上投射所得的图形，可以对称中心线为界，一半画成剖视图，另一半画成视图，这样画出的图形称为半剖视图。半剖视图实际上就是指剖切面剖开物体后，将剖切面和观察者之间的一半移走，如图 7-23（a）所示。

图 7-23（b）为支架的两视图，从图中可知，该机件的内、外部结构形状都比较复杂，但是在结构上是前后和左右都对称的。为了清楚地表达这个支架，主视图可以采用剖视图，若采用全剖视图，则支架的外形（顶板、顶板上四个小孔及顶板下的凸台）不能表达清楚，为此，采用如图 7-23（a）所示的剖切方法，将主视图画成半剖视图，这样，不仅其内部结构形状表达清楚了，还保留了外形。同样，俯视图也采用了半剖视图，剖切方法如图 7-23（a）所示。在看半剖视图时，要善于利用对称性推想机件的内、外部结构形状，即从半个视图推想出整个机件的外形；从半个剖视推想出整个机件的内部结构。

2）应用场合

对于内、外部结构形状均需要表达的对称或基本对称的机件，可使用半剖视图。

3）注意事项

（1）在半剖视图中，半个表达外形的视图和半个表达内形的剖视图的分界线必须为点画线，且不能有轮廓线与之重合，如图 7-23（c）所示。

（2）半剖视图能同时表达物体的内、外部结构形状，因此，当剖视图将物体的内部结构表达清楚时，在表达外形的那一半视图中，表达内部结构的虚线一般不再画出。

（3）剖视图的配置和标注方法与全剖视图的配置和标注方法完全相同，如图 7-23（c）所示。

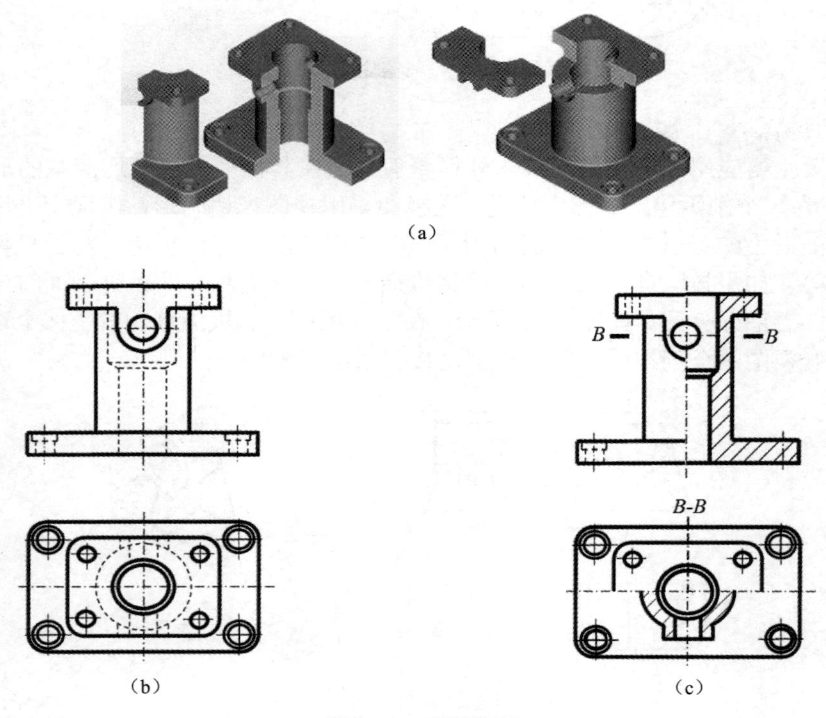

（a）

（b）　（c）

图 7-23　半剖视图

3．局部剖视图

1）定义

用剖切面局部地剖开物体所得的剖视图称为局部剖视图。所谓局部地剖开，就是指在用剖切面剖开物体后，将剖切面和观察者之间的一部分移走。

如图 7-24 所示，在主视图中，需要表达左侧圆柱及右侧底座上的孔的内形，但这些孔的轴线并不处在一个剖切面上，同时，该机件前面的水平圆柱也需要在主视图上表达其形状和位置。这样，采用全剖视就不合适了，采用半剖视又不具备条件，因此只能用剖切面分别将机件局部剖开，画成两个局部剖视图，这样表达既清晰又简洁。同样，在俯视图上采用局部剖视图表达前面的水平圆柱的内形。

局部剖视图的画法以波浪线为界，一部分画成视图以表达外形；另一部分画成剖视图以表达内部结构。局部剖视图的波浪线的画法与前面的局部视图的波浪线的画法一样，即不能过空、不能越界、不能重合。局部剖视图兼顾表达内形和外形，它采用的剖切面的位置和剖切范围的大小可根据物体的形状及具体表达需要而定。

2）应用场合

局部剖视图在表达物体时是非常灵活的，一般适用于以下场合。

（1）当机件内外形均需要表达，但机件不对称而不能采用半剖视或不宜采用全剖视时，可采用如图 7-24 所示的主视图。

（2）当机件上只有局部内部形状需要表达且不必或不宜采用全剖视时，可采用如图 7-24 所示的俯视图。

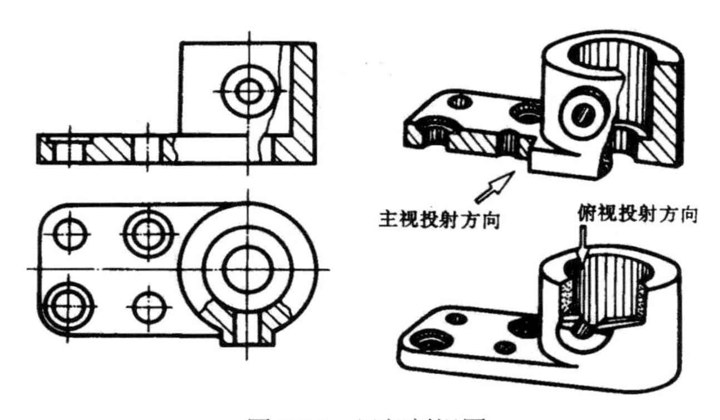

图 7-24　局部剖视图

（3）当机件的轮廓线与对称中心线重合且不能采用半剖视时，如图 7-25 所示，三个机件虽然前后、左右都对称，但因为在主视图的正中分别有外壁或内壁的交线存在，所以主视图不能画成半剖视图，而应画成局部剖视图，并尽可能地把机件的内壁或外壁的交线清晰地显示出来。

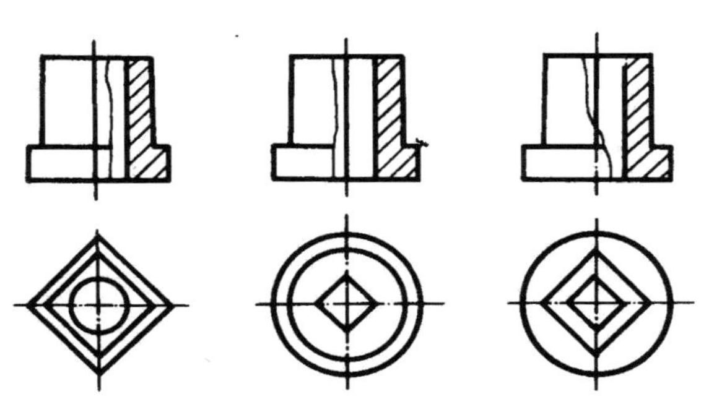

图 7-25　用局部剖视图代替半剖视图

3）注意事项

（1）在局部剖视图中，视图与剖视图的分界线为波浪线，可将它视为机件断裂痕迹的投影。因此，在使用局部剖视图时，一定要注意波浪线的画法，不能过空、不能越界、不能重合，如图 7-26 所示。当被剖切结构为回转体时，允许将该结构的中心线作为局部剖视图与视图的分界线，如图 7-27 所示。

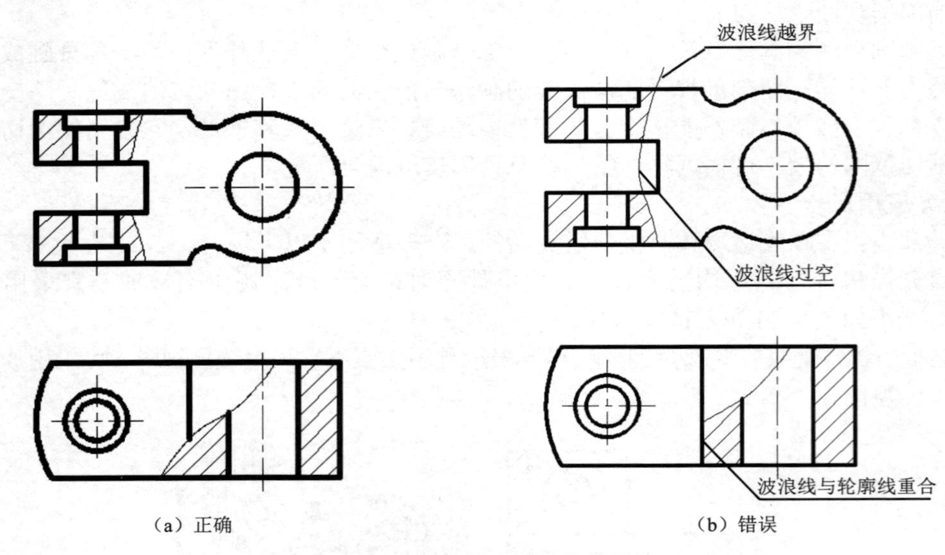

图 7-26　局部剖视图中波浪线的画法

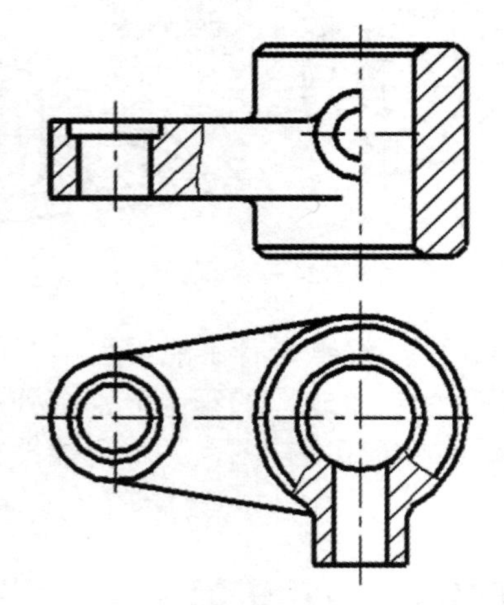

图 7-27　将中心线作为局部剖视图与视图的分界线

（2）在同一视图中，局部剖视图不宜过多，以免图形过于零碎。一般一个视图中以不多于三个局部剖视图为宜。

（3）局部剖视图的标注应遵循剖视图的标注规则，但对于单一剖切位置明显的局部剖视图，其标注应省略。

7.2.3　剖切面的种类

前面所说的剖视图都是采用一个剖切面进行剖切的，而且这个剖切面还平行于投影面，但是，在工程实践中，机件的形状各种各样，复杂多变，仅用一个平行于投影面的剖切面剖切得到剖视图远远不能满足表达物体内形的需要。在画剖视图时，应根据所要表达物体的结构特点确定采用单一剖切面，还是选用几个剖切面。不论采用哪种剖切面及其相应的剖切方法，均可根据剖切范围的不同画成全剖视图、半剖视图和局部剖视图。

1．单一剖切面

（1）用平行于投影面的单一剖切面剖切。

前面所讲的全剖视图、半剖视图和局部剖视图，都是用平行于某一基本投影面的剖切面剖开机件后得到的，用平行于某一基本投影面的剖切面剖切机件的方法是最常用的方法。

（2）用不平行于任何基本投影面的剖切面剖切。

用不平行于任何基本投影面的剖切面剖切机件的方法通常称为斜剖视图，简称斜剖。斜剖是将剖视图投射到与该倾斜结构平行的辅助投影面上，使物体上倾斜部分的内、外结构反映实形，因此，斜剖主要用于表达机件上具有倾斜结构的内、外部结构形状。如图 7-28 所示，*B-B* 全剖视图就是用斜剖画出的，它主要表达弯管及其顶部凸缘、凸台与通孔。

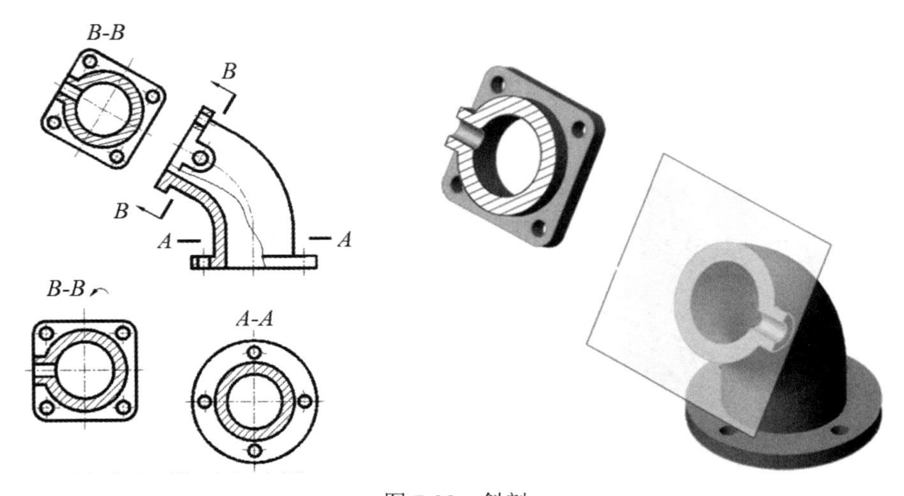

图 7-28　斜剖

斜剖可以看作斜视图的剖视，因此，斜剖的配置及标注等与斜视图的配置及标注等有类似之处。在采用斜剖时，可以将斜剖按投影关系配置在与剖切符号相对应的位置，也可以将它平移至图纸的适当位置。在不致引起误解的情况下，允许将图形旋转配置，但旋转后的图名应加表示旋转方向的箭头，一般图名应靠近箭头端，如图 7-28 所示。

2．几个剖切面

（1）几个剖切面相交（交线垂直于某一投影面）。如图 7-29 所示，该盘状机件需要表达的内形包括四个沿圆周均匀分布的小孔、中间的大孔及上部的阶梯孔，若采用通过轴线的单一剖切面剖开机件，则四个小孔表达不清楚。

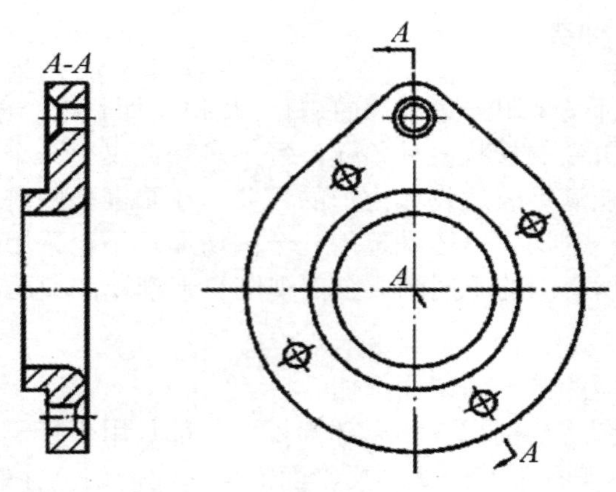

图 7-29　几个相交的剖切面 1

假想用正平面（通过上部阶梯孔的轴线和中间大孔的轴线）和侧垂面（通过中间大孔的轴线和右下部小孔的轴线）剖开机件（两剖切面的交线通过机件的轴线），并将侧垂面剖切的部分绕机件的轴线旋转至与正面平行后进行投射，画出 *A-A* 全剖视图。

又如，在图 7-30（a）中，摇杆的 *A-A* 剖视图也是用两个相交的剖切面剖切得到的，它是将倾斜剖切面剖开的结构及有关部分旋转到与选定的水平投影面平行后进行投射得到的 *A-A* 全剖视图。应该注意的是，剖切面后的其他结构需要按原位置进行投射，如图 7-30（b）所示。

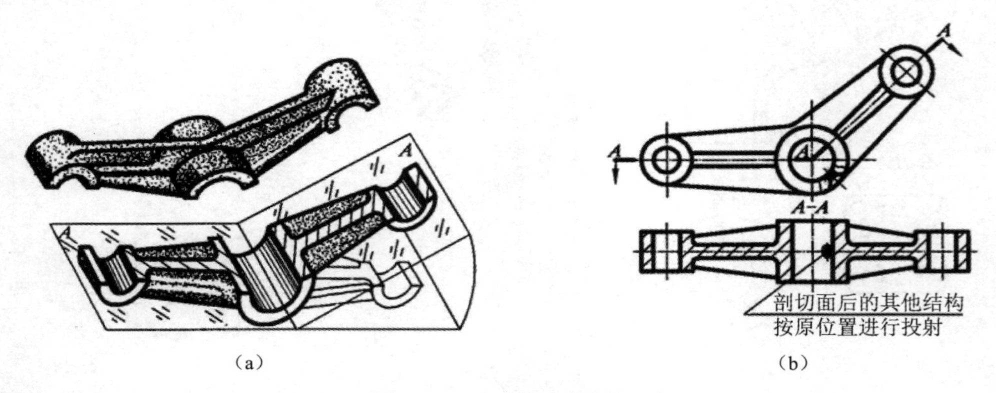

图 7-30　几个相交的剖切面 2

当几个相交的剖切面剖切机件得到剖视图时，应如图 7-29 所示，画出剖切面的位置、投射方向及相应的名称，并在剖视图上方注明剖视图的名称，也可如图 7-31 所示，允许省略标注转折处的字母。

当用几个相交的剖切面剖切产生不完整要素时，应将此部分按不剖绘制，如图 7-32 所示。

用几个相交的剖切面剖开物体得到剖视图的方法多用于轮盘类机件（见图 7-29）及具有明显回转轴的机件［见图 7-30（b）］。

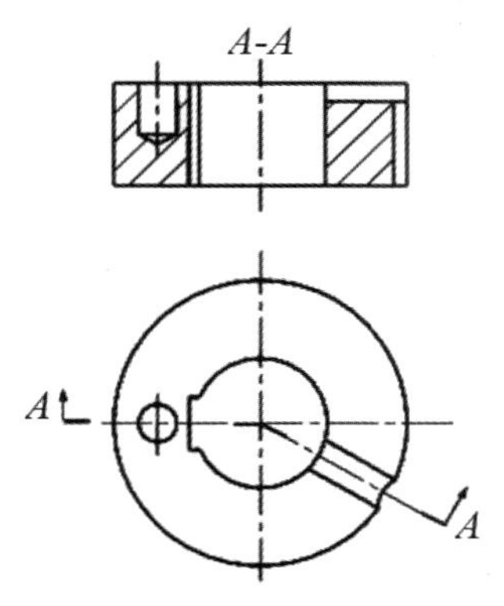

图 7-31 省略转折处的字母

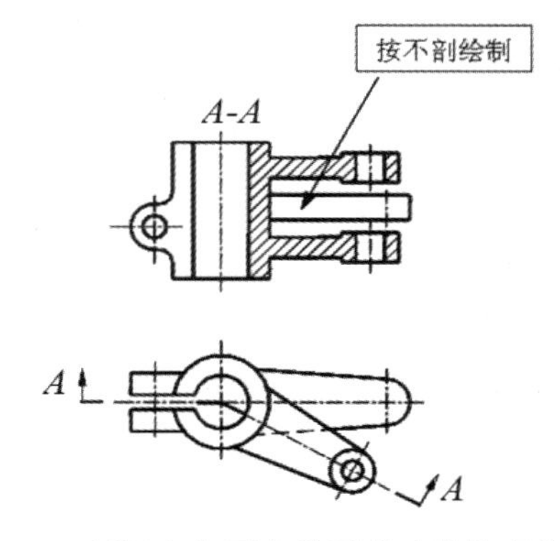

图 7-32 剖切产生不完整要素时的处理方法

（2）几个剖切面相互平行。如图 7-33（a）所示，当用三个相互平行的剖切面剖切机件时，将处于剖切面和观察者之间的部分全部移走，再向 *V* 面进行投射，就能清楚地表达出机件的左侧、中部及右侧孔的结构了，画出的 *A-A* 全剖视图如图 7-33（b）所示。

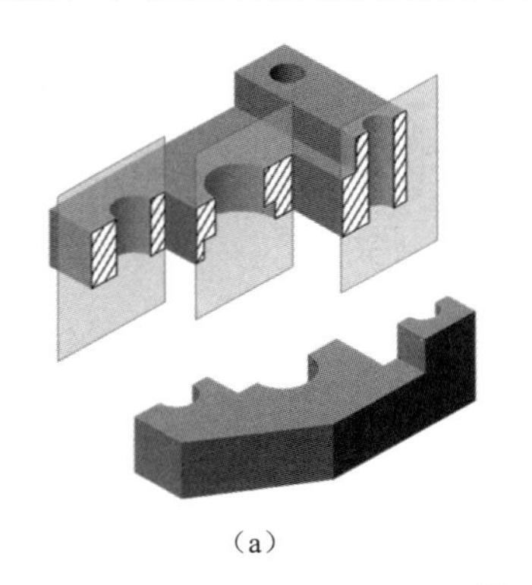

（a）

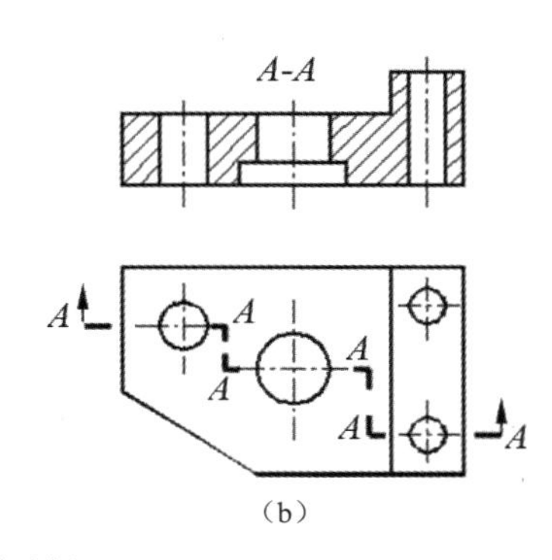

（b）

图 7-33 几个剖切面平行

当机件的内、外形处于几个互相平行的对称平面内时，应采用这种几个相互平行的剖切面进行剖切的方法。

如图 7-34 所示，该底板有三种不同形状和大小的孔、槽，它们的中心又不在同一平面内。此时可按如图 7-34（a）所示的那样，用两个互相平行的剖切面（侧平面），分别通过孔或槽的中心线将底板剖开，画出剖视图，如图 7-34（b）所示。

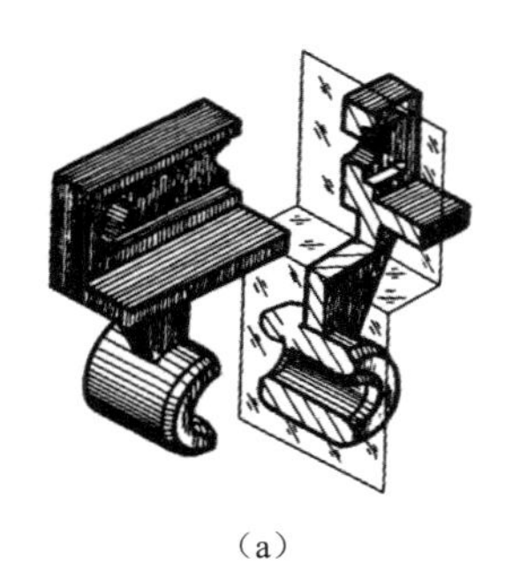

（a）

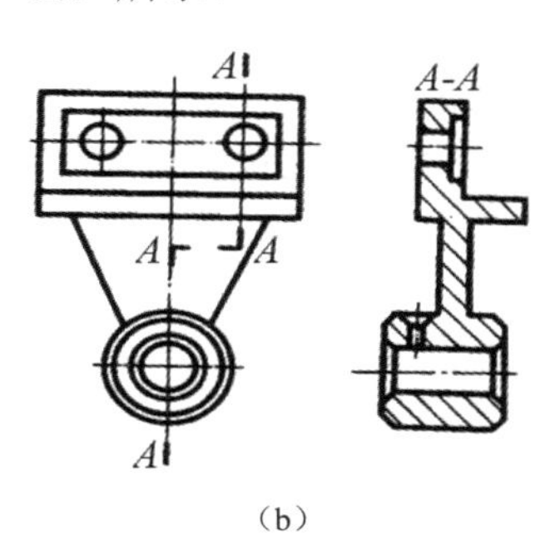

（b）

图 7-34 剖切面相互平行的剖视图

当用几个相互平行的剖切面剖切机件时，各剖切面剖切后所得的剖视图是一个图形，在剖切平面转折处，转折平面的投影不应画出，如图 7-35（a）所示。

当用几个相互平行的剖切面剖切机件时，剖切面的转折处不应与视图中的轮廓线重合，如图 7-35（b）所示。

当用几个相互平行的剖切面剖切机件时，在剖视图中不应出现不完整的要素，如图 7-35（c）所示。只有当两个要素在图形上具有公共对称中心线或轴线时，才可以各画一半，此时应以对称中心线或轴线为界，如图 7-36 所示。

当用几个相互平行的剖切面剖切机件时，必须按规定进行标注，包括表示剖切位置的粗短画线、表示投射方向的箭头及表示名称的字母。但当剖视图按投影关系配置且中间没有其他图形隔开时，可以省略箭头。例如，图 7-35（b）中的剖视图就省略了箭头。

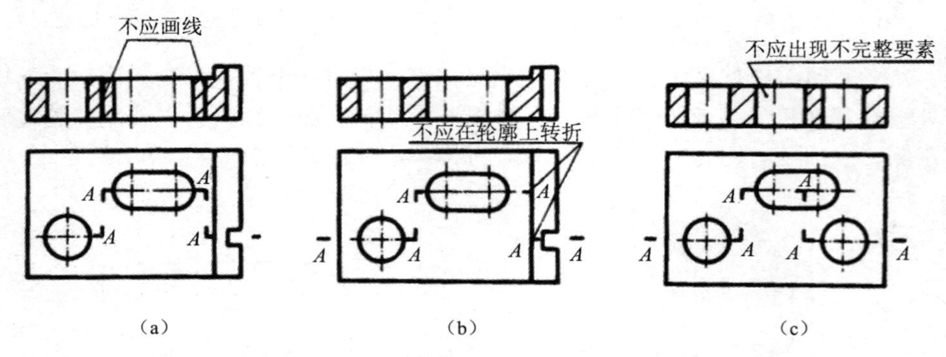

图 7-35　几个相互平行的剖切面剖切得到的剖视图画法的注意事项

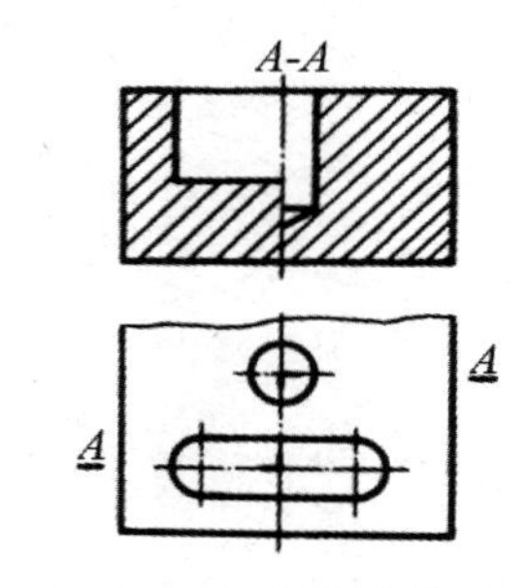

图 7-36　允许出现不完整要素的情况

7.3　断面图

断面图主要用来表达机件个别部分的结构形状。

7.3.1　概述

1．断面图的定义

假想用一个剖切面将物体从某处剖开，仅画出该断面（剖切面与物体的接触部分）的图形，这个图形就叫作断面图，简称断面。

图 7-37（a）是一根轴的立体图，为了得到键槽处和销孔处的断面的清晰形状，假想在

键槽处和销孔处分别用垂直于轴的剖切面将轴切断，并画出这两处的断面图，如图 7-37（b）所示。

断面图常用来表达机件某一部分的断面形状，如机件上的肋板、轮辐、键槽、销孔及各种型材的断面等。

2．断面图与剖视图的区别

图 7-37（b）、（c）分别为键槽处的断面图和剖视图，由图可知，断面图与剖视图的区别在于：断面图仅画出了剖切处断面的形状，是“面”的投影；剖视图除了画出剖切处断面的形状，还画出了断面后面的机件轮廓，是“体”的投影。也就是说，剖视图=断面图+断面后面的所有可见轮廓。

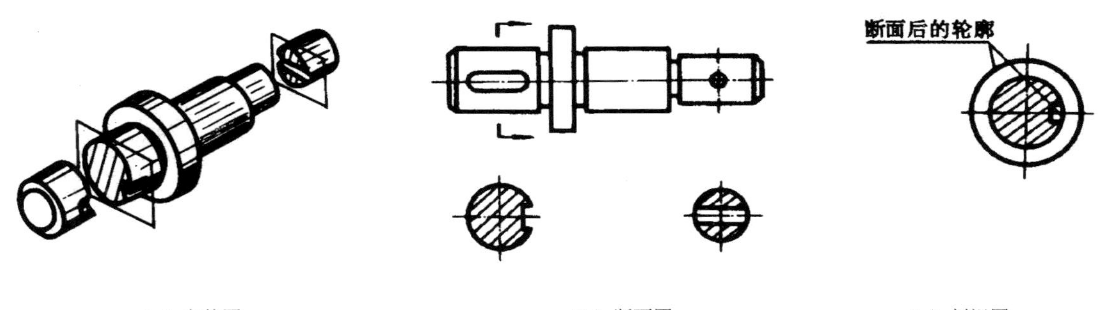

（a）立体图　（b）断面图　（c）剖视图

图 7-37　轴

3．断面图的分类

根据断面图的配置位置，可将其分为移出断面图和重合断面图。配置在视图之外的断面图称为移出断面图；画在视图内的断面图称为重合断面图。通常简称它们为移出断面和重合断面。

7.3.2　移出断面图的画法、配置及标注

移出断面图配置在视图之外，是使用较多的一种断面图。

1．移出断面图的画法

移出断面图的轮廓线必须用粗实线绘制。

（1）一般情况下，画出断面的真实形状，如图 7-38（a）所示。

（2）特殊情况下，被剖切结构按剖视图绘制。

当剖切面通过回转面形成的孔或凹坑的轴线时，这些结构按剖视图绘制，如图 7-38（a）所示，该断面包括两个结构，即凹坑和通孔，剖切面通过这两个回转面形成的孔和凹坑。因此，在绘制这两个结构时，都应按剖视图绘制；在图 7-38（b）中，该断面上也有两个结构，分别为键槽和锥面凹坑，但是只有锥面凹坑符合按剖视图绘制的要求；图 7-37（b）中的断面图也采用了该画法。

当剖切面通过非圆孔时，会导致出现完全分离的两个断面的情况，此时这些结构应按剖视图绘制，如图 7-39 所示。

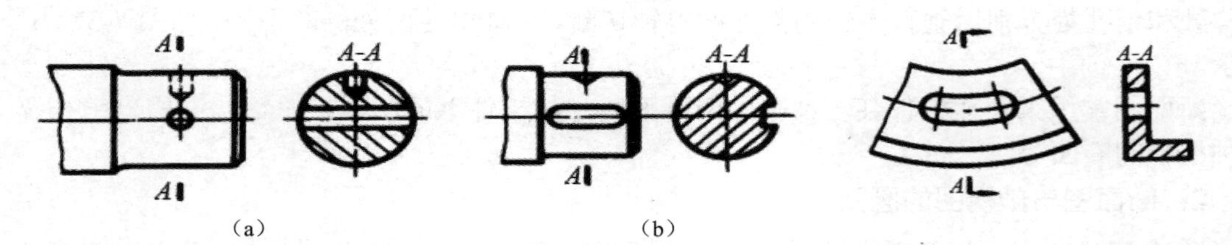

图 7-38　移出断面图按剖视图绘制 1　　　　图 7-39　移出断面图按剖视图绘制 2

（3）剖切面必须与被剖切处的主要轮廓线垂直，必要时可用相交的两个分别垂直于轮廓线的相交平面来剖切，这时画出的移出断面图中间应断开绘制，如图 7-40 所示。

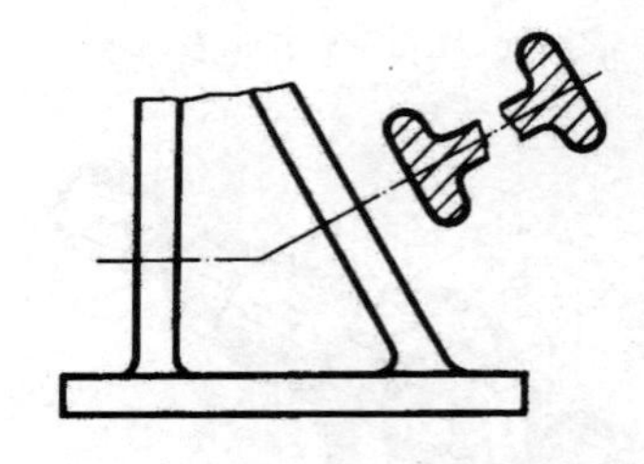

图 7-40　移出断面图的画法

2．移出断面图的配置及标注

1）移出断面图的配置

移出断面图的配置位置一般有三种：平移配置［见图 7-41（a）］、剖切线的延长线上［见图 7-41（b）］和按投影关系配置［见图 7-41（c）］。但是，当断面图形对称时，也可以将其画在视图的中断处，如图 7-42 所示。另外，在不致引起误解的情况下，允许将图形进行旋转，如图 7-43 所示，但是移出断面图在旋转后，需要加注旋转方向的符号，并使符号的箭头端靠近图名。

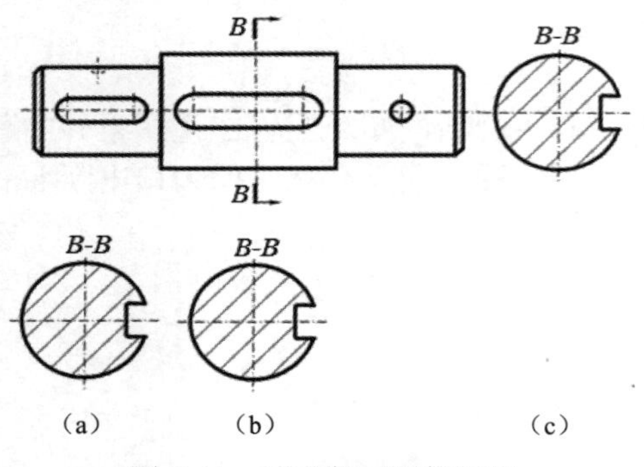

图 7-41　移出断面图的配置

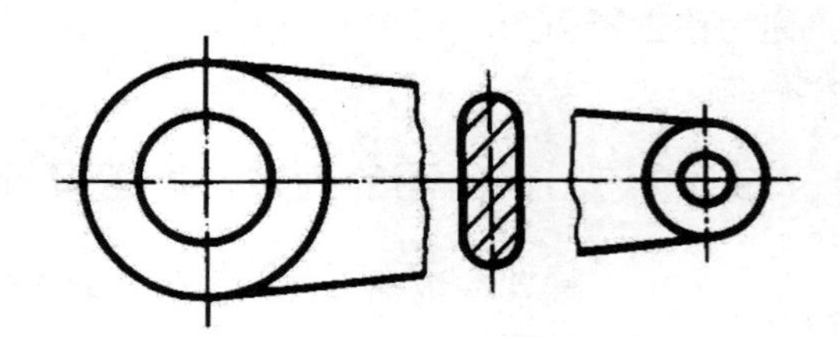

图 7-42　移出断面图对称时的配置

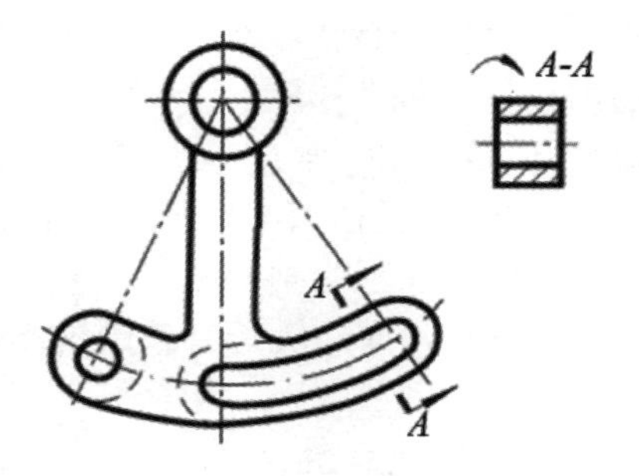

图 7-43　旋转移出断面图

2）移出断面图的标注

移出断面图完整的标注内容包括三方面：用粗短画线表示剖切面的位置、用箭头表示投射方向、用字母表示名称，如图 7-41 所示。

当满足一定的条件时，标注内容可以省略。

（1）配置在剖切线延长线上的移出断面图，其剖切位置明确，可省略名称，如图 7-37（b）所示。

（2）不配置在剖切线延长线上的对称移出断面图（平移配置或按投影关系配置），以及按投影关系配置的移出断面图，均可省略箭头。例如，在图 7-38（a）中，断面图是按投影关系配置的对称移出断面图，可省略箭头；在图 7-38（b）中，断面图是不对称移出断面图，当其按投影关系配置时，也可省略箭头。

（3）配置在剖切线延长线上的对称结构的断面图可不标注。

（4）形状对称的断面图可配置在视图中断处，标注均可省略，如图 7-42 所示。

移出断面图的标注省略情况如表 7-2 所示。

表 7-2　移出断面图的标注省略情况

移出断面图的配置位置	剖切线延长线上	平 移 配 置	按投影关系配置
断面图形对称	全省略	省略箭头	省略箭头
断面图形不对称	省略名称	不能省略	省略箭头

7.3.3　重合断面图的画法、配置及标注

在不影响图形清晰的条件下，断面图也可按投影关系画在视图内。画在视图内的断面图称为重合断面图。

1. 重合断面图的画法

为与视图中的轮廓线相区分，重合断面图的轮廓线必须用细实线绘制，如图 7-44 所示。

当视图中的轮廓线与重合断面图的图形重叠时，视图中的轮廓线仍应连续画出，不可间断，如图 7-45 所示。

2. 重合断面图的配置及标注

重合断面图必须配置在视图内的剖切位置处。

因为重合断面图就配置在视图内的剖切位置处，故其标注一律可省略字母。

对称的重合断面图可不标注，如图 7-44 所示。

对于不对称的重合断面图，只需画出剖切符号与箭头即可，如图 7-45 所示，有时也可不标注。

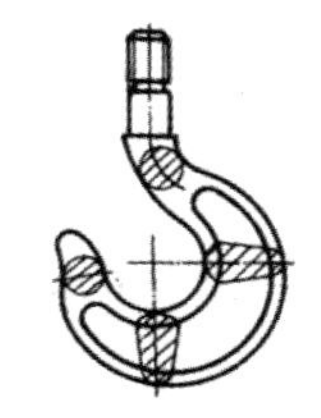

图 7-44　重合断面图 1

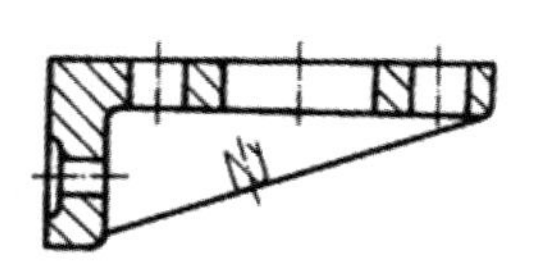

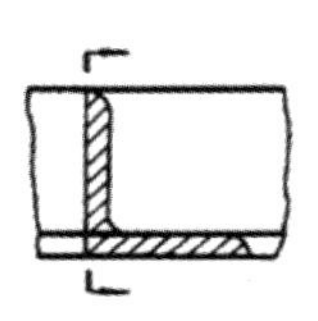

图 7-45　重合断面图 2

7.4 局部放大图、简化画法及其他规定画法

7.4.1 局部放大图

1. 定义

将机件的部分结构采用大于原图形所用的比例画出的图形称为局部放大图，如图 7-46 所示。局部放大图主要用于表达物体在原图形中尚未被表达清楚的结构形状，或者因图形太小不便于标注尺寸的某些细小结构。

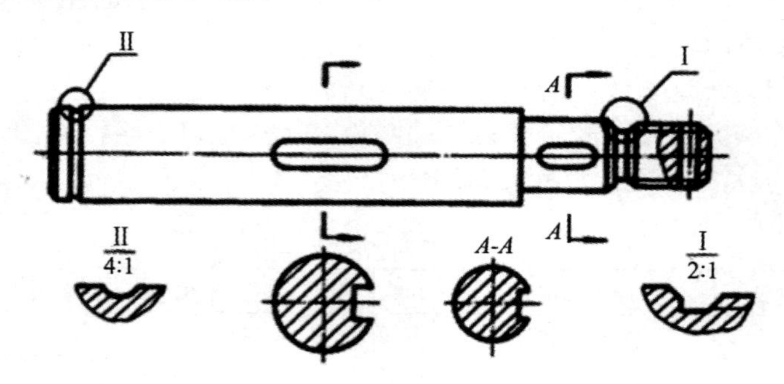

图 7-46 局部放大图 1

2. 注意事项

（1）局部放大图可画成视图、剖视图、断面图，它与被放大部分的表达方式无关，如图 7-47 所示。

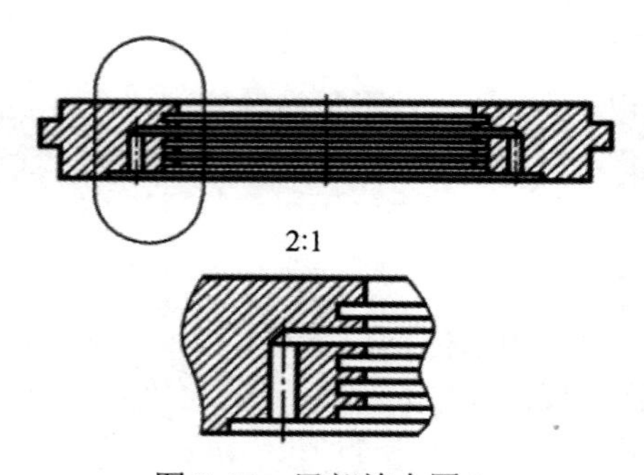

图 7-47 局部放大图 2

（2）在画局部放大图时，除螺纹牙型、齿轮和链轮的齿形外，均应用细实线圈出被放大的部位。

（3）对于同一机件上不同部位的局部放大图，当图形相同或对称时，只需画出其中一个即可，如图 7-48 所示。必要时可用几个图形同时表达同一个被放大部分的结构，如图 7-49 所示。

（4）当机件上被放大的部位仅有一处时，在局部放大图的上方只需注明所采用的比例即可，如图 7-47 所示。当同一机件上有几个被放大的部位时，必须用罗马数字依次标明被放大的部位，并在局部放大图的上方标注出相应的罗马数字和所采用的比例，如图 7-46 和

图 7-48 所示。

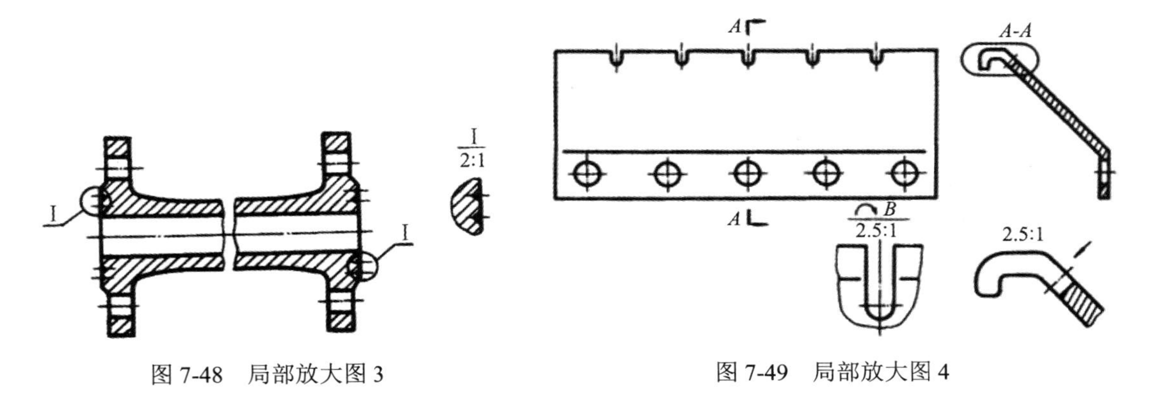

图 7-48　局部放大图 3　　　　图 7-49　局部放大图 4

7.4.2　简化画法及其他规定画法

在不影响完整清晰表达机件各部分形状的前提下，为力求制图简便，《机械制图》规定了一些简化画法。图样简化画法的基本原则如下。

（1）避免不必要的视图和剖视图，尽可能使用有关标准中的规定符号来表达设计要求，如机械图中的尺寸标注应尽可能使用尺寸标注符号和缩写词等。

（2）在不致引起误解的情况下，对其他视图已表达清楚的不可见的结构形状，不再用细虚线表示。

（3）尽可能减少相同结构要素的重复绘制。

现将常用的简化画法介绍如下。

（1）在不致引起误解的情况下，零件图中的移出断面图允许省略剖面符号，但剖切位置和断面图的标注必须遵照有关规定，如图 7-50 所示。

（2）在不致引起误解的情况下，对于对称机件的视图，可只画一半或四分之一，并在对称中心线的两端画出两条与其垂直的平行细实线，如图 7-51 所示。

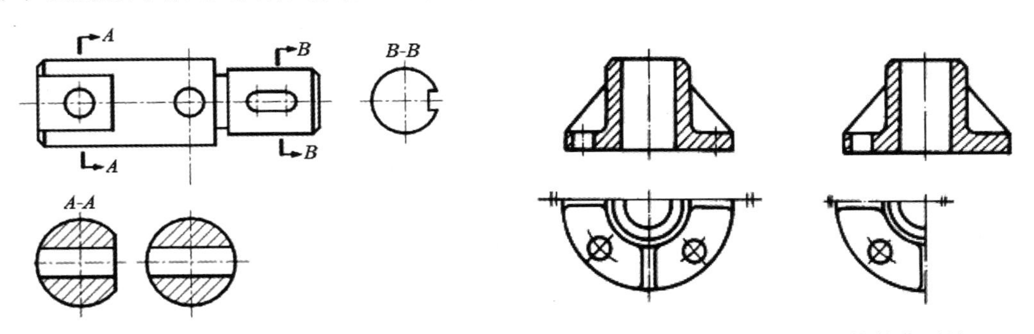

图 7-50　省略剖面符号　　　　图 7-51　对称机件的视图的简化画法

（3）当机件具有若干相同结构（齿、槽等）并按一定规律分布时，只需画出几个完整的结构，其余用细实线连接即可，但必须在零件图中注明结构的总数，如图 7-52 所示。

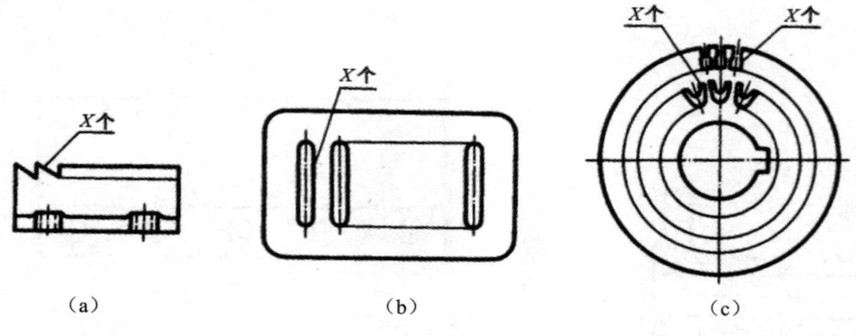

图 7-52　齿、槽的简化画法

（4）对于若干直径相同且按一定规律分布的孔（圆孔、螺孔、沉孔等），可以仅画出其中一个或几个，其余只需用点画线表示出其中心位置即可，但在零件图中应注明孔的总数，如图 7-53 所示。

（5）当平面在图形中不能被充分表达时，可用平面符号（相交的两细实线）表示，如图 7-54 所示。

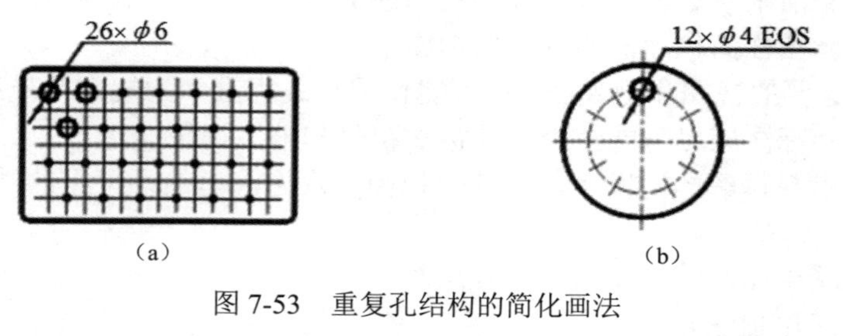

图 7-53　重复孔结构的简化画法

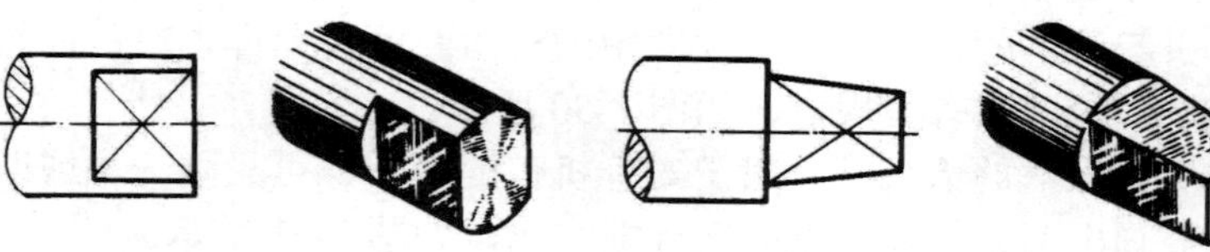

图 7-54　用平面符号表示平面

（6）在不致引起误解的情况下，相贯线允许简化，允许用圆弧或直线代替非圆曲线，如图 7-55 所示，有关相贯线的简化画法详见 4.5 节。

（7）当需要表达剖切面前面的结构时，这些结构按假想投影的轮廓线（双点画线）绘制，如图 7-56 所示。

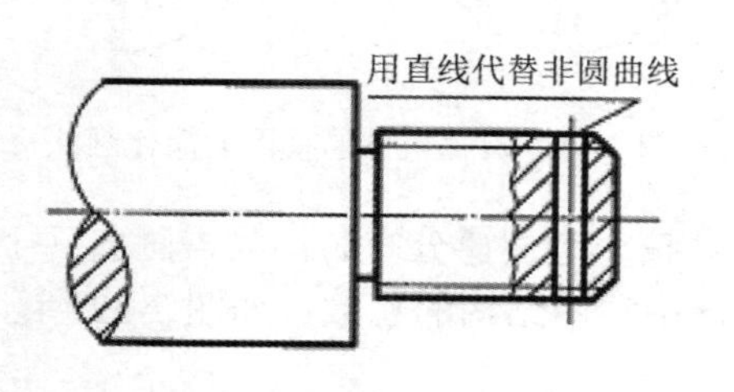

图 7-55　相贯线的简化画法

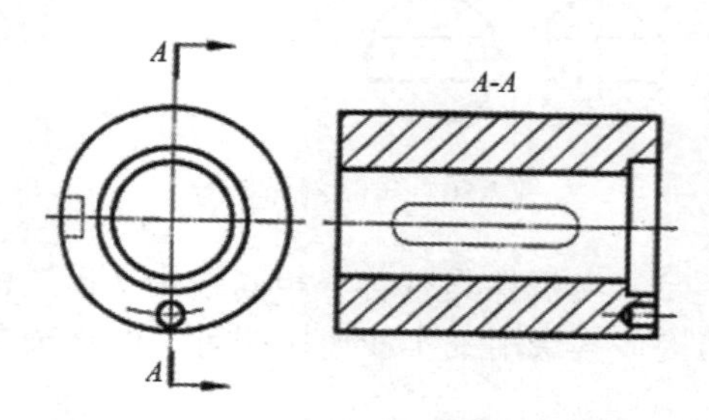

图 7-56　位于剖切面前面的结构的假想画法

（8）对于与投影面的倾斜角度小于或等于 30°的圆或圆弧，其投影可用圆或圆弧代替，如图 7-57 所示。

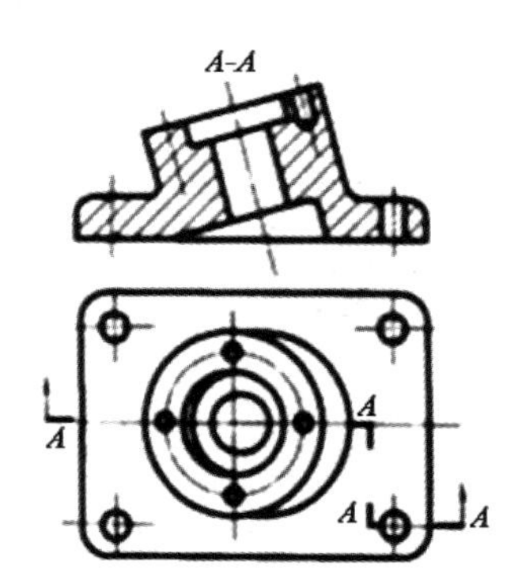

图 7-57　斜度不大的圆或圆弧的投影的画法

（9）对于类似如图 7-58、图 7-59 所示的机件上较小的结构，如果在一个图形中已表达清楚了，则其他图形可简化或省略。

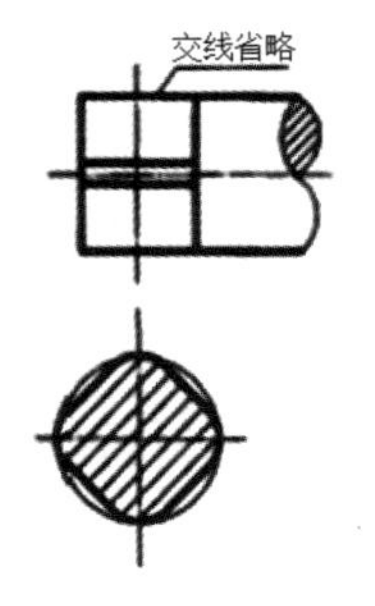

图 7-58　较小结构简化画法 1

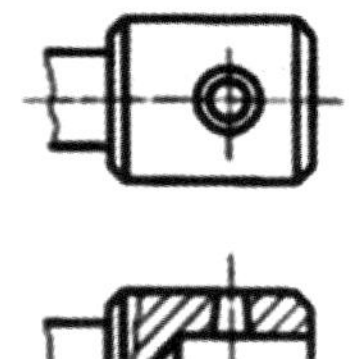

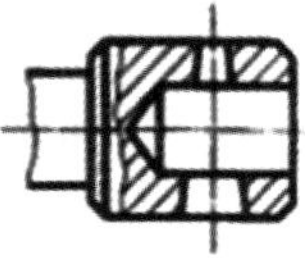

图 7-59　较小结构简化画法 2

（10）当较长的机件（轴、杆、型材、连杆等）沿长度方向的形状一致或按一定规律变化时，可断开后缩短绘制，但尺寸仍按实际长度标注，如图 7-60 所示。

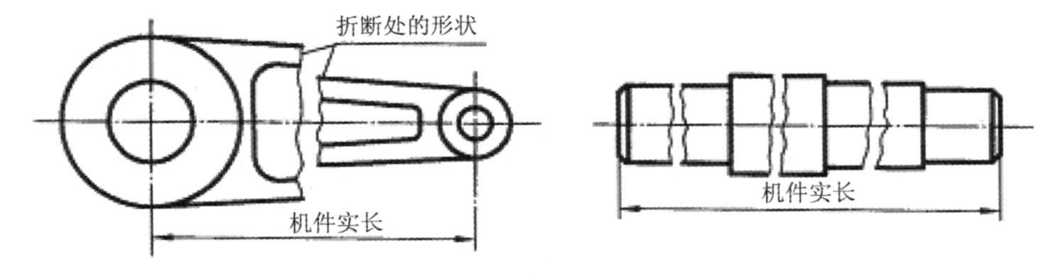

图 7-60　较长机件的简化画法

（11）当零件回转体上均匀分布的肋、轮辐、孔等结构不处于剖切面上时，可将这些结构旋转到剖切面上画出，如图 7-61、图 7-62 所示。

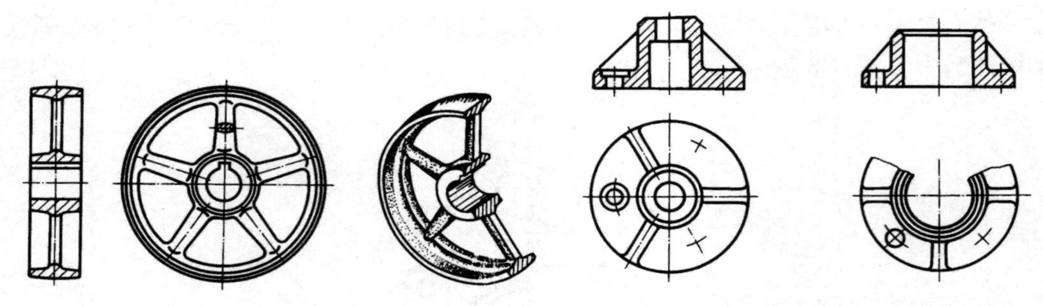

图 7-61　轮辐的剖切画法　　　　图 7-62　肋、均匀分布孔的简化画法

（12）在不致引起误解的情况下，零件图中的小圆角、锐边的小倒角或 45°小倒角允许省略不画，但必须注明尺寸或在技术要求中加以说明，如图 7-63 所示。

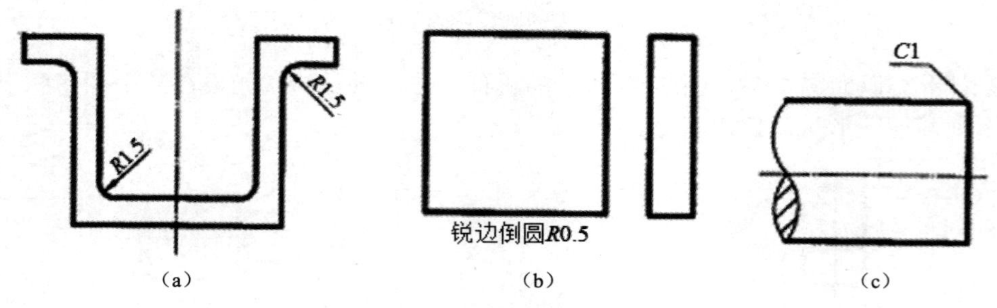

图 7-63　小倒角、小圆角的简化画法

（13）圆柱法兰盘和类似零件上的均布孔可按如图 7-64 所示的画法绘制。

（14）在剖视图的剖面中，可再作一次局部剖，当采用这种表达方法时，两个剖面线应同方向、同间隔，但要互相错开，并用指引线标注其名称，当剖切位置明显时也可以省略，如图 7-65 所示。

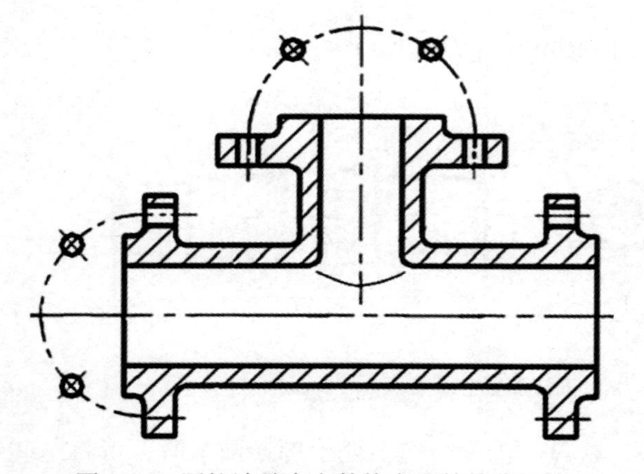

图 7-64　圆柱法兰盘上的均布孔的简化画法

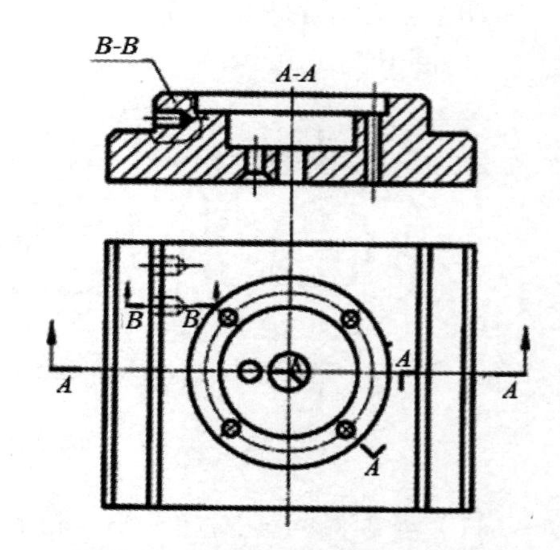

图 7-65　在剖视图中再作局部剖

7.5 表达方法的综合应用

7.5.1 表达方法小结

机件的表达方法很多，常用的表达方法有视图、剖视图和断面图。

1．视图

视图主要用于表达机件的外部结构和形状。

（1）基本视图。

基本视图用于表达机件的整体外形，当配置位置固定时，不加任何标注；否则需要标注。

（2）向视图。

向视图用于表达机件的整体外形，可自由配置，需要标注。

（3）局部视图。

局部视图用于表达机件的局部外形。局部视图的配置位置有两种：按投影关系配置和平移配置。局部视图一般需要标注，其标注方法同向视图的标注方法。当局部视图按投影关系配置且中间没有其他图形隔开时，标注可省略。

（4）斜视图。

斜视图是向新加的投影面进行投射而形成的，用于表达机件倾斜部分的外形。斜视图的配置位置有三种：按投影关系配置、平移配置和旋转配置。斜视图必须标注，其标注方法同向视图的标注方法。

2．剖视图

剖视图主要用于表达机件的内部结构形状。

（1）全剖视图。

全剖视图用于表达机件的整个内形（剖切面完全切开机件），即将剖切面和观察者之间的部分全部移走，全剖视图表达内形“最完整”。全剖视图适用于内繁外简或内外均繁但外形在其他视图中已表达清楚的形体。

（2）半剖视图。

半剖视图用于表达有对称平面的机件的外形与内形（以对称中心线为界），即将剖切面和观察者之间的一半移走。半剖视图应用条件“最苛刻”，它适用于内、外形状均需要表达的对称或基本对称的机件。

（3）局部剖视图。

局部剖视图用于表达机件的局部内形和保留机件的局部外形（局部地剖切），即将剖切面和观察者之间的部分移走，既不是一半，又不是全部。局部剖视图表达内形“最灵活”，所有不适合用全剖视图和半剖视图表达的机件都可以考虑用局部剖视图来表达。

剖视图的剖切面可以分为两大类：单一剖切面和几个剖切面。其中，单一剖切面包括剖切面与基本投影面平行和剖切面与任何基本投影面都不平行（斜剖）两种情况；几个剖切面分为几个剖切面相互平行和几个剖切面相交两种情况。不论采用哪种剖切方法，都可以根据实际情况画成全剖视图、半剖视图和局部剖视图。

除单一剖切面通过机件的对称面或剖切位置明显且中间无其他图形隔开时，可省略标注外，其余剖切方法都必须标注。标注方式为：在剖切平面的起、迄、转折处画出剖切符号，并注上相同的字母，在起、迄的剖切符号外侧画出箭头以表示投射方向，在所画的剖视图的上方中间位置用相同的字母标注出其名称“×-×”。

3．断面图

断面图主要用于表达机件个别部分的结构形状。

（1）移出断面图。

配置在视图之外的断面图称为移出断面图。移出断面图用于表达机件局部结构的断面形状。移出断面图的轮廓线必须用粗实线绘制。一般情况下，画出断面的真实形状；特殊情况下，被剖切结构按剖视图绘制。

（2）重合断面图。

画在视图内的断面图称为重合断面图。重合断面图用于表达机件局部结构的断面形状，且不影响图形的清晰度。为了与视图中的轮廓线相区分，重合断面图的轮廓线必须用细实线绘制。

另外，还有局部放大图和简化画法及其他规定画法，如何正确、灵活地运用这些表达方法，以完整、简洁、清晰地表达物体的形状是本章的重点和难点。在确定表达方案时，不仅要用最少的视图，还要考虑尺寸标注问题及如何才能便于画图和读图的问题。因此，在确定表达方案时，既要使每个视图、剖视图、断面图和局部放大图等都具有明确的表达目的，又要注意它们之间的相互联系，避免重复表达。同一物体可能有多种表达方案，一定要对各种表达方案进行分析比较，以找出较好的方案。

7.5.2　表达方法应用举例

1．支架

图 7-66（a）为支架的立体图，在选择机件的表达方案时，可按下列步骤进行。

（1）分析机件形体。

对机件进行形体分析是确定机件表达方案的基础。如图 7-66（a）所示，该支架由三部分组成：上部的空心圆柱及左侧的凸台、中间的倾斜 T 形肋板、下部的底座。其中，空心圆柱左侧的凸台分为上、下两部分，上半部分有光孔，下半部分有螺纹孔；T 形肋板的一个端面为圆弧面；底座上有两个通孔。

（2）选择主视图。

选择表达方案，重要的是选择主视图，应选择最能反映机件特征的视图作为主视图，同时必须将机件的主要轴线或主要平面尽可能地放在平行于基本投影面的位置。因此，把支架的主要轴线——空心圆柱的轴线正垂放置，如图 7-66（b）所示，这样能清楚地表达出支架各部分之间的连接关系，而且 T 形肋板的倾斜位置也能表达清楚。上部左侧凸台采用局部剖视图来表达它的内部结构，下部底座也采用局部剖视图来表达其上两孔的结构。为了将 T 形肋板表达清楚，采用通过两个剖切面剖切得到的移出断面图（中间断开）。

（3）选择其他视图。

主视图只表达了机件主要的形状特征，还需要其他视图的辅助，以完整地表达机件。左视图进一步表达肋板、底座及其上的孔的形状等，采用局部剖视图将上部圆柱的内形表达清楚；圆柱左侧的凸台的内形在局部剖视图中已表达出来了，左视图中不需要有该结构的表达，因此，采用一个局部视图将该凸台的外形表达清楚。这样，用四个图形来表达支架，既清晰又简练。

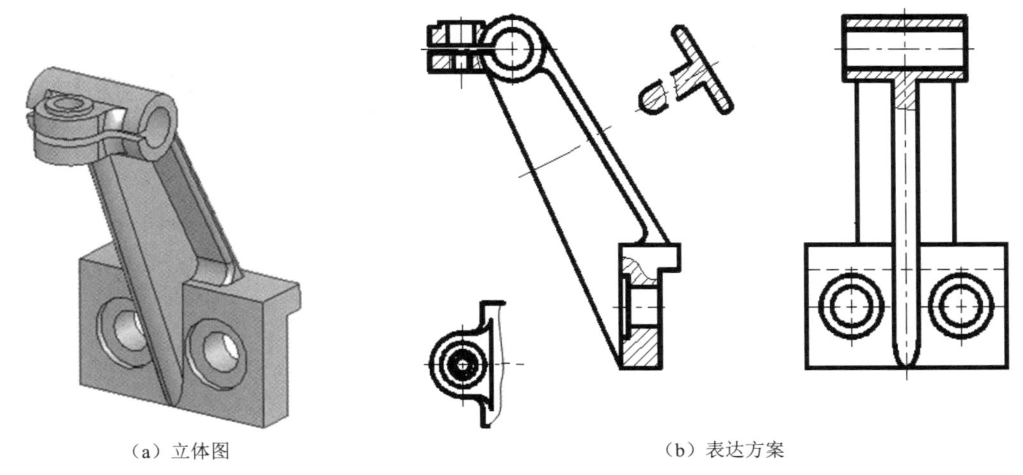

（a）立体图　　（b）表达方案

图 7-66　支架

2．底座

图 7-67 给出了底座的两种表达方案。

如图 7-67（a）所示，在方案一中，主视图采用全剖视图来表达阀体的内腔结构形状；俯视图采用半剖视图来表达顶部圆盘的外形和小孔的结构及分布，同时表达出了中间圆柱与底板的形状；左视图采用半剖视图来表达左侧凸缘的形状与阀体的内腔形状。

由于方案一中的左视图存在重复表达的问题，因此只需画出凸缘的 *B* 向局部视图，将肋板厚度及底板上孔的形状放到主视图中去表达即可，改进后的方案二如图 7-67（b）所示。

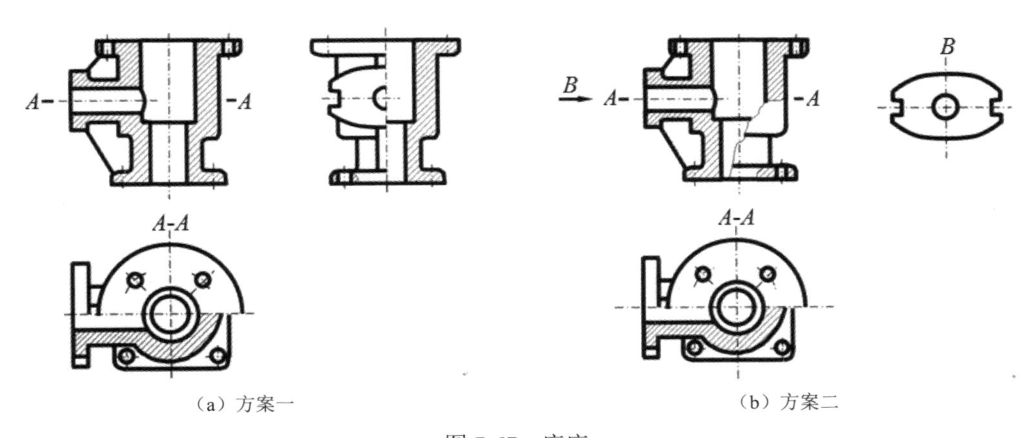

（a）方案一　　（b）方案二

图 7-67　底座

第8章

标准件和常用件

在各种机器或设备中，经常会用到螺栓、螺母、垫圈、键、销、滚动轴承、弹簧和齿轮等零件，由于这些零件的用途广、用量大，需要成批和大量生产，所以为了便于制造和选用，国标对这些零件的结构和尺寸实行了标准化，在结构、尺寸、画法、标记等各方面都已标准化的零件称为标准件，如螺纹紧固件、键、销和滚动轴承等；仅将部分重要结构要素标准化的零件称为常用件，如齿轮和弹簧等。

在加工标准件和常用件时，可以使用标准的刀具和专用机床，从而高效率地获得产品；在装配或维修机器时，也能按规格选用或更换标准件和常用件。在绘图时，对这些零件的结构和形状，不需要按真实投影画出，只需根据国标规定的画法、代号或标记进行绘制和标注即可。至于它们的结构和尺寸，可以根据标记查阅相关的国标，这样不但不会影响这类零件的制造，而且可以大大提高绘图速度。

本章主要介绍几种常用的标准件（螺纹及其紧固件、键、销和滚动轴承）与齿轮、弹簧两种常用件。这部分知识与图样画法相辅相成，也是学习装配图画法的基础和机械产业技术人员必须具备的机械常识。

8.1 螺纹及其紧固件

螺纹及其紧固件是工程应用中较常见也较实用的紧固连接零件，具有广泛的应用。

8.1.1 螺纹

1．螺纹的形成

螺纹是在圆柱、圆锥等回转面上，沿着螺旋线所形成的具有相同轴向断面的连续凸起和沟槽。在圆柱、圆锥等外表面上形成的螺纹称为外螺纹；在圆柱、圆锥等内表面上形成的螺纹称为内螺纹。

螺纹的加工方法很多，图 8-1 为在车床上车削螺纹的加工示意图。圆柱螺旋线是通过一动点沿圆柱的素线方向做等速直线运动，同时，该素线又绕圆柱的轴线做等角速度旋转运动，从而在圆柱面上形成的曲线。在车床上加工螺纹正是利用了螺旋线的形成原理，如图 8-1 所示，工件绕轴线做等速回转运动，刀具沿轴线做等速移动且切入工件一定的深度，即可切削出螺纹。这里，动点的等速旋转运动是由车床的主轴带动工件的转动来实现的；动点沿圆柱素线方向的等速直线运动是由刀具的移动实现的。对于直径较小的内螺纹，应先用钻头加工出光孔，再用丝锥加工出内螺纹，如图 8-2（a）所示；对于直径较小的外螺纹，一般用板牙套扣，如图 8-2（b）所示。

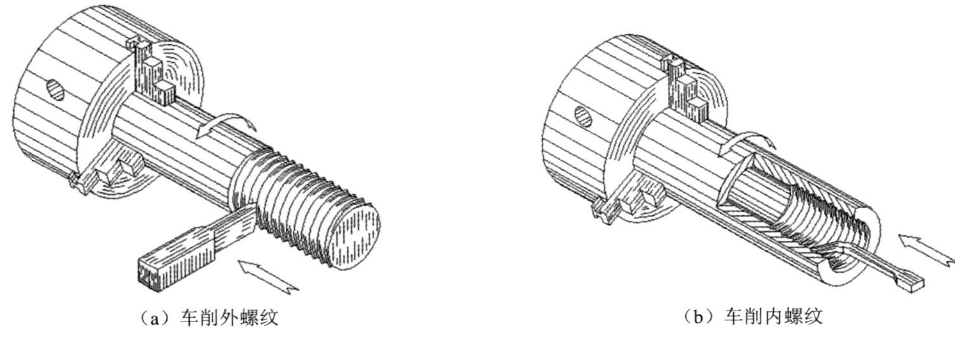

（a）车削外螺纹　　（b）车削内螺纹

图 8-1　在车床上车削螺纹

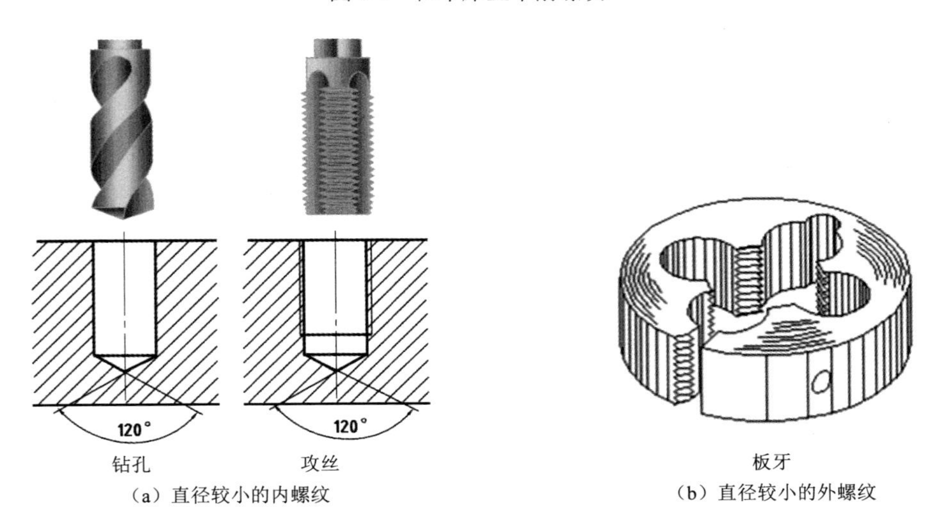

（a）直径较小的内螺纹　　（b）直径较小的外螺纹

图 8-2　直径较小的螺纹加工

2．螺纹的要素

内、外螺纹是互相配合使用的。内、外螺纹要能旋合在一起，下列五个要素必须一致。

（1）牙型。

可将螺纹看作一个平面图形沿着圆柱螺旋线运动而形成，这个平面图形就是螺纹的牙型。因此，沿螺纹的轴线方向剖开所得到的螺纹剖面形状即螺纹的牙型。常见的螺纹牙型有三角形、梯形、锯齿形、矩形等，如图 8-3 所示。

（2）直径。

螺纹的直径分为大径、中径和小径，如图 8-4 所示。其中，螺纹的大径是代表螺纹规格尺寸的直径，称为公称直径，是螺纹的最大直径，即与外螺纹的牙顶或内螺纹的牙底相重合的假想圆柱面的直径，用 d（外螺纹）或 D（内螺纹）表示；螺纹的小径是与外螺纹的牙底和内螺纹的牙顶相重合的假想圆柱面的直径，用 d_1（外螺纹）或 D_1（内螺纹）表示；螺纹的中径是通过螺纹轴向截面内牙型上的沟槽和凸起宽度相等处的假想圆柱的直径，用 d_2（外螺纹）或 D_2（内螺纹）表示，它是控制螺纹精度的重要参数之一。

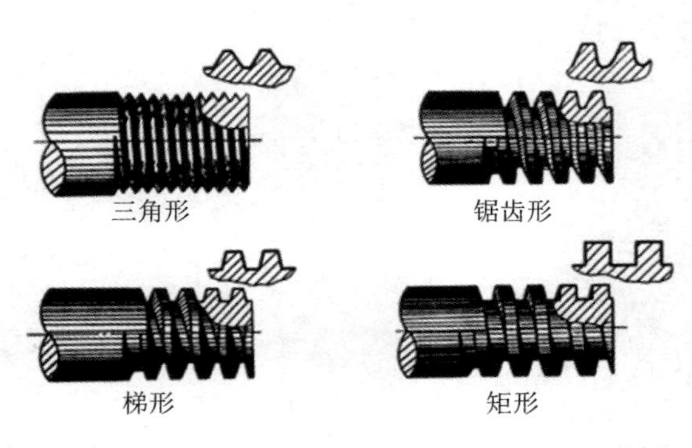

图 8-3　螺纹的牙型

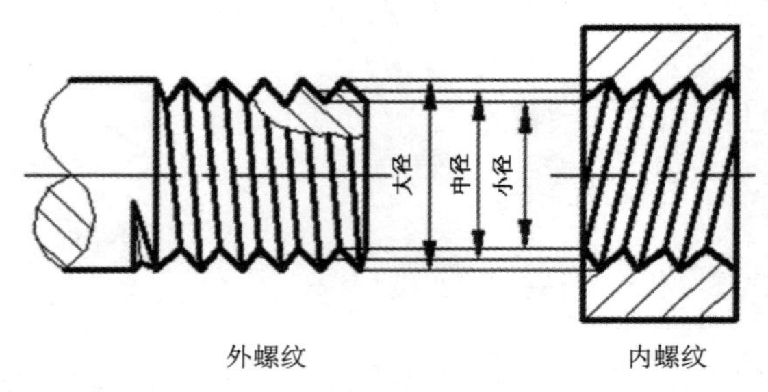

图 8-4　螺纹的直径

（3）线数 n。

螺纹有单线和多线之分，线数用 n 表示。沿一条螺旋线形成的螺纹称为单线螺纹；沿两条或两条以上螺旋线形成的螺纹称为多线螺纹，如图 8-5 所示。

（4）螺距 P 和导程 P_h。

螺纹相邻两牙在中径线上对应两点间的轴向距离称为螺距，用 P 表示。同一条螺旋线上的相邻两牙在中径线上对应两点间的轴向距离称为导程，用 P_h 表示，实际上，导程是沿同一条螺旋线转一周时轴向移动的距离。因此，单线螺纹的导程等于螺距，多线螺纹的导程等于螺距和线数的乘积，即 $P_h=P\times n$，如图 8-5 所示。

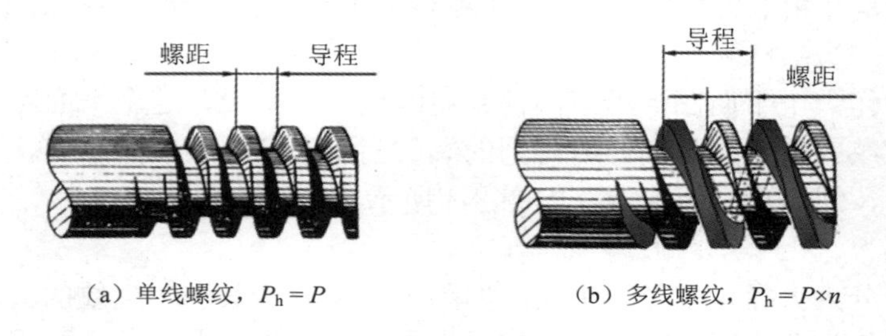

（a）单线螺纹，$P_h = P$　　（b）多线螺纹，$P_h = P\times n$

图 8-5　螺纹的线数、螺距和导程

（5）旋向。

螺纹旋入时的转动方向称为旋向，有左旋和右旋之分。顺时针旋转时，旋入的螺纹是右旋螺纹；逆时针旋转时，旋入的螺纹是左旋螺纹。与螺旋线一样，如果将螺纹竖起来看，则螺纹可见部分向右上升的是右旋螺纹，向左上升的是左旋螺纹，如图 8-6 所示。一般常用右旋螺纹。

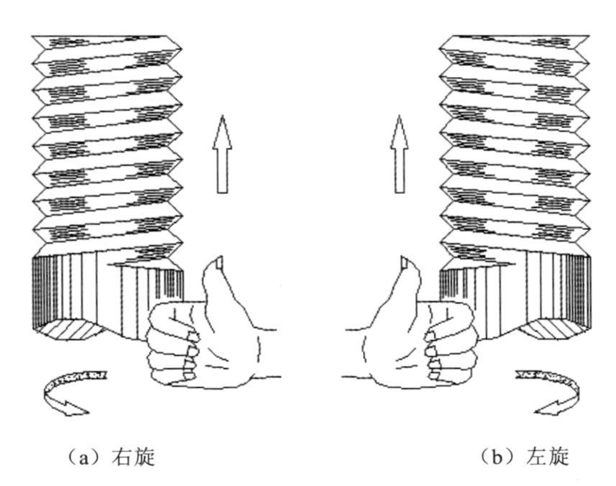

（a）右旋　　（b）左旋

图 8-6　螺纹的旋向

螺纹的三要素——牙型、直径和螺距是决定螺纹的最基本的要素。其中，三要素符合国标的称为标准螺纹；仅牙型符合国标，而直径或螺距不符合的称为特殊螺纹；牙型不符合国标的，如矩形螺纹（见图 8-3），称为非标准螺纹。

3．螺纹的结构

图 8-7 画出了螺纹的末端、收尾和退刀槽。关于普通螺纹的倒角和退刀槽可查阅相关国标。

（1）螺纹末端。

为了在安装时防止螺纹端部损坏，将螺纹的起始处加工成锥形的倒角或球形的倒圆，如图 8-7（a）所示。

（2）螺纹的收尾和退刀槽。

在车削螺纹时，当刀具接近螺纹末尾处时，要逐渐离开工件，因此，螺纹收尾部分的牙型是不完整的，螺纹的这种具有不完整牙型的收尾部分称为螺尾。因此，为了避免产生螺尾，可以预先在螺纹终止处加工出退刀槽，再车削螺纹，如图 8-7（b）所示。

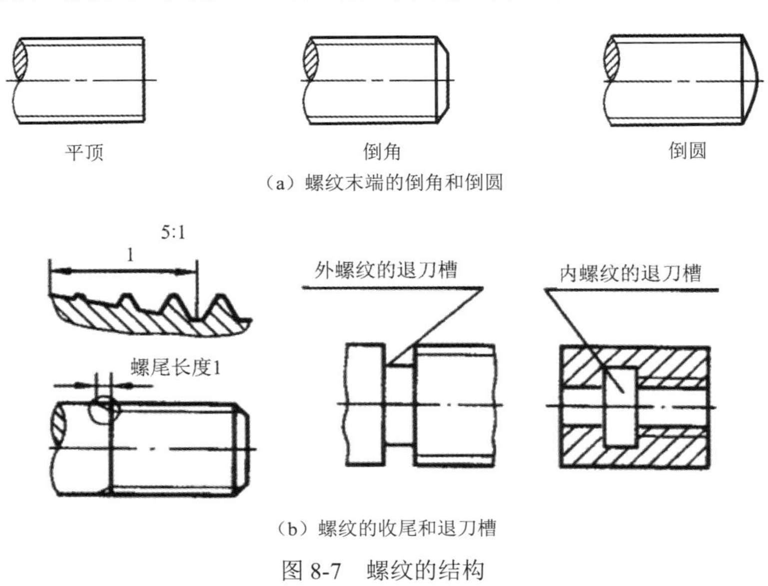

（a）螺纹末端的倒角和倒圆

（b）螺纹的收尾和退刀槽

图 8-7　螺纹的结构

4．螺纹的规定画法

由于螺纹已标准化，因此，在实际作图时，没有必要将其真实形状按正投影画出来，国标对螺纹的画法做了规定。

（1）外螺纹的规定画法。大径用粗实线绘制、小径用细实线绘制。在投影为圆的视图中，表示大径的圆用粗实线绘制、表示小径的圆用细实线绘制 3/4 圈、倒角的圆省略不画，如图 8-8（a）所示。图 8-8（b）为带孔的螺杆的剖视画法。当需要表达螺纹的螺尾时，如图 8-8（c）所示，螺尾部分的牙底与轴线成 30°。

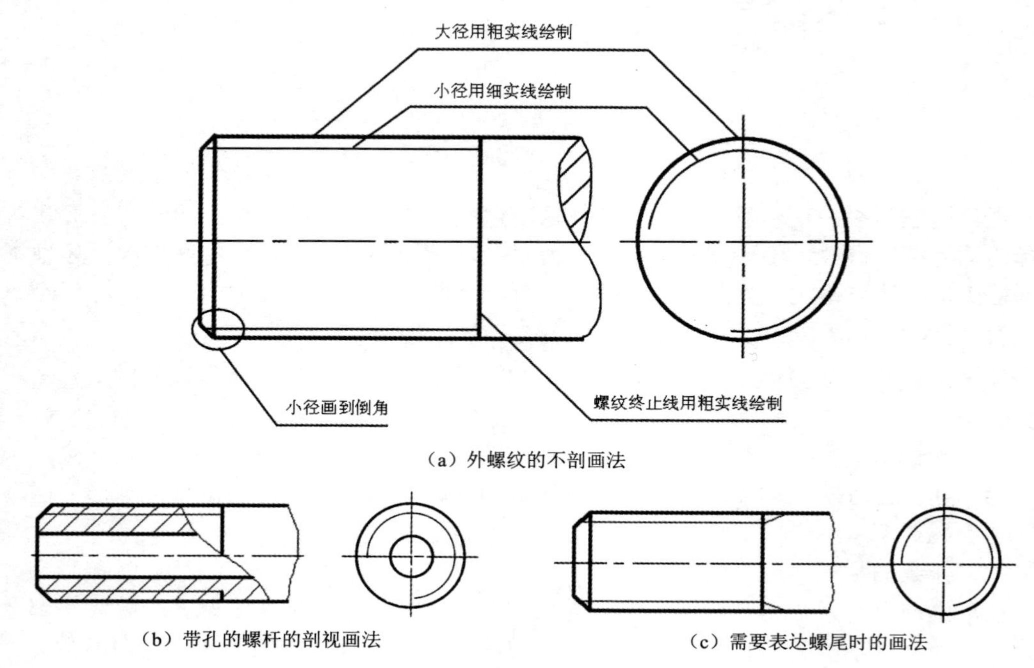

图 8-8　外螺纹的规定画法

（2）内螺纹的规定画法。内螺纹一般采用剖视图，螺纹牙顶所在的轮廓线即小径，用粗实线绘制，螺纹牙底所在的轮廓线即大径，用细实线绘制，如图 8-9 所示。

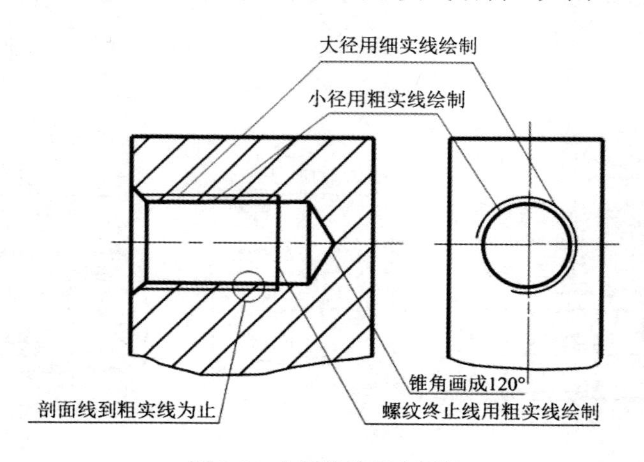

图 8-9　内螺纹的规定画法

（3）非标准螺纹的画法。对于标准螺纹，只需注明代号，不必画出牙型；而对于非标准螺纹，如矩形螺纹，则需要在零件图上作局部剖视表示牙型，或者在图形附近画出螺纹的局部放大图，如图 8-10 所示。

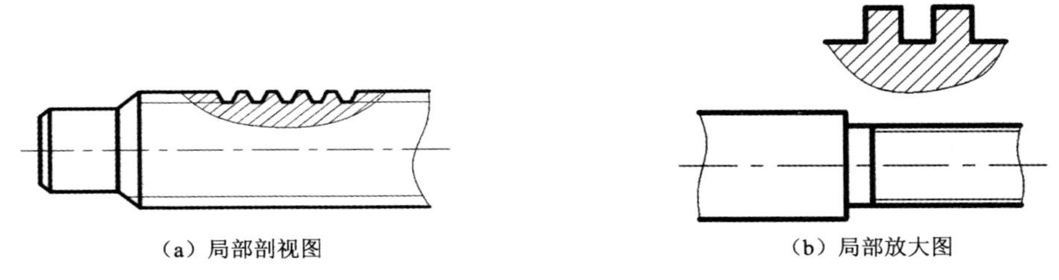

（a）局部剖视图　　（b）局部放大图

图 8-10　螺纹牙型的表示方法

（4）内、外螺纹旋合的规定画法。当用剖视图表示内、外螺纹旋合时，其旋合部分应按外螺纹的规定画法绘制，其余部分仍按各自的规定画法绘制，表示大径、小径的粗实线和细实线应分别对齐（与倒角的大小无关），如图 8-11 所示。

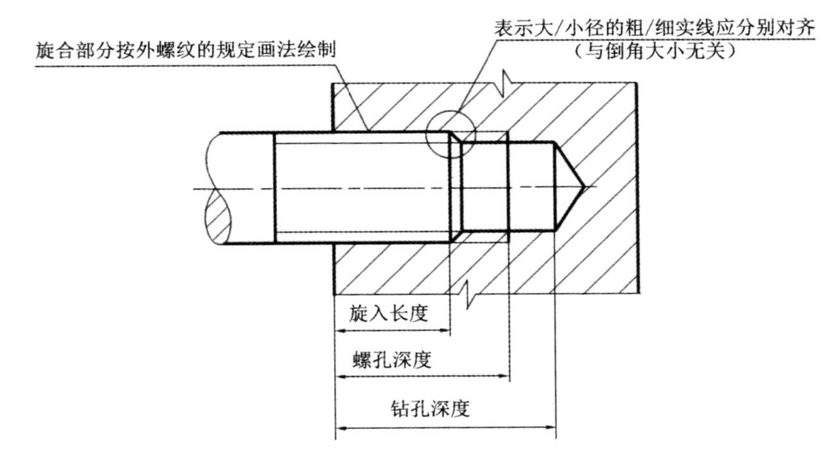

图 8-11　内、外螺纹旋合的规定画法

5. 螺纹的标注

螺纹按用途分为连接螺纹和传动螺纹两类。连接螺纹起连接作用，传动螺纹起传递动力的作用。常用的连接螺纹主要有普通螺纹和管螺纹。其中，普通螺纹又分为粗牙普通螺纹和细牙普通螺纹；管螺纹又分为非螺纹密封的管螺纹和用螺纹密封的管螺纹。常见的传动螺纹分为梯形螺纹和锯齿形螺纹。

螺纹按规定画法画出后，只能区分是内螺纹还是外螺纹，对于螺纹的牙型、直径等要素，需要用标注代号或标记的方式来说明。

1）普通螺纹

最新的国标规定，完整的普通螺纹的标记由下列几部分构成：

螺纹特征代号	尺寸代号	-	公差等级代号	-	其他有必要说明的信息

（1）普通螺纹的特征代号是大写字母“M”。

（2）螺纹的尺寸代号。

① 单线普通螺纹的尺寸代号为“公称直径×螺距”。对于粗牙普通螺纹，每个公称直径对应唯一的螺距，故不标注螺距；对于细牙普通螺纹，每个公称直径有几个不同的螺距可供选择，故需要标注螺距。

例如，公称直径为 10mm、螺距为 1mm 的单线细牙普通螺纹的标记为 M10×1；公称直径为 10mm、螺距为 1.5mm 的单线粗牙普通螺纹的标记为 M10。

② 多线普通螺纹的尺寸代号为“公称直径×Ph 导程值 P 螺距值”。

例如，公称直径为 10mm、螺距为 1.5mm、导程为 3mm 的双线普通螺纹的标记为 M10×Ph3P1.5。

（3）螺纹的公差等级代号包括中径公差等级代号和顶径公差等级代号，中径公差等级代号写在前面，顶径公差等级代号写在后面。当二者相同时，只标注一个公差等级代号。用大写字母表示内螺纹的公差等级代号，用小写字母表示外螺纹的公差等级代号。

（4）其他有必要说明的信息一般包括旋合长度代号和旋向代号等。普通螺纹的旋合长度代号有三种，即 L（长旋合长度）、N（中等旋合长度）、S（短旋合长度），其中中等旋合长度可省略不标。旋合长度代号与前面的公差等级代号之间用“-”隔开；旋向代号在旋合长度代号后面标注，用“-”隔开。右旋螺纹不标注旋向代号；对于左旋螺纹，在旋合长度代号之后标注“LH”。

例如，M10×1-5g6g-S-LH 表示公称直径为 10mm、螺距为 1mm 的普通外螺纹，单线，细牙，中径和顶径的公差等级代号分别为 5g 和 6g，短旋合长度，左旋。

对普通螺纹从大径处引出尺寸线，按标注尺寸的形式进行标注，如图 8-12 所示。

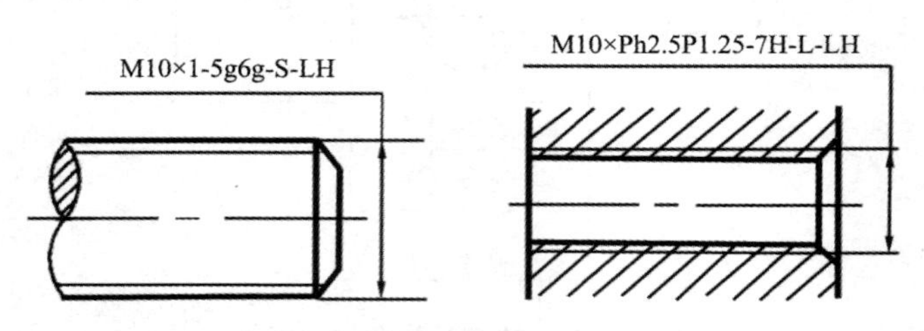

图 8-12　普通螺纹的标注示例

2）管螺纹

管螺纹的标记形式如下：

螺纹特征代号	尺寸代号	公差等级代号	-	旋向

管螺纹分为 55°非密封管螺纹和 55°密封管螺纹两种。55°非密封管螺纹是指螺纹副本身不具有密封性质的管螺纹；55°密封管螺纹的内、外螺纹特征代号均为 G，它本身具有密封性，分圆锥内螺纹与圆锥外螺纹或圆柱内螺纹与圆柱外螺纹两种连接形式。其中，与圆锥外螺纹旋合的圆柱内螺纹的特征代号为 Rp，与圆锥外螺纹旋合的圆锥内螺纹的特征代号为 Rc，与圆柱内螺纹旋合的圆锥外螺纹的特征代号为 R_1，与圆锥内螺纹旋合的圆锥外螺纹的特征代号为 R_2。

管螺纹的尺寸代号不是螺纹的大径，而是管子孔径的近似值。管螺纹的大径、小径和螺距可查阅相关国标。

55°非密封管螺纹的外螺纹的公差等级有 A 级和 B 级两种，需要标记在尺寸代号之后。55°非密封管螺纹的内螺纹和 55°密封管螺纹不标注公差等级，当为左旋螺纹时，在尺寸代号或公差等级代号之后加注“LH”。例如，尺寸代号 2、右旋、55°非密封管螺纹的内螺纹的标记为 G2；尺寸代号 3/4、左旋、与圆锥外螺纹旋合的圆锥内螺纹的标记是 Rc3/4LH。

对于管螺纹的标注，在图样上采取由螺纹大径斜向引出标注法，如图 8-13 所示。

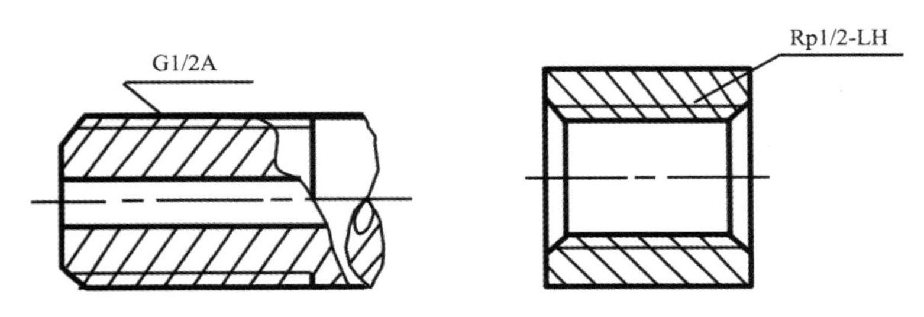

图 8-13　管螺纹的标注示例

3）梯形螺纹和锯齿形螺纹

梯形螺纹主要用来传递双向动力，如机床的丝杠；锯齿形螺纹主要用来传递单向动力，如千斤顶中的螺杆。

梯形螺纹和锯齿形螺纹的完整标记形式如下：

螺纹特征代号	公称直径	×螺距	旋向代号	-	公差等级代号	-	旋合长度代号

梯形螺纹的特征代号是“Tr”，锯齿形螺纹的特征代号为“B”。如果是单线螺纹，则只标注螺距；如果是多线螺纹，则标注“导程(P 螺距)”。梯形螺纹和锯齿形螺纹的公差等级代号只标注螺纹中径的公差等级代号。梯形螺纹旋合长度分为中等旋合、长旋合两种，相应的旋合长度代号分别为 N 和 L。当梯形螺纹的旋合长度为中等旋合时，不标注旋合长度代号；当梯形螺纹的旋合长度为长旋合时，应标注旋合长度代号“L”。例如，梯形螺纹，公称直径为 40mm，导程为 14mm，螺距为 7mm，左旋，中径的公差等级代号（公差带代号）为 6H，其标记为 Tr40×14(P7)LH-6H。

梯形螺纹和锯齿形螺纹在图样上的标注与普通螺纹在图样上的标注类似，均是标注在螺纹大径的尺寸线上或尺寸线的延长线上，如图 8-14 所示。

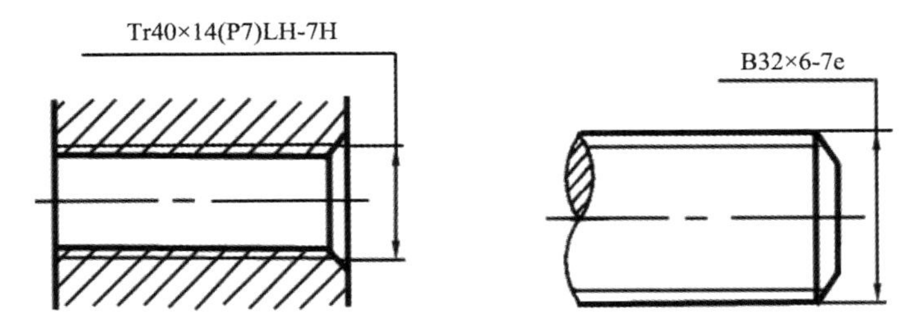

图 8-14　梯形螺纹和锯齿形螺纹的标注示例

对于非标准螺纹，必须标注其全部尺寸，如图 8-15 所示。

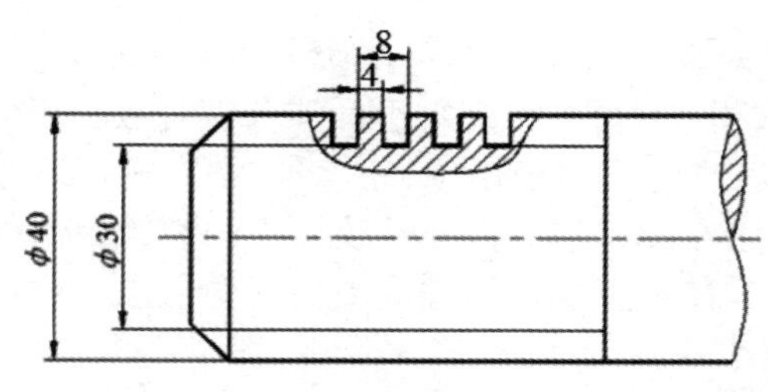

图 8-15　非标准螺纹的标注示例

8.1.2　螺纹紧固件

用螺纹将被连接件紧固在一起的螺栓、螺柱、螺钉、螺母、垫圈等称为螺纹紧固件，如图 8-16 所示。它们在各种机器产品、武器装备等上面都得到了广泛的应用。螺纹紧固件的结构、尺寸都已经标准化，并由有关专业工厂大量生产。根据规定的标记，可以在相应的标准中查出有关尺寸。因此，对符合标准的螺纹紧固件，不需要详细画出它们的零件图。

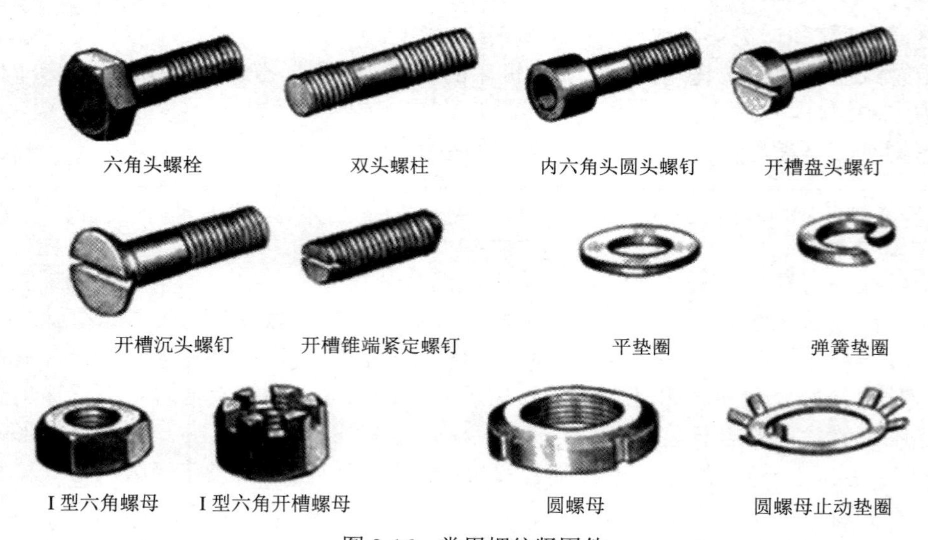

图 8-16　常用螺纹紧固件

螺纹紧固件完整的标记内容及顺序为类别（产品名称）、标准编号、螺纹规格或公称尺寸、其他直径或特性、公称长度（规格）、螺纹长度或杆长、产品形式、性能等级或硬度材料、产品等级、扳拧形式、表面处理。根据标记的简化原则，螺纹紧固件的标记采用简化标记，允许省略标准的年代号（以现行标准为准）和仅有一种的产品形式、性能等级、产品等级、表面处理等内容。常用螺纹紧固件的标注示例及说明如表 8-1 所示。

表 8-1　常用螺纹紧固件的标记示例及说明

名称及标准编号	图　例	标 记 示 例	标记示例的说明
六角头螺栓 GB/T 5782—2016	d l	螺栓 GB/T 5782 M12×80	螺纹规格为 M12、公称长度 l=80mm、性能等级为 8.8 级、表面氧化、产品等级为 A 级的六角头螺栓

续表

名称及标准编号	图　例	标 记 示 例	标记示例的说明
双头螺柱 GB 898—88 （b_m=1.25d）	d, b_m, l	螺柱 GB 898 M12×60	螺纹规格为 M12、公称长度 l=60 mm、性能等级为常用的 4.8 级、不经表面处理、b_m=1.25d、两端均为粗牙普通螺纹的 B 型双头螺柱
开槽圆柱头螺钉 GB/T 65—2016	d, l	螺钉 GB/T 65 M10×60	螺纹规格为 M10、公称长度 l=60 mm、性能等级为常用的 4.8 级、不经表面处理、产品等级为 A 级的开槽圆柱头螺钉
开槽长圆柱端紧定螺钉 GB/T 75—2018	d, d_p, l	螺钉 GB/T 75 M5×12	螺纹规格为 M5、公称长度 l=12mm、性能等级为常用的 14H 级、表面氧化的开槽长圆柱端紧定螺钉
1 型六角螺母 GB/T 6170—2015	D, m, e, s	螺母 GB/T 6170 M16	螺纹规格为 M16、性能等级为常用的 8 级、不经表面处理、产品等级为 A 级的 I 型六角螺母
平垫圈 GB/T 97.1—2002	h, d_1, d_2	垫圈 GB/T 97.1 10	标准系列、规格为 10mm、性能等级为常用的 200HV 级、表面氧化、产品等级为 A 级的平垫圈
标准型弹簧垫圈 GB 93—87	S, d, b	垫圈 GB 93—87 16	规格为 16mm、材料为 65Mn、表面氧化的标准型弹簧垫圈

螺纹紧固件的基本连接形式有螺栓连接、双头螺柱连接和螺钉连接三种。螺纹紧固件的连接画法均应符合国标中装配画法的规定。

（1）两零件的接触面或配合表面只画一条轮廓线，不接触面或非配合表面画两条线。

（2）当两零件连接时，不同零件的剖面线方向应相反，或者方向一致、间隔不等。

（3）当剖切面经过各种紧固件及实心零件（如螺钉、螺母、垫圈、轴等）的轴线时，它们按不剖绘制，仍可画外形，需要时可采用局部剖视图。

1. 螺栓连接

1）应用场合

螺栓连接常用的连接件有螺栓、螺母和垫圈。螺栓连接用于被连接件都不太厚，能加工成通孔，且要求连接力较大的场合。

当用螺栓连接时，首先在被连接的两个零件上钻出比螺栓大径略大的通孔；然后将螺栓穿过这两个孔，并在螺栓上端套上垫圈；最后用螺母拧紧。

2）连接画法

螺栓连接通常采用简化画法，如图 8-17 所示。螺栓装配图作图说明如下。

（1）在被连接工件上钻光孔时，为装配方便，光孔孔径为 1.1d。

（2）在孔中可见处不要漏线，如图 8-17 中的圆圈处。

（3）螺栓头部和螺母的倒角都省略不画。

（4）螺栓的螺纹终止线必须画到垫圈之下（应在被连接两零件接触面的上方），否则螺母可能拧不紧。

2．双头螺柱连接

1）应用场合

双头螺柱连接常用的连接件有双头螺柱、螺母和垫圈。双头螺柱连接一般用于被连接件之一较厚，不适合加工成通孔，且要求连接力较大的场合，其上部较薄零件加工成通孔。

当用双头螺柱连接时，首先将双头螺柱的旋入端旋入较厚零件的螺孔中；然后让其另一端穿过较薄零件上的通孔，套上垫圈；最后用螺母拧紧。

2）连接画法

螺柱连接的画法如图 8-18 所示。双头螺柱装配图作图说明如下。

（1）在画双头螺柱装配图时，螺纹终止线应与较厚件的螺孔表面平齐。

（2）螺母端的螺纹终止线应在垫圈下的光孔内。

（3）弹簧垫圈的开口处可简化为线宽为 2d 的 60°斜线。

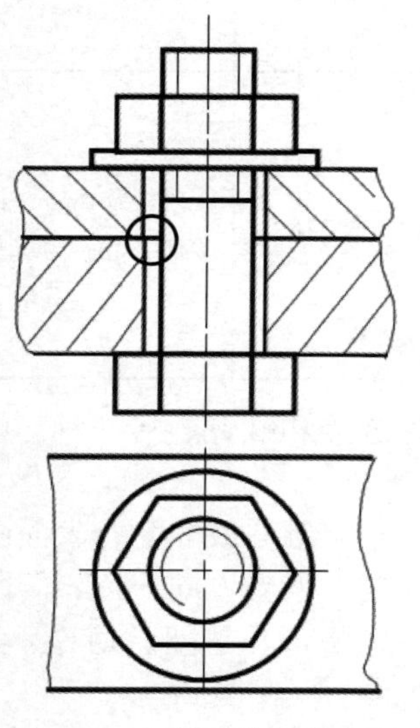

图 8-17　螺栓连接的简化画法

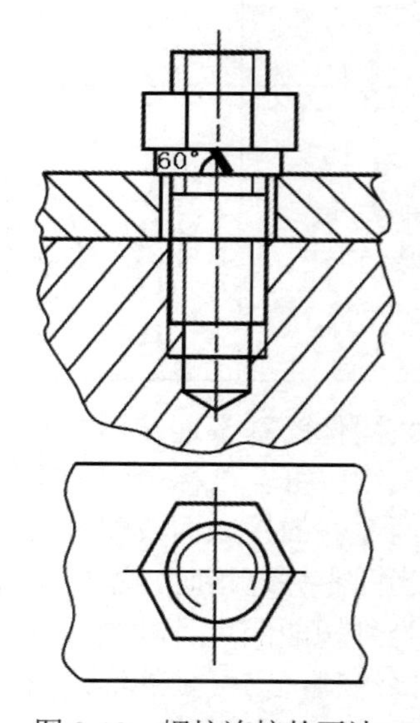

图 8-18　螺柱连接的画法

3. 螺钉连接

1）应用场合

当被紧固件尺寸较小、受力不大且不需要经常拆卸或被连接件之一较厚而不便加工通孔时，通常采用螺钉连接，其紧固作用与双头螺柱连接的紧固作用相似，但不用螺母，而是将螺钉直接旋入螺纹孔内，靠螺钉头部压紧两个被连接件。

2）连接画法

螺钉连接的画法如图 8-19 所示。螺钉装配图作图说明如下。

（1）螺钉的螺纹终止线不可低于较厚件的螺孔表面。

（2）在画螺钉头部的一（或十）字槽时，在主视图上画出槽口，在俯视图上一律画成 45°的斜线（或交线），当槽口过小时，可画成线宽为 $2d$ 的实线。

图 8-20 为几种常见的螺钉连接的画法。

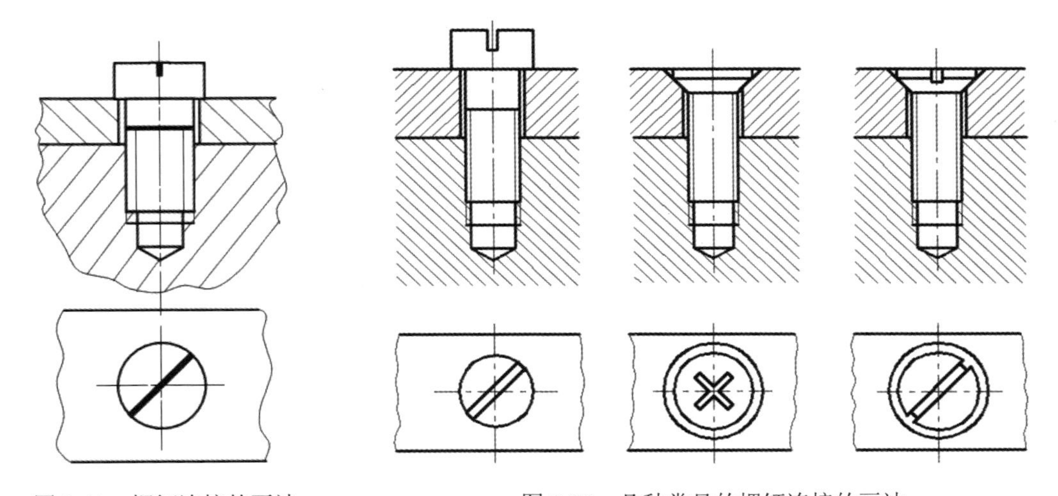

图 8-19　螺钉连接的画法　　图 8-20　几种常见的螺钉连接的画法

8.2　键和销

8.2.1　键

1. 键的用途

键主要用于轴与轴上零件（如齿轮、带轮）的连接，使之不产生相对运动，以传递扭矩。如图 8-21 所示，轴与带轮是依靠普通平键连接的，这样能实现轴与带轮的同步转动，实现传递动力的作用。

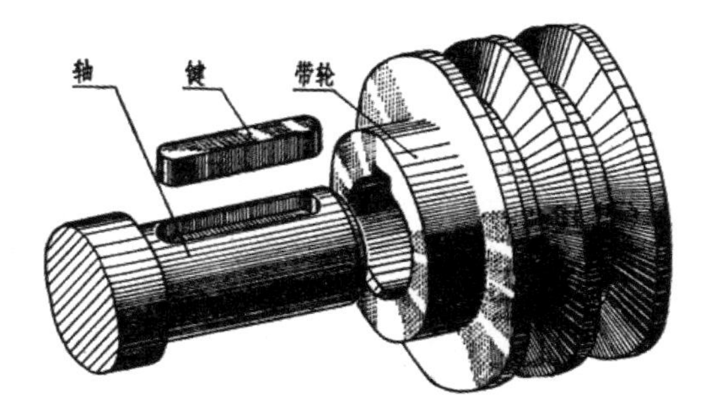

图 8-21　键连接

2. 键的种类及标记

键的种类较多，常用的键有普通平键、半圆键和钩头楔键，如图 8-22 所示。键是标准件，常用的普通平键的尺寸和键槽的断面尺寸可按轴径查阅相关的国标。同样，半圆键和钩头楔键的尺寸、标记等也可查阅相关的国标。

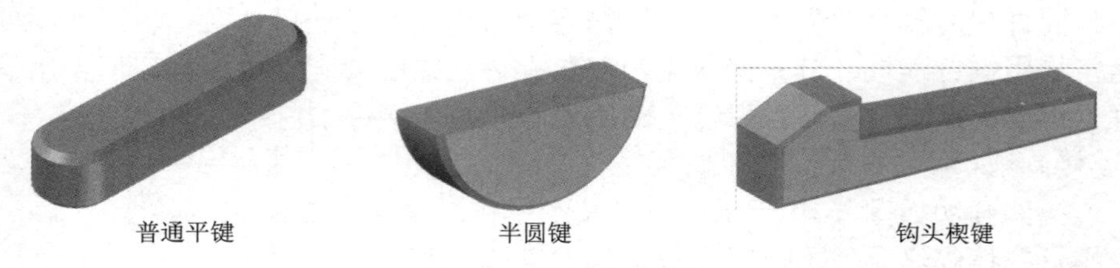

图 8-22　常见的几种键

普通平键的型式有 A 型、B 型、C 型三种，其形状和尺寸如图 8-23 所示。在标记时，A 型普通平键省略 A 字，B 型和 C 型应写出字母 B 或 C。

例如，b=18mm、h=11mm、L=100mm 的圆头普通平键，应标记为：

GB/T 1096—2003 键　18×11×100

又如，b=18mm、h=11mm、L=100mm 的单圆头普通平键，应标记为：

GB/T 1096—2003 键　C18×11×100

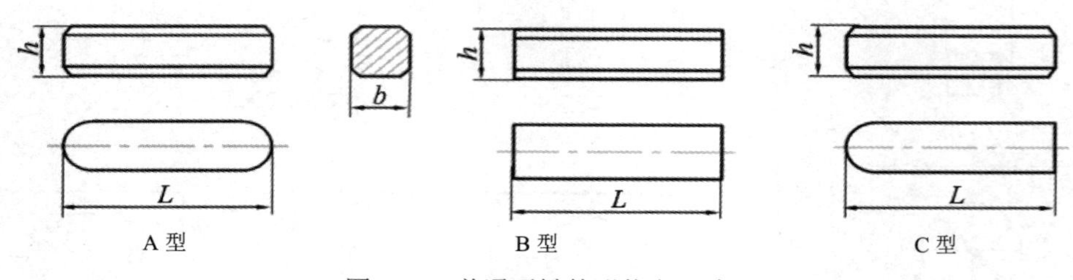

图 8-23　普通平键的形状和尺寸

3．键联接的画法

（1）普通平键。普通平键的两侧面为工作面，因此，在连接时，平键的两侧面与轴和轮毂键槽侧面之间相互接触，没有间隙，只画一条线；键与轮毂的键槽顶面之间是非工作面，不接触，应留有间隙，画两条线，如图 8-24 所示。

（2）半圆键。半圆键一般用在载荷不大的传动轴上，它的连接情况与普通平键的连接情况相似，如图 8-25 所示。

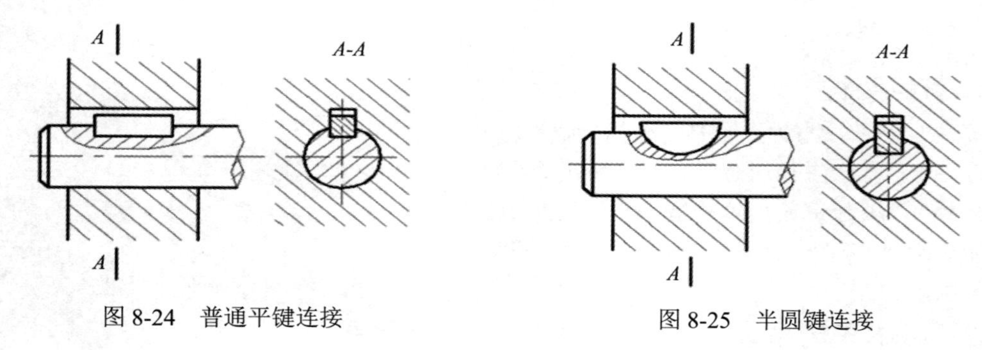

图 8-24　普通平键连接　　　　图 8-25　半圆键连接

（3）钩头楔键。楔键顶面是 1:100 的斜度，在装配时，沿轴向将键打入键槽内，直至打紧，因此，它的上、下面为工作面，两侧面为非工作面。但侧面与键槽侧面之间是过盈配合，因此，在画图时，侧面不留间隙，应画一条线，如图 8-26 所示。

图 8-26　钩头楔键连接

8.2.2　销

1．销的用途

销通常用于零件间的连接和定位。

2．销的种类及标记

常用的销有圆柱销、圆锥销和开口销，如图 8-27 所示。圆柱销和圆锥销主要用于零件间的连接与定位，开口销用来防止螺母松脱。销是标准件，它的型式与尺寸可参阅相关的国标。图 8-28 为三种销的型式及尺寸。

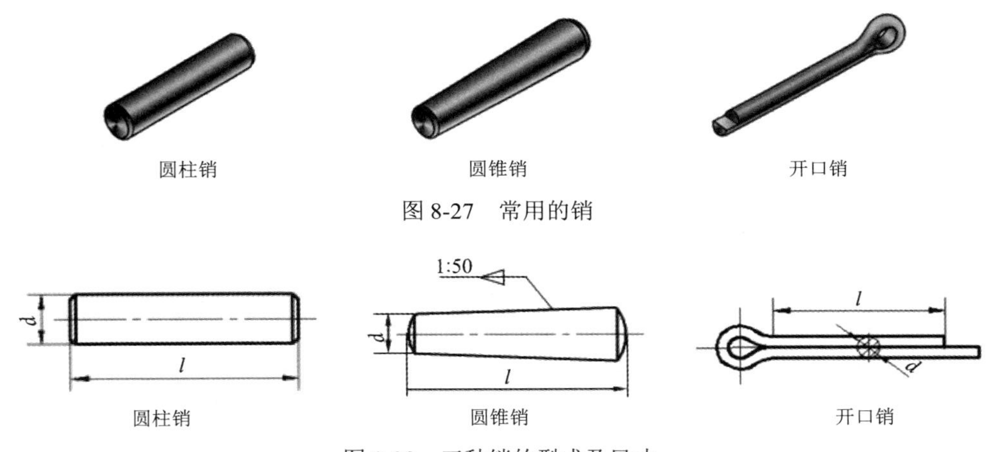

图 8-27　常用的销

图 8-28　三种销的型式及尺寸

例如，公称直径 d=6mm、公差为 m6、公称长度 l=30mm、材料为钢、普通淬火（A 型）、表面氧化处理的圆柱销的标记为：

销　GB/T 119.2　6×30

又如，公称直径 d=6mm、公差为 m6、公称长度 l=26mm、材料为 35 钢、热处理硬度 28-38HRC、表面氧化处理的 A 型圆锥销的标记为：

销　GB/T 117　6×26

再如，公称规格为 5mm、公称长度 l=28mm、材料为碳素钢 Q215 或 Q235、不经表面处理的开口销的标记为：

销　GB/T 91　5×28

3．销连接的装配画法

销连接的装配画法如图 8-29 所示，有以下几点需要注意。

（1）圆锥销的公称直径是指其小头直径，可采用简化注法。

（2）开口销的公称规格是指螺杆或轴上的销孔的直径，开口销的实际尺寸小于公称规格 d。

（3）被连接零件上的圆柱销孔应在装配时同时加工，这一条件应在零件图中的销孔上注明，一般要注写“配作”字样。

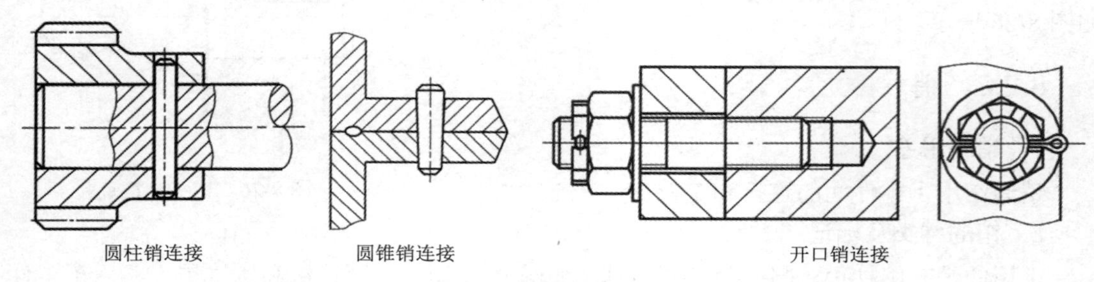

图 8-29　销连接的装配画法

8.3　滚动轴承

滚动轴承是支撑轴旋转及承受轴上载荷的标准部件，它具有结构紧凑、摩擦阻力小和拆卸方便等优点，已被广泛使用在机器或部件中。

8.3.1　滚动轴承的结构

滚动轴承的种类很多，但其结构大体相同，以如图 8-30 所示的深沟球轴承为例，大多数滚动轴承都是由外圈、内圈、滚动体和保持架四部分组成的，通常外圈装在机座的孔内，固定不动；内圈套在轴上，随轴转动。

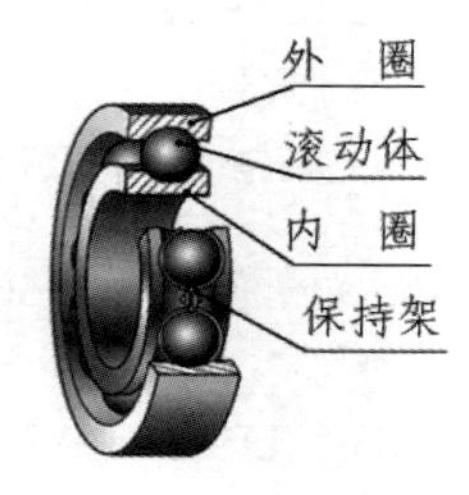

图 8-30　深沟球轴承的结构

8.3.2　滚动轴承的画法

滚动轴承是标准件，一般不需要画零件图。在装配图中，滚动轴承是根据其代号从国标中查出外径 D、内径 d 和宽度 B 或 T 等几个主要尺寸来进行绘制的。当需要较详细地表达滚动轴承的主要结构时，可采用规定画法；当只需简单地表达滚动轴承的主要结构特征时，可采用特征画法。表 8-2 列出了三种常用滚动轴承的规定画法和特征画法。

表 8-2　三种常用滚动轴承的规定画法和特征画法

轴承名称	结构形式	规定画法	特征画法
深沟球轴承	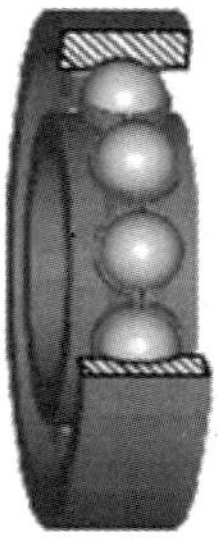	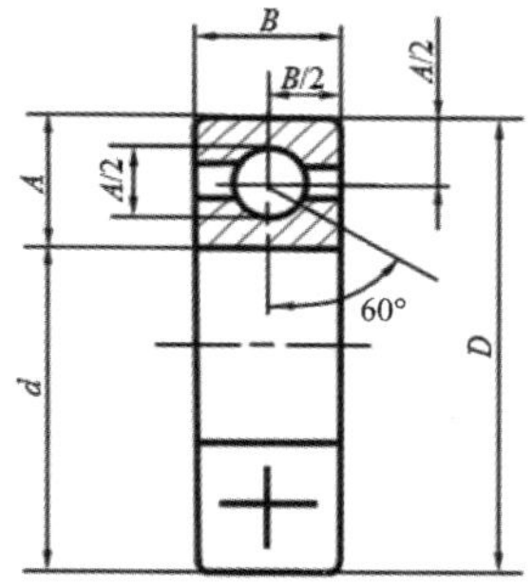	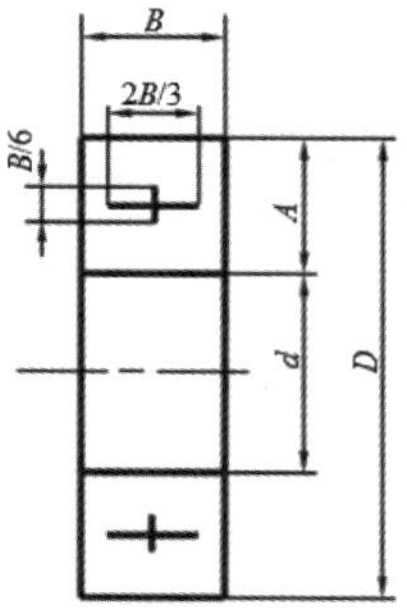
圆锥滚子轴承		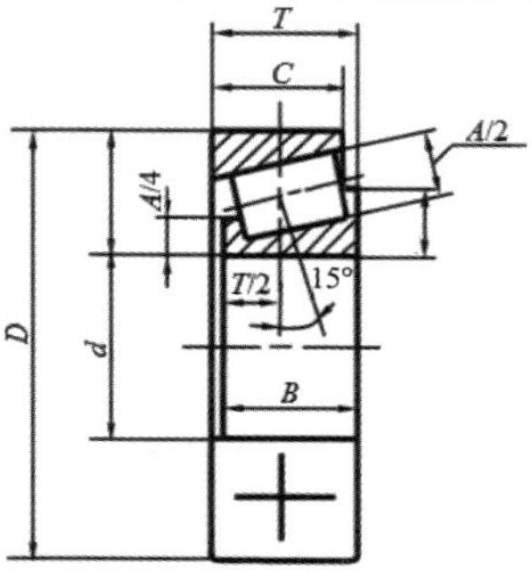	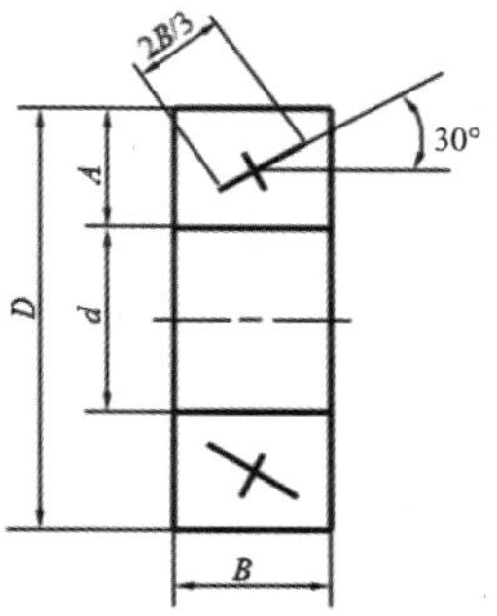
推力球轴承		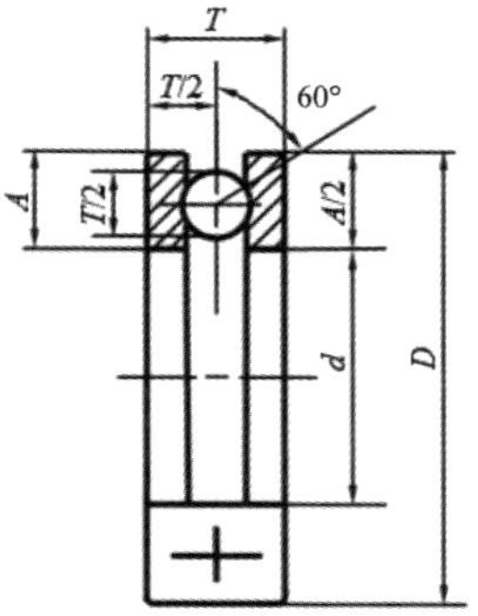	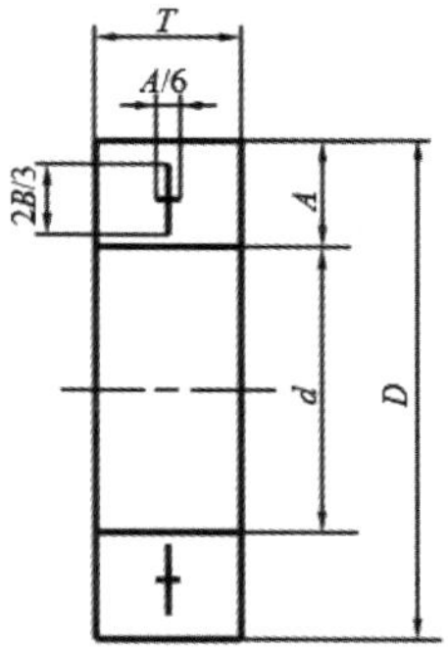

当不需要确切地表达滚动轴承的外形轮廓、载荷特性、结构特性时，可用通用画法，即在矩形线框中央绘制正立十字形符号（十字形符号不与线框接触），如图 8-31 所示。

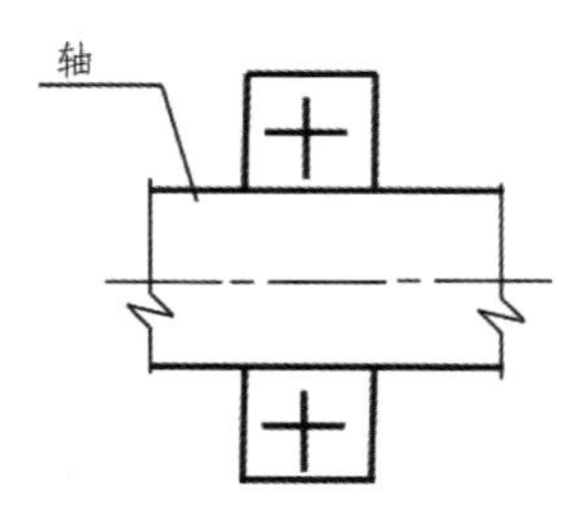

图 8-31　滚动轴承的通用画法

8.3.3 滚动轴承的代号及标记

滚动轴承的代号可查阅相关的国标。滚动轴承常用基本代号表示，基本代号的书写顺序是轴承类型代号、尺寸系列代号和内径代号。其中，轴承类型代号“6”表示深沟球轴承，轴承类型代号“5”表示推力球轴承，轴承类型代号“3”表示圆锥滚子轴承；尺寸系列代号由轴承的宽（高）度系列代号（一位数字）和外径系列代号（一位数字）左右排列组成；对于内径代号，当 10mm≤内径≤495mm 时，代号数字 00、01、02、03 分别表示内径 d=10mm、12mm、15mm、17mm，当代号数字≥04 时，轴承内径由代号数字乘以 5 得到。

滚动轴承的规定标记为“滚动轴承基本代号　国标号”，现举例如下：

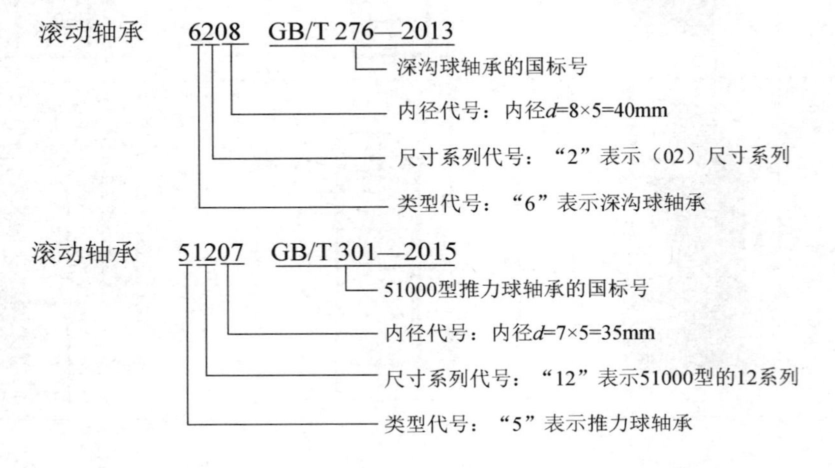

8.4 齿轮

齿轮传动是机械传动中的重要组成部分，它的作用是将一根轴的转动传递给另一根轴，它不仅能传递动力，还能改变转速和回转方向。

齿轮的参数中只有模数和齿形角已经标准化，因此，它属于常用件。常见的齿轮传动形式主要有三种：圆柱齿轮传动、锥齿轮传动和蜗杆传动，如图 8-32 所示。其中，圆柱齿轮传动通常用于平行两轴间的动力和转速；锥齿轮传动通常用于传递相交两轴间的动力和转速；蜗杆传动用于传递交叉两轴间的动力和转速。

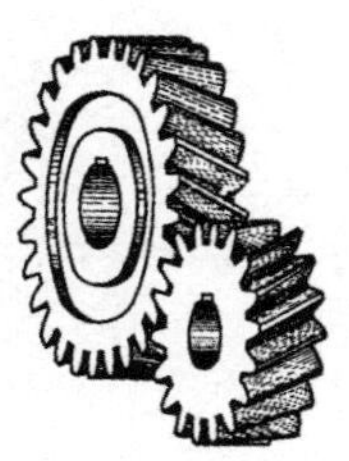

（a）圆柱齿轮传动

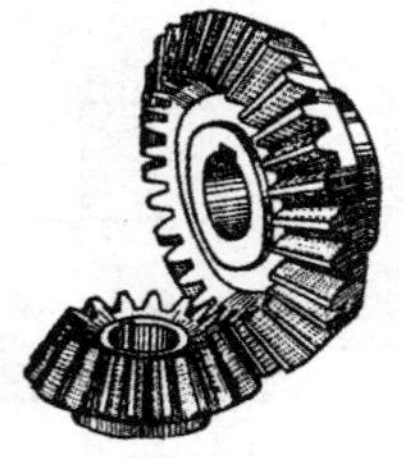

（b）锥齿轮传动

（c）蜗杆传动

图 8-32　齿轮传动形式

8.4.1　直齿圆柱齿轮各部分的名称和尺寸关系

1．名称和代号

圆柱齿轮的轮齿有直齿、斜齿和人字齿等，下面主要介绍直齿圆柱齿轮。图 8-33 是两个啮合的圆柱齿轮的示意图，从图中可以看出圆柱齿轮各部分的几何要素。

（1）齿顶圆：齿轮上最大的圆，其直径用 d_a 表示。

（2）齿根圆：通过轮齿根部的圆，其直径用 d_f 表示。

（3）节圆和分度圆：节圆是两齿轮啮合接触点所形成的圆，其直径用 d' 表示；分度圆是加工齿轮时作为齿轮轮齿分度的圆，其直径用 d 表示。对于标准齿轮来说，节圆直径和分度圆直径相等。

（4）齿高、齿顶高、齿根高：齿顶圆与齿根圆之间的径向距离称为齿高，用 h 表示；齿顶圆与分度圆之间的径向距离称为齿顶高，用 h_a 表示；齿根圆与分度圆之间的径向距离称为齿根高，用 h_f 表示。

（5）齿距、齿厚、齿槽宽：齿距用 p 表示，齿厚用 s 表示，齿槽宽用 e 表示。对标准齿轮来说，$s=e$，$p=s+e$。

（6）模数：若齿轮的齿数为 z，则分度圆的周长$=zp=\pi d$，因此 $d=zp/\pi$，令 $m=p/\pi$，m 称为齿轮的模数，单位是 mm。模数是设计和制造齿轮的重要参数，模数越大，轮齿就越大；模数越小，轮齿就越小。不同模数的齿轮，要用不同模数的刀具来加工制造，为了便于设计和加工，国标对模数做出了统一的规定，如表 8-3 所示。

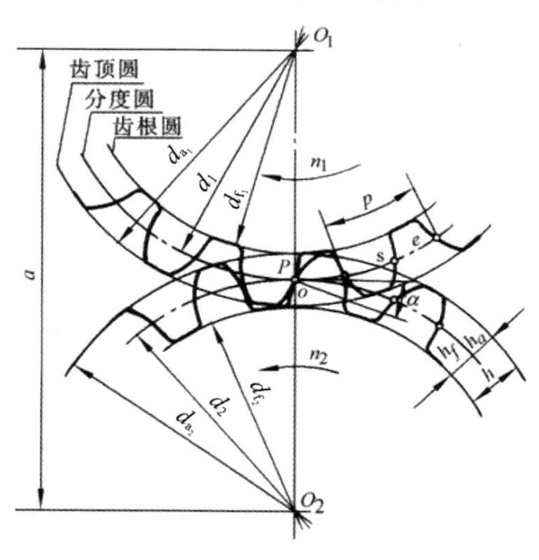

图 8-33　两个啮合的圆柱齿轮的示意图

表 8-3　齿轮模数系列（GB/T 1357—2008）　　单位：mm

第一系列	1	1.25	1.5	2	2.5	3	4	5	6
	8	10	12	16	20	25	32	40	50
第二系列	1.125	1.375	1.75	2.25	2.75	3.5	4.5	5.5	（6.5）
	7	9	11	14	18	22	28	36	45

说明

在选用模数时，应优先选用第 I 系列，其次选用第 II 系列，圆括号内模数尽可能不选用。

（7）齿形角：在节点 P 处，两齿廓曲线的公法线（齿廓的受力方向）与两节圆的内公切线（节点 P 处的瞬时运动方向）所夹的锐角称为齿形角，用 α 表示。我国采用的齿形角一般为 20°。

（8）传动比：主动齿轮的转数 n_1 与从动齿轮的转数 n_2 的比为传动比，用 i 表示，即 $i=n_1/n_2$。用于减速的一对啮合齿轮的 i 大于 1，由 $n_1z_1=n_2z_2$ 可得 $i=n_1/n_2=z_2/z_1$。

2．尺寸关系

齿轮其他各部分的尺寸可以参照标准模数进行计算，如表 8-4 所示。

表 8-4　直齿圆柱齿轮各部分的尺寸计算

各部分的名称	代　号	公　式
分度圆直径	d	$d=mz$
齿顶高	h_a	$h_a=m$
齿根高	h_f	$h_f=1.25m$
齿顶圆直径	d_a	$d_a=m(z+2)$
齿根圆直径	d_f	$d_f=m(z-2.5)$
齿距	p	$p=\pi m$
齿厚	s	$s=\frac{1}{2}\pi m$
中心距	a	$a=\frac{1}{2}(d_1+d_2)=\frac{1}{2}m(z_1+z_2)$

8.4.2　圆柱齿轮的规定画法

1．单个圆柱齿轮

国标对齿轮的画法做了统一的规定，单个圆柱齿轮的画法如图 8-34 所示。齿顶圆和齿顶线用粗实线画出；齿根圆和齿根线用细实线画出，也可省略不画，但取剖视后齿根线用粗实线画出；分度圆和分度线用细点画线画出；轮齿部分不画剖面线；其余结构按结构的真实投影画出，如图 8-34（a）、（b）所示。当需要表示斜齿和人字齿的齿线形状时，可用三条与齿线方向一致的细实线表示，如图 8-34（c）、（d）所示。图 8-35 为圆柱齿轮的零件图。

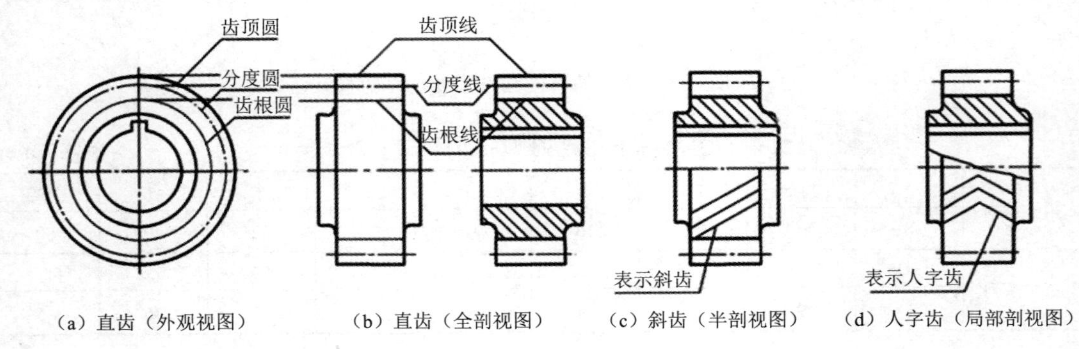

图 8-34　单个圆柱齿轮的画法

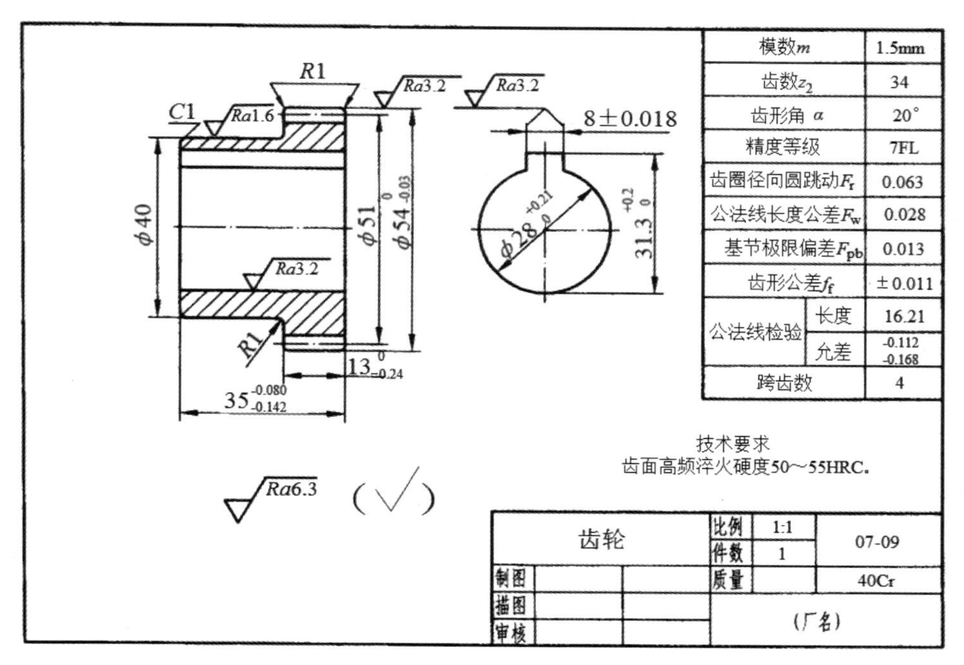

图 8-35　圆柱齿轮的零件图

2．啮合的圆柱齿轮

模数相同的两齿轮才能相互啮合。当两个标准齿轮相互啮合时，它们的分度圆处于相切位置，在画齿轮啮合图时，一般采用圆的视图（端面视图）和非圆视图（轴向视图）。在圆的视图中，按规定分别画出两个齿轮的齿根圆、分度圆和齿顶圆，两分度圆应相切。当采用简化画法时，允许不画齿根圆，啮合区内齿顶圆也不画，如图 8-36（a）、（b）所示。在非圆视图中，若未剖切，则在分度圆的相切处画一条粗实线，如图 8-36（c）所示。在剖视图中，当剖切面通过两啮合齿轮的轴线时，在啮合区内，将一个齿轮的齿顶线用粗实线绘制，将另一个齿轮的轮齿被遮挡的部分用细虚线绘制（也可省略不画）。由于齿顶高和齿根高不相等，故一轮齿的齿顶线与其啮合的另一轮齿的齿根线间有 0.25mm 的径向间隙，如图 8-36（a）所示。

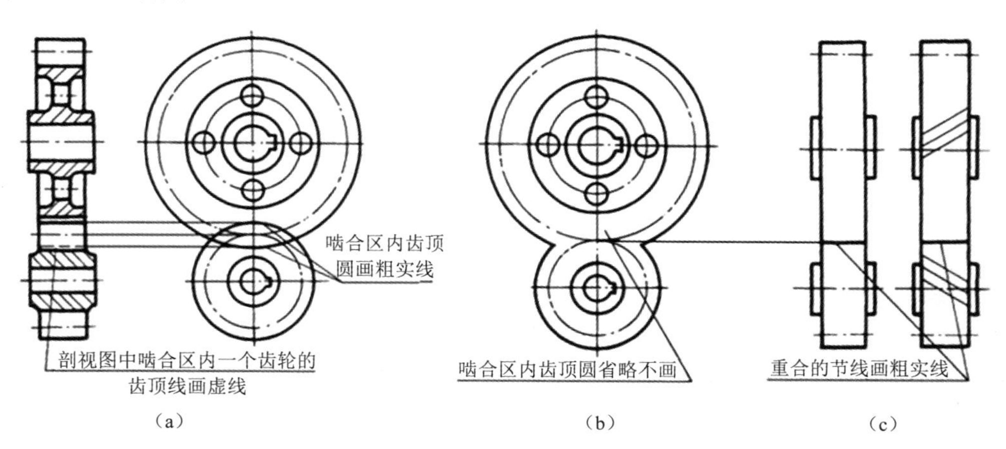

图 8-36　圆柱齿轮啮合的规定画法

8.4.3 直齿锥齿轮的画法

1. 单个锥齿轮

单个锥齿轮的画法：将主视图画成剖视图；在左视图中，用粗实线画大端、小端的齿顶圆；用细实线画出大端分度圆；齿根圆不必画出，如图 8-37（a）所示。

2. 两锥齿轮啮合

当两锥齿轮啮合时，两分度圆相切，锥顶交于一点，如图 8-37（b）所示。

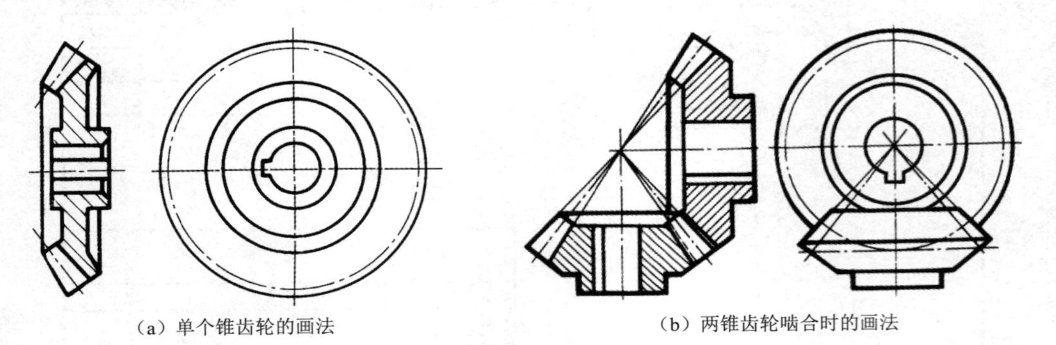

（a）单个锥齿轮的画法　　（b）两锥齿轮啮合时的画法

图 8-37　直齿锥齿轮的画法

8.4.4 蜗轮和蜗杆的画法

蜗轮、蜗杆通常用于传递垂直交叉的两轴之间的动力和转速。其中，蜗杆有单头和多头之分；蜗轮与圆柱斜齿轮相似，但其齿顶面制成环面。在蜗杆传动中，蜗杆是主动件，蜗轮是从动件。

1. 蜗杆的画法

蜗杆的画法与圆柱齿轮的画法基本相同，在两面视图中，齿根线和齿根圆均可省略不画，为表明蜗杆的牙型，可采用局部剖视图。蜗杆的几何要素代号及画法如图 8-38 所示。

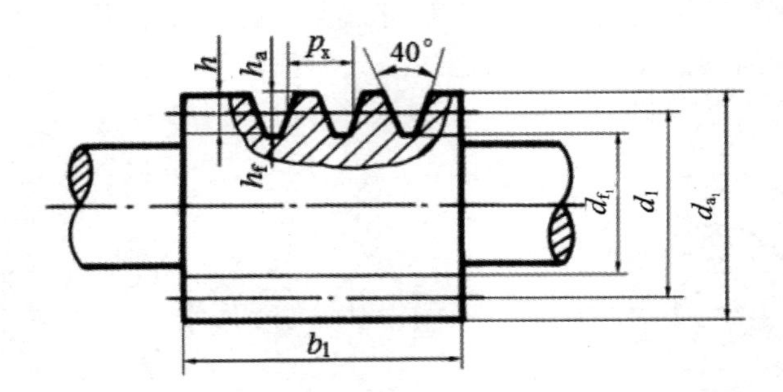

图 8-38　蜗杆的几何要素代号及画法

2. 蜗轮的画法

在圆的视图上，只画蜗轮的最外圆和分度圆，最外圆用粗实线表示，分度圆用细点画线表示；齿顶圆和齿根圆不必画出。在剖视图上，轮齿部分的画法与圆柱齿轮的画法相同，其余部分按实际投影画出。蜗轮的几何要素代号及画法如图 8-39 所示。

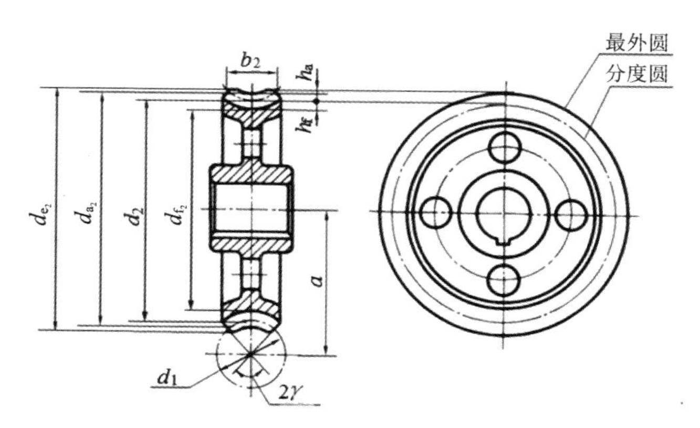

图 8-39　蜗轮的几何要素代号及画法

3．蜗轮、蜗杆啮合的画法

蜗轮、蜗杆啮合的画法为：当画外形图时，在蜗杆投影为圆的视图上，对于蜗杆与蜗轮投影重合部分，只画蜗杆，不画蜗轮；在蜗轮投影为圆的视图上，蜗轮分度圆与蜗杆节线相切。另外，在剖视图中，蜗轮被蜗杆遮住的部分可画成细虚线或省略不画，如图 8-40 所示。

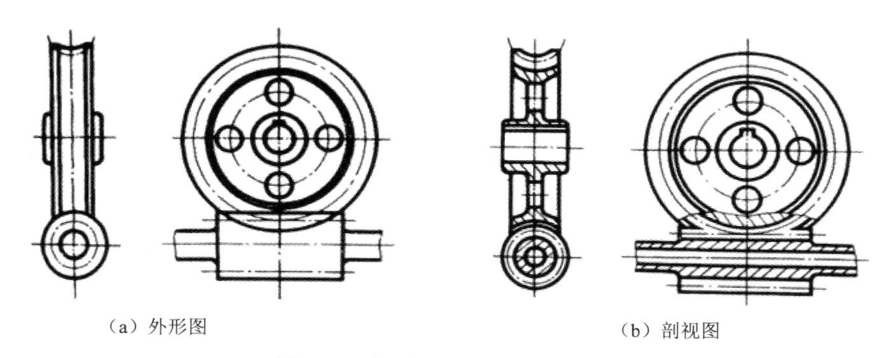

（a）外形图　　（b）剖视图

图 8-40　蜗轮、蜗杆啮合的画法

8.5　弹簧

弹簧是一种常用件，应用很广，它可以用来减震、夹紧、储存能量和测力等。它的特点是当外力解除以后能立即恢复原状。

弹簧的种类很多，有压缩弹簧、拉伸弹簧、扭转弹簧和蜗卷弹簧等，如图 8-41 所示。本节只介绍圆柱螺旋压缩弹簧的参数和画法。

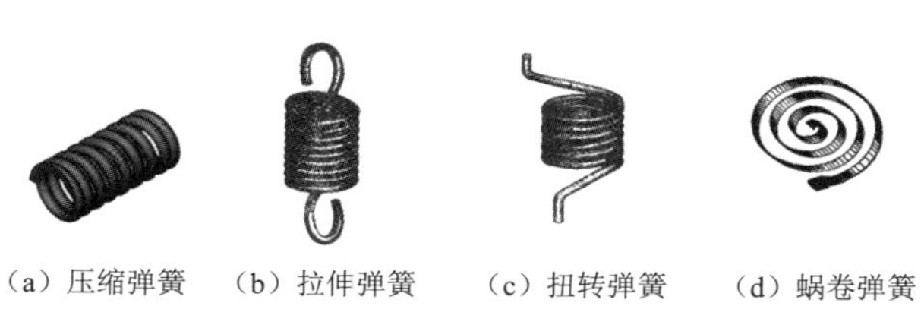

（a）压缩弹簧　（b）拉伸弹簧　（c）扭转弹簧　（d）蜗卷弹簧

图 8-41　弹簧

8.5.1 圆柱螺旋压缩弹簧各部分的名称及尺寸关系

为使弹簧各圈受力均匀，要求弹簧两端并紧且磨平，弹簧端面要与轴线垂直。并紧部分在工作时起支承作用，称为支承圈，支承圈的圈数有 1.5 圈、2 圈和 2.5 圈三种。计算弹簧刚度时的圈数称为有效圈，有效圈数和支承圈数之和为总圈数。 圆柱螺旋压缩弹簧的参数如下。

簧丝直径 d——制造弹簧的钢丝直径。

弹簧外径 D——弹簧的最大直径。

弹簧内径 D_1——弹簧的最小直径，$D_1=D-2d$。

弹簧中径 D_2——弹簧的外径和内径的平均值，$D_2=D-d$。

有效圈数 n——保持节距相等并参加工作的圈数；计算弹簧刚度时的圈数。

支承圈数 n_2——弹簧两端用于支承或固定的圈数。

总圈数 n_1——有效圈数与支承圈数之和，$n_1 = n+ n_2$。

弹簧节距 t——在有效圈数范围内，相邻两圈的轴向距离。

自由高度 H_0——弹簧在不受外力作用时的高度，$H_0=nt+(n_2-0.5)d$。

旋向——弹簧上螺旋线的方向，分为左旋和右旋。

8.5.2 圆柱螺旋压缩弹簧的规定画法

（1）圆柱螺旋压缩弹簧形同螺旋线，是用簧丝绕制而成的，弹簧各圈的轮廓线在平行于轴线的投影面上的图形规定画成直线，如图 8-42 所示。

（2）在作图时，弹簧无论是左旋还是右旋，允许一律画成右旋，如果是左旋弹簧，则加注“左”字。

（3）对于 $n\geqslant4$ 的弹簧，允许只画 1～2 圈，中间部分可省略，用细点画线连接，如图 8-42 所示。

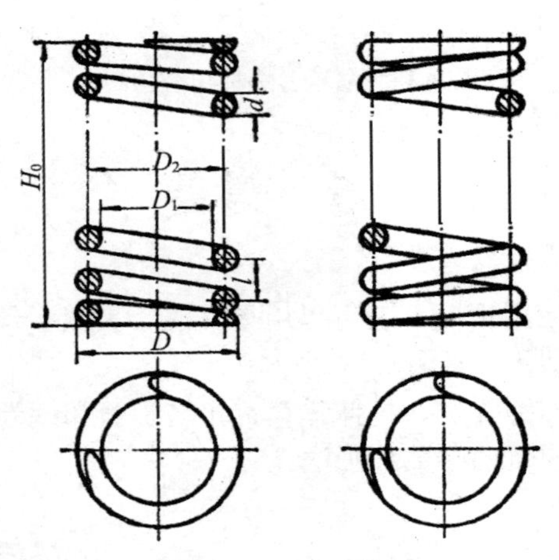

图 8-42 圆柱螺旋压缩弹簧的规定画法

（4）弹簧沿其轴线被剖切后，被挡住的弹簧结构一般不画出，可见部分应从弹簧的外轮廓线或簧丝剖面的中心线画起，如图 8-43（a）所示。

（5）在装配图中，当簧丝直径在图形上等于或小于 2mm 时，可以涂黑表示，如图 8-43（b）

所示。当弹簧被剖切且剖切的簧丝直径在图形上等于或小于 2mm 时，为了便于表达，可采用示意画法，如图 8-43（c）所示。

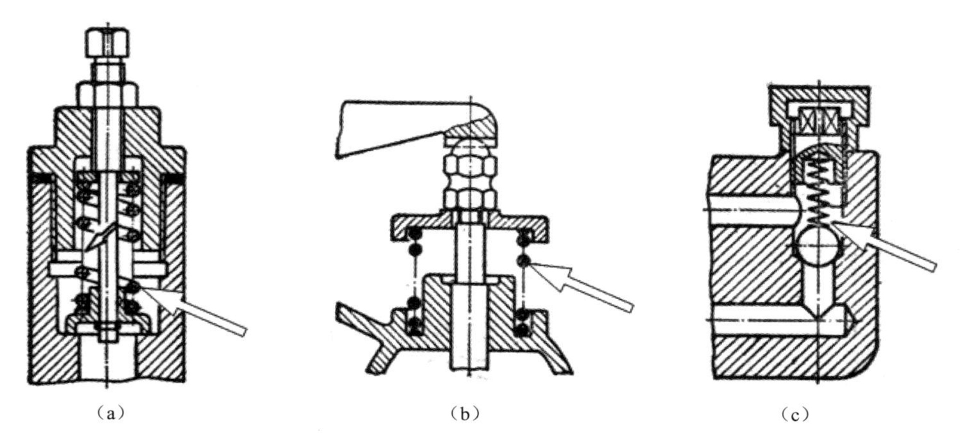

（a）　（b）　（c）

图 8-43　弹簧在装配图中的画法

8.5.3　圆柱螺旋压缩弹簧的画图步骤

已知弹簧的簧丝直径 d=6mm，弹簧外径 D=50mm，节距 t=12.3mm，有效圈数 n=6，支承圈数 n_2=2.5，右旋。

作图之前先计算如下几个参数的值。

总圈数：$n_1=n+n_2=6+2.5=8.5$。

自由高度：$H_0=nt+(n_2-0.5)d=6\times12.3\text{mm}+(2-0.5)\times6\text{mm}=85.8\text{mm}$。

中径：$D_2=D-d=50\text{mm}-6\text{mm}=44\text{mm}$。

圆柱螺旋压缩弹簧的作图过程如图 8-44 所示。具体的作图步骤如下。

（1）根据 D_2 和 H_0 画出矩形，如图 8-44（a）所示。

（2）画出支承圈部分，即直径与弹簧簧丝直径相等的圆，如图 8-44（b）所示。

（3）画出有效圈部分，根据 t 和 d 画出弹簧簧丝断面，如图 8-44（c）所示。

（4）按右旋方向画出相应圆的共切线，再加画剖面线，即完成作图，如图 8-44（d）所示。图 8-45 为圆柱螺旋压缩弹簧的零件图。

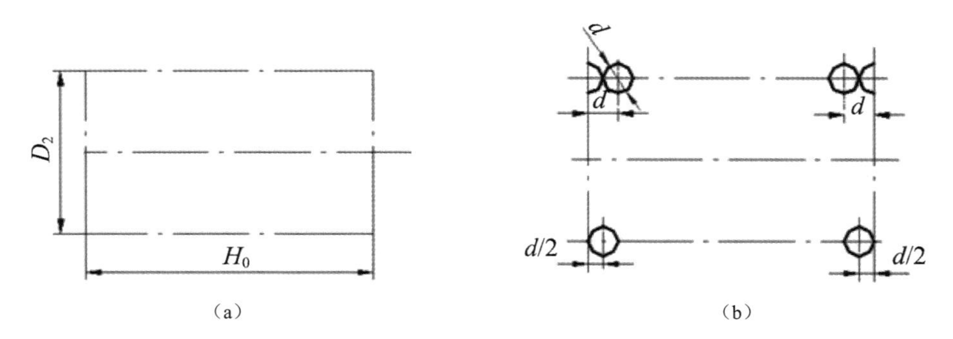

（a）　（b）

图 8-44　圆柱螺旋压缩弹簧的作图过程

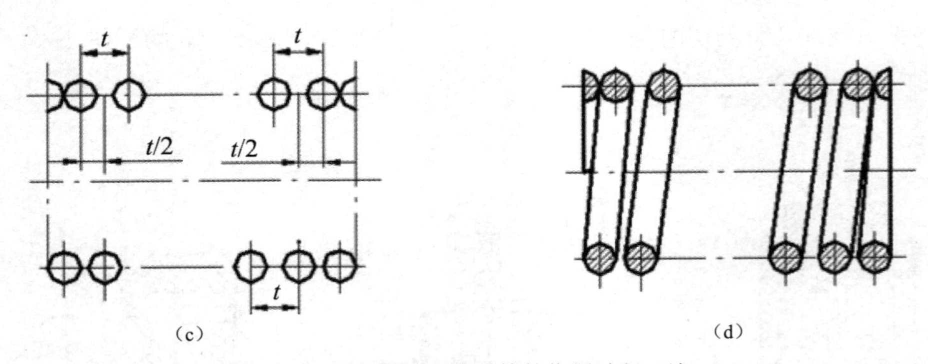

图 8-44　圆柱螺旋压缩弹簧的作图过程（续）

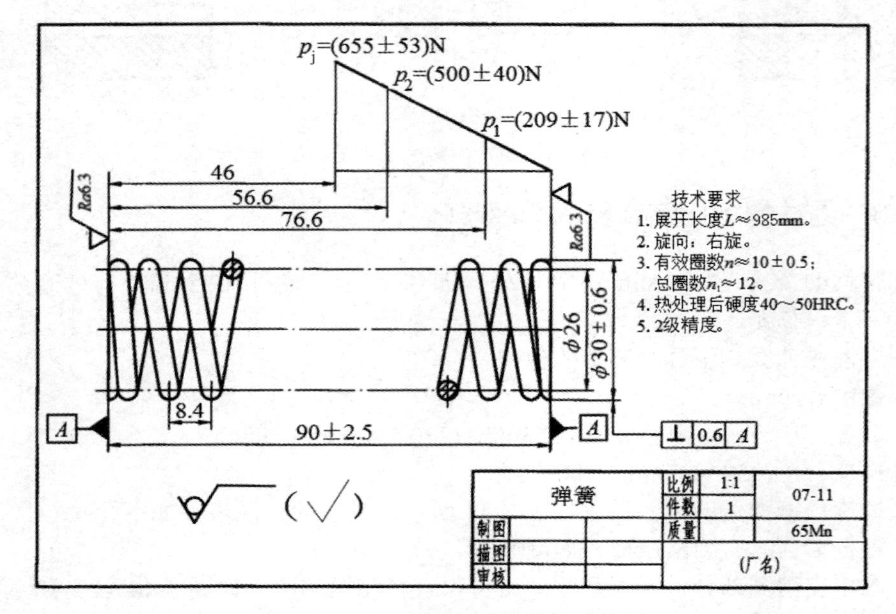

图 8-45　圆柱螺旋压缩弹簧的零件图

8.6　AutoCAD 设计中心与工具选项板

标准件和常用件的尺寸与结构都相对规范，在机械制图中也经常用到，为了在制图过程中快速、方便地调用它们，AutoCAD 将一些标准件和常用件的图形做成了图库，用户可以利用 AutoCAD 设计中心和工具选项板进行调用。

使用 AutoCAD 设计中心可以很容易地组织设计内容，并把它们拖动到当前图形中。工具选项板是一个选项卡形式的区域，提供组织、共享和放置块及填充图案的有效方法。工具选项板还可以包含由第三方开发人员提供的自定义工具。设计中心与工具选项板的使用大大方便了绘图，提高了绘图效率。

8.6.1　设计中心

1．启动设计中心

【执行方式】

命令行：ADCENTER（快捷命令：ADC）。
菜单栏："工具"→"选项板"→"设计中心"。
工具栏："标准"→"设计中心"。
功能区："视图"→"选项板"→"设计中心"。
快捷键：Ctrl+2。

执行上述命令之一后，系统会打开设计中心选项板。第一次启动设计中心时，它默认打开的选项卡为"文件夹"；右上侧的内容显示区采用大图标显示；左边的资源管理器采用树形显示方式显示系统的结构。在浏览资源时，会在内容显示区显示所浏览资源的有关细目或内容，如图 8-46 所示。

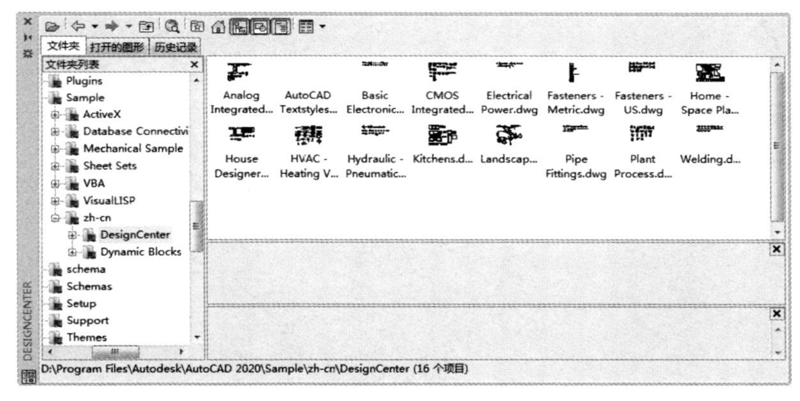

图 8-46　设计中心

2．利用设计中心插入图形

使用设计中心的最大优点是可以将文件夹中的 DWG 图形当成图块插入当前图形中。

从内容显示区中选择要插入的对象，单击鼠标右键，在打开的快捷菜单中选择"插入为块"命令，如图 8-47 所示，打开"插入"对话框，如图 8-48 所示。在该对话框中输入插入点、比例和旋转角度等数值，被选择的对象会根据指定的参数插入图形当中。

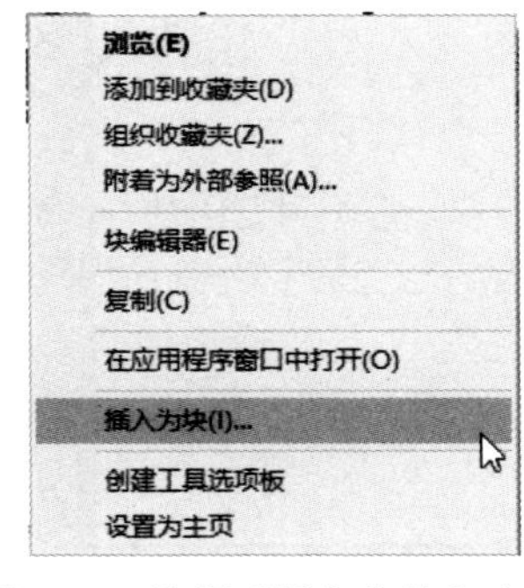

图 8-47　选择"插入为块"命令

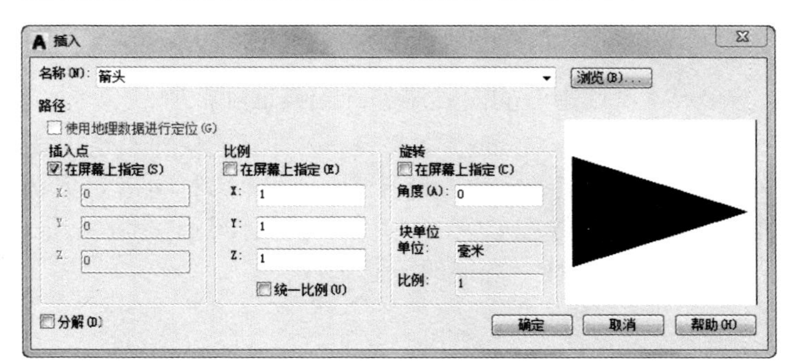

图 8-48　"插入"对话框

8.6.2 工具选项板

1. 打开工具选项板

【执行方式】

命令行：TOOLPALETTES（快捷命令：ADC）

菜单栏：“工具”→“选项板”→“工具选项板”。

工具栏：“标准”→“工具选项板”。

功能区：“视图”→“选项板”→“工具选项板”。

快捷键：Ctrl+3。

执行上述命令之一后，系统会自动打开工具选项板，如图 8-49 所示。右击工具选项板中的选项卡，在打开的快捷菜单中选择“新建选项板”命令，如图 8-50 所示，系统会新建一个空白选项板（可以为该选项板命名），如图 8-51 所示。

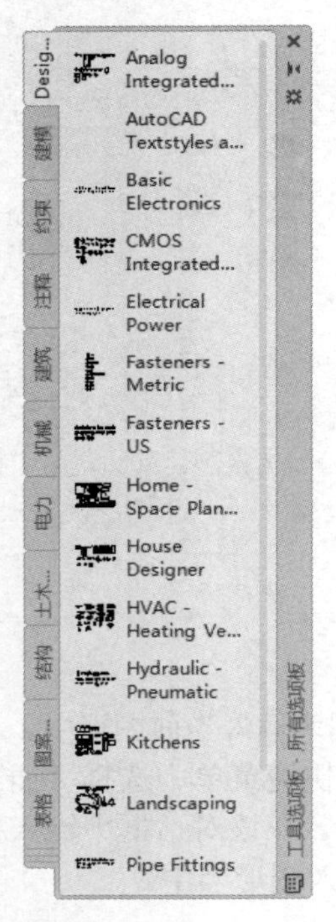

图 8-49 工具选项板

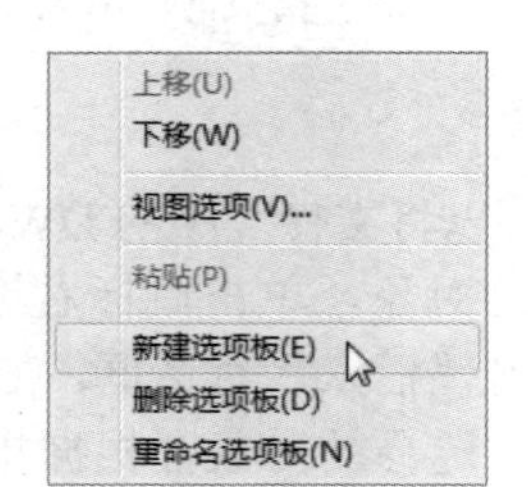

图 8-50 选择“新建选项板”命令

图 8-51 新建选项板

2. 将设计中心的内容添加到工具选项板中

右击“DesignCenter”文件夹，在打开的快捷菜单中选择“创建块的工具选项板”命令，如图 8-52 所示。此时，设计中心中储存的图形单元就会出现在工具选项板中新建的“DesignCenter”选项卡中，如图 8-53 所示，这样就可以将设计中心与工具选项板结合起来，从而建立一个快捷、方便的工具选项板。

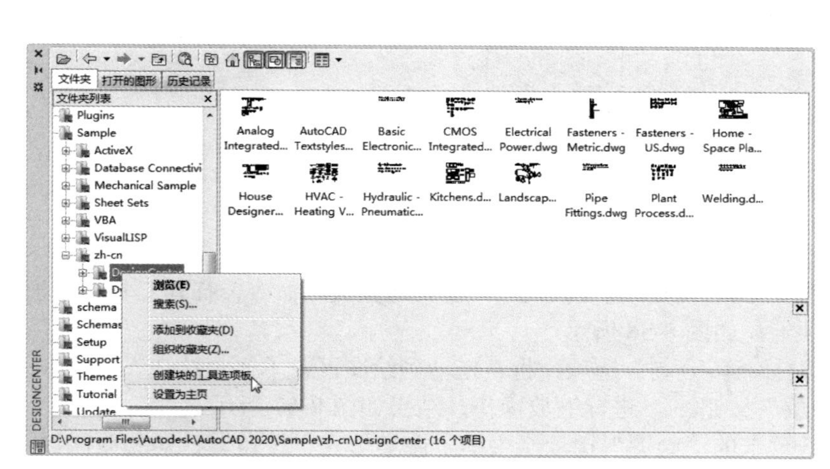

图 8-52　选择“创建块的工具选项板”命令

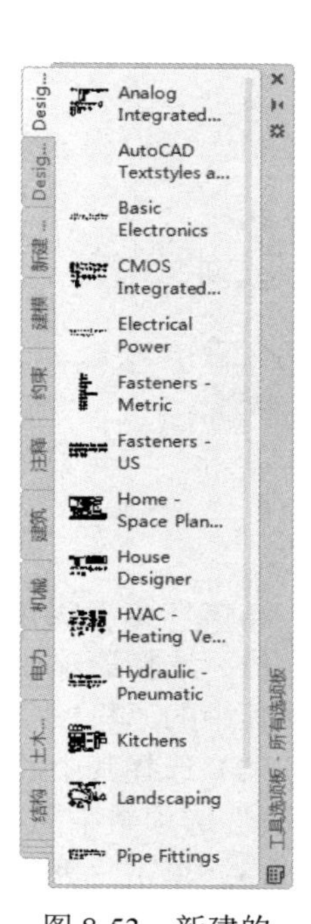

图 8-53　新建的“DesignCenter”选项卡

3. 利用工具选项板绘图

只要将工具选项板中的图形单元拖到当前图形中，该图形单元就会以图块的形式插入当前图形中。图 8-54 为将“机械”选项卡中的“六角螺母”图形单元拖到当前图形中后的效果图。

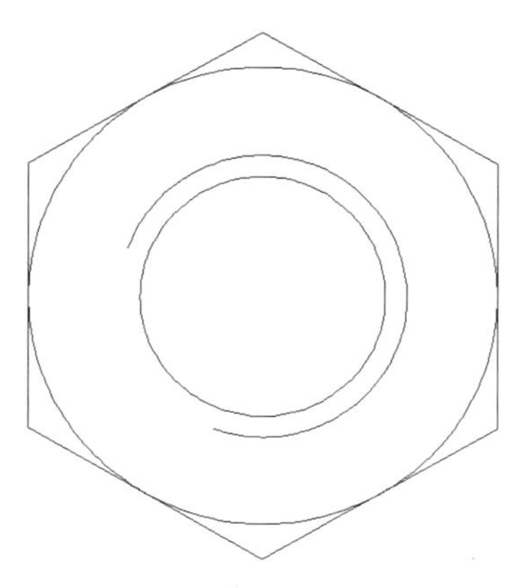

图 8-54　效果图

8.6.3　实例——绘制滚珠轴承

利用工具选项板可以快速绘制出如图 8-55 所示的滚珠轴承。

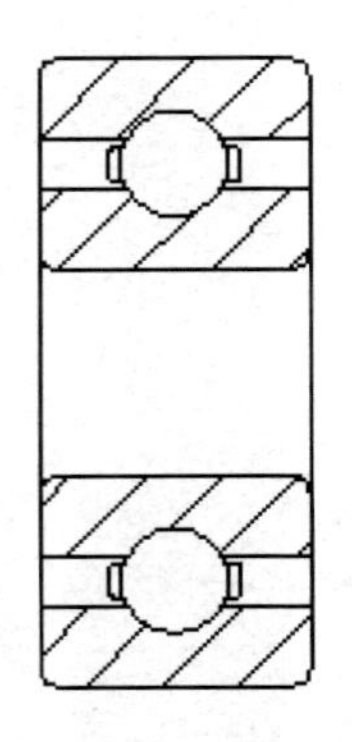

图 8-55　滚珠轴承

具体作图步骤如下。

（1）选择菜单栏中的“工具”→“选项板”→“工具选项板”命令，打开工具选项板，选择其中的“机械”选项卡，如图 8-56 所示。

（2）选择其中的“滚珠轴承-公制”选项，将其拖动到绘图区，单击“默认”选项卡的“修改”选项组中的“缩放”按钮，进行缩放操作，结果如图 8-57 所示。

（3）单击“默认”选项卡的“绘图”选项组中的“图案填充”按钮，对相应区域进行填充，结果如图 8-55 所示。

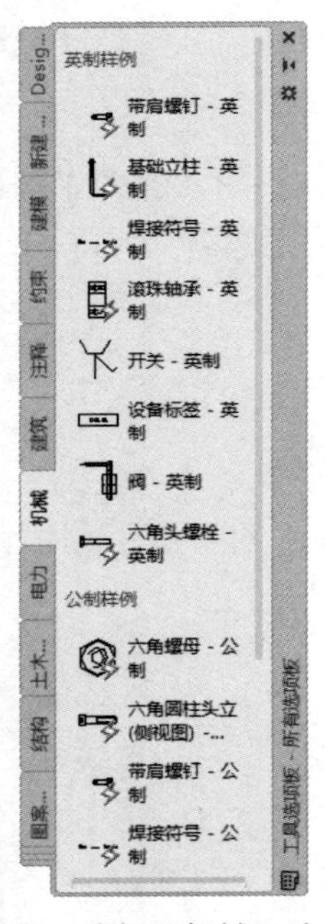

图 8-56　选择“机械”选项卡

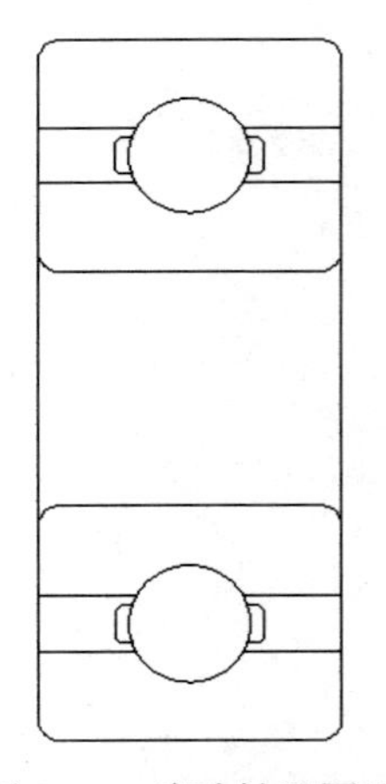

图 8-57　滚珠轴承图形

第9章

零件图

组成机器的最小单元称为零件，零件图是表达单个零件的图样。本章是进入机械工程图样的开始，也是综合运用前面所学知识培养工程素质的实践阶段。

本章主要介绍零件图的作用与内容、零件图的视图选择与尺寸标注、零件图的技术要求、如何读零件图等内容。

9.1 零件图的作用与内容

机器或部件都是由许多相互联系的零件装配而成的。因此，要制造机器或部件，必须先依据零件图加工制造零件。零件图主要表达零件的结构、大小及技术要求。

零件图反映设计者的意图，是生产部门组织生产的重要技术文件。它要表达出机器或部件对零件的要求，同时要考虑到结构和制造的可能性与合理性，是制造和检验零件的依据。这就要求零件图应表示出在制造该零件时所需的全部技术资料。图 9-1 为外壳的零件图。

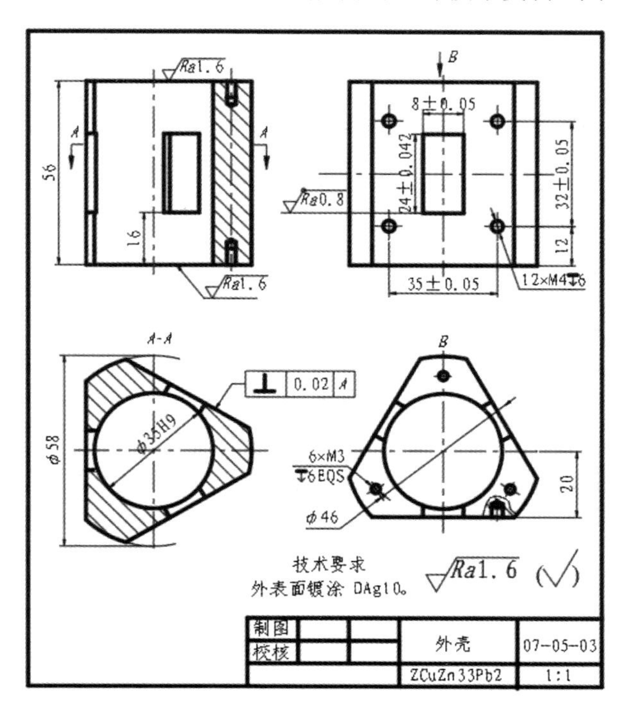

图 9-1 外壳的零件图

从图 9-1 中可以看出，一张完整的零件图应包括以下基本内容。

1．一组视图

用一组视图（包括第 7 章讲述的视图、剖视图、断面图、局部放大图等）完整、清晰地表达零件的内、外结构形状。

2．完整的尺寸

零件图中应正确、完整、清晰、合理地标注出零件在制造和检验时所需的全部尺寸，用以表达零件的结构、形状及相对位置等。

3．技术要求

用规定的符号、数字、文字标注出零件加工、检验应达到的各种技术指标，如表面粗糙度、尺寸公差、几何公差、表面处理和材料热处理等。

4．标题栏

为了便于生产和管理，在标题栏内填写零件的名称、材料、数量、比例及必要的签署等。

9.2　零件图的视图选择与尺寸标注

9.2.1　零件图的视图选择

零件图要求将零件的结构形状完整、清晰地表达出来，并且应考虑读图和画图的简便。要达到这些要求，关键在于分析零件的结构特点、适当地选用各种表达方法、确定合理的表达方案。

1．主视图的选择

主视图是一组视图的核心，是表达零件的最主要的一个视图，从易于看图这一基本要求出发，在选择主视图时，应考虑以下两方面。

（1）确定零件的摆放位置：原则是使主视图尽量反映零件的主要加工位置和工作位置。

加工位置是指零件在加工时在机床上的装夹位置。主视图与加工位置一致，这是为了使制造者看图方便。通常轴、套、盘等零件的主要加工工序是在车床或磨床上进行的，因此，这类零件的主视图应将零件的轴线水平放置。如图 9-2 所示，为了使主视图反映轴的加工位置，将其轴线水平放置。

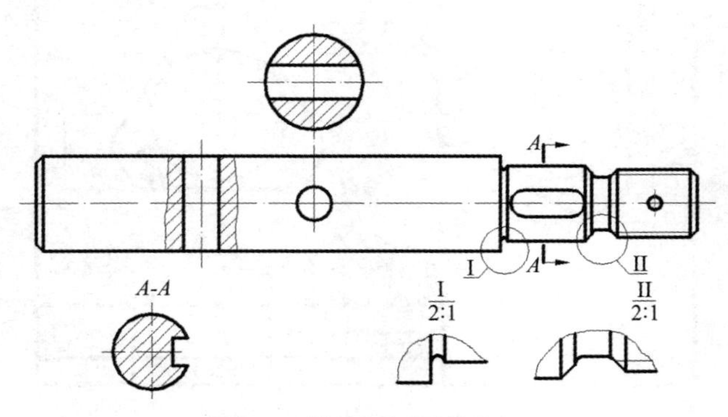

图 9-2　轴的主视图的选择

零件在机器上都有一定的工作位置。在选择主视图时，应尽量使主视图与零件的工作位置一致，这样便于把零件和整台机器联系起来，想象它的工作情况。例如，支架、箱壳等零件的结构形状比较复杂，加工工序也较多，加工时的装夹位置经常变化，因此，在画图时，这类零件的安放位置应使主视图能反映其工作位置。如图9-3所示，踏脚座的安放位置就是使主视图能反映其工作位置。

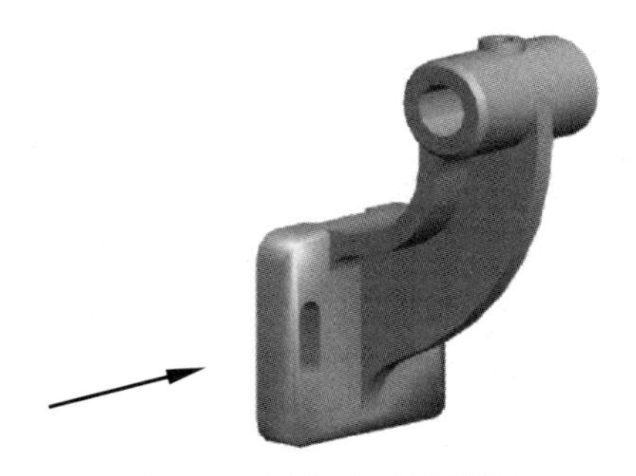

图9-3 踏脚座的轴测图

（2）确定主视图的投射方向：原则是使主视图能最明显地反映零件的形状和结构特征，以及各组成形体之间的相互关系。例如，在图9-3中，选取图示箭头方向作为主视图的投射方向。

2. 其他视图的选择

对于主视图中没有表达清楚的部分，要选择其他视图来表示。在选择其他视图时，应考虑以下几点。

（1）根据零件的复杂程度和内、外结构全面地考虑所需的其他视图，要目的明确，使每个视图有一个表达重点，几个视图应相互补充且不应重复。

（2）首先考虑选择基本视图，并优先选择左视图和俯视图，以及采取相应而正确的剖视图和断面图。

（3）在完整、正确、清晰地表达零件内、外结构的前提下，力求视图数量最少，以合理利用图幅。

总之，要根据零件的结构特点，适当、灵活地选用各种表达方法，同时要注意的是，各视图之间最好按投影关系配置，以便于读图。为了便于读图和标注尺寸，一般不宜过多地用虚线表示零件的结构形状。但在不影响图形清晰度又可省去一个视图的情况下，也可画虚线。

9.2.2 典型零件的视图选择

根据零件在机器或部件中所起的作用，一般将零件分为以下三种。

（1）标准件。

标准件，如紧固件（螺栓、螺母、键等）、滚动轴承、垫圈等，它们主要起零件间的连接、支承和油封等作用。对于这些标准件，不必画出其零件图，根据其规定标记，能从有关标准中查到它的全部尺寸。

（2）传动零件。

传动零件，如齿轮、蜗轮等，这类零件起传递动力的作用。一般起传动作用的结构要素大多已经标准化，并有规定画法。传动零件一般也需要画出其零件图。

（3）一般零件。

一般零件，如轴、盘盖、箱体等，这类零件的结构、形状、大小等都必须按部件的性能和结构要素进行设计。按照零件的作用和结构特点，一般零件可分为轴套类、盘盖类、叉架类和箱体类四种类型。对于一般零件，都要画出其零件图，并应按其具体结构选择视图。

下面结合具体实例，介绍四种典型零件的视图选择。

1. 轴套类零件

（1）结构特点。轴套类零件在机器中主要起传递动力、改变转速和运动方向等作用。由于在不同机器中，轴或套上面套有的零件不同，所以其长短不同、段数不同、上面的结构也不同，但其结构形状具有一定的共同特点：主体一般由若干直径不等的同轴回转体构成，其特点是轴向尺寸远远大于其径向尺寸，呈细长状。

（2）视图选择。轴类零件多为实心件，套类零件是中空的。在表达轴套类零件时，主视图应按加工位置将轴线水平放置。一般采用一个基本视图（主视图）来表达轴套类零件的主体结构。对于套类零件，主视图一般画成剖视图，零件的局部结构采用断面图、局部剖视图、局部放大图等来表达，过长的轴还可采用断开画法。如图 9-2 所示，主视图表达了轴的主体结构，主视图还采用了局部剖以表达孔。另外，还采用了两个断面图来分别表达键槽和销孔；采用了两个局部放大图来表达退刀槽。

2. 盘盖类零件

（1）结构特点。盘盖类零件的主体部分与轴套类零件的主体部分一样，也是由同轴回转体构成的，但其径向尺寸大、轴向尺寸小，呈短粗状。这类零件常沿圆周均匀分布着光孔或螺钉孔、轴孔、凸缘等，毛坯多为铸件；主要加工方法有车削、刨削或铣削。

（2）视图选择。在表达盘盖类零件时，一般采用两个基本视图。对以车削为主的零件，其主视图按加工位置将轴线横放，一般采用剖视图表达其内部结构；另一视图主要表达其外形轮廓和孔、凸台、肋、沿圆周均布的孔等结构的形状及分布情况，如图 9-4 所示。

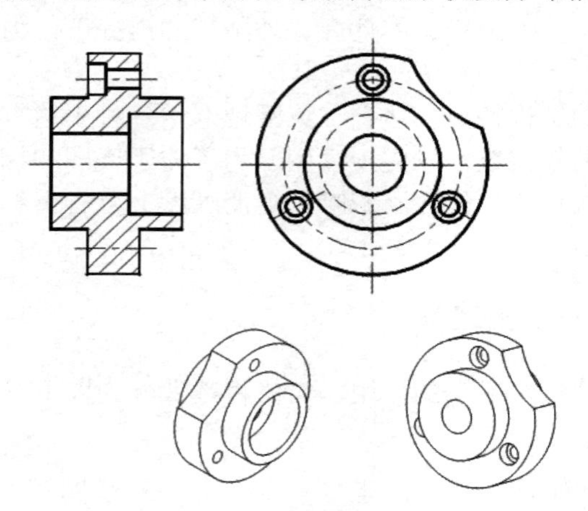

图 9-4　法兰盘的视图选择

3. 叉架类零件

（1）结构特点。叉架类零件主要起拨动、连接和支承等作用，主要包括手柄、曲柄、拨叉、支架等。这类零件的主体一般由实心的杆、肋板和空心圆柱组成，常有倾斜或弯曲等不规则结构；多为铸件，一般形状比较复杂。

（2）视图选择。一般将其中一倾斜结构放正，以最能反映零件的形状特征的视图作为主视图，除主视图外，还要根据其结构特点，选择其他视图及局部剖视图、断面图等加以表达。在图 9-5（a）中，采用主视图、俯视图和右视图的表达方案，可以清楚地表达踏脚座的结构形状。但是，如果采用如图 9-5（b）所示的表达方案，除主视图和俯视图外，还用 *A* 向局部视图表达安装板左端面的形状，用移出断面图表达肋板的端面形状。相比之下，这个表达方案要比画出右视图的表达方案更简练、清晰。

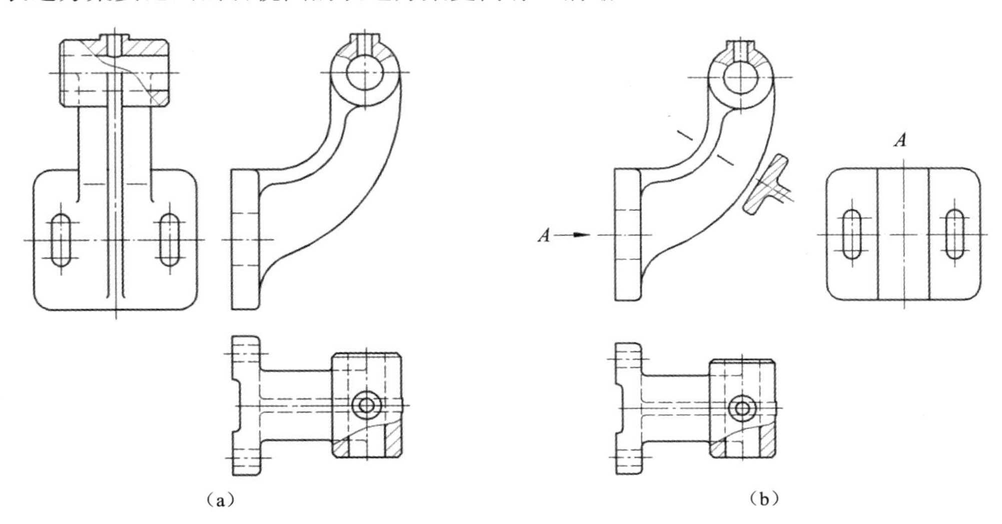

图 9-5　踏脚座的视图选择

4．箱体类零件

（1）结构特点。箱体类零件主要包括箱体、壳体、阀体、支座等，主要用来支承、包容和保护其他零件，是机器或部件中的主要零件。箱体类零件的结构形状最复杂，一般为铸件，加工工序多，加工位置也多。

（2）视图选择。箱体类零件的形状、结构都比较复杂，加工工序也较多，因此一般按其工作位置摆放，并以最能反映其形状特征的方向作为主视图的投射方向。此类零件一般需要三个或三个以上基本视图及其他辅助图形，只有采用多种图样画法，才能表达清楚其结构和形状。

如图 9-6 所示，此箱体可分为腔体和底板两大部分，腔体的内、外结构形状的复杂程度类似，四个侧面和上、下两个底面均有孔和凸台。以箱体的工作位置摆放，以最能反映其形状特征的 *A* 向作为主视图的投射方向。请读者自行分析如图 9-7 所示的两种表达方案的优点和缺点。

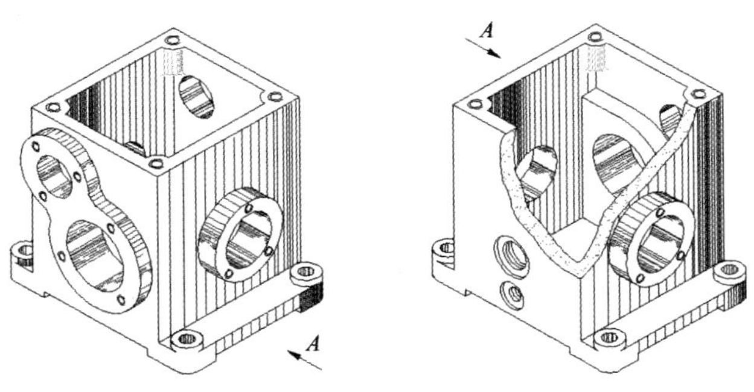

图 9-6　箱体的视图选择

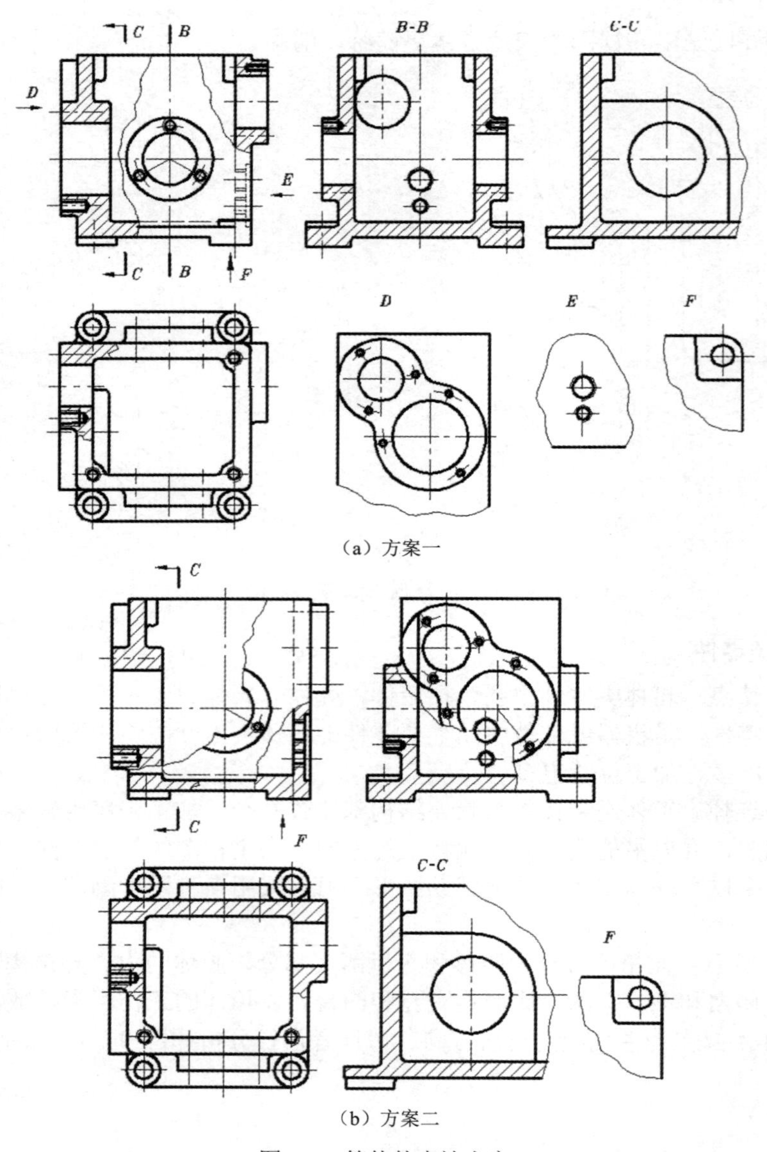

(a) 方案一

(b) 方案二

图 9-7 箱体的表达方案

9.2.3 零件图的尺寸标注

1. 在零件图上标注尺寸的要求

零件图上标注的尺寸是加工和检验零件的重要依据，标注尺寸要做到正确、完整、清晰和合理。正确是指要按照国标规定的尺寸注法标注尺寸；完整是指标注尺寸不能多也不能少；清晰是指标注的尺寸要便于读图；合理是指标注的尺寸既能保证设计要求，又便于加工和测量。要使零件的尺寸标注符合生产实际，需要有较丰富的生产经验并掌握有关专业知识，这里仅就尺寸标注的合理性做初步介绍。

2．尺寸基准

尺寸基准是指零件在机器中或加工或测量时，用以确定其位置的一些面、线或点。零件常用的尺寸基准形式有回转面的轴线、重要的加工面、底面、端面、对称平面等。根据作用不同，尺寸基准可分为以下两类。

（1）设计基准。用来确定零件在部件中的准确位置的基准称为设计基准。设计尺寸是根据设计要求直接标注出的尺寸。

（2）工艺基准。工艺基准是在加工或测量时，用来确定零件相对机床、工装或量具位置的面、线或点。

如图 9-8 所示，端面 I 是确定齿轮轴位置的面，是设计基准；端面 II 是在加工右端螺纹轴时使用的基准，是工艺基准。

零件都有长、宽、高三个方向的尺寸，每个方向上至少应有一个尺寸基准，其中，决定每个方向主要尺寸的设计基准称为主要基准，为了加工和测量方便，附加的基准称为辅助基准。如图 9-8 所示，齿轮的左端面 I 是确定齿轮轴在泵体中轴向位置的重要结合面，因此它是轴向尺寸的主要基准，端面 II 是轴向尺寸的辅助基准。齿轮轴为回转体，因此轴线是径向尺寸的基准。

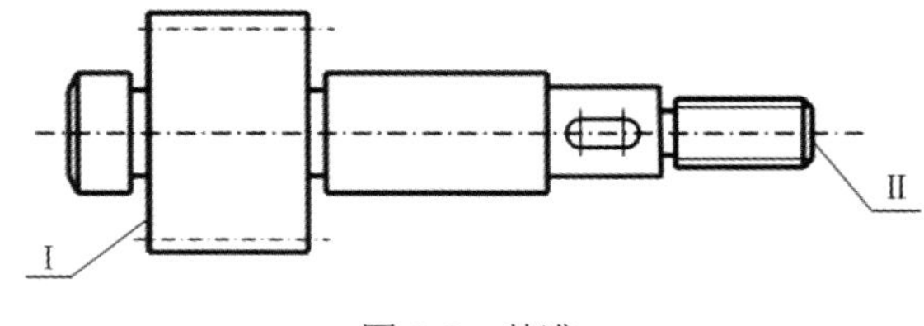

图 9-8　基准

尺寸基准选择的一般原则如下。

（1）设计基准反映零件设计的要求，一般必须把它作为主要基准。零件的重要尺寸应由设计基准注出，只有这样，才能保证零件在机器中的工作性能。

（2）工艺基准反映零件在加工、测量方面的要求，必须兼顾。如果标注尺寸不考虑加工方便，那么零件设计的形状和尺寸精度就无法保证。

（3）在选择尺寸基准时，最好能把设计基准和工艺基准统一起来。这样，既能满足设计要求，又能满足工艺要求。如果两者不能统一，则应以保证满足设计要求为主。

3．尺寸标注的注意事项

（1）不要标注成封闭的尺寸链。如果同一方向上的一组尺寸首尾相连，就会形成一个封闭的回路，其中每个尺寸都可以由其他尺寸通过算术运算计算出来。例如，在图 9-9（a）中，b 是 c、e、d 之和，由于每个尺寸在加工后都会有误差，所以 b 的误差为 c、e、d 三个尺寸误差的和，可能达不到设计要求。因此，应选一个次要尺寸（如 e）空出不标注，如图 9-9（b）所示，以便所有尺寸的误差都积累到这一段，从而保证主要尺寸的精度，避免出现标注成封闭尺寸链的情况。

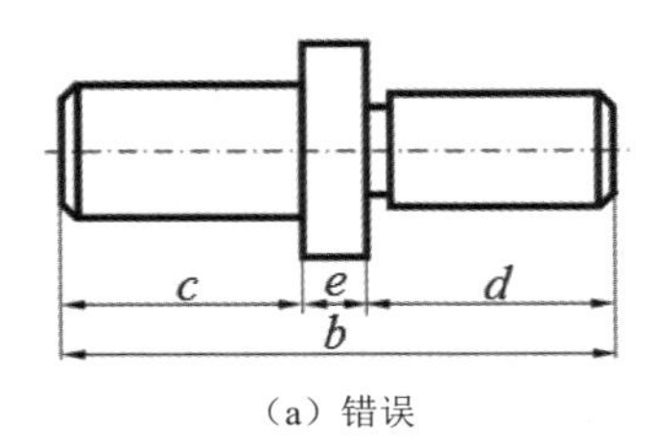

（a）错误

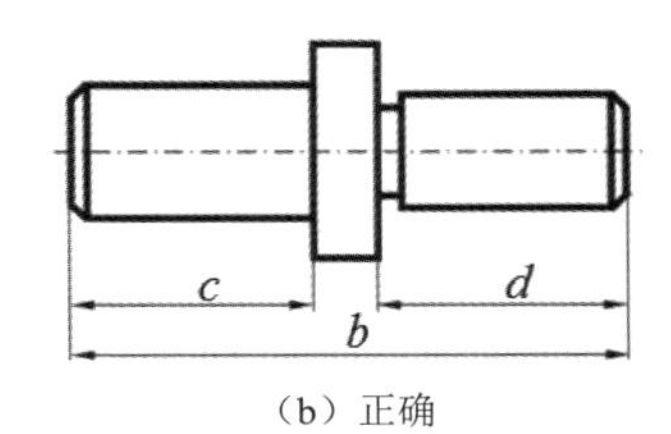

（b）正确

图 9-9　不要标注成封闭的尺寸链

（2）应直接标注出主要尺寸。主要尺寸是指直接影响零件在机器或部件中的工作性能和准确位置的尺寸，如零件间的配合尺寸、重要的安装定位尺寸等。如图 9-10 所示，设计要求安装在两个轴承座孔中的轴的高度相等，因此，轴承孔的中心高度应从设计基准底面直接标注尺寸 b，如图 9-10（a）所示；而在图 9-10（b）中，主要尺寸 b 通过 c 和 d 间接计算得到，造成尺寸误差的积累，不能满足设计要求。直接标注出主要尺寸还能够直接提出尺寸公差、几何公差的要求，以保证设计要求。

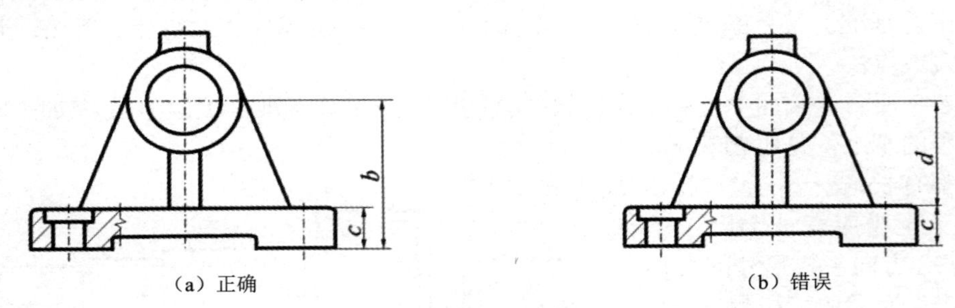

（a）正确　　（b）错误

图 9-10　直接标注出主要尺寸

（3）尽量符合加工顺序。如图 9-11（a）所示，长度方向的尺寸标注符合加工顺序。从如图 9-11（b）所示的轴在车床上的加工顺序可以看出，每一加工工序（①～④）都在图中直接标注出了所需尺寸（图中的尺寸 51 为设计要求的主要尺寸）。

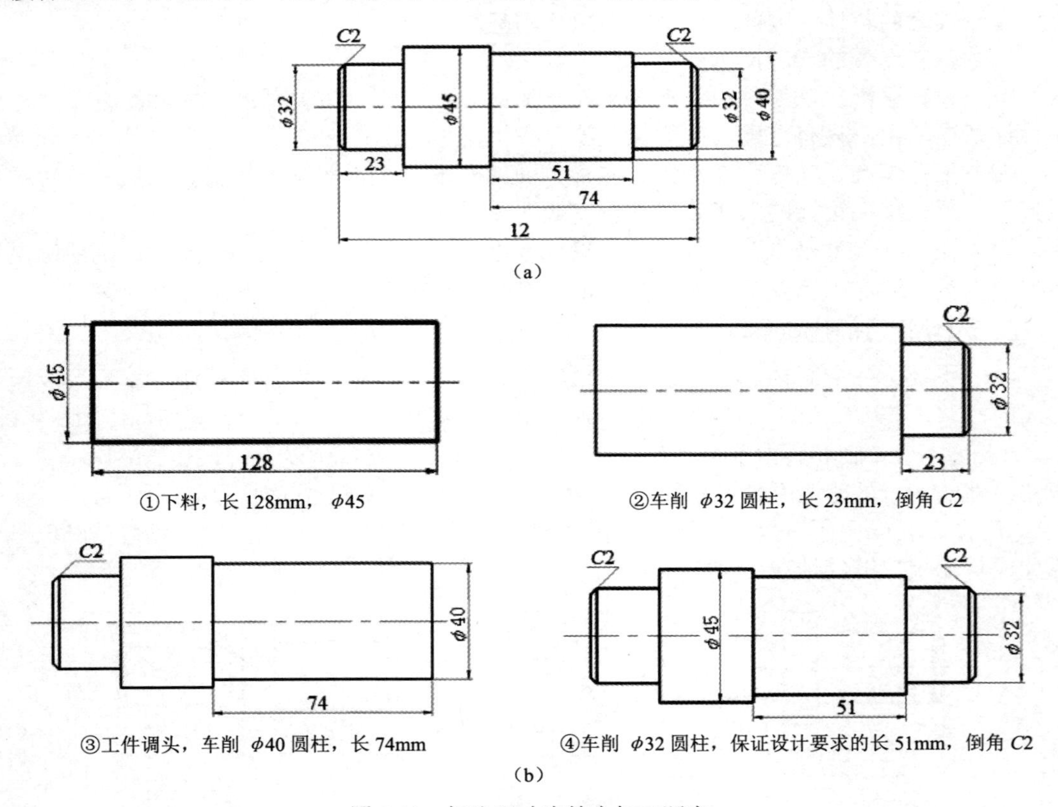

（a）

①下料，长 128mm，ϕ45　　②车削 ϕ32 圆柱，长 23mm，倒角 C2

③工件调头，车削 ϕ40 圆柱，长 74mm　　④车削 ϕ32 圆柱，保证设计要求的长 51mm，倒角 C2

（b）

图 9-11　标注尺寸应符合加工顺序

（4）应考虑便于测量。如图 9-12 所示（套筒的阶梯孔），当各段无特殊要求时，均应按如图 9-12（b）所示的注法标注，以便测量和检验。

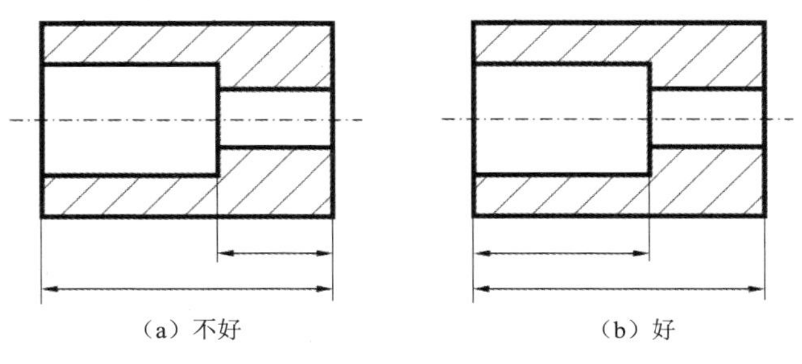

（a）不好　　（b）好

图 9-12　应考虑便于测量

4．零件上常见结构的尺寸标注

（1）光孔的尺寸标注如表 9-1 所示。

表 9-1　光孔的尺寸标注

序号	类型	旁注法		普通注法	说明
1	光孔	4×ϕ4⊤10	4×ϕ4⊤10	4×ϕ4　10	均匀分布的四个直径为 4mm、深度为 10mm 的孔
2		4×ϕ4H7⊤10 孔⊤12	4×ϕ4H7⊤10 孔⊤12	4×ϕ4H7　10　12	四个直径为 4mm 的孔，精度为 H7，深度为 10mm，孔全深为 12mm，均匀分布

（2）螺孔的尺寸标注如表 9-2 所示。

表 9-2　螺孔的尺寸标注

序号	类型	旁注法		普通注法	说明
1	螺孔	3×M6-7H	3×M6-7H	3×M6-7H	三个螺纹孔，大径为 6mm，精度为 7H，均匀分布
2		3×M6-7H⊤10	3×M6-7H⊤10	3×M6-7H　10	三个螺纹孔，大径为 6mm，精度为 7H，螺孔深为 10mm，均匀分布
3		3×M6-7H⊤10 孔⊤12	3×M6-7H 10 3×M6-7H⊤10 孔⊤12	3×M6-7H　10　12	三个螺纹孔，大径为 6mm，精度为 7H，螺孔深为 10mm，光孔深为 10mm，均匀分布

（3）沉孔的尺寸标注如表 9-3 所示。

表 9-3　沉孔的尺寸标注

序号	类型	旁注法		普通注法	说明
1	沉孔	6×φ7 ⌵φ13×90°	6×φ7 ⌵φ13×90°	90° φ13 6×φ7	锥形沉孔的直径 φ13 及锥角 90°均需要标注
2		4×φ6.4 ⌴φ12↧4.5	6×φ7 ⌵φ13×90°	φ20 4.5 4×φ6.4	柱形沉孔的直径 φ12 及深度 4.5 均需要标注
3		4×φ9 ⌴φ20	4×φ9 ⌴φ20	φ20 4×φ9	锪平 φ20 的深度不需要标注，一般锪平到光面为止

（4）倒角和退刀槽的尺寸标注如表 9-4 所示。

表 9-4　倒角和退刀槽的尺寸标注

结构名称	尺寸标注方法	说　明
倒角	C2　C2　30° 2　C2　C2　30° 2	一般 45°倒角按“*C* 宽度”的格式注出；30°或 60°倒角应分别注出宽度和角度
退刀槽	2×φ8　2×1　2×1	一般按“槽宽×槽深”或“槽宽×直径”的格式注出

9.3　零件图的技术要求

零件图是指导生产机器零件的重要技术文件，除需要有视图及尺寸来表达零件的形状和大小外，在制造该零件时，应该达到的一些技术要求也需要标注在零件图上。在一张完整的零件图上，通常要标出的技术要求有表面粗糙度、尺寸公差、几何公差、材料热处理和表面处理等。

9.3.1　表面结构的图样表示法

在机械图样上，为保证零件装配后的使用要求，除了对零件部分结构的尺寸、形状和位置给出公差要求，还要根据功能需要对零件的表面质量和表面结构给出要求。表面结构是表面粗糙度、表面波纹度、表面缺陷、表面纹理和表面几何形状的总称。表面结构的各项要求在 GB/T 131—2006《产品几何技术规范（GPS） 技术产品文件中表面结构的表示法》中均有具体规定。这里仅就常用的表面粗糙度做简单介绍。

1．表面粗糙度

1）基本概念

零件经过加工，会在其表面形成许多高低不平的凸峰和凹谷，零件表面这种峰和谷组成的微观几何形状误差称为表面粗糙度。表面粗糙度与加工方法、刀刃形状和切削用量等各种因素都有着密切关系。

表面粗糙度是评定零件表面质量的一项重要技术指标，对于零件的配合、耐磨性、抗腐蚀性及密封性等都有显著影响，是零件图中不可缺少的一项技术指标。零件表面粗糙度的选用，应该既满足零件表面质量的要求，又要考虑经济合理。一般情况下，零件上有配合要求或有相对运动的表面粗糙度的参数值要小，参数值越小，表面质量越高，但加工成本也越高。因此，在满足使用要求的前提下，应尽量选用较大的参数值，以降低成本。

2）评定参数

评定粗糙度轮廓主要有两个高度参数：*Ra* 和 *Rz*。

（1）算术平均偏差 *Ra*：指在一个取样长度内，纵坐标 $z(x)$绝对值的算术平均值，如图 9-13 所示。

（2）轮廓的最大高度 *Rz*：指在一个取样长度内，最大轮廓峰高与最大轮廓谷深之间的距离，如图 9-13 所示。

（3）取样长度和评定长度。

以粗糙度轮廓的高度参数的测量为例，由于表面轮廓的不规则性，测量结果与测量段的长度密切相关。当测量段过短时，各处的测量结果会产生很大的差异；当测量段过长时，测量的高度值中将不可避免地包含波纹度的幅值。因此，应在 x 轴即基准线（见图 9-13）上选取适当的长度进行测量，这段长度称为取样长度。

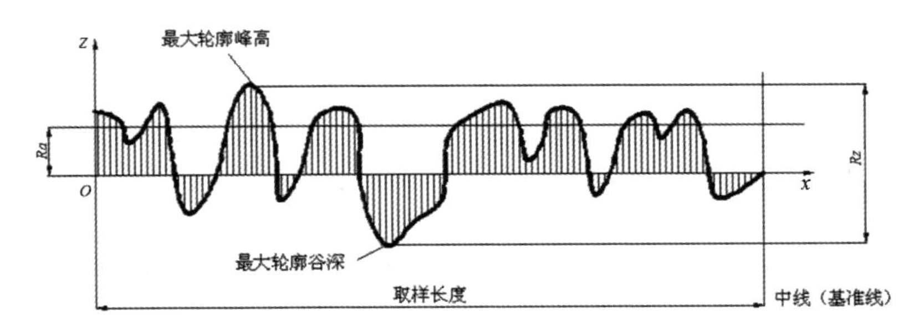

图 9-13　算术平均偏差 *Ra* 和轮廓的最大高度 *Rz*

每一取样长度内的测量值通常是不等的，为取得最可靠的表面粗糙度值，一般取几个连续的取样长度进行测量，并以各取样长度内测量值的平均值作为测量的参考值。这段在 x 轴方向上用于评定轮廓的、包含着一个或几个取样长度的测量段称为评定长度。

当参数代号后未注明取样长度的个数时，评定长度默认为 5 个取样长度；否则应注明个数。例如，*Rz* 0.4 表示评定长度为 5 个取样长度（默认）；*Ra*3 0.8 表示评定长度为 3 个取样长度；*Rz*1 3.2 表示评定长度为 1 个取样长度。

2．标注表面结构的图形符号

标注表面结构的图形符号如表 9-5 所示。

表 9-5　标注表面结构的图形符号

符号名称	图形符号	含　义
基本图形符号	H_2 H_1 60° 60° 符号线宽d=0.35mm H_2=7mm H_1=3.5mm	对于未制订工艺方法的表面，没有补充说明时不能单独使用
去除材料扩展图形符号		用去除材料的方法获得的表面，仅当其含义是“被加工表面”时可单独使用
不去除材料扩展图形符号		不去除材料的表面，也可以用于保持上道工序形成的表面，不管这种状况是通过去除或不去除材料形成的
完整图形符号		在以上各种符号的长边上加一横线，用于标注对表面结构的各种要求
附加图形符号		在以上各种符号的长边上加一圆圈，表示所有表面均有相同的表面结构要求

注：表中的 d、H_1 和 H_2 的大小是图中尺寸数字高度选取 h=3.5mm 时，按 GB/T 131—2006 的相应规定给定的；表中的 H_2 是最小值，必要时允许加大。

当图样中的某个视图上构成封闭轮廓的各表面有相同的表面结构要求时，在完整图形符号上加一圆圈，标注在封闭轮廓线上。例如，图 9-14 中的表面结构符号就是对图形中封闭轮廓对应的六个表面的表面结构要求的注法。

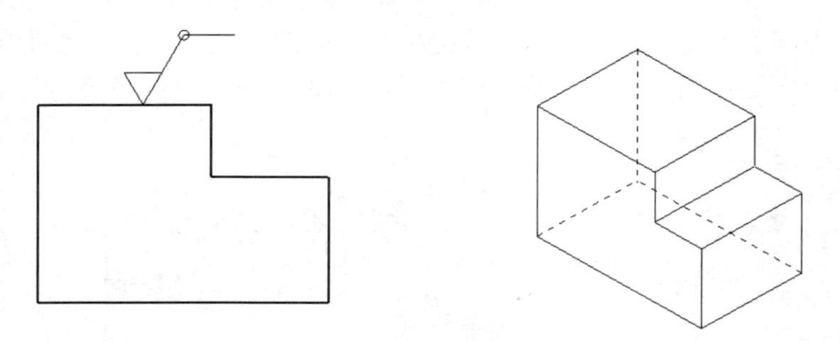

图 9-14　对周边各面有相同的表面结构要求的注法

3．表面结构要求在图形符号中的注写位置

为了明确表面结构要素，除了标注表面结构参数和数值，必要时还应标注补充要求，包括传输带、取样长度、加工工艺、表面纹理及方向、加工余量等，这些要求在图形符号中的注写位置如图 9-15 所示。

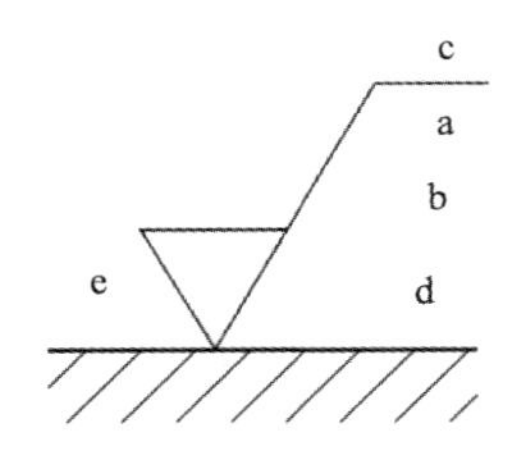

位置a：注写表面结构的单一要求
位置b：注写两个或多个表面结构要求
位置c：注写加工方法，如“车”“磨”“铣”等
位置d：注写表面纹理方向，如“=”“x”“M”等
位置e：注写加工余量

图 9-15　补充要求在图形符号中的注写位置

表面纹理是指完工零件表面上呈现的与切削运动轨迹相对应的图案。各种纹理方向的符号及含义可查阅国标。

4．表面结构代号的示例及含义

在表面结构符号中注写了具体的参数代号及数值等要求之后，即称为表面结构代号。表面结构代号的示例及含义如表 9-6 所示。

表 9-6　表面结构代号的示例及含义

代号示例	含义/解释	补充说明
*Ra*0.8	表示不允许去除材料，单向上限值，默认传输带，*R* 轮廓，算术平均偏差为 0.8μm，评定长度为 5 个取样长度（默认），16%规则（默认）	参数代号与极限值之间应留空格。本例未标注传输带，应理解为默认传输带，此时取样长度可在 GB/T 10610—2009 和 GB/T 6062—2009 中查取
Rz max0.2	表示去除材料，单向上限值，默认传输带，*R* 轮廓，轮廓的最大高度的最大值为 0.2μm，评定长度为 5 个取样长度（默认），最大规则	本表中的前四个示例均为单向极限要求，且均为单向上限值，因此，均可不加注“U”，若为单向下限值，则应加注“L”
0.008-0.8/*Ra*3.2	表示去除材料，单向上限值，传输带 0.008-0.8mm，*R* 轮廓，算术平均偏差为 3.2μm，评定长度为 5 个取样长度（默认），16%规则（默认）	传输带“0.008-0.8”中的前后数值分别为短波和长波滤波器的截止波长（λ_s 和 λ_c），以示波长范围，此时取样长度为 λ_c，即 l_r=0.8mm
-0.8/*Ra*3.2	表示去除材料，单向上限值，传输带 0.0025-0.8mm，*R* 轮廓，算术平均偏差为 3.2μm，评定长度包含 5 个取样长度，16%规则（默认）	当传输带仅注一个截止波长值（本示例中的 0.8 表示 λ_c 值）时，另一个截止波长值 λ_s 应理解为默认值，查阅 GB/T 6062—2009，可知 λ_s= 0.0025mm
U *Ra* max3.2 L *Ra*0.8	表示不允许去除材料，双向极限值，两极限值均使用默认传输带，*R* 轮廓，上限值：算术平均偏差为 3.2μm，评定长度为 5 个取样长度（默认），最大规则；下限值：算术平均偏差为 0.8μm，评定长度为 5 个取样长度（默认），16%规则（默认）	本示例为双向极限值要求，用“U”和“L”分别表示上限值和下限值，在不致引起歧义的情况下，可不用加注“U”和“L”

5．表面结构要求在图样中的注法

（1）表面结构要求对每一表面一般只标注一次，并尽量注在标注有相应的尺寸及其公差的同一视图上。除非另有说明，所标注的表面结构要求都是对完工零件表面的要求。

（2）表面结构的注写和读取方向与尺寸的注写和读取方向一致。表面结构要求可标注在轮廓线上，其符号应从材料外指向并接触表面，如表 9-7 中的图例 1 所示。必要时，表面结构符号也可以用带箭头或黑点的指引线引出标注，如表 9-7 中的图例 2 所示。

（3）在不致引起误解的情况下，表面结构要求可以标注在给定的尺寸线上，如表 9-7 中的图例 3 所示。

（4）表面结构要求可标注在几何公差框格的上方，如表 9-7 中的图例 4 所示。

（5）表面结构要求可标注在圆柱特征的延长线上，如表 9-7 中的图例 5 所示。

（6）圆柱和棱柱的表面结构要求一般只标注一次。如果棱柱表面有不同的表面结构要求，那么应分别单独标注，如表 9-7 中的图例 6 所示。

（7）表面结构要求的简化注法如表 9-7 中的图例 7、图例 8、图例 9 所示。

（8）键槽侧壁和倒角的表面结构要求的注法如表 9-7 中的图例 10、图例 11 所示。

表 9-7　表面结构要求在图样中的注法

序　号	图　例	说　明
图例 1	表面结构要求在轮廓线上的标注 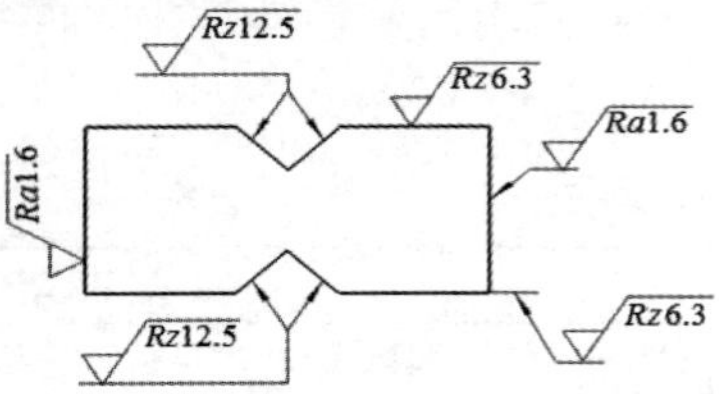 Rz12.5　Rz6.3　Ra1.6　Ra1.6　Rz12.5　Rz6.3	（1）表面结构要求可标注在轮廓线上，其符号应从材料外指向并接触表面 （2）表面结构的注写和读取方向与尺寸的注写和读取方向一致
图例 2	用指引线引出标注表面结构要求 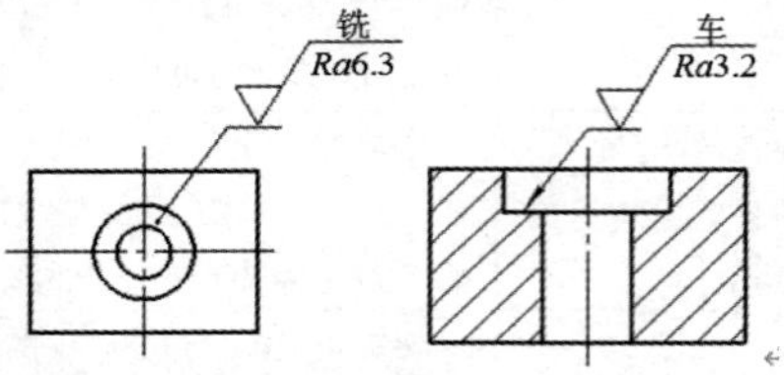 铣 Ra6.3　车 Ra3.2	表面结构符号也可用带箭头或黑点的指引线引出标注
图例 3	表面结构要求标注在特征尺寸的尺寸线上 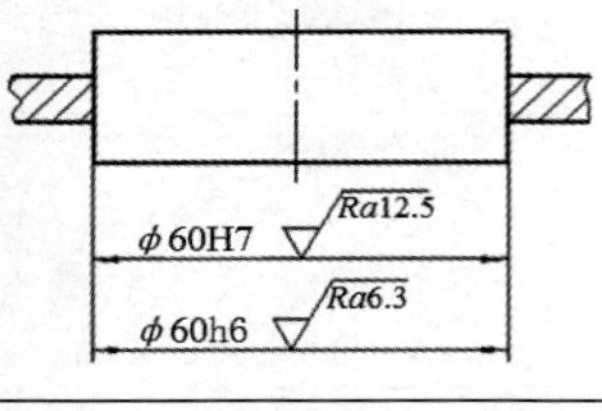 ϕ60H7 Ra12.5　ϕ60h6 Ra6.3	在不致引起误解的情况下，表面结构要求可以标注在给定的尺寸线上
图例 4	表面结构要求标注在几何公差框格的上方 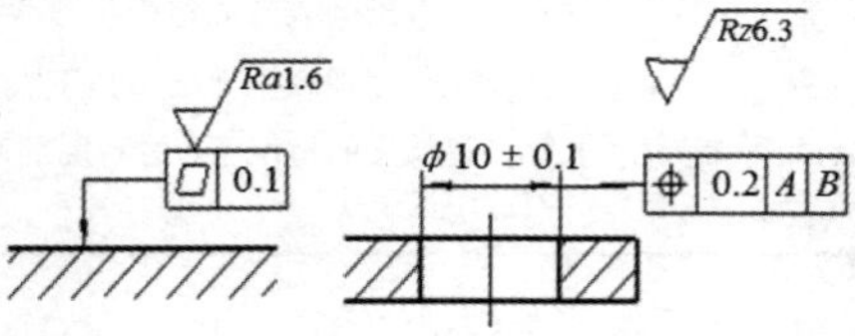 Ra1.6　0.1　ϕ10 ± 0.1　Rz6.3　0.2 A B	表面结构要求可以标注在几何公差框格的上方
图例 5	表面结构要求标注在圆柱特征的延长线上 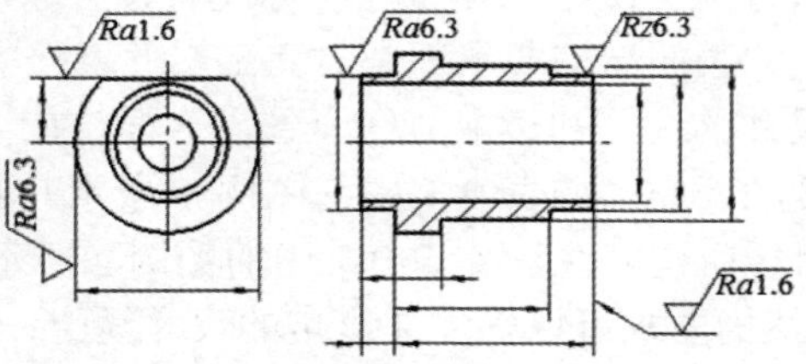 Ra1.6　Ra6.3　Ra6.3　Rz6.3　Ra1.6	表面结构要求可标注在圆柱特征的延长线上

续表

序　号	图　例	说　明
图例 6	圆柱和棱柱的表面结构要求的标注 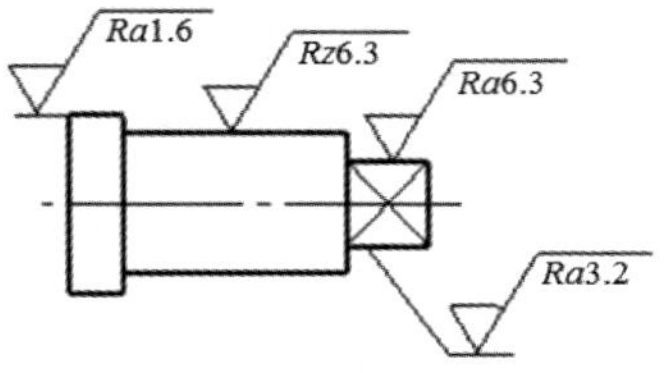	（1）圆柱和棱柱的表面结构要求均要标注在各自的位置上 （2）当棱面的表面结构有不同的表面结构要求时，应分别单独标注
图例 7	有相同表面结构要求的简化注法 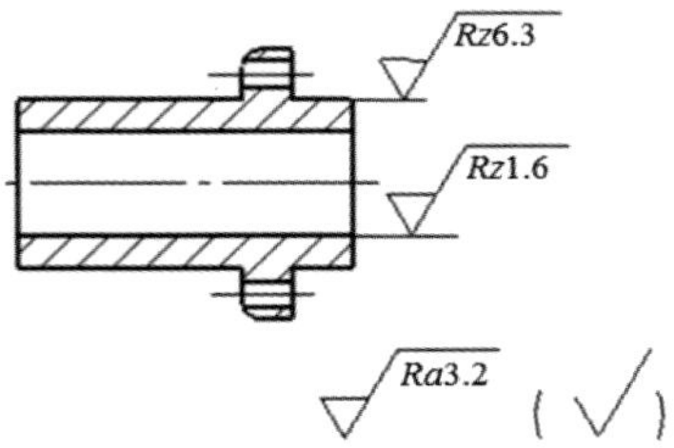	如果在工件的多数（包括全部）表面上都有相同的表面结构要求，那么其表面结构要求可统一标注在图样的标题栏附近。此时表面结构要求符号后加圆括号，并在圆括号内给出无任何其他标注的基本图形符号
图例 8	带字母的完整符号的简化注法 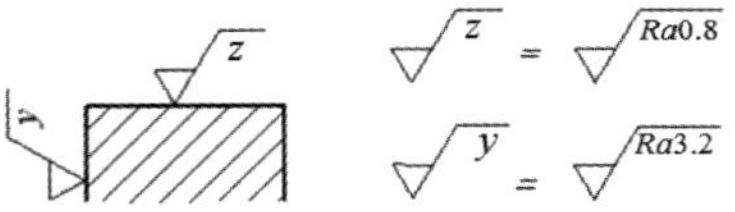	用带字母的完整符号以等式的形式在图形或标题栏附近对有相同表面结构要求的表面进行简化标注
图例 9	只用表面结构符号的简化注法 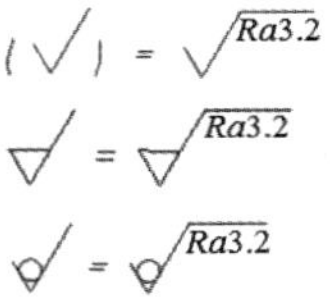	用表面结构符号以等式的形式给出多个表面共同的表面结构要求
图例 10	键槽侧壁的表面结构要求的注法 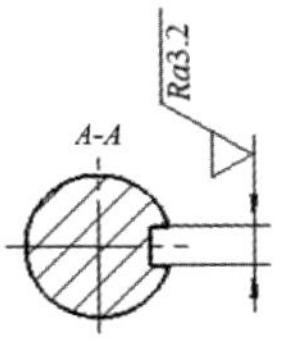	键槽的工作面即侧壁的表面结构要求可按图例所示的方式标注
图例 11	倒角的表面结构要求的注法 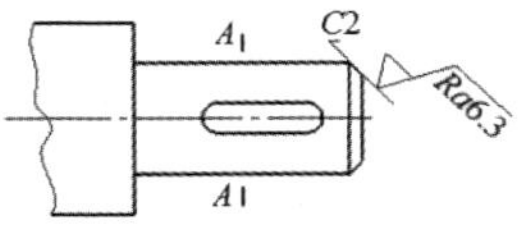	倒角的表面结构要求可按图例所示的方式标注

9.3.2　极限与配合

1．互换性

成批生产的机器在进行装配时，要求一批相配合的零件不经选择也不需要其他辅助加工，任取一对装配起来，就能达到工作性能要求，零件的这种性质称为互换性。

互换性是机械制造对由单件生产发展到成批、大量生产和按专业化、协作化原则组织生产提出的要求。发展互换性生产会大大加快装配和修配速度，提高产品的产量和质量，降低生产成本。为了使零件具有互换性，在加工零件的相应尺寸时，应当尽量准确。但是，由于机床的震动、刀具磨损、测量误差等一系列原因，零件的尺寸实际上不可能制造得绝对准确，因此，应当允许零件尺寸有一定的误差。为此，图样上常标注有极限与配合方面的技术要求。

2．尺寸及公差

（1）公称尺寸。由设计确定的尺寸称为公称尺寸，如图 9-16 中的 $\phi40$。

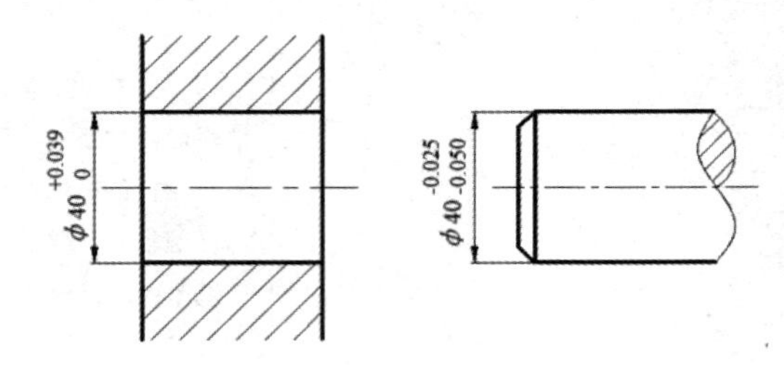

图 9-16　孔、轴的尺寸公差

（2）实际尺寸。零件加工后，通过测量获得的尺寸称为实际尺寸。

（3）极限尺寸。允许零件尺寸变化的两个界限值称为极限尺寸。其中，较大的一个尺寸称为上极限尺寸；较小的一个尺寸称为下极限尺寸。如图 9-16 所示，孔的上极限尺寸为 40.039mm，下极限尺寸为 40mm；轴的上极限尺寸为 39.975mm，下极限尺寸为 39.950mm。实际尺寸在两个极限尺寸之间为合格。

（4）尺寸偏差。某一尺寸减其公称尺寸所得的代数差称为尺寸偏差，简称偏差。上极限尺寸减其公称尺寸所得的代数差称为上极限偏差，孔、轴的上极限偏差分别用 ES 和 es 表示；下极限尺寸减其公称尺寸所得的代数差称为下极限偏差，孔、轴的下极限偏差分别用 EI 和 ei 表示。若将上述关系表示成等式，则有上极限偏差=上极限尺寸−公称尺寸，下极限偏差=下极限尺寸−公称尺寸。

如图 9-16 所示，孔的上极限偏差为+0.039mm，下极限偏差为 0；轴的上极限偏差为−0.025mm，下极限偏差为−0.050mm。

（5）尺寸公差。允许尺寸的变动量称为尺寸公差，简称公差。若将上述关系表示成等式，则公差=上极限尺寸−下极限尺寸=上极限偏差−下极限偏差。

如图 9-16 所示，孔的公差为 0.039mm−0=0.039mm；轴的公差为−0.025mm−(−0.050mm)=0.020mm。

（6）公差带和公差带图。公差带图是指以公称尺寸为零线，用适当的比例画出两极限偏差，以表示尺寸允许变动的界限和范围。在公差带图中，公差带是由代表上极限偏差和下极限偏差的两条直线限定的区域。图 9-17 为极限与配合示意图，图 9-18 为公差带图。在图 9-18 中，零（0）线是确定偏差的一条基准线，即零偏差线。通常以零线表示公称尺寸，画成水平细线。零线之上的偏差为正，零线之下的偏差为负。值得指出的是，公差带图在零线的垂直方向上的上、下界限有明确的意义，即上/下极限偏差，不能随意画；而沿零线方向的长短和位置无明确的意义，可任意放置。

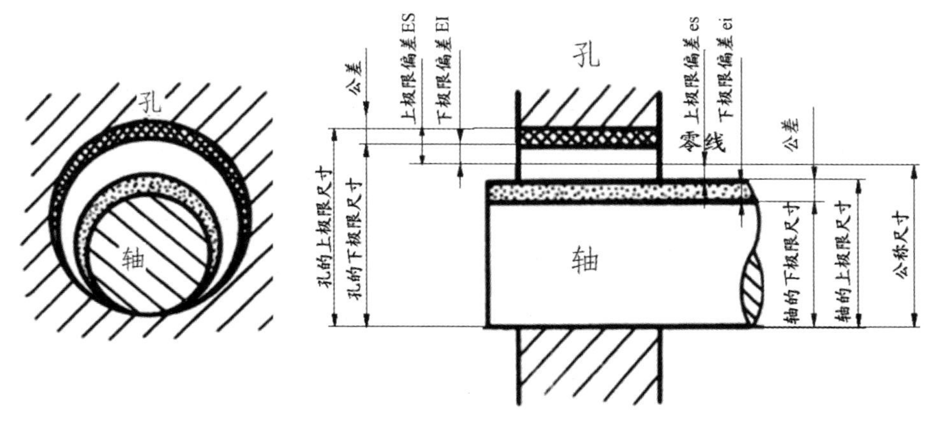

图 9-17　极限与配合示意图

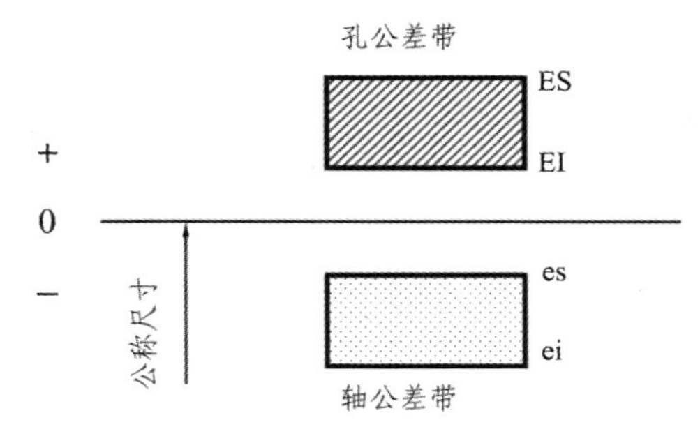

图 9-18　公差带图

3．标准公差和基本偏差

公差带包括公差带大小与公差带位置。为了便于生产、实现零件的互换性及满足各种配合要求，国标规定，公差带大小和公差带位置分别由标准公差和基本偏差确定。

（1）标准公差。国标《极限与配合》规定的用以确定公差带大小的任一公差称为标准公差，用 IT 表示。标准公差表示尺寸的精确程度，由公称尺寸和公差等级确定，公差等级代号用 IT 和阿拉伯数字组合表示。在公称尺寸至 500mm 内规定了 IT01，IT0，IT1，…，IT18 共 20 个等级，IT01 公差值最小，精度最高；IT18 公差值最大，精度最低。在 20 个标准公差等级中，IT01～IT11 用于配合尺寸，IT9～IT18 用于非配合尺寸。标准公差数值如表 9-8 所示。

表 9-8　标准公差数值

公称尺寸/mm		标准公差等级																			
		μm													mm						
大于	至	IT01	IT0	IT1	IT2	IT3	IT4	IT5	IT6	IT7	IT8	IT9	IT10	IT11	IT12	IT13	IT14	IT15	IT16	IT17	IT18
…	3	0.3	0.5	0.8	1.2	2	3	4	6	10	14	25	40	60	0.1	0.14	0.25	0.4	0.6	1	1.4
3	6	0.4	0.6	1	1.5	2.5	4	5	8	12	18	30	48	75	0.12	0.18	0.3	0.48	0.75	1.2	1.8
6	10	0.4	0.6	1	1.5	2.5	4	6	9	15	22	36	58	90	0.15	0.22	0.36	0.58	0.9	1.5	2.2
10	18	0.5	0.8	1.2	2	3	5	8	11	18	27	43	70	110	0.18	0.27	0.43	0.7	1.1	1.8	2.7
18	30	0.6	1	1.5	2.5	4	6	9	13	21	33	52	84	130	0.21	0.33	0.52	0.84	1.3	2.1	3.3

续表

公称尺寸/mm		标准公差等级																			
		μm												mm							
大于	至	IT01	IT0	IT1	IT2	IT3	IT4	IT5	IT6	IT7	IT8	IT9	IT10	IT11	IT12	IT13	IT14	IT15	IT16	IT17	IT18
30	50	0.6	1	1.5	2.5	4	7	11	16	25	39	62	100	160	0.25	0.39	0.62	1	1.6	2.5	3.9
50	80	0.8	1.2	2	3	5	8	13	19	30	46	74	120	190	0.3	0.46	0.74	1.2	1.9	3	4.6
80	120	1	1.5	2.5	4	6	10	15	22	35	54	87	140	220	0.35	0.54	0.87	1.4	2.2	3.5	5.4
120	180	1.2	2	3.5	5	8	12	18	25	40	63	100	160	250	0.4	0.63	1	1.6	2.5	4	6.3
180	250	2	3	4.5	7	10	14	20	29	46	72	115	185	290	0.46	0.72	1.15	1.85	2.9	4.6	7.2
250	315	2.5	4	6	8	12	16	23	32	52	81	130	210	320	0.52	0.81	1.3	2.1	3.2	5.2	8.1
315	400	3	5	7	9	13	18	25	36	57	89	140	230	360	0.57	0.89	1.4	2.3	3.6	5.7	8.9
400	500	4	6	8	10	15	20	27	40	63	97	155	250	400	0.63	0.97	1.55	2.5	4	6.3	9.7

（2）基本偏差。用以确定公差带相对于零线位置的那个极限偏差称为基本偏差。它可以是上极限偏差或下极限偏差，一般是指靠近零线的那个偏差。

国标对轴、孔规定了 28 个基本偏差系列，用拉丁字母表示，大写字母表示孔的基本偏差，小写字母表示轴的基本偏差。图 9-19 为孔和轴的基本偏差系列示意图。从图 9-19 中可以看出，孔的基本偏差 A～H 为下极限偏差，J～ZC 为上极限偏差；轴的基本偏差 a～h 为上极限偏差，j～zc 为下极限偏差；JS 和 js 没有基本偏差，其上/下极限偏差相对于零线对称，孔和轴的上偏差和下偏差分别是 $+\frac{IT}{2}$、$-\frac{IT}{2}$。基本偏差系列只表示公差带的位置，不表示公差带的大小，因此，公差带的一端是开口的，另一端由标准公差限定，即另一个偏差可以从极限偏差数值表中查出，也可以按下式计算得出：

孔：ES=EI+IT 或 EI=ES−IT

轴：es=ei+IT 或 ei=es−IT

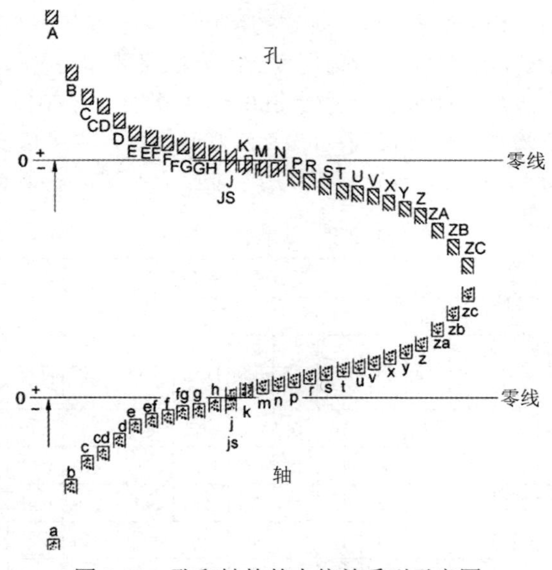

图 9-19　孔和轴的基本偏差系列示意图

4．配合与配合制

（1）配合。公称尺寸相同且相互结合的孔和轴的公差带之间的关系称为配合。也就是说，配合的条件是公称尺寸相同的孔和轴结合，而孔和轴的公差带之间的关系反映了配合的精度和松紧程度。根据相配合的孔和轴的公差带的相对位置，不同的配合有松有紧，因此，国标将配合分为以下三类。

① 间隙配合：具有间隙（包括最小间隙等于零）的配合。此时孔的公差带在轴的公差带之上。间隙配合主要用于两配合表面有相对运动的场合，如图 9-20 所示。

② 过盈配合：具有过盈（包括最小过盈等于零）的配合。此时孔的公差带在轴的公差带之下。过盈配合主要用于两配合表面要求紧固连接的场合，如图 9-21 所示。

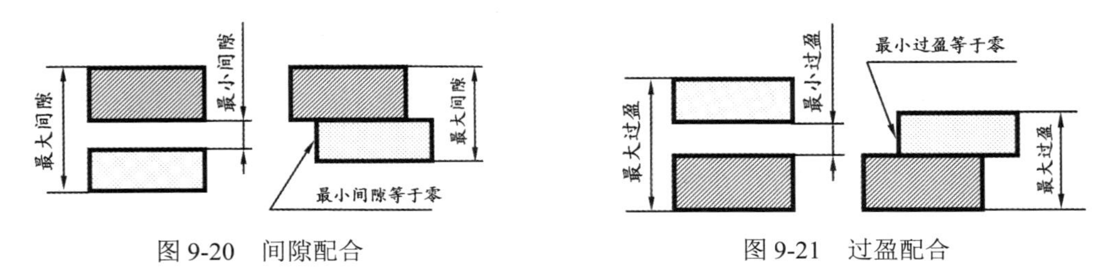

图 9-20　间隙配合　　　图 9-21　过盈配合

③ 过渡配合：可能具有间隙或过盈的配合。此时孔和轴的公差带重叠。过渡配合主要用于要求对中性较好的场合，如图 9-22 所示。

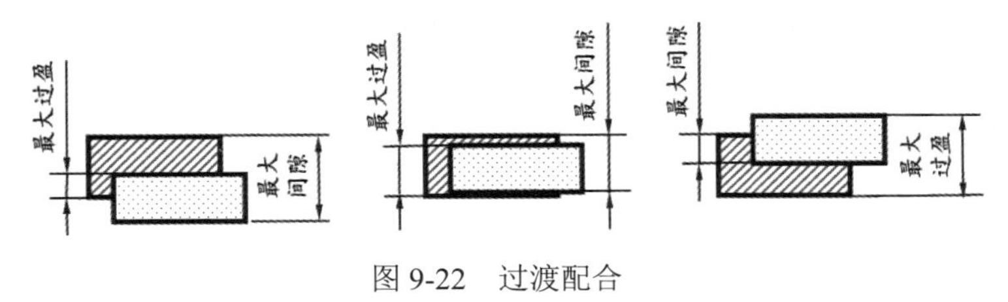

图 9-22　过渡配合

（2）配合制。为了统一基准件的极限偏差，从而便于设计、制造，降低成本，获得最大的经济效益，实现配合标准化，国标规定了两种配合制，即基孔制和基轴制。由于孔难加工，所以一般应优先采用基孔制配合。

① 基孔制配合是指基本偏差为一定的孔的公差带与不同基本偏差的轴的公差带形成各种配合的一种制度。如图 9-23 所示，基孔制配合中的孔称为基准孔，其基本偏差代号为 H、下极限偏差 EI=0。

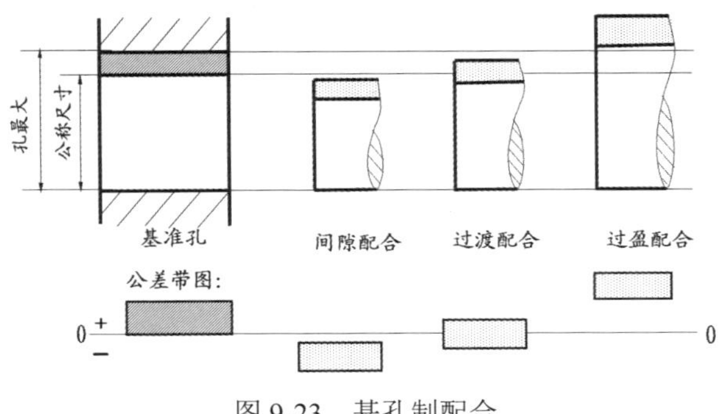

图 9-23　基孔制配合

与基准孔相配合的轴的基本偏差 a～h 用于间隙配合，j、k、m、n 一般用于过渡配合，p～zc 一般用于过盈配合。

② 基轴制配合是指基本偏差为一定的轴的公差带与不同基本偏差的孔的公差带形成各种配合的一种制度。如图 9-24 所示，基轴制配合中的轴称为基准轴，其基本偏差代号为 h、上极限偏差 es=0。

与基准轴相配合的孔的基本偏差 A～H 用于间隙配合，J、K、M、N 一般用于过渡配合，P～ZC 一般用于过盈配合。

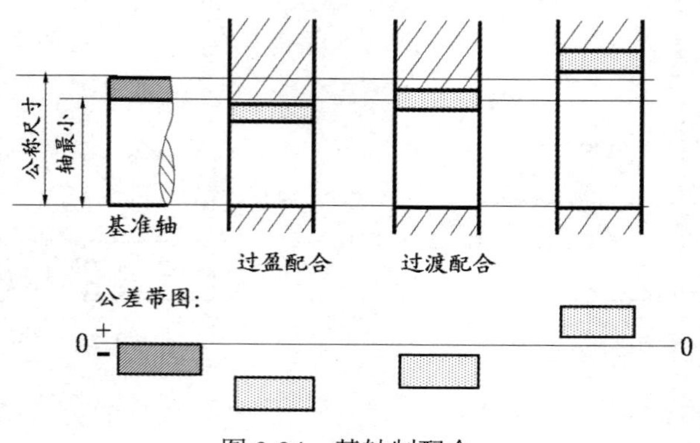

图 9-24　基轴制配合

（3）优先配合与常用配合。从经济性出发，为了避免刃、量具的品种、规格的不必要的繁杂，国标将孔、轴的公差带分为优先、常用和一般用途三类，由孔和轴的优先公差带与常用公差带分别组成基孔制和基轴制的优先配合与常用配合，以便选用。该标准规定，基孔制常用配合共 59 种，其中优先配合有 13 种，如表 9-9 所示；基轴制常用配合共 47 种，其中优先配合有 12 种，如表 9-10 所示。

表 9-9　基孔制的优先配合与常用配合

基孔制	轴		
	a b c d e f g h	js k m	n p r s t u v x y z
	间隙配合	过渡配合	过盈配合
H6	H6/f5　H6/g5　H6/h5	H6/js5　H6/k5　H6/m5	H6/n5　H6/p5　H6/r5　H6/s5　H6/t5
H7	H7/f6　H7▲/g6　H7▲/h6	H7/js6　H7▲/k6　H7/m6　H7▲/n6	H7▲/p6　H7/r6　H7▲/s6　H7/t6　H7▲/u6　H7/v6　H7/x6　H7/y6　H7/z6
H8	H8/e7　H8▲/f7　H8/g7　H8▲/h7	H8/js7　H8/k7　H8/m7　H8/n7　H8/p7	H8/r7　H8/s7　H8/t7　H8/u7
H9	H8/d8　H8/e8　H8/f8　H8/h8	—	
H10	H9/c9　H9▲/d9　H9/e9　H9/f9　H9▲/h9	—	
H11	H10/c10　H10/d10　H10/h10	—	

续表

基孔制	轴 a b c d e f g h 间隙配合	js k m 过渡配合	n p r s t u v x y z 过盈配合
H11	$\frac{H11}{a11}$ $\frac{H11}{b11}$ $\frac{H11▲}{c11}$ $\frac{H11}{d11}$ $\frac{H11▲}{h11}$	—	
H12	$\frac{H12}{b12}$ $\frac{H12}{h12}$	—	

注：右上角标注▲的为优先配合。

表 9-10　基轴制优先配合与常用配合

基轴制	孔 A B C D E F G H 间隙配合	JS K M 过渡配合	N P R S T U V X Y Z 过盈配合
h5	$\frac{F6}{h5}$ $\frac{G6}{h5}$ $\frac{H6}{h5}$	$\frac{JS6}{h5}$ $\frac{K6}{h5}$ $\frac{M6}{h5}$	$\frac{N6}{h5}$ $\frac{P6}{h5}$ $\frac{R6}{h5}$ $\frac{S6}{h5}$ $\frac{T6}{h5}$
h6	$\frac{F7}{h6}$ $\frac{G7▲}{h6}$ $\frac{H7▲}{h6}$	$\frac{JS7}{h6}$ $\frac{K7▲}{h6}$ $\frac{M7}{h6}$ $\frac{N7▲}{h6}$	$\frac{P7▲}{h6}$ $\frac{R7}{h6}$ $\frac{S7▲}{h6}$ $\frac{T7}{h6}$ $\frac{U7▲}{h6}$
h7	$\frac{E8}{h7}$ $\frac{F8▲}{h7}$ $\frac{H8}{h7}$	$\frac{JS8}{h7}$ $\frac{K8}{h7}$ $\frac{M8}{h7}$ $\frac{N8}{h7}$	
h8	$\frac{D8}{h8}$ $\frac{E8}{h8}$ $\frac{F8}{h8}$ $\frac{H8}{h8}$	—	
h9	$\frac{D9▲}{h9}$ $\frac{E9}{h9}$ $\frac{F9}{h9}$ $\frac{H9▲}{h9}$	—	
h10	$\frac{D10}{h10}$ $\frac{H10}{h10}$	—	
h11	$\frac{A11}{h11}$ $\frac{B11}{h11}$ $\frac{C11▲}{h11}$ $\frac{D11}{h11}$ $\frac{H11▲}{h11}$	—	
h12	$\frac{B12}{h12}$ $\frac{H12}{h12}$	—	

注：右上角标注▲的为优先配合。

5．公差与配合的标注

（1）公差与配合在零件图上的标注。当零件成大批量生产时，其标注形式为在基本尺寸后注出公差带代号，如图 9-25 所示。

当零件生产规模小或单件生产时，其标注形式为在基本尺寸后注出极限偏差数值，如图 9-26 所示。

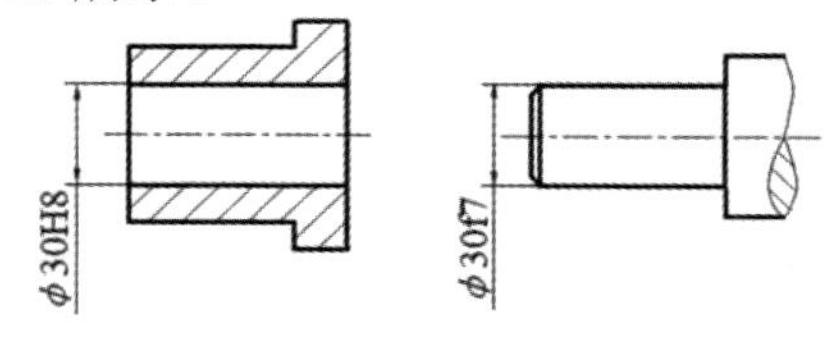

图 9-25　在零件图上标注公差的方式 1

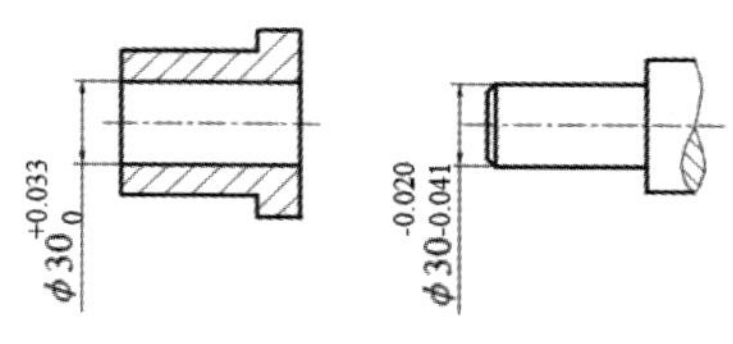

图 9-26　在零件图上标注公差的方式 2

当零件生产规模未知时，两者同时注出，但极限偏差数值在后，并用圆括号括起来，如图 9-27 所示。

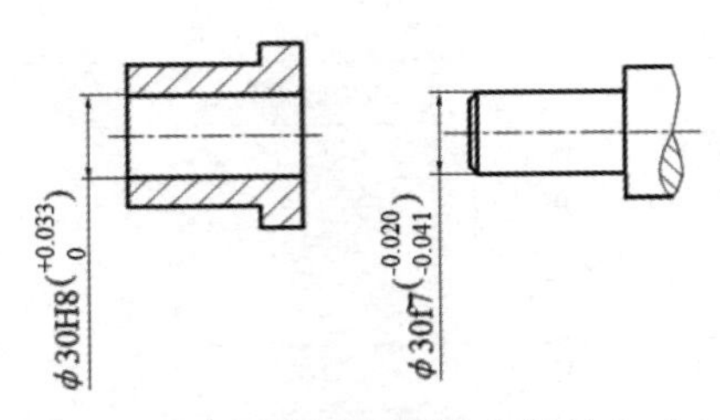

图 9-27　在零件图上标注公差的方式 3

（2）公差与配合在装配图中的标注。配合代号用孔和轴的公差带代号组合表示，写成分数形式。如图 9-28 所示，轴套与轴的公差与配合标注为 ϕ30H8/f7，ϕ30 表示孔和轴的基本尺寸、H8 表示孔的公差带代号、f7 表示轴的公差带代号、H8/f7 表示配合代号。在配合代号中，凡孔的基本偏差为 H 者，都表示基孔制配合；凡轴的基本偏差为 h 者，都表示基轴制配合。

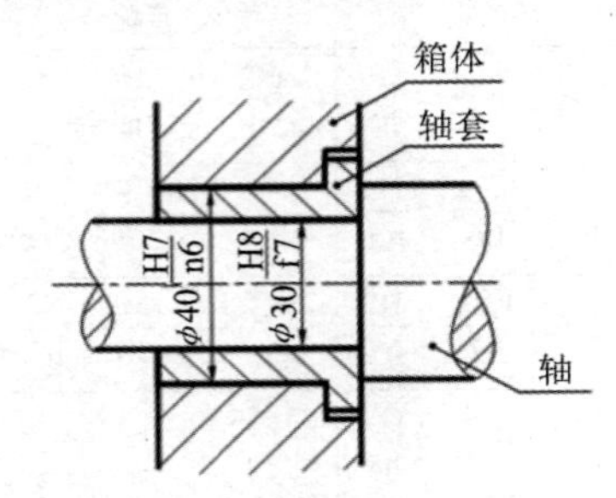

图 9-28　在装配图上标注公差与配合

除前面讲的基本标注形式外，还可以采用一些其他的标注形式，如图 9-29 所示。

$\phi 30\frac{H8}{f7}$　借用尺寸线作为分数线

ϕ30H8/f7　用斜线作为分数线

$\phi 30^{+0.033}_{0}$ / $\phi 30^{-0.020}_{-0.041}$　标注上/下极限偏差值

$\phi 30\frac{^{+0.033}_{0}}{^{-0.020}_{-0.041}}$　借用尺寸线作为分数线

图 9-29　配合代号的其他标注形式

9.3.3　几何公差简介

零件在加工过程中，不仅会产生尺寸误差，还会产生形状误差和位置误差。例如，在加工圆柱时，可能出现由于素线不是直线导致的中间粗、两头细的情况；在加工阶梯轴时，可能出现各段圆柱的轴线不在一条直线上的情况。如果这些情况较严重，则会影响零件的互换性和机器的质量。在零件图上，应标注必要的几何公差要求。

形状公差是指单一实际要素的形状允许的变动全量，即零件的实际形状对理想形状的允许变动量。

位置公差是指关联实际要素的位置对基准所允许的变动全量，即零件的实际位置对理想位置的允许变动量。

1．几何公差的特征项目及符号

国标将形状公差分为四个项目：直线度、平面度、圆度和圆柱度；将位置公差分为八个项目：平行度、垂直度、倾斜度、位置度、同轴度、对称度、圆跳动、全跳动。其中，平行度、垂直度、倾斜度为定向公差；位置度、同轴度、对称度为定位公差；圆跳动、全跳动为跳动公差。当线轮廓度和面轮廓度有基准要求时，属于位置公差；当无基准要求时，属于形状公差。表 9-11 为几何公差的特征项目及符号。

表 9-11　几何公差的特征项目及符号

公　差	项　目	符　号	公　差		项　目	符　号
形状公差	直线度	—	位置公差	定向公差	平行度	//
					垂直度	⊥
	平面度	▱			倾斜度	∠
				定位公差	同轴度	⌖
	圆度	○			对称度	◎
	圆柱度	⌭			位置度	⌯
形状公差或位置公差	线轮廓度	⌒		跳动公差	圆跳动	↗
	面轮廓度	⌓			全跳动	⌰

2．几何公差的标注

在图样上标注几何公差时，应有公差框格、被测要素和基准要素（对位置公差）三组内容。其中，公差框格由两格或多格组成，可水平或垂直放置；被测要素与公差框格之间用带箭头的指引线相连；基准要素用一个大写字母表示，字母标注在基准方格内，与一个涂黑的或空白的三角形相连以表示基准，涂黑的和空白的基准三角形的含义相同。几何公差代号及基准符号如图 9-30 所示。

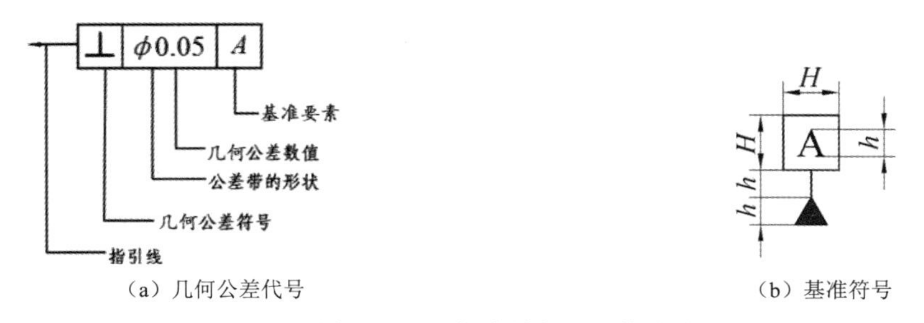

（a）几何公差代号　　（b）基准符号

图 9-30　几何公差代号及基准符号

3．零件图上几何公差的标注示例

图 9-31 是一根气门阀杆，其上标注的几何公差有以下四项。

（1）*SR*750 的球面对于 ϕ16 轴线的圆跳动公差是 0.003。

（2）杆身 ϕ16 的圆柱度公差为 0.005。

（3）M8×1 的螺纹孔轴线对于 ϕ16 轴线的同轴度公差是 ϕ0.1。

（4）底部对于 ϕ16 轴线的圆跳动公差是 0.1。

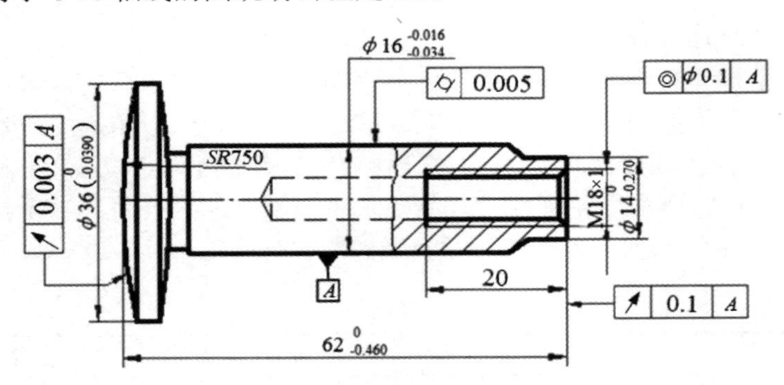

图 9-31　几何公差标注示例

9.3.4　材料的热处理及表面处理

零件的功用不同，所使用的材料也不同，在零件图中，将零件材料的名称填入标题栏的“材料”栏中。机器中常用的材料有金属材料和非金属材料两大类。金属材料又有属于黑色金属的钢和铸铁，属于有色金属的铜、铅等；非金属材料有塑料、橡胶等。

为了提高金属材料的力学性能，特别是钢的强度、硬度和表面耐磨/耐腐蚀能力等，通常要采用热处理和表面处理。

1．热处理

常用的热处理形式有普通热处理和化学热处理。普通热处理包括退火、淬火及高温回火，用以调制较好的力学性能。钢的化学热处理就是高温渗碳、渗氮，用以改变零件表面的力学性能，提高其耐磨能力和抗疲劳强度。

对于钢的热处理要求，一般在图样的技术要求中用文字说明，若为局部热处理，则需要在图中进行标注，如图 9-32 所示。

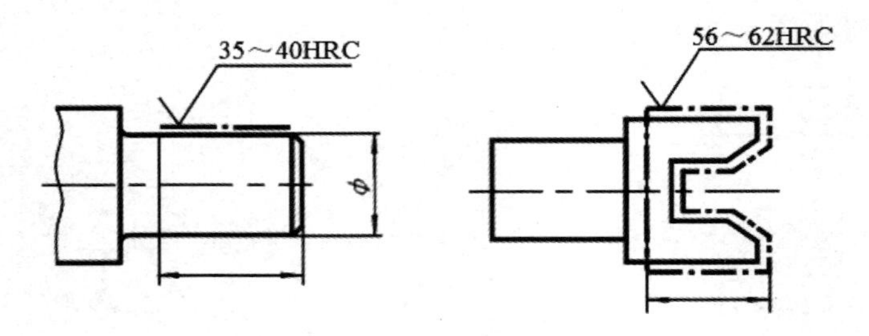

图 9-32　局部热处理的标注方法

2．表面处理

表面处理就是在金属零件表面上加镀覆层，以提高其耐腐蚀性和耐磨性，如电镀、化学镀等。当零件所有表面均为同一种镀覆时，可将标记填入镀覆栏内或在技术要求中写明，图中不再标注。

9.4　零件结构的工艺性简介

在进行零件的结构形状设计时，除了要满足它在机器或部件中的功能作用要求，还要考虑制造时的工艺性，以便于生产。下面介绍一些常见的标准工艺结构及其尺寸标注。

1．铸件常见工艺结构

在铸造零件时，一般先制作木模；然后将其放入型砂中，当砂被压紧后，盖上上箱，留有冒口和浇口；最后取出木模，在砂型空腔内注入熔化的金属液体，待冷却后取出铸件毛坯，这一过程称为铸造。对于与其他零件有接触或配合的面，还要进行切削加工，只有这样，零件才能达到最后的形状和技术要求。

（1）起模斜度。为了在铸造时方便取出木模、减少阻力，将沿起模方向的木模表面做成约 1:2 的斜度，叫作起模斜度，如图 9-33（a）所示。但这种斜度在图样上可不予标注，也可以不画出，如图 9-33（b）所示。必要时，可以在技术要求中用文字说明。

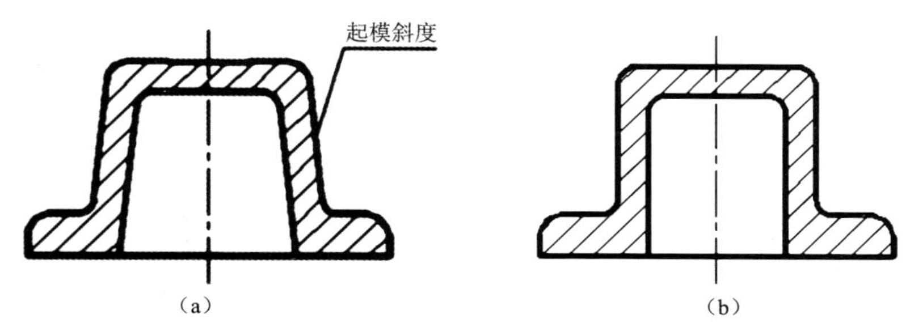

图 9-33　起模斜度及其在图样上的画法

（2）铸造圆角。为了防止铸件冷却时产生裂纹或缩孔缺陷，同时避免脱模时砂型落砂，铸件各表面相交处应有圆角。在图 9-33 中，所有圆角即铸造圆角。铸造圆角的半径在图样上一般不注出，而集中注写在技术要求中。

（3）铸件壁厚。铸件壁厚应尽量保持均匀，不同壁厚之间应逐渐过渡。否则，在铸件浇铸时，由于各部分冷却速度不同，容易产生缩孔或裂纹缺陷，影响铸件的质量，如图 9-34 所示。

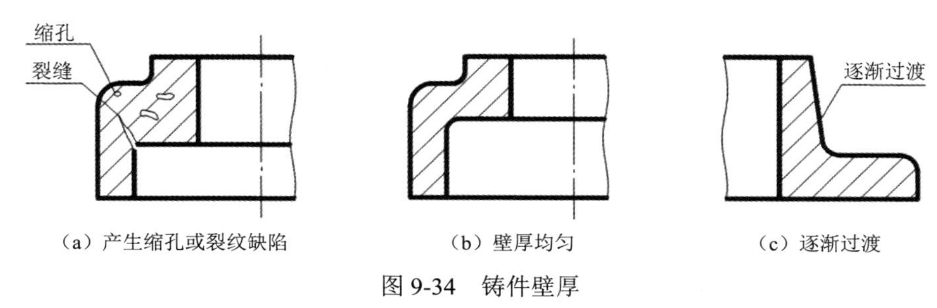

图 9-34　铸件壁厚

2．机加工常见工艺结构

（1）倒角和倒圆。为避免因应力集中而产生裂纹，在轴肩处，常加工成圆角过渡的形式，称为倒圆，如图 9-35 中的 R。

为了去除零件的毛刺、锐边和便于零件装配，常将轴或孔的端部加工成倒角，倒角一般为 45°，也允许用 30°或 60°，C 表示 45°，如图 9-35 中的 $C1$。

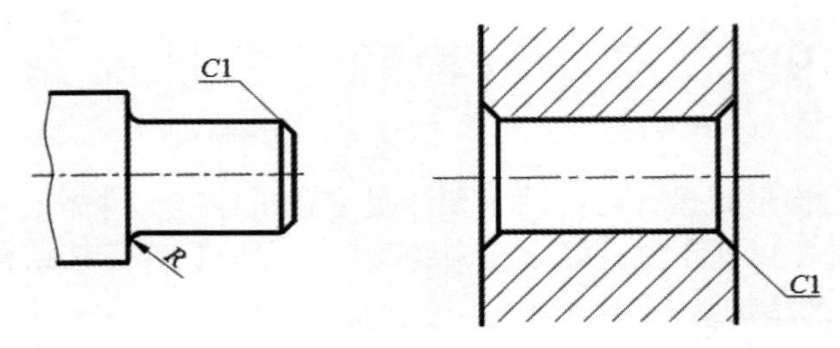

图 9-35　倒角和倒圆

（2）螺纹退刀槽和砂轮越程槽。在切削加工中，尤其在车削螺纹和磨削时，为了便于退出刀具或使砂轮可稍越过加工面，或者在装配时，为了使相关的零件易于靠紧，常在待加工面末端先车削出螺纹退刀槽或砂轮越程槽，如图 9-36 所示。

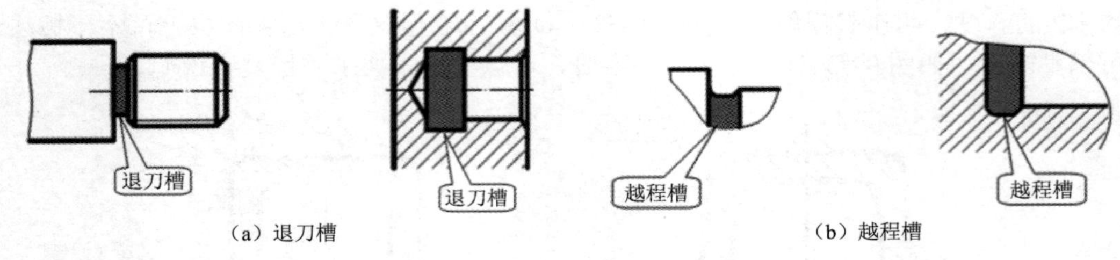

（a）退刀槽　（b）越程槽

图 9-36　退刀槽和越程槽

（3）钻孔结构。钻孔时，被钻零件的端面应与钻头垂直，以保证钻孔准确、避免钻头折断，如图 9-37 所示。

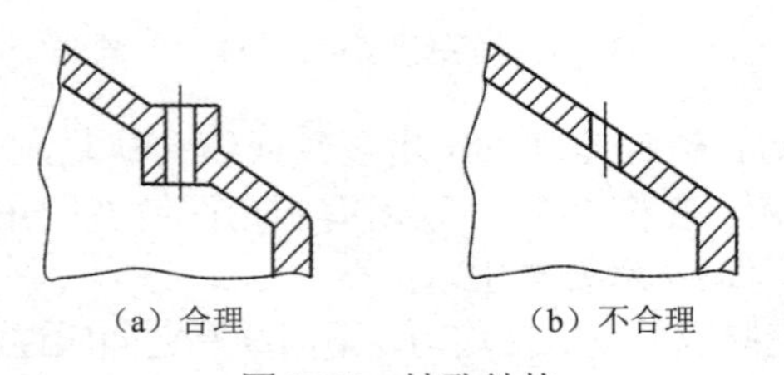

（a）合理　（b）不合理

图 9-37　钻孔结构

（4）凸台和凹坑。在零件上，凡与其他零件接触的表面，一般都要进行切削加工，为了减少机械加工量及保证两表面接触良好，应尽量缩小加工面积或接触面积。因此，常在零件上设计凸台、凹坑等结构。如图 9-38 所示，螺纹连接支撑面应设计成凸台或凹坑形式；如图 9-39 所示，为了减小箱体底面的加工面积，设计几种凹槽结构。

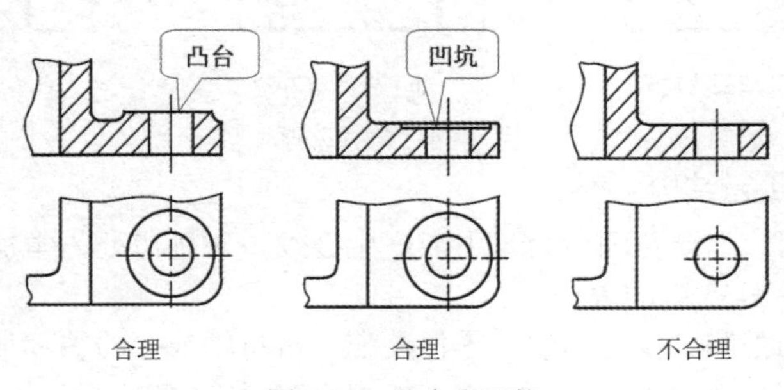

合理　合理　不合理

图 9-38　凸台和凹坑

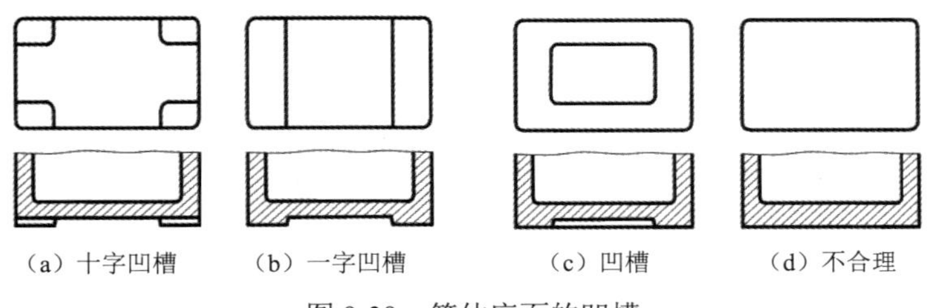

图 9-39　箱体底面的凹槽

9.5　读零件图

1．读零件图的目的

读零件图的目的是要根据零件图想象出零件的结构形状，了解零件的尺寸和技术要求。在设计、制造和维修等活动中，读零件图是一项非常重要的工作。在读零件图时，还应结合零件在机器或部件中的位置和作用及其与其他零件的关系，只有这样，才能真正理解和读懂零件图。

在读零件图时，应达到如下要求。

（1）了解零件的名称、材料和用途。

（2）了解组成零件的各部分结构形状的特点、功用，以及它们之间的相对位置。

（3）了解零件的制造方法和技术要求。

2．读零件图的方法和步骤

（1）概括了解。主要通过标题栏了解零件的名称、材料、比例等内容。根据零件的名称大概判断该零件属于哪一类零件；从材料了解其加工方法；根据绘图比例可估计零件的实际大小。必要时，最好对照机器、部件实物或装配图了解该零件的装配关系等，从而对零件有一个初步的了解。

（2）分析视图，想象零件的结构形状。分析零件图采用了哪些表达方法，如选用了哪些视图、剖视图、断面图和简化画法等。弄清各视图的关系，以主视图为主，确定各视图之间的关系，找出剖视图、断面图的剖切面的位置及投射方向，明确各视图的表达重点。运用形体分析法和线面分析法将零件各部分逐个看懂，再根据其形状特征及位置关系综合起来想象零件的整体形状。看懂零件的结构形状是读零件图的重点，组合体的读图方法适用于零件图。读图的一般顺序是：先整体、后局部；先主体结构、后局部结构；先读懂简单部分，再分析复杂部分。

（3）分析尺寸，了解技术要求。分析尺寸应先分析长、宽、高各方向的主要尺寸基准，从基准出发，弄清哪些是主要尺寸；再以结构为线索，了解各部分的定形尺寸、定位尺寸及总体尺寸。了解技术要求主要是了解各配合表面的尺寸公差、表面粗糙度、几何公差及技术要求中的文字说明，弄清零件加工需要达到的各种技术指标。

（4）综合归纳。零件图表达了零件的结构形状、尺寸大小及加工制造应达到的各种技术要求等内容，它们之间是相互关联的。读图时，将看懂的零件的结构、形状、所注尺寸及技术要求等内容进行综合归纳，以便于对零件的全貌形成较完整的认识。

3．读零件图举例

1）读如图 9-40 所示的主轴零件图

（1）概括了解。

从标题栏可知，主轴按 1:1 的比例绘制，即与实物大小一致；材料为 45 号优质碳素结构钢；加工件数为 1。从零件名称结合图形可知，该主轴为轴类零件，经车削加工而成，零件轴线按水平放置。

（2）分析视图，想象零件的结构形状。

主轴的零件图采用了一个主视图、两个断面图和一个局部放大图来表达主轴的形状。主视图表达主轴的主要形状特征：该主轴由三段直径不等的圆柱组成，左侧圆柱的直径最小，右侧圆柱的直径最大，而且左侧圆柱有外螺纹，右侧圆柱的轴较长；通过主视图的局部剖视图可知，该段轴是空心的，中间有孔。

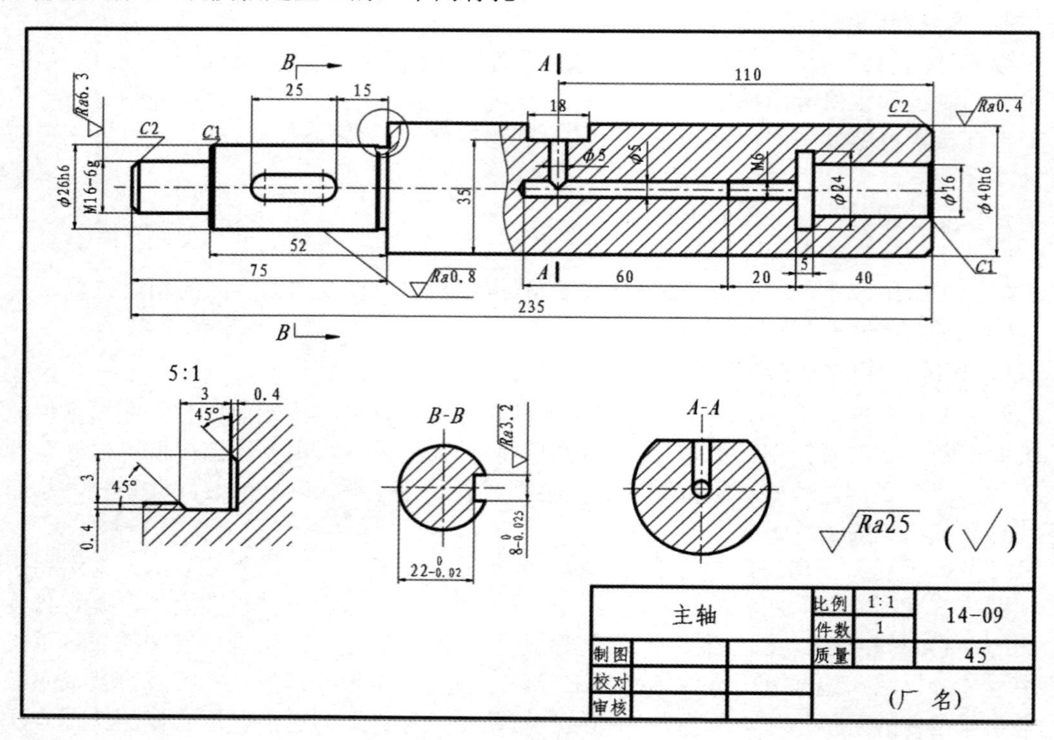

图 9-40　主轴零件图

此零件图中的局部放大图采用 5 倍放大形式表达该处的结构形状。两个断面图分别表达两处的断面形状，*A-A* 断面图侧重表达前后的通槽，以及上下和左右的两个等径小圆孔；*B-B* 断面图主要表达第二段轴上该处的键槽。

（3）分析尺寸，了解技术要求。

主轴以水平轴线作为径向尺寸基准（也是高度和宽度方向的尺寸基准）。由此可注出径向各部分尺寸 ϕ26h6、M16-6g、ϕ5、M6、ϕ24、ϕ16、ϕ40h6。尺寸数字后面注有公差带代号的，说明零件的该部分与其他零件有配合关系。在图 9-40 中，尺寸 ϕ26h6 表明第二段轴与其他零件有配合关系；尺寸 ϕ40h6 表明第三段轴与其他零件有配合关系，并且这两段轴均为基准轴。因此，对这两段轴的表面粗糙度要求较高，第二段轴的表面粗糙度为

*Ra*0.8，第三段轴的表面粗糙度为 *Ra*0.4。

选择第三段轴的左端面作为主轴的轴向尺寸基准（也是长度方向的尺寸基准），由此可注出尺寸 75、52、15。选择第三段轴的右端面为长度方向的辅助基准，由此可注出尺寸 40 和小圆孔的定位尺寸 110。另外，该零件图中还有砂轮越程槽 5×4 及倒角 *C*2。

该零件图中注出的技术要求主要有表面粗糙度、尺寸公差两项。其中，第三段轴的表面粗糙度要求最高，其次是第二段轴；键槽侧壁工作面的表面粗糙度为 *Ra*3.2；除了图上标注的表面粗糙度要求，其余表面的表面粗糙度均为 *Ra*25。键槽的宽度和深度均有尺寸公差要求，用尺寸偏差的形式标注出来，第二段轴和第三段轴的公差用公差带代号的形式标注出来。

（4）综合归纳。

通过对该零件图的图形、尺寸和技术要求的分析，掌握了主轴的形状、大小及加工制造需要达到的技术指标，对主轴零件有了一个综合全面的了解。

2）读如图 9-41 所示的端盖零件图

（1）概括了解。

从标题栏可知，端盖按 1:1 的比例绘制；材料为 45 号优质碳素结构钢。从图 9-41 中可以看出，端盖的大部分结构都是回转体，且径向尺寸比轴向尺寸大得多，因此，端盖属于盘盖类零件。端盖的制造过程是：先铸造成毛坯，经时效处理后，再进行切削加工，加工时，轴线呈水平放置。

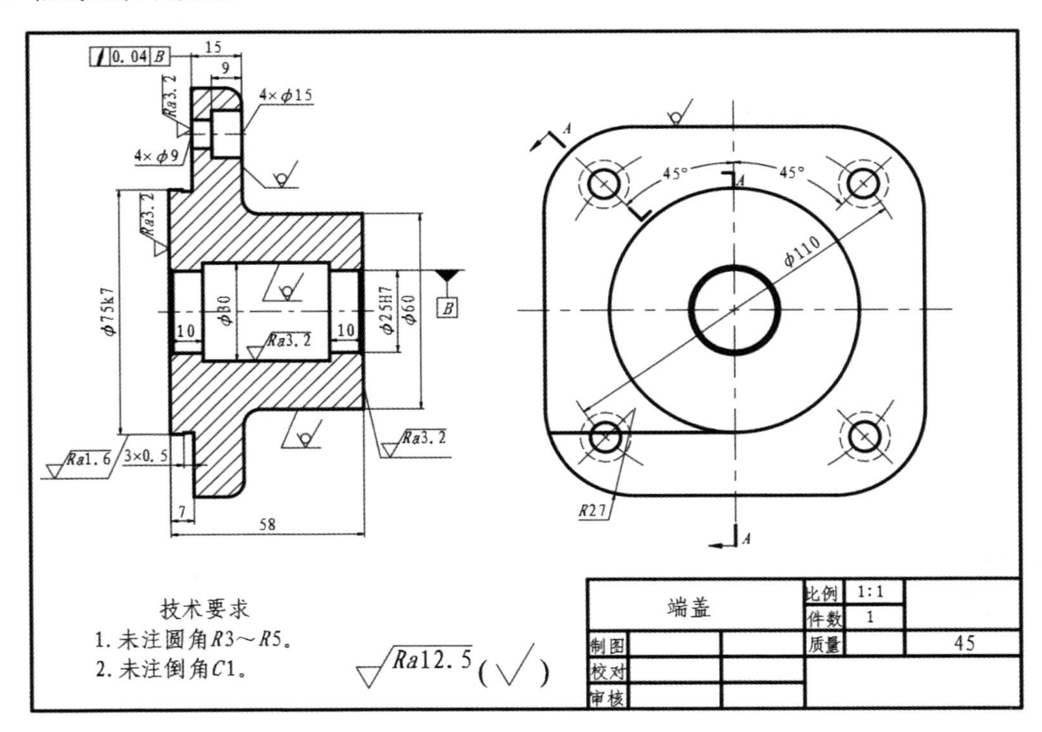

图 9-41　端盖零件图

（2）分析视图，想象零件的结构形状。

端盖采用主视图和左视图来表达。其中，主视图是剖视图的形式，根据其在左视图中的标注得知，主视图是采用两个相交平面进行剖切并将倾斜剖切面剖开的结构及有关部分旋转得到的全剖视图，主要表达两端的阶梯孔、中间通孔的形状及相对位置、左端圆形凸缘；左视图采用视图形式清晰地表达了带圆角的方形端盖基体及其四个角上的圆形通孔与其他可见轮廓的形状。

（3）分析尺寸，了解技术要求。

盘盖类零件的主体部分是回转体，因此，通常以轴和孔的轴线作为径向尺寸基准。该零件以轴线为基准注出端盖各部分的直径尺寸 ϕ75k7、ϕ60、ϕ30、ϕ25H7 等，方形凸缘也用它作为高度和宽度方向的尺寸基准。注有尺寸公差的尺寸（ϕ75k7 和 ϕ25H7）说明零件该部分与其他零件有配合关系。

以端盖的重要端面作为轴向尺寸基准，即长度方向的尺寸基准。该零件图中，注有 *Ra*3.2 的圆形凸缘的左端面为长度方向的尺寸基准，由此注出尺寸 7、15 和 3×0.5。

该零件图中注出的技术要求有表面粗糙度、尺寸公差和几何公差三项。其中，左侧圆形凸缘要和其他零件配合，因此，该圆柱面的表面粗糙度精度较高，为 *Ra*1.6，左端面为 *Ra*3.2（左端面作为长度方向的尺寸基准）；还有圆跳动的几何公差要求，该凸缘的尺寸公差用公差带代号表示为 ϕ75k7；端盖内阶梯孔的左右两侧的精度较高，表面粗糙度为 *Ra*3.2，尺寸 ϕ25H7 说明为基准孔。另外，该端盖为铸件，需要进行时效处理以消除内应力，视图中的小圆角（铸造圆角）是一种工艺结构，半径为 3～5mm，有小圆角过渡的表面都是不加工表面。

（4）综合归纳。

把上述各项内容综合起来，就能得到端盖的总体形状、大小及各种技术要求了。

9.6 零件图的 AutoCAD 表达方法

在 AutoCAD 中，可以把一组图形对象组合成图块加以保存，在需要的时候可以把图块作为一个整体以任意比例和旋转角度插入图中任意位置，这样不仅避免了大量的重复工作，提高了绘图速度和工作效率，还可以大大节省磁盘空间，如机械制图中的表面粗糙度标注就可以采取这种方式进行。

9.6.1 图块操作

1. 定义图块

【执行方式】

命令行：BLOCK。

菜单栏："绘图"→"块"→"创建"。

工具栏："绘图"→"创建块"。

功能区：单击"默认"选项卡的"块"选项组中的"创建"按钮。

执行上述命令之一后，系统会打开如图 9-42 所示的"块定义"对话框，利用该对话框指定定义对象、基点及其他参数，可定义图块并命名。

图 9-42　“块定义”对话框

2．保存图块

【执行方式】

命令行：WBLOCK。

执行上述命令后，系统会打开如图 9-43 所示的“写块”对话框，利用此对话框把图形对象保存为图块或把图块转换成图形文件。

图 9-43　“写块”对话框

3．插入图块

【执行方式】

命令行：INSERT。

菜单栏：“插入”→“块选项板”。

工具栏：“插入”→“插入块”或“绘图”→“插入块”。

功能区：单击“默认”选项卡的“块”选项组中的“插入”下拉菜单或“插入”选项卡的“块”选项组中的“插入”下拉菜单。

执行上述命令之一后，系统会打开“块”选项板，如图 9-44 所示，利用此选项板设置插入点位置、插入比例及旋转角度，还可以指定要插入的图块及插入位置。

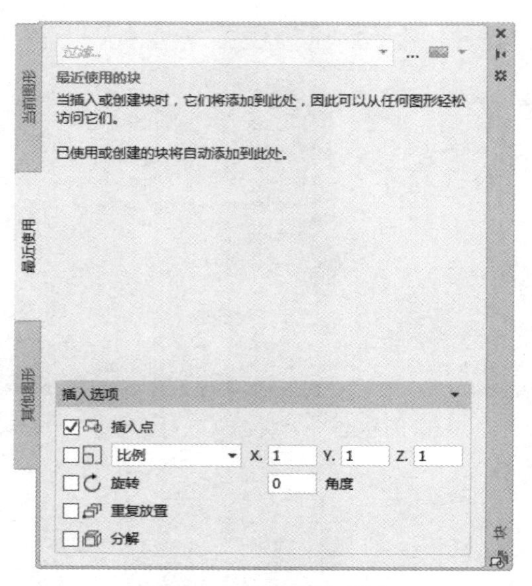

图 9-44　“块”选项板

9.6.2　图块的属性

1. 属性定义

【执行方式】

命令行：ATTDEF（快捷命令：ATT）。

菜单栏：“绘图”→“块”→“定义属性”。

功能区：单击“默认”选项卡的“块”选项组中的“定义属性”按钮。

执行上述命令之一后，系统会打开“属性定义”对话框，如图 9-45 所示。

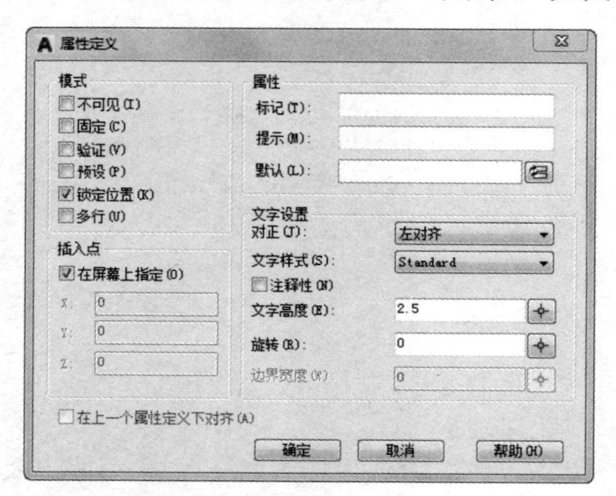

图 9-45　“属性定义”对话框

【选项说明】

1）“模式”选区

（1）“不可见”复选框：勾选该复选框，属性为不可见显示方式，即插入图块并输入属性值后，属性值在图中并不显示出来。

（2）“固定”复选框：勾选该复选框，属性值为常量，即属性值在属性定义时给定，在插入图块时不再提示输入属性值。

（3）“验证”复选框：勾选该复选框，当插入图块时，AutoCAD 会重新显示属性值，让用户验证该值是否正确。

（4）“预设”复选框：勾选该复选框，当插入图块时，AutoCAD 会自动把事先设置好的默认值赋给属性，而不再提示输入属性值。

（5）“锁定位置”复选框：勾选该复选框，当插入图块时，AutoCAD 会锁定块参照中属性的位置。解锁后，属性可以相对于使用夹点编辑的块的其他部分移动，并且可以调整多行属性的大小。

（6）“多行”复选框：勾选该复选框，属性值可以包含多行文字。

2）“属性”选区

（1）“标记”文本框：输入属性标签。属性标签可由除空格和感叹号以外的所有字符组成，AutoCAD 会自动把小写字母改为大写字母。

（2）“提示”文本框：输入属性提示。属性提示是插入图块时 AutoCAD 要求输入属性值的提示。如果不在此文本框内输入文本，则以属性标签作为提示。如果在“模式”选区中勾选了“固定”复选框，即设置属性值为常量，则不需要设置属性提示。

（3）“默认”文本框：设置默认的属性值。可把使用次数较多的属性值作为默认值，也可不设默认值。

其他各选区中的选项比较简单，此处不再赘述。

2. 修改属性定义

【执行方式】

命令行：DDEDIT。

菜单栏：“修改”→“对象”→“文字”→“编辑”。

执行上述命令之一后，命令行中的提示如下：

```
命令:DDEDIT↙
选择注释对象或 [放弃(U)/模式(M)]:
```

在此提示下选择要修改的属性定义，系统会打开“编辑属性定义”对话框，如图 9-46 所示，可以在该对话框中修改属性定义。

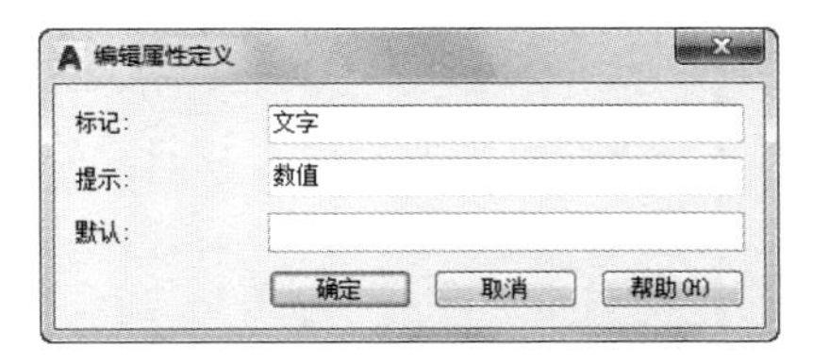

图 9-46 “编辑属性定义”对话框

3. 编辑图块属性

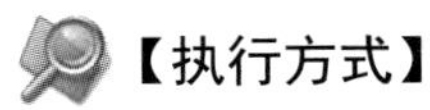【执行方式】

命令行：EATTEDIT。

菜单栏：“修改”→“对象”→“属性”→“单个”。

工具栏：“修改 II”→“编辑属性”。

功能区：“默认”→“块”→“编辑属性”。

执行上述命令之一后，命令行中的提示如下：

命令:EATTEDIT↙
选择块:

选择块后，系统会打开“增强属性编辑器”对话框，如图 9-47 所示。在该对话框中，不仅可以编辑属性值，还可以编辑属性的文字选项和图层、线型、颜色等特性值。

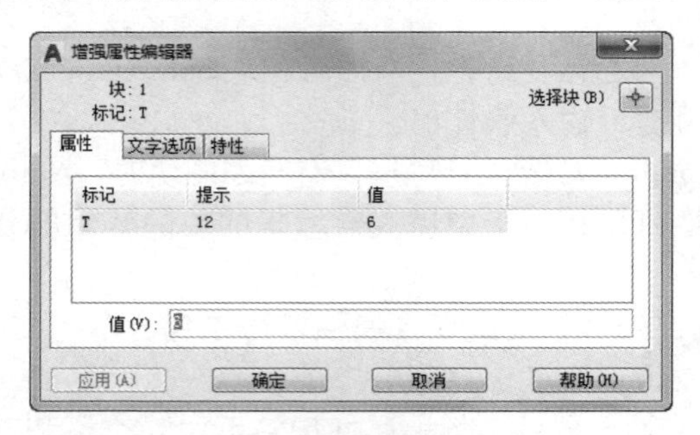

图 9-47 “增强属性编辑器”对话框

9.6.3 实例——绘制阀盖零件图

首先利用对象捕捉功能、二维绘图及编辑命令绘制阀盖主视图，然后借助对象捕捉追踪功能绘制阀盖平面图并标注尺寸，如图 9-48 所示。

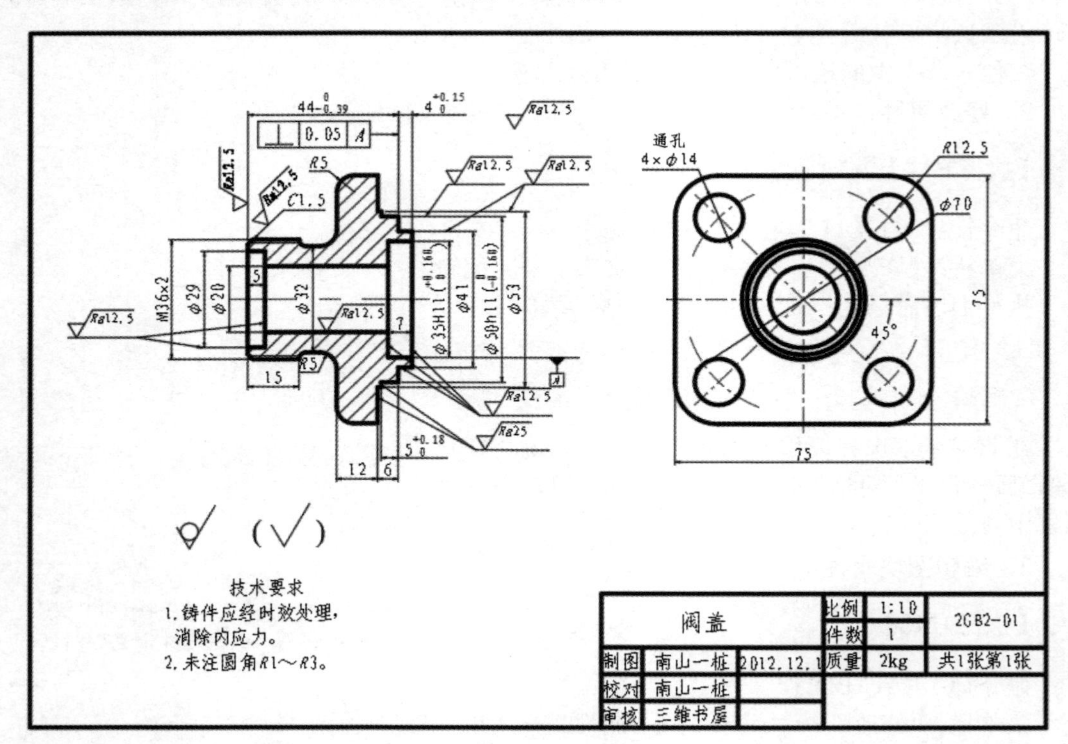

图 9-48 阀盖

1. 绘制阀盖左视图

（1）新建文件。选择菜单栏中的“文件”→“新建”命令，打开“选择样板”对话框，单击“打开”按钮右侧的下拉按钮▾，选择已有的 A3 样板图新建文件，将新文件命名为“阀盖零件图.dwg”并保存。

（2）新建图层。单击“默认”选项卡的“图层”选项组中的“图层特性”按钮，新建三个图层：“轮廓线”层，线宽为 0.30mm，其余属性保持默认设置；“中心线”层，颜色设为红色，线型加载为 CENTER，其余属性保持默认设置；“细实线”层，颜色设为蓝色，其余属性保持默认设置。

（3）设置绘图环境。在命令行窗口中输入“LIMITS”，设置图幅大小为 420mm×297mm。单击“标准”工具栏中的“全部缩放”按钮，显示全部图形。

（4）绘制阀盖左视图中心线。将“中心线”层设置为当前图层，单击状态栏中的“显示/隐藏线宽”按钮，显示线宽；单击状态栏中的“对象捕捉”按钮，打开对象捕捉功能，绘制中心线，命令行的提示与操作如下：

```
命令: line↙
指定第一个点: （在绘图区任意指定一点）
指定下一点或 [放弃(u)]: @80,0↙
指定下一点或 [退出(E)/放弃(U)]: ↙
命令: ↙
指定第一个点: from↙
基点: （捕捉中心线的中点）
<偏移>: @0,40↙
指定下一点或 [放弃(u)]: @0,-80↙
指定下一点或 [退出(E)/放弃(U)]: ↙
```

（5）绘制圆及中心线。单击“默认”选项卡的“绘图”选项组中的“圆”按钮，捕捉中心线的交点，绘制 $\phi70$ 的圆；单击“默认”选项卡的“绘图”选项组中的“直线”按钮，从中心线的交点到坐标点（@45<45）绘制直线，结果如图 9-49 所示。

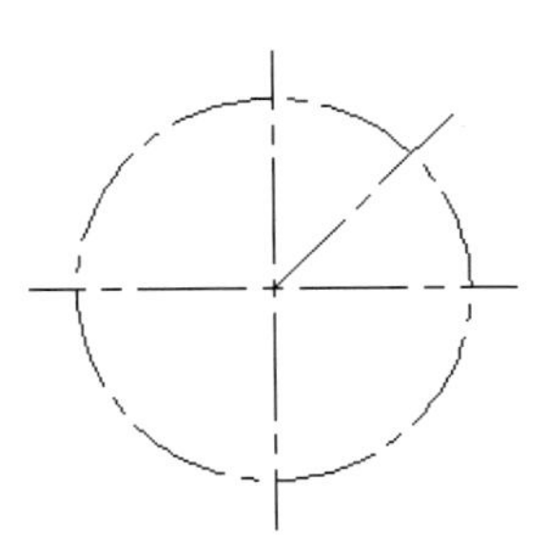

图 9-49　绘制圆及中心线

（6）绘制阀盖左视图外轮廓线。将“轮廓线”层设置为当前图层，单击“默认”选项卡的“绘图”选项组中的“正多边形”按钮，命令行的提示与操作如下：

```
命令: _polygon
输入边的数目 <4>: ↙
指定正多边形的中心点或 [边(E)]: （捕捉中心线的交点）
输入选项 [内接于圆(I)/外切于圆(C)] <I>: c↙
指定圆的半径: 37.5↙
```

（7）单击“默认”选项卡的“修改”选项组中的“圆角”按钮，对正方形进行圆角操作，圆角半径为 12.5mm。单击“默认”选项卡的“绘图”选项组中的“圆”按钮，捕捉中心线的交点，分别绘制 $\phi36$、$\phi32$、$\phi29$ 及 $\phi20$ 的圆；捕捉中心线圆与倾斜中心线的交点，绘制 $\phi14$ 的圆。单击“默认”选项卡的“修改”选项组中的“环形阵列”按钮，选择刚刚绘制的 $\phi14$ 圆及倾斜中心线，将其进行环形阵列，阵列角度为 360°，数目为 4，并捕捉 $\phi36$ 圆的圆心为阵列中心。单击“默认”选项卡的“修改”选项组中的“打断”按钮，对中心线圆进行修剪，选择菜单栏中的“修改”→“拉长”命令，对中心线的长度进行适当的调整，结果如图 9-50 所示。

（8）绘制螺纹小径圆。将“细实线”层设置为当前图层，单击“默认”选项卡的“绘图”选项组中的“圆”按钮，捕捉 $\phi36$ 圆的圆心，绘制 $\phi34$ 圆。单击“默认”选项卡“修改”选项组中的“修剪”按钮，对细实线的螺纹小径圆进行修剪，结果如图 9-51 所示。

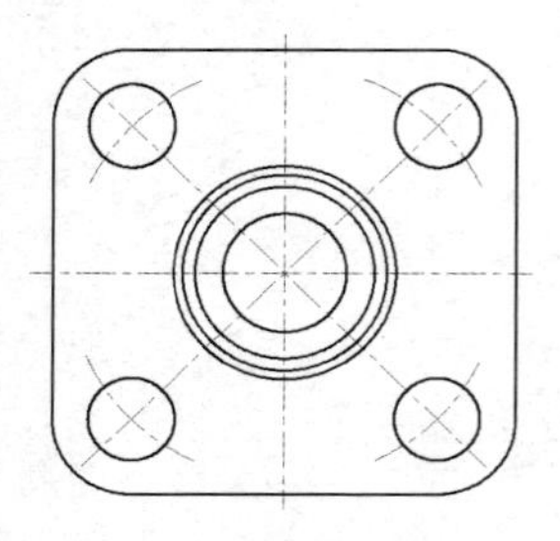

图 9-50　中间效果图

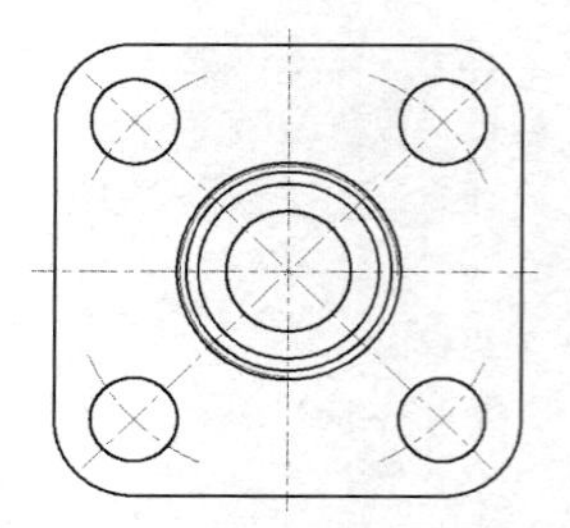

图 9-51　绘制螺纹小径圆

2．绘制阀盖主视图

（1）将“轮廓线”层设置为当前图层，单击状态栏中的“正交模式”按钮和“对象捕捉追踪”按钮，打开正交功能和对象捕捉追踪功能。单击“默认”选项卡的“绘图”选项组中的“直线”按钮，捕捉左视图水平中心线的端点，如图 9-52 所示，向左拖动十字光标，此时出现一条虚线，在适当位置处单击，确定起点。

（2）从该起点→@0,18→@15,0→@0,-2→@11,0→@0,21.5→@12,0→@0,-11→@1,0→@0,-1.5→@5,0→@0,-4.5→@4,0→将十字光标移动至中心线端点，此时出现一条虚线，如图 9-53 所示。

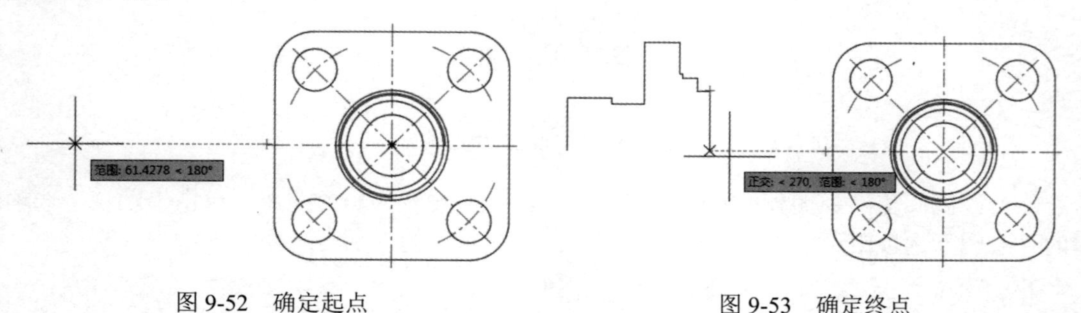

图 9-52　确定起点　　图 9-53　确定终点

（3）向左移动十字光标，当到达两条虚线的交点时单击，结果如图 9-54 所示。

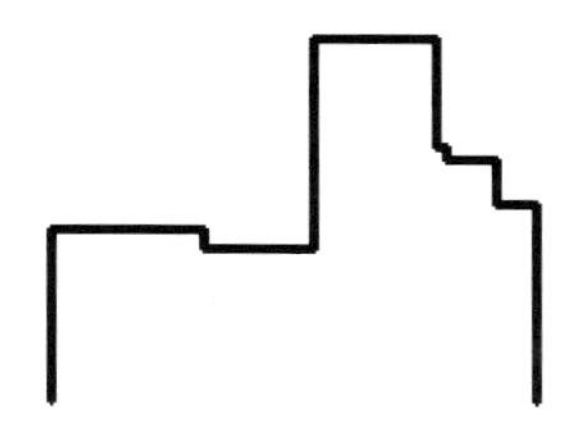

图 9-54　主视图外轮廓线

（4）绘制阀盖主视图中心线。将“中心线”层设置为当前图层，单击“默认”选项卡的“绘图”选项组中的“直线”按钮，命令行的提示与操作如下：

```
命令: _line
指定第一个点: from↙
基点: 捕捉阀盖主视图左端点
<偏移>: @-5,0↙
指定下一点或 [放弃(u)]: _from↙
基点: 捕捉阀盖主视图右端点
<偏移>: @5,0↙
```

（5）绘制阀盖主视图内轮廓线。将“轮廓线”层设置为当前图层，单击“默认”选项卡的“绘图”选项组中的“直线”按钮，命令行的提示与操作如下：

```
命令: _line↙
指定第一个点:（捕捉左视图 ϕ29 圆的上象限点，如图 9-55 所示，向左移动十字光标，此时出现一条虚线，捕捉主视图左边线上的最近点，单击）
```

从该起点→@5,0→捕捉与中心线的交点，绘制直线。

采用同样的方法，捕捉左视图 ϕ20 圆的上象限点，向左移动十字光标，此时出现一条虚线，捕捉刚刚绘制的直线上的最近点，单击，从该点→@36,0→捕捉与中心线的交点，绘制直线。单击“默认”选项卡的“绘图”选项组中的“直线”按钮，捕捉直线端点→@0,7.5→捕捉与阀盖右边线的交点，绘制直线，结果如图 9-56 所示。

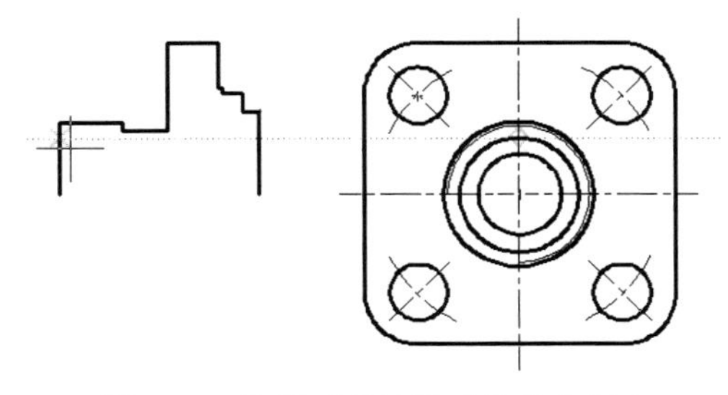

图 9-55　使用对象追踪功能确定起点

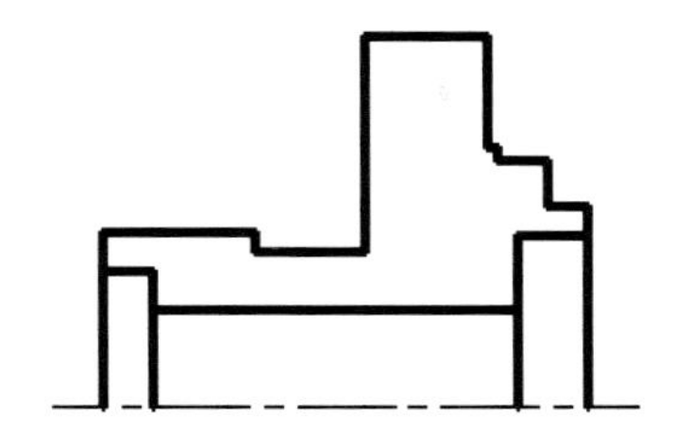

图 9-56　阀盖主视图内轮廓线

（6）绘制主视图 M36 螺纹小径。单击“默认”选项卡的“修改”选项组中的“偏移”按钮，选择阀盖主视图左端 M36 轴段上边线，将其向下偏移 1mm。选择偏移后的直线，将其所在图层修改为“细实线”层。

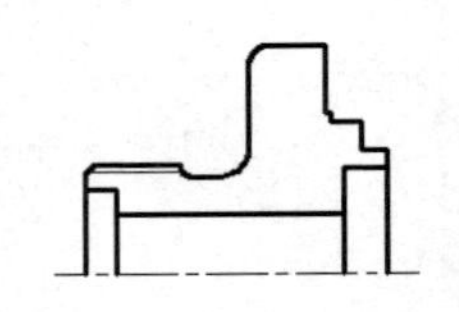

图 9-57　倒圆及倒角后的主视图

（7）对主视图进行倒圆及倒角操作。单击“默认”选项卡的“修改”选项组中的“倒角”按钮，对主视图 M36 轴段左端进行倒角操作，倒角距离为 1.5mm。单击“默认”选项卡的“修改”选项组中的“圆角”按钮，对主视图进行倒圆操作，圆角半径分别为 2mm 和 5mm。单击“默认”选项卡的“修改”选项组中的“修剪”按钮和“延伸”按钮，对 M36 螺纹小径的细实线进行修剪和延伸，结果如图 9-57 所示。

（8）完成阀盖主视图。单击“默认”选项卡的“修改”选项组中的“镜像”按钮，用窗口选择方式选择主视图的轮廓线，以主视图的中心线为对称轴进行镜像操作。将“细实线”层设置为当前图层。单击“默认”选项卡的“绘图”选项组中的“图案填充”按钮，系统打开“图案填充创建”选项卡，如图 9-58 所示，单击“图案”选项组中的图案，选择其中的 ANSI31 图案样式，单击按钮，系统切换到绘图区，系统默认包围十字光标指定的点的封闭区域为选择填充区域，如图 9-59 所示，选择完后，按 Enter 键，切换到“图案填充创建”选项卡，单击“关闭”按钮，绘制剖面线，结果如图 9-60 所示。阀盖零件图的最终结果如图 9-48 所示。

图 9-58　“图案填充创建”选项卡

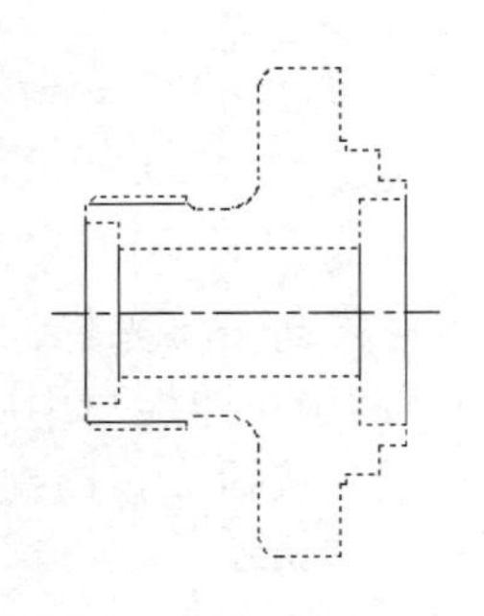

图 9-59　选择填充区域

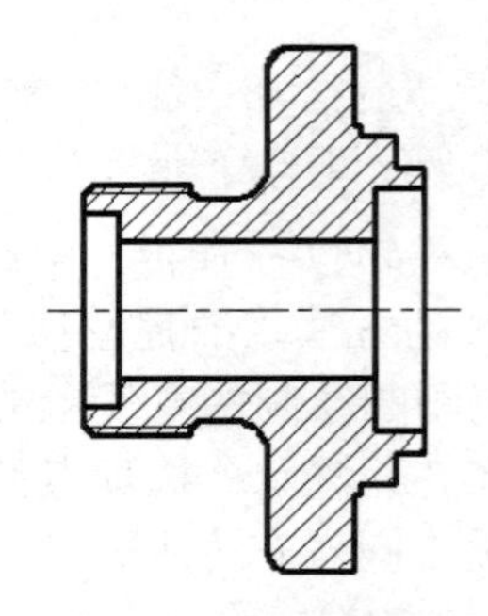

图 9-60　阀盖主视图

3. 设置尺寸标注样式

（1）新建图层。单击“默认”选项卡的“图层”选项组中的“图层特性”按钮，打开“图层特性管理器”对话框。新建“BZ”层，线宽为 0.09mm，其他属性保持默认设置，用于标注尺寸，并将其设置为当前图层。

（2）新建文字样式。选择菜单栏中的“格式”→“文字样式”命令，打开“文字样式”对话框，方法同前，新建文字样式“SZ”。

（3）设置标注样式。单击“默认”选项卡的“注释”选项组中的“标注样式”按钮，在打开的“标注样式管理器”对话框中单击“新建”按钮，创建新的标注样式“机械图样”，用于标注图样中的尺寸。

（4）单击“继续”按钮，打开“新建标注样式:机械图样”对话框，对其中的选项卡进行设置，结果如图 9-61 和图 9-62 所示。设置完成后，单击“确定”按钮。

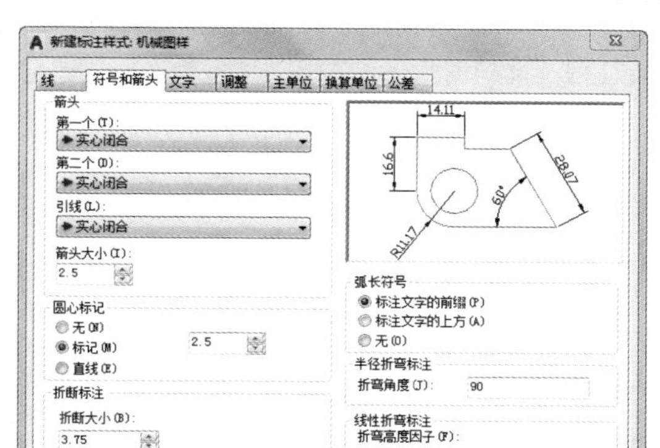

图 9-61　“符号和箭头”选项卡

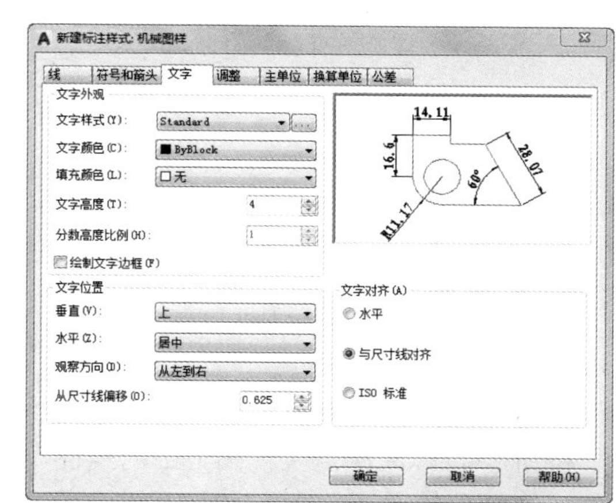

图 9-62　“文字”选项卡

（5）在“标注样式管理器”对话框中选择“机械图样”标注样式，单击“新建”按钮，分别设置直径、半径及角度标注样式。其中，直径和半径标注样式的“调整”选项卡如图 9-63 所示。

（6）角度标注样式的“文字”选项卡如图 9-64 所示。

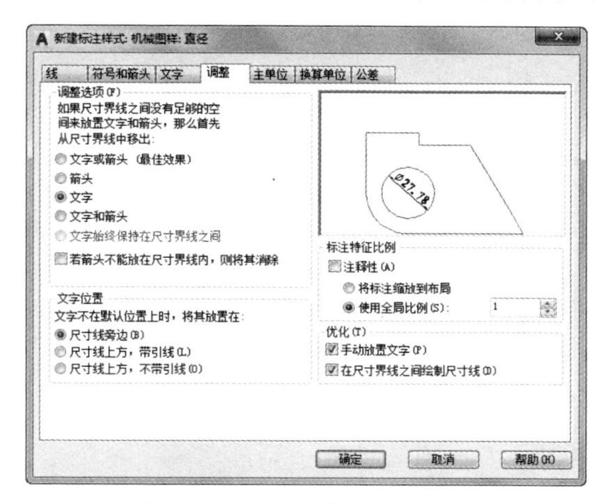

图 9-63　直径和半径标注样式的“调整”选项卡

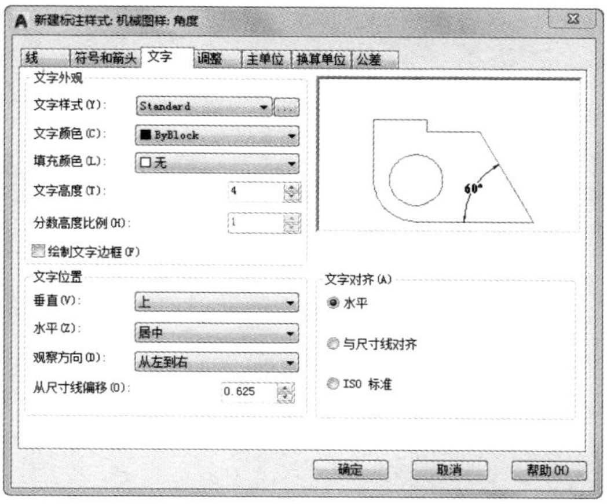

图 9-64　角度标注样式的“文字”选项卡

（7）在“标注样式管理器”对话框中，选择“机械图样”标注样式，单击“置为当前”按钮，将其设置为当前标注样式。

4．标注阀盖主视图中的线性尺寸

（1）标注主视图中的竖直线性尺寸。单击“默认”选项卡的“注释”选项组中的“线性”按钮，方法同前，从左至右依次标注阀盖主视图中的竖直线性尺寸 M36×2、ϕ29、ϕ20、ϕ32、ϕ35、ϕ41、ϕ50 及 ϕ53。在标注尺寸 ϕ35 时，需要输入标注文字“%%C35H11({\H0.7x;\S+0.160^ 0;})”；在标注尺寸 ϕ50 时，需要输入标注文字“%%C50h11({\H0.7x;\ S0^ 0.160;})”，结果如图 9-65 所示。

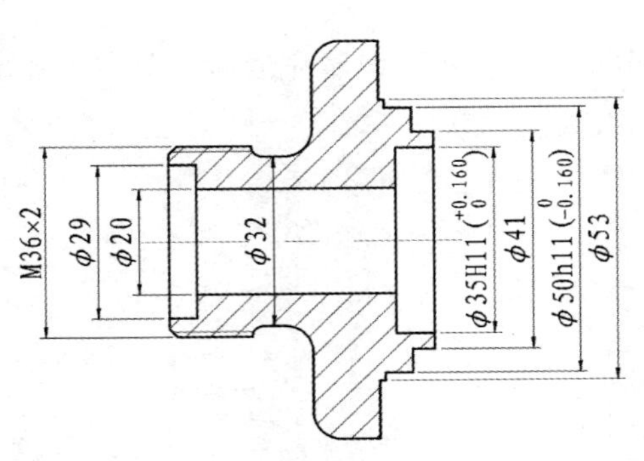

图 9-65　标注主视图中的竖直线性尺寸

（2）标注主视图上的水平线性尺寸。单击“默认”选项卡的“注释”选项组中的“线性”按钮，标注阀盖主视图上部的线性尺寸 44；单击“注释”选项卡的“标注”选项组中的“连续”按钮，标注连续尺寸 4。

（3）单击“默认”选项卡的“注释”选项组中的“线性”按钮，标注阀盖主视图中部的线性尺寸 7；标注阀盖主视图下部左边的线性尺寸 5。

（4）单击“默认”选项卡的“注释”选项组中的“线性”按钮，标注线性尺寸 15。

（5）单击“默认”选项卡的“注释”选项组中的“线性”按钮，标注阀盖主视图下部右边的线性尺寸 5 和 6，结果如图 9-66 所示。

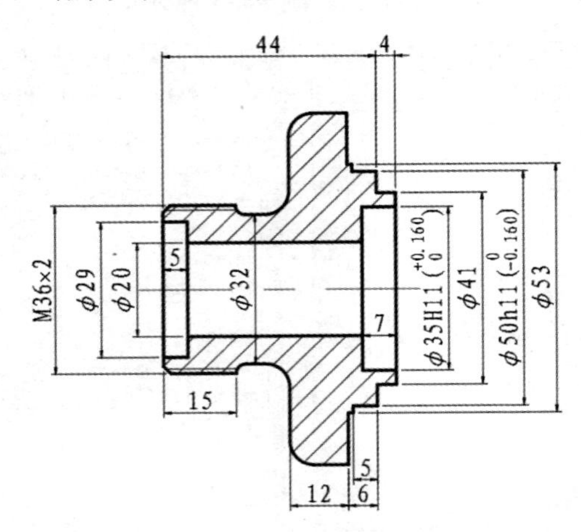

图 9-66　标注主视图上的水平线性尺寸

（6）标注尺寸偏差。单击“默认”选项卡的“注释”选项组中的“标注样式”按钮，在打开的“标注样式管理器”对话框的样式列表框中选择“机械图样”标注样式，单击“替代”按钮。

（7）系统打开“替代当前样式”对话框，单击“主单位”选项卡，将“线性标注”选区中的“精度”设置为“0.000”；单击“公差”选项卡，在“公差格式”选区的“方式”下拉列表中选择“极限偏差”选项，设置“上偏差”为 0、“下偏差”为 0.39、“高度比例”为 0.7。设置完成后，单击“确定”按钮。

（8）单击“注释”选项卡的“标注”选项组中的“标注更新”按钮，选择主视图上部的线性尺寸 44，即可为该尺寸添加尺寸偏差。

（9）采用同样的方法，分别为主视图中的线性尺寸 4、5 标注尺寸偏差。

5．标注阀盖主视图中的倒角及圆角半径

（1）利用“QLEADER”命令，标注主视图中的倒角尺寸 *C*1.5。命令行的提示与操作如下：

```
命令: qleader↙
指定第一个引线点或 [设置(s)] <设置>: ↙
```

执行上述命令后，系统打开“引线设置”对话框，在此设置各个选项卡，如图 9-67、图 9-68 所示。设置完成后，单击“确定”按钮，命令行继续提示如下：

```
指定第一个引线点或 [设置(s)] <设置>: （捕捉阀盖主视图左端倒角线上端点）
指定下一点: （向右上拖动十字光标，在适当位置处单击）
指定下一点: （向右上拖动十字光标，在适当位置处单击）
```

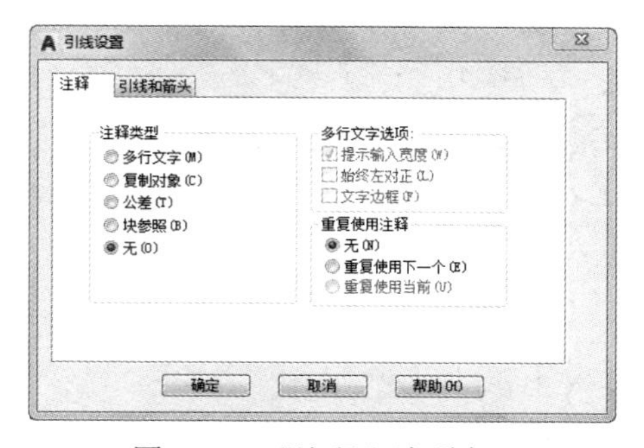

图 9-67　“注释”选项卡 1

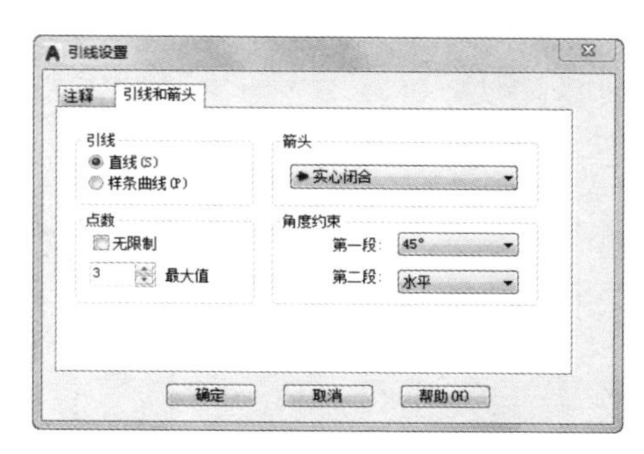

图 9-68　“引线和箭头”选项卡 1

然后利用“多行文字”命令 A 在刚绘制的横线上输入“*C*1.5”。

（2）单击“默认”选项卡的“注释”选项组中的“半径”按钮，标注主视图中的半径尺寸 *R*5，结果如图 9-69 所示。

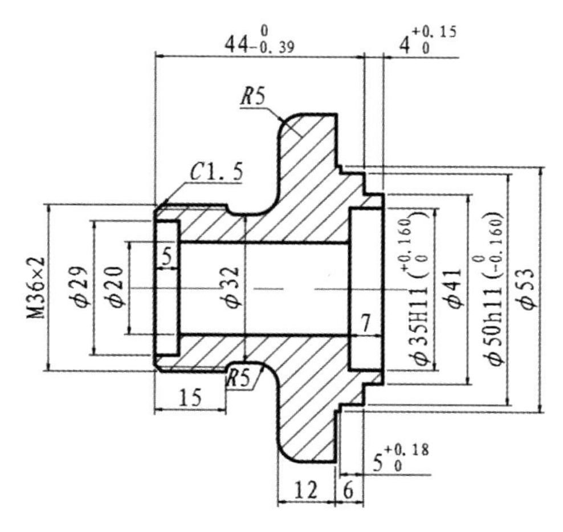

图 9-69　标注倒角及圆角半径

6．标注阀盖左视图中的尺寸

（1）单击“默认”选项卡的“注释”选项组中的“线性”按钮，标注阀盖左视图中的线性尺寸 75。

（2）单击“默认”选项卡的“注释”选项组中的“直径”按钮，标注阀盖左视图中的直径尺寸 ϕ70 及 4× ϕ14。在标注尺寸 4× ϕ14 时，需要输入标注文字“4×%%C”。

（3）单击“默认”选项卡的“注释”选项组中的“半径”按钮，标注左视图中的半径尺寸 *R*12.5。

（4）单击“默认”选项卡的“注释”选项组中的“角度”按钮，标注左视图中的角度尺寸 45°。

方法同前，选择菜单栏中的“格式”→“文字样式”命令，新建文字样式“HZ”，用于添加汉字，该标注样式的“字体名”为仿宋_GB2312，“宽度因子”为 0.7。

（5）在命令行窗口中输入“TEXT”，设置当前文字样式为“HZ”，在尺寸 4× ϕ14 的引线下部输入文字“通孔”，结果如图 9-70 所示。

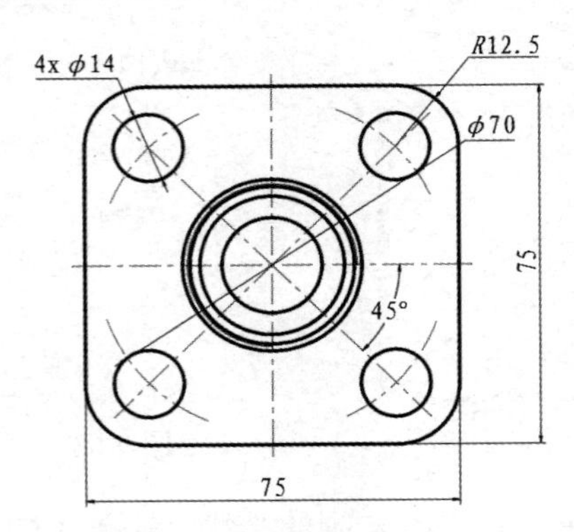

图 9-70　标注阀盖左视图中的尺寸

7．标注阀盖主视图中的表面粗糙度

在这里，需要将相同数值的表面粗糙度符号制作成符号旋转 90°的两个图块，以数值为 12.5μm 的表面粗糙度符号为例，可以绘制如图 9-71 所示的图块。最后根据表面粗糙度符号在图形中旋转的角度选择其中一个插入。

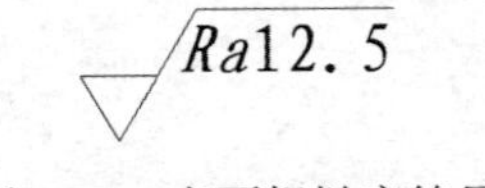

图 9-71　表面粗糙度符号

（1）在命令行窗口中输入“WBLOCK”，打开“写块”对话框，如图 9-72 所示。单击“拾取点”按钮，拾取表面粗糙度符号最下端点为基点，单击“选择对象”按钮，选择绘制的表面粗糙度符号，在“文件名和路径”文本框中输入图块名（粗糙度），单击“确定”按钮。

（2）将“细实线”设置为当前图层。将制作的图块插入图形中的适当位置。单击“默认”选项卡的“块”选项组中的“插入”下拉按钮，打开“块”选项板，如图 9-73 所示，单击…按钮，选择需要的表面粗糙度图块，勾选“插入点”复选框；在“角度”数值框中输入角度旋转值。

图 9-72　“写块”对话框

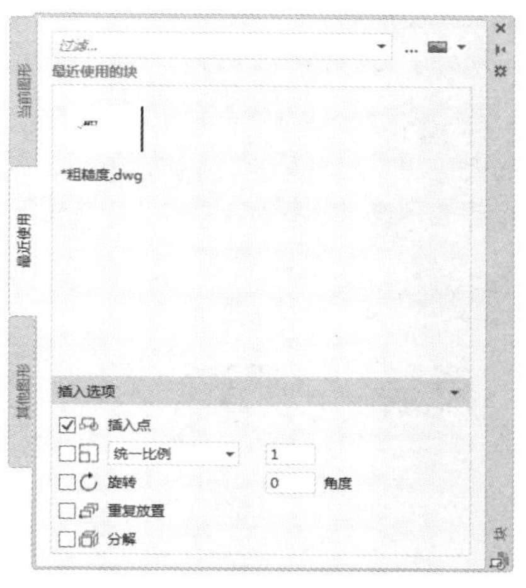

图 9-73　“块”选项板

将系统临时切换到绘图区，命令行提示与操作如下：

```
命令: _insert
指定插入点或 [基点(B)/比例(S)/旋转(R)]: （在图形上指定一个点）
```

（3）采用同样的方法，单击“默认”选项卡的“块”选项组中的“插入”下拉按钮，插入其他表面粗糙度图块，设置均同前，结果如图 9-74 所示。

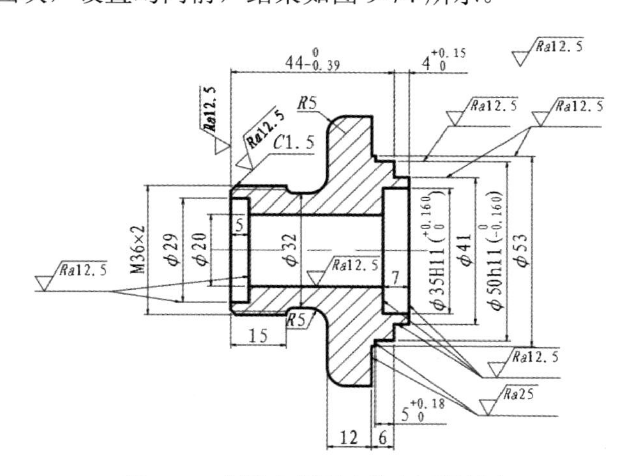

图 9-74　标注主视图中的表面粗糙度

提 示

表面粗糙度图块的绘制和标注位置一定要按照最新的《机械制图》国标执行。

8．标注阀盖主视图中的几何公差

（1）利用“快速引线”命令标注几何公差，命令行的提示与操作如下：

```
命令: qleader↙
指定第一个引线点或 [设置(s)] <设置>: ↙
```

执行上述命令后，系统会打开“引线设置”对话框，在此设置各个选项卡，如图 9-75、图 9-76 所示，设置完成后，单击“确定”按钮。命令行继续提示如下；

指定第一个引线点或 [设置(s)] <设置>:（捕捉阀盖主视图尺寸 44 右端尺寸延伸线上的最近点）

指定下一点:（向左拖动十字光标，在适当位置处单击，打开“形位公差”对话框，如图 9-77 所示，对其进行相关设置，然后单击“确定”按钮）

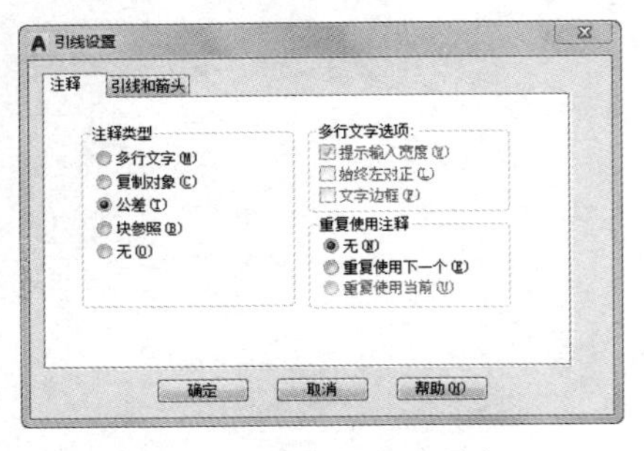

图 9-75　“注释”选项卡 2

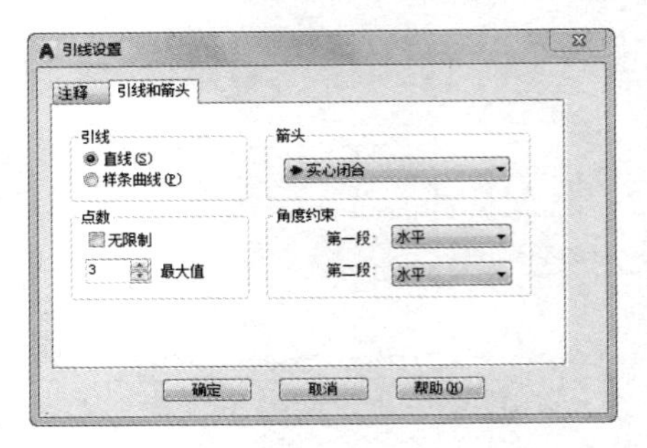

图 9-76　“引线和箭头”选项卡 2

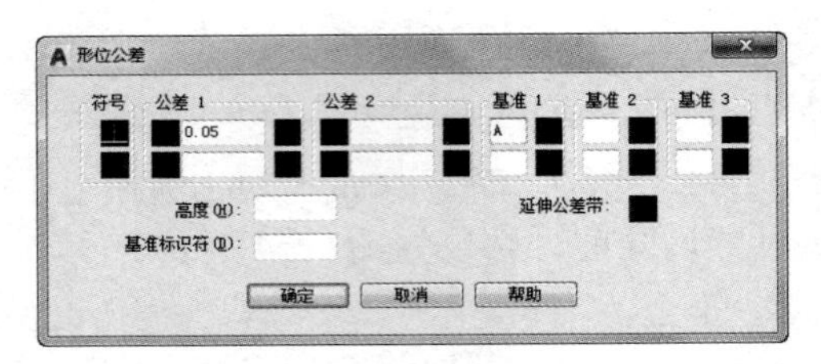

图 9-77　“形位公差”对话框①

（2）方法同前，单击“默认”选项卡的“块”选项组中的“插入”下拉按钮，在尺寸 $\phi35$ 下端尺寸延伸线下的适当位置插入“基准符号”图块，设置均同前，结果如图 9-78 所示。最终的标注结果如图 9-48 所示。

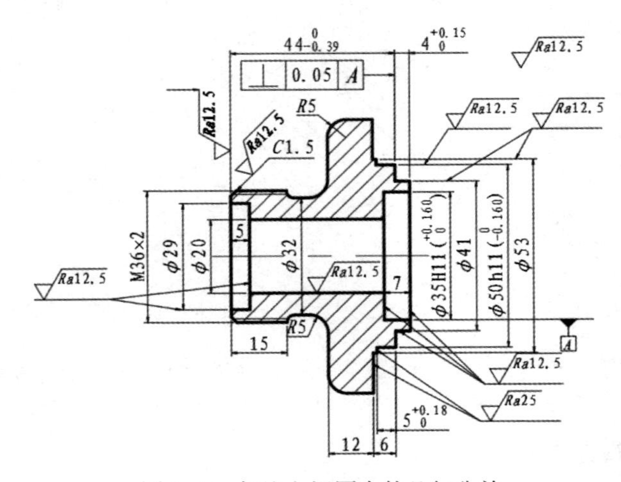

图 9-78　标注主视图中的几何公差

① 注：软件中的“形位公差”指的就是“几何公差”。

9. 标注文字

将“文字”设置为当前图层，单击“默认”选项卡的“注释”选项组中的“多行文字”按钮 A，指定插入位置后，系统打开“文字编辑器”选项卡和多行文字编辑器，如图 9-79 所示，在下面的编辑框中输入文字，如技术要求等。

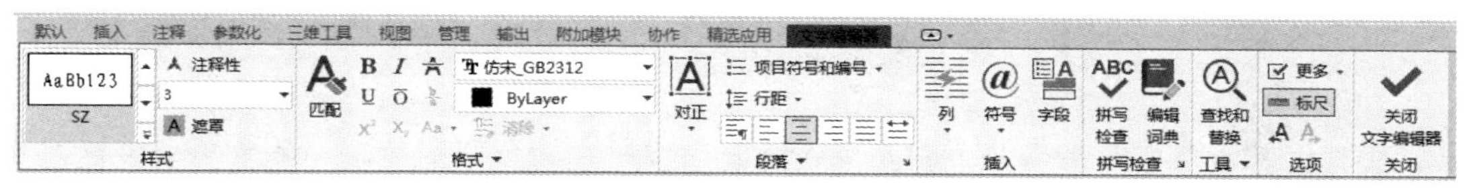

图 9-79　“文字编辑器”选项卡和多行文字编辑器

采用同样的方法标注标题栏，最终结果如图 9-48 所示。

第10章

装配图

任何机器或部件都是由若干相互关联的零件按一定的装配图关系和技术要求装配而成的。装配图正是表达机器或部件的图样，是反映设计思想、进行技术交流的工具，是一种重要的工程图样。

本章主要介绍装配图的作用与内容、装配图的表达方法、装配图的尺寸标注和技术要求、装配图的零件序号和明细栏等相关知识。本章重点是绘制装配图和读装配图；难点是如何读装配图，以及由装配图拆画零件图。

10.1 装配图的作用与内容

10.1.1 装配图的作用

装配图是表达机器或部件的工作原理、装配关系、结构形状和技术要求等内容的图样。在设计过程中，一般先根据设计要求画出装配图，然后根据装配图画出零件图；在生产过程中，根据装配图将已经加工出的零件装配成机器或部件；在使用过程中，使用者也往往通过装配图了解部件或机器的性能、作用原理和使用方法，为安装、检验和维修等提供技术资料。因此，装配图是反映设计思想、指导装配、使用机器及进行技术交流不可缺少的重要技术文件。

10.1.2 装配图的内容

图 10-1 是齿轮油泵装配图，从图中可以看出，一张完整的装配图应具备下列基本内容。

（1）一组视图：用装配图的表达方法，正确、完整、清晰、简便地表达部件或机器的装配关系、工作原理和主要零件的主要结构形状。

（2）必要的尺寸：包括部件或机器的规格（性能）尺寸、装配尺寸、安装尺寸、总体尺寸及其他重要尺寸。

（3）技术要求：用文字或符号注写部件或机器的装配、安装、检验、调速、作用等方面的要求。

（4）零部件序号，明细栏，标题栏：在装配图上，应对每个不同的零件（或部件）编写序号，并在明细栏中依次填写序号、名称、件数、材料等内容。标题栏的内容有部件或机器的名称、比例、质量、图号，以及制图、描图、审核人员的签名等。

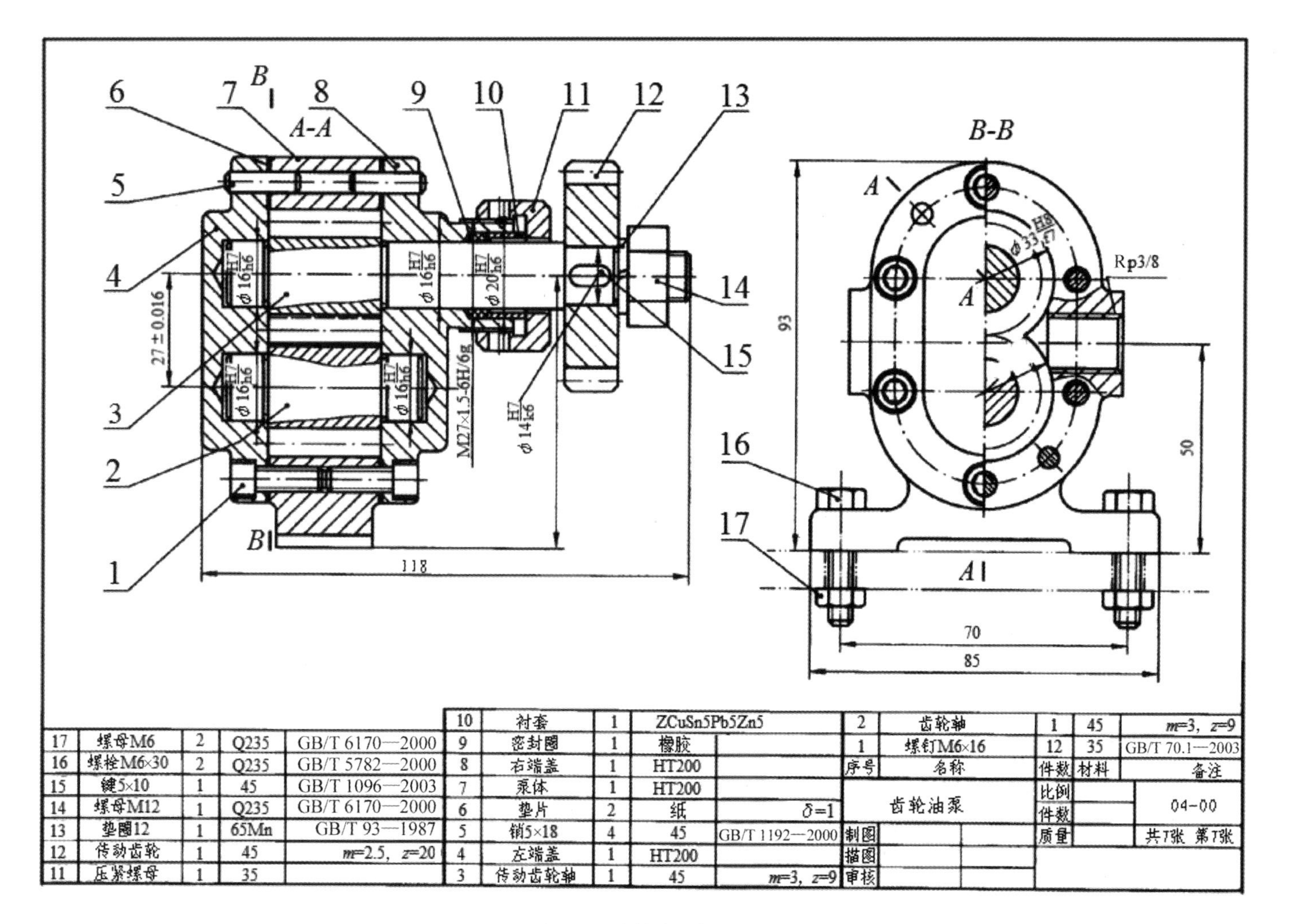

图 10-1　齿轮油泵装配图

10.2 装配图的表达方法

与零件图一样，装配图也是根据投影原理画出的，也要用一组图形来表达出整个机器的构造原理、各零件的主要结构形状及装配关系。下面依据装配图表达内容的需要，介绍常用的表达方法。

10.2.1 一般表达方法

前面讨论过的表达零件的各种方法，如视图、剖视图、断面图及局部放大图等，在表达部件或机器的装配图中也同样适用。

10.2.2 规定画法

1. 零件接触面与配合面的画法

相邻零件的接触面与配合面只画一条线，不接触面和非配合面画两条线，如图 10-2 所示。

2. 剖面线的画法

当两个（或两个以上）零件邻接时，剖面线方向应相反或间隔不同。但同一零件在各视图上的剖面线方向和间隔必须一致，如图 10-3 所示。

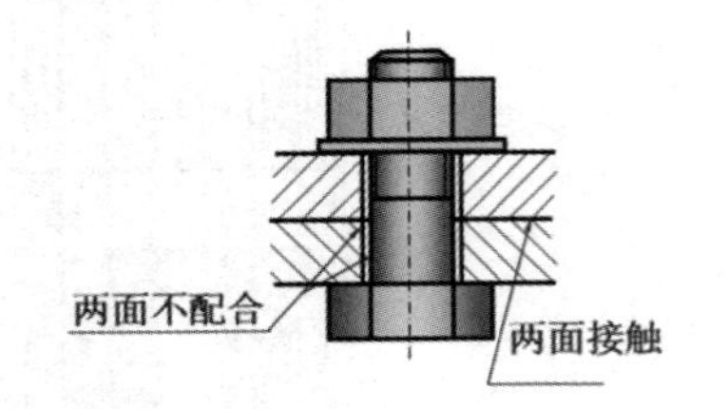

图 10-2 零件接触面与配合面的画法

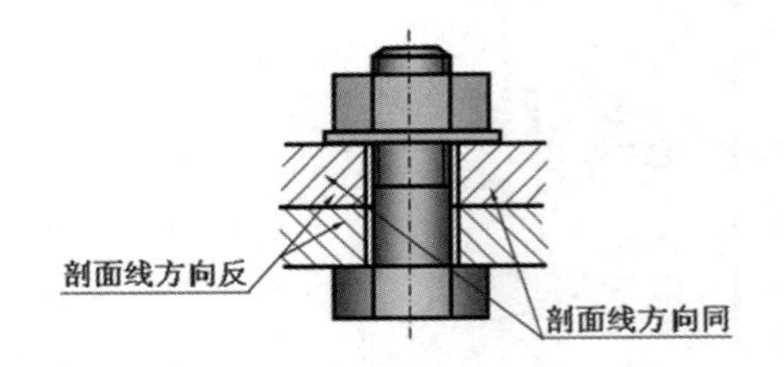

图 10-3 剖面线的画法

3. 标准件及实心件的表达方法

在装配图中，对于标准件及轴、连杆、球、杆件、手柄等实心零件，若按纵向剖切且剖切面通过其对称平面或轴线，那么这些零件按不剖绘制，如图 10-3 所示（螺纹紧固件）。如果需要特别表明这些零件上的结构，如凹槽、键槽、销孔等，可采用局部剖视图。

10.2.3 特殊表达方法

1. 沿结合面剖切的画法

为了表达装配体的内部结构，可假想沿某些零件的结合面剖切画出，此时，在零件结合面上不画剖面线，也可以不加标注；但若剖切到其他零件，则应画剖面线。如图 10-1 所示，左视图的右半部分就是沿左端盖和泵体的结合面剖切得到的。

2. 拆卸画法

如图 10-4 所示，在画装配图的某个视图时，当一些在其他视图上已表达清楚的零件遮住了需要表达的零件结构或装配关系时，可假想将这些零件拆卸后绘制。当需要说明时，可加标注“拆去××等”的字样。

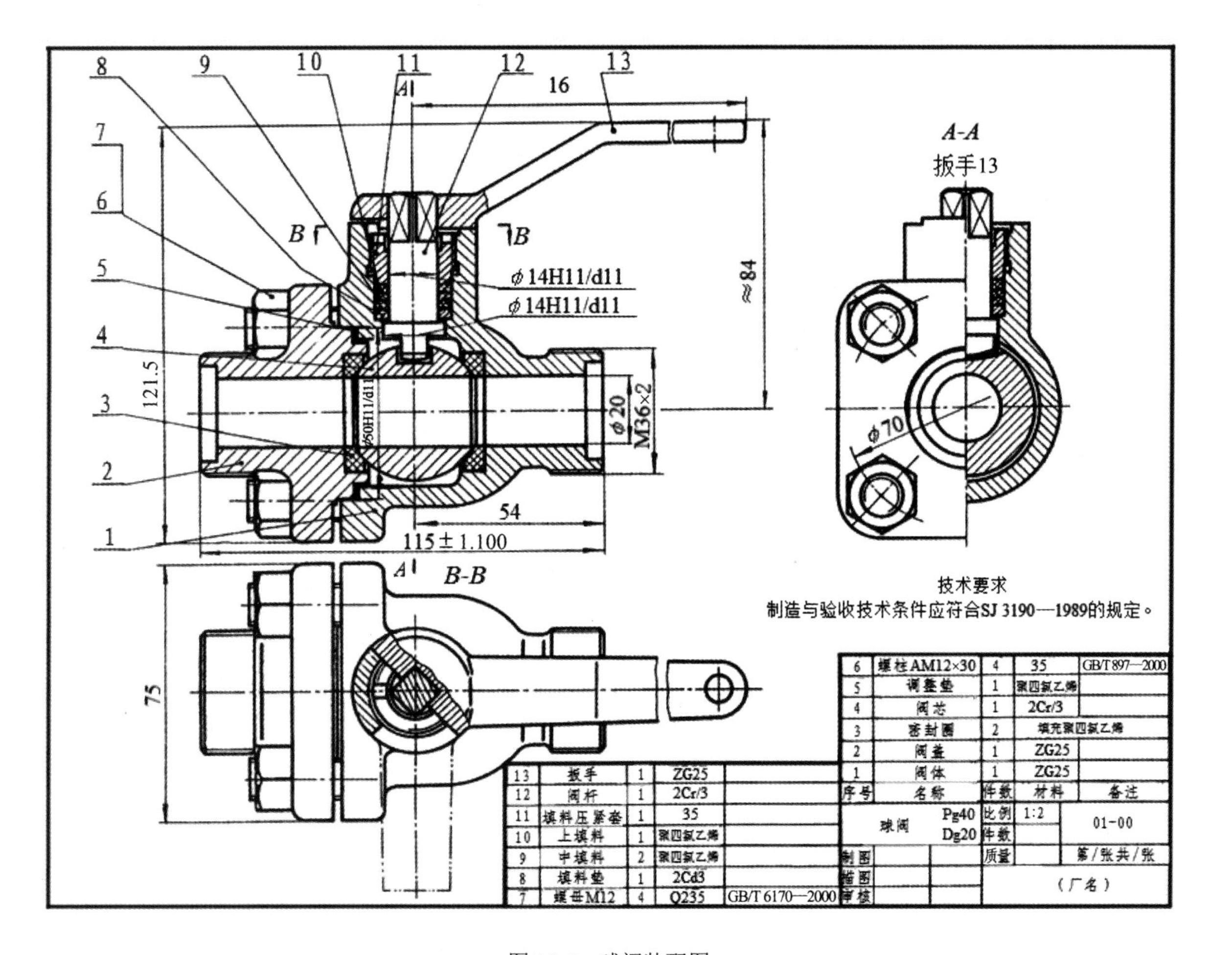
8
9
10
11
12
13
16
7
6
5
4
3
2
1
A
B
B
φ14H11/d11
φ14H11/d11
≈84
121.5
φ50H11/d11
φ20
M36×2
54
115±1.100
A-A
扳手13
φ70
B-B
75
技术要求
制造与验收技术条件应符合SJ 3190—1989的规定。
6 螺柱AM12×30 4 35 GB/T 897—2000
5 调整垫 1 聚四氟乙烯
4 阀芯 1 2Cr/3
3 密封圈 2 填充聚四氟乙烯
2 阀盖 1 ZG25
1 阀体 1 ZG25
13 扳手 1 ZG25
12 阀杆 1 2Cr/3
11 填料压紧套 1 35
10 上填料 1 聚四氟乙烯
9 中填料 2 聚四氟乙烯
8 填料垫 1 2Cd3
7 螺母M12 4 Q235 GB/T 6170—2000
序号 名称 件数 材料 备注
球阀 Pg40 Dg20
比例 1:2
件数
01-00
质量
第/张共/张
制图
描图
审核
（厂名）

图 10-4 球阀装配图

3. 夸大画法

当图形中薄片的厚度（或零件间隙）≤2mm 或圆的直径、斜度和锥度较小时，可不按原比例夸大画出。例如，在图 10-1 中，垫片 6 就采用了夸大画法。

4. 假想画法

为了表示与本部件有装配关系但又不属于本部件的其他相邻零部件，可用双点画线绘制相邻零部件。如图 10-1 所示，左视图下部与齿轮油泵安装底板相连的部件轮廓就采用了假想画法。

为了表示运动零件的运动范围或极限位置，可先在一个极限位置上画出该零件，再在另一个极限位置上用双点画线画出其轮廓。例如，在图 10-4 中，俯视图的扳手 13 的极限位置画法。

5. 单个零件的表达画法

在装配图中，为了表达个别零件的结构形状，可以单独画出该零件的视图，但必须在所画视图的上方注出该零件的视图名称，在相应视图的附近用箭头指明投射方向，并注上同样的字母。例如，在图 10-5 中，零件泵盖的 *B* 向视图，在该视图上方标注“泵盖 B”或“零件 XX（序号）*B*”。

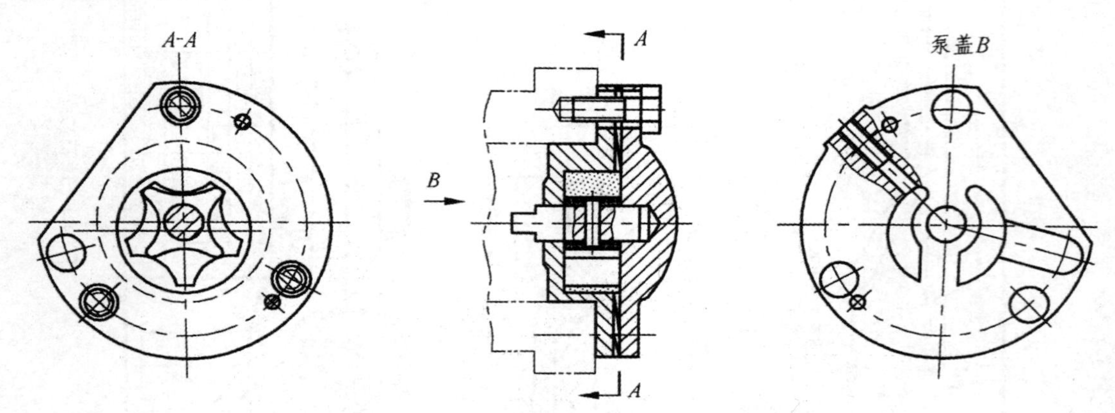

图 10-5　润滑泵的单个零件的表达画法

10.2.4　简化画法

（1）对于装配图中若干相同的零件组，如连接螺栓等，可仅详细地画出一组或几组，其余只需用细点画线表示出其装配位置即可。

（2）在装配图中，零件的工艺结构，如小圆角、倒角、退刀槽等可不画出。例如，在图 10-1 中，各零件上的倒角、退刀槽、小圆角均未画出，如传动齿轮轴 3 和齿轮轴 2 等。

（3）当剖切面通过某些部件（这些部件为外购件、标准产品或已由其他视图表达清楚）的对称中心线或轴线时，该部件可按不剖绘制，只画出其外形。例如，在图 10-1 的主视图中，1 号件螺钉和 5 号件销就采用了简化画法。

10.3 装配图的尺寸标注和技术要求

10.3.1 装配图的尺寸标注

装配图的作用与零件图的作用不一样，因此对尺寸标注的要求也不一样。零件图是加工制造零件的主要依据，因此，要求尺寸必须完整；装配图主要是设计和装配机器或部件时用的图样，因此，不必注出零件的全部尺寸，只需标注与机器或部件的性能（规格）、装配、外形、安装等有关的尺寸。

1．性能（规格）尺寸

性能（规格）尺寸是表示机器或部件规格或性能的尺寸，在设计时就已经确定了，它是设计、了解和选用该机器或部件的依据，如图 10-1 中的 $R_p3/8$。

2．装配尺寸

表示机器或部件中与装配有关的尺寸为装配尺寸，它是装配工作的主要依据，是保证机器或部件的性能所必需的重要尺寸。装配尺寸一般包括配合尺寸、连接尺寸和重要的相对位置尺寸。

（1）配合尺寸是指公称尺寸相同的孔和轴之间有公差配合要求的尺寸，一般由公称尺寸和表示配合种类的配合代号组成，如图 10-1 中的尺寸 $\phi 33\dfrac{H8}{f7}$ 等。

（2）连接尺寸包括非标准件的螺纹连接尺寸和标准件的相对位置尺寸。例如，图 10-1 中的尺寸 $M27\times1.5\text{-}\dfrac{6H}{6g}$ 是非标准件的螺纹连接尺寸；图 10-4 中的尺寸 $\phi 70$ 是标准件的相对位置尺寸。

（3）相对位置尺寸指以下几种重要的相对位置的尺寸。

① 主要轴线到安装基准面之间的距离，如图 10-1 中的尺寸 50。

② 主要平行轴之间的距离，如图 10-1 中的尺寸 27±0.016。

③ 装配后两零件之间必须保证的间隙，这类尺寸一般注写在技术要求中，也可标注在视图上。

3．外形尺寸

外形尺寸是表示机器或部件的总长、总宽和总高的尺寸，它反映机器或部件占有的空间大小，是包装、运输、安装、厂房设计所需的数据，如图 10-1 中的尺寸 118、93、85。

4．安装尺寸

安装尺寸是表示机器或部件与其他零件、部件、基座间安装所需的尺寸。例如，在图 10-1 中，底板上两螺栓孔的间距 70 就是安装尺寸。

5．其他必要尺寸

装配图中除上述尺寸外，设计中通过计算确定的重要尺寸及运动件活动范围的极限尺寸等也需要标注。

由于产品的生产规模、工艺条件、专业习惯等因素的影响，装配图中标注的尺寸也有所不同，有的不限于这几种尺寸，有的又不一定都具备这几种尺寸，并且有时装配图上的同一尺寸有几种含义。因此，装配图上究竟要标注哪些尺寸要根据具体情况进行具体分析。

10.3.2 装配图的技术要求

不同性能的机器或部件的技术要求也不同，一般可以从以下几方面来考虑。

1. 装配要求

装配要求主要包括装配后必须保证的准确度、装配时的加工说明、装配时的要求及指定的装配方法。

2. 检验要求

检验要求主要包括基本性能的检验方法和要求、装配后必须保证达到的准确度及其他检验要求。

3. 使用要求

使用要求包括对产品的基本性能、维护的要求及使用操作时的注意事项等。

上述各项内容并不是要求每张装配图都全部注写，而是要根据具体情况而定。技术要求一般用简明的文字写在明细栏上方或装配图的空白处。

10.4 装配图的零件序号和明细栏

为了便于读图、装配、图样管理及做好生产准备工作，在装配图中，需要对每个不同的零件（或部件）进行编号，这种编号称为零件的序号。同时要编制相应的明细栏（表），其中，直接编写在装配图中标题栏上方的称为明细栏；也可以在另一张纸上单独编写，称为明细表。明细栏（表）中主要填写零件的序号、代号、名称、数量、材料等内容。

10.4.1 序号

序号是对装配图中所有零件（或部件）按顺序编排的号码，编写序号必须按以下规定和方法进行。

1. 一般规定

（1）装配图中所有的零部件都必须有序号。

（2）装配图中一个零部件只编写一个序号；同一装配图中相同的零部件应编写同样的序号，而且一般只注出一次。

（3）装配图中零部件的序号应与明细栏（表）中的序号一致。

2. 序号的编排方法

（1）零件序号注写在指引线的水平线（细实线）上或圆（细实线）内，序号字高比图中尺寸数字的字高大一号或两号，如图 10-6（a）所示。同一张装配图上的零件序号的注写形式应一致。

（2）零件序号的指引线从零件的可见轮廓内用细实线引出，并在指引线末端画一个小圆点，小圆点的直径等于粗实线的宽度。若指引部分很薄或为涂黑的剖面而不便画圆点时，可在指引线的末端画箭头并指向该部分轮廓，如图 10-6（b）所示。

（3）零件序号的指引线不能互相交叉。当指引线通过剖面区域时，也不应与剖面线平行。必要时指引线可画成折线，但只可弯折一次。

（4）如果是一组紧固件或装配关系清楚的零件组，可采用公共指引线进行编号，如图 10-6（c）所示。

（5）装配图中的序号应按水平或垂直方向排列，并按一定方向（顺时针或逆时针）依次排列整齐。在整个图上无法连续时，可只在每个水平或垂直方向依次排列。例如，在图 10-1 中，零件序号就是按顺时针方向排列的。

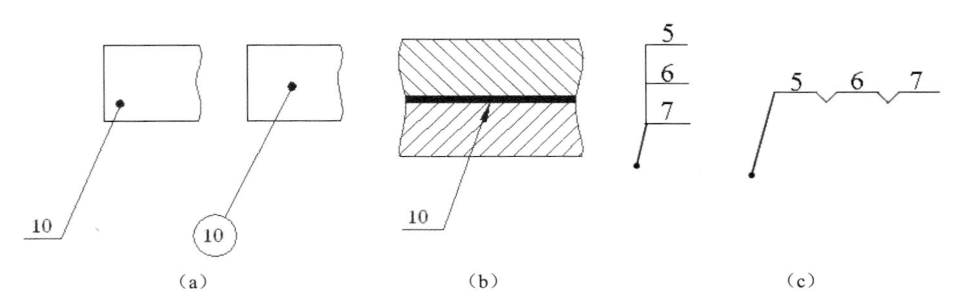

图 10-6　零件序号及指引线

10.4.2　明细栏

明细栏是机器或部件中全部零部件的详细目录，应画在标题栏的上方，零件的序号应自下而上填写，这样便于填写增添的零件。当地方不够时，可将明细栏分段画在标题栏的左方，如图 10-7 所示。

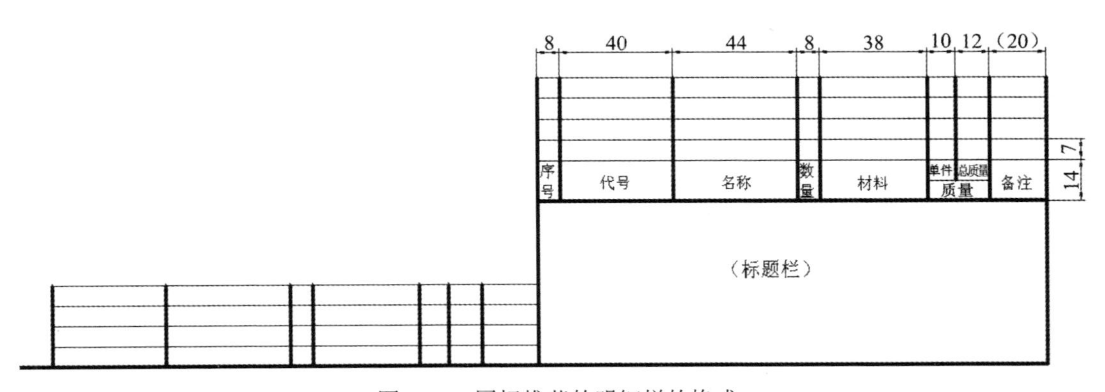

图 10-7　国标推荐的明细栏的格式

10.5　绘制装配图

部件是由若干零件装配而成的，根据这些零件图及有关资料，可以看清各零件的结构形状，了解装配体的用途、工作原理、连接和装配关系，然后拼画成部件的装配图。现以换向阀为例，讨论绘制装配图的方法。

10.5.1　确定装配图的表达方法

应先对部件的实物或装配示意图进行仔细观察和分析，了解各零件间的装配关系和部件的工作原理。

换向阀是由阀体等零件和一些标准件组成的，阀门置于阀体的内孔中，为了密封，在阀体和阀门之间加入填料，并旋入锁紧螺母；阀门的一端与手柄相连，并通过螺母与垫圈固定；阀体上有一个入口、两个出口，将阀装于管路中，只要转动手柄，带动阀门转动，就能实现管路中流体换向的功能。

10.5.2　确定表达方案

为了满足生产需要，应恰当地选择视图，主要包括主视图的选择和其他视图的选择，并善于合理利用装配图的各种表达方法，将机器或部件的工作原理、各零件间的装配关系及主要零件的结构形状完整、清晰地表达出来。

1．主视图的选择

绘制装配图同绘制零件图一样，应先确定部件的安放位置。部件的安放位置应与部件的工作位置相符，这样便于设计和指导装配。对于换向阀，其工作位置情况多变，但一般将其通路水平放置。部件的工作位置确定后，接着选择部件主视图的投射方向。经过比较，应选择最能清楚反映主要装配关系和工作原理的那个方向作为主视图的投射方向，为了清楚表达各个主要零件及零件间的相互关系，本例换向阀的主视图采用了剖视图。

2．其他视图的选择

根据确定的主视图选择其他视图。对于其他视图的选择，主要考虑还有哪些装配关系、工作原理及主要零件的主要结构形状没表达清楚，每个视图都要有明确的表达重点。例如，在图 10-8 中，换向阀沿前后对称面剖开的主视图虽清楚地反映了各零件间的主要装配关系和工作原理，但是换向阀的外形结构等还没有表达清楚，于是选取了左视图、俯视图及 *A-A* 断面图。

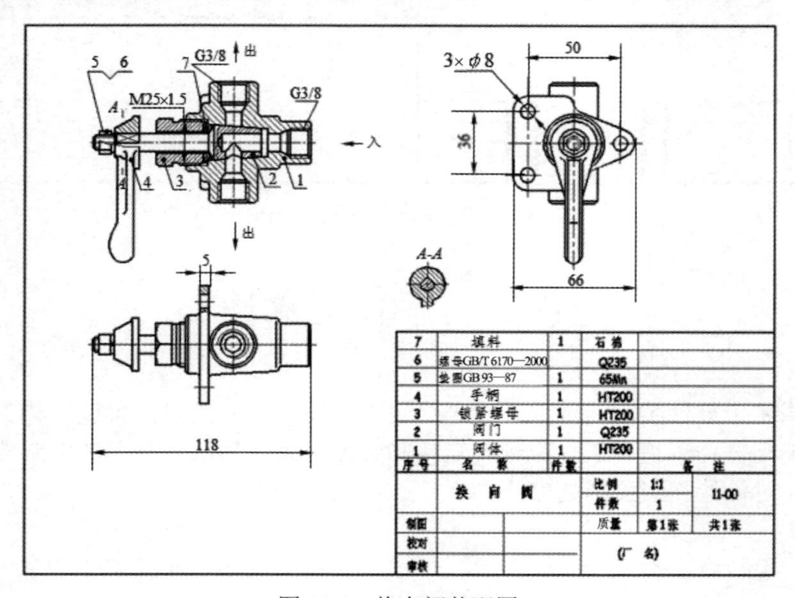

图 10-8　换向阀装配图

10.5.3　装配图的具体绘制过程

（1）根据确定的视图表达方案，选取适当的比例，在图纸上安排各视图的位置。要注意留有编写零部件序号、明细栏，以及注写尺寸和技术要求的位置。

（2）画图时，应先画出各视图的主要轴线（装配干线）、对称中心线及作图基准线（某些零件的基面或端面）。由主视图开始，几个视图配合进行。在画剖视图时，以装配干线为基准，由内向外逐个画出各个零件，也可由外向内画，视作图方便而定。图 10-9 为换向阀的画图步骤。底稿完成后，首先需要校核；然后加深，画剖面线，标注尺寸；最后编写零部件序号，填写明细栏，签署姓名，结果如图 10-8 所示。

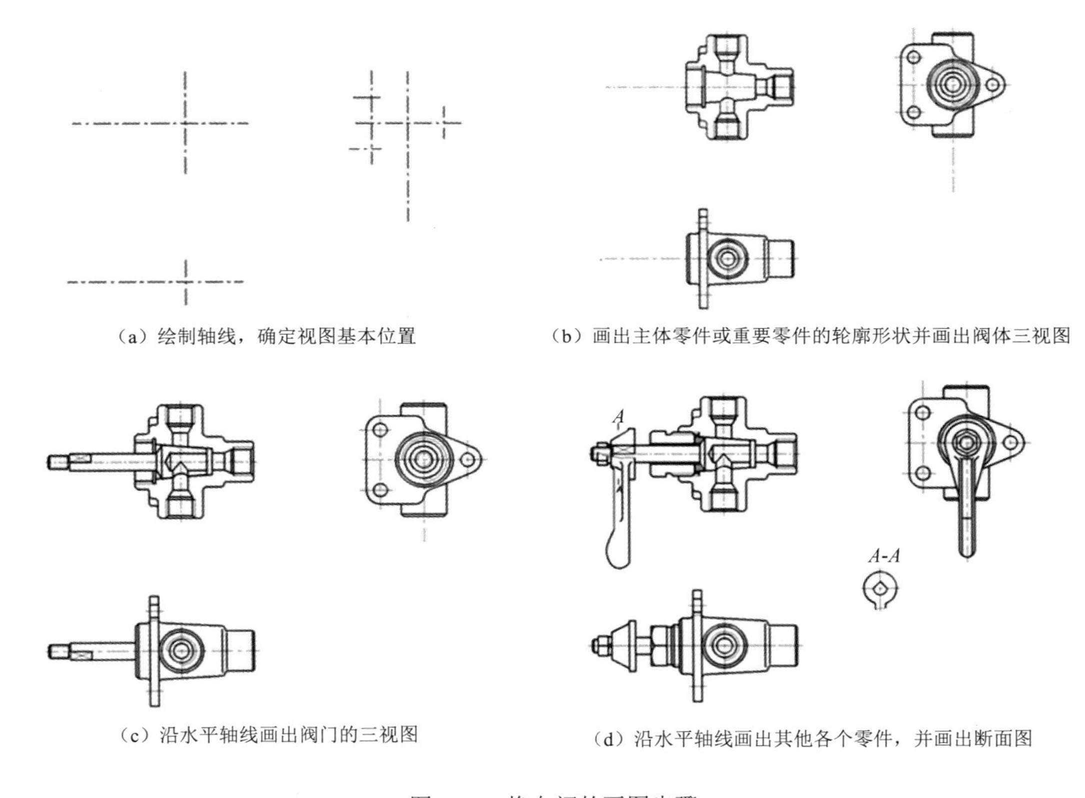

（a）绘制轴线，确定视图基本位置　（b）画出主体零件或重要零件的轮廓形状并画出阀体三视图

（c）沿水平轴线画出阀门的三视图　（d）沿水平轴线画出其他各个零件，并画出断面图

图 10-9　换向阀的画图步骤

10.6　读装配图

在工业生产中，从机器的设计到制造或技术交流，或者使用、维修机器及设备，都要用到装配图。因此，从事工程技术的工作人员必须能看懂装配图。

10.6.1　读装配图的要求

（1）了解机器或部件的用途、性能、工作原理，以及组成该机器或部件的全部零件的名称、数量、相对位置、零件间的装配关系。

（2）弄清每个零件的作用及其结构形状。

（3）确定装配和拆卸该机器或部件的方法与步骤。

下面以如图 10-1 所示的齿轮油泵为例，说明读装配图和由装配图拆画零件图的方法与步骤。

10.6.2 读装配图的方法与步骤

1．概括了解

从标题栏了解部件的名称；从明细栏了解零件的名称、数量和材料，以及各标准件的规格、标记等；在视图中根据所编序号找出相应零件所在位置。大致浏览一下所有视图、尺寸和技术要求等，这样，就可以对部件的整体概况有一个初步的认识，为进一步读图创造条件。

如果有条件，则还可以查看有关资料或产品说明书，从中了解机器的工作原理、传动路线或工作情况等。

在读如图 10-1 所示的装配图时，从标题栏和明细栏中可以得知，本部件为齿轮油泵，由 17 种零件组成，其中有 7 种标准件；主要零件为齿轮轴、传动齿轮、泵体、左端盖、右端盖等。

2．分析视图

首先确定视图名称，明确视图间的投影关系。如果是剖视图，就应找到剖切位置，分析各视图表达的重点，以使在研究有关内容时以其为主，再结合其他视图进行分析。

齿轮油泵选用了主视图和左视图两个基本视图。按工作位置选择的主视图采用全剖视，主要表达整个部件的内部结构特征，并通过几处局部剖视，反映两齿轮间的装配关系。左视图采用沿结合面剖切的表达方法，主要用来补充表达齿轮啮合处的内部形状，并采用局部剖视以表达进油口和出油口的结构。

3．了解工作原理和装配关系

了解工作原理和装配关系阶段是深入读图阶段。可以先从反映工作原理的视图着手，分析机器或部件中零件的运动情况，从而了解其工作原理。根据投影规律，分析各条装配干线，了解零件间的相互配合要求，以及零件的定位、连接方式。另外，还需要分析运动零件的润滑、密封等内容。

图 10-10 为齿轮油泵的轴测图，泵体 7 是齿轮油泵的主要零件之一，它的内腔容纳一对吸油和压油的齿轮。将齿轮轴 2 和传动齿轮轴 3 装入泵体后，两侧有左端盖 4 和右端盖 8 支承齿轮轴进行旋转运动，左端盖和右端盖通过销 5 与泵体定位，然后各通过 6 个螺钉 1 将左端盖和右端盖与泵体连接成整体。为了防止泵体与端盖结合面处漏油，采用了垫片 6，利用密封圈 9、衬套 10 及压紧螺母 11，将传动齿轮轴 3 的伸出端密封起来。

齿轮轴 2、传动齿轮轴 3 及传动齿轮 12 等是齿轮油泵中的运动零件。当传动齿轮 12 从左向右看逆时针方向旋动时，通过键 15 将扭矩传递给传动齿轮轴 3，经过齿轮啮合带动齿轮轴 2 沿顺时针方向转动。如图 10-11 所示，当一对齿轮在泵体内做啮合传动时，啮合区的右侧空间的压力降低而产生局部真空，油池内的油在大气压作用下进入油泵低压区的进油口，随着齿轮的转动，齿槽中的油不断沿箭头方向被带至左边的出油口，把油压出，并送至机器中需要润滑的部分。

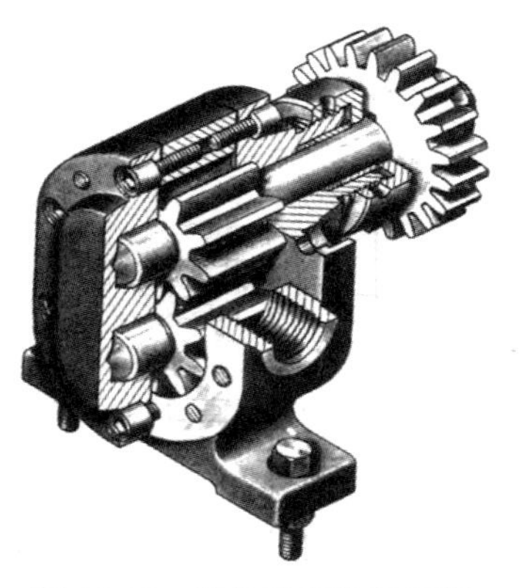

图 10-10　齿轮油泵的轴测图

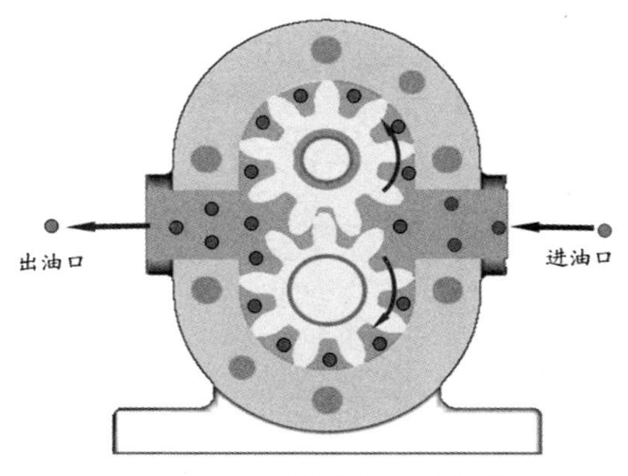

图 10-11　齿轮油泵工作原理图

4．分析尺寸

对装配图上标注的尺寸进行分析，可以了解部件的规格、外形大小、零件间的配合性质和公差值大小，以及装配时要求保证的尺寸和安装时所需的一些尺寸。

如图 10-1 所示，尺寸 $\phi33\dfrac{H8}{f7}$ 是齿轮轴和传动齿轮轴的齿轮齿顶圆与泵体内腔的配合尺寸，属于基孔制优先间隙配合，其中，齿顶圆的尺寸为 $\phi33f7$，即 $\phi33_{-0.050}^{-0.025}$；泵体内腔的尺寸为 $\phi33H8$，即 $\phi33_{0}^{+0.039}$。尺寸 50 是传动齿轮轴线距离安装面的高度，尺寸 27±0.016 是一对啮合齿轮的中心距，它将直接影响齿轮的啮合传动，50 和 27±0.016 都是装配所需的尺寸，属于装配尺寸。

左视图上注出的尺寸 $R_p3/8$ 为该齿轮油泵的规格尺寸，螺栓轴线间的距离 70 为安装尺寸。

10.6.3　由装配图拆画零件图

由装配图拆画零件图（简称"拆图"）是指在彻底读懂装配图的基础上进行零件设计，并画出零件图。由于在装配图上，某些零件的结构形状不一定能被完全表达清楚，此时就需要根据零件的作用和装配关系进行设计。对于装配图上省略的一些工艺结构，如小圆角、倒角、退刀槽等，在画零件图时必须补全，并且所画的零件图应符合设计和工艺要求。

在拆画零件图的时候，首先要了解该零件的作用；然后根据它在装配图中的投影轮廓，结合和它有装配、连接关系的其他零件，分析出它的结构、想象出其空间形状，并补齐投影；最后根据零件结构本身表达的需要，重新选择视图表达方案，用画零件图的方法和步骤画出零件图。

现以拆画图 10-1 中的右端盖 8 的零件图为例进行分析。

由主视图可知，右端盖上部有传动齿轮轴穿过，下部有齿轮轴轴颈的支承孔，在右侧凸缘的外部有外螺纹，用压紧螺母通过轴套将密封圈压紧在轴的四周；由左视图可知，右端盖的外形为长圆形，其周围分布有六个具有沉孔的螺钉孔和两个圆柱销孔。

在拆画零件图时，应先从主视图上区分出右端盖的视图轮廓。由于在装配图的主视图上，右端盖的一部分被其他零件遮住了，因而它不是一幅完整的图形，如图 10-12（a）所示，根据右端盖的作用和装配关系，可以补全所缺的轮廓线，如图 10-12（b）所示。

（a）从装配图中分析出右端盖的主视图　　（b）补全所缺的轮廓线

图 10-12　由齿轮油泵装配图拆画的右端盖零件图

补全图线后的主视图显示了右端盖各部分的结构。用同样的方法，在左视图中，将右端盖拆画出来。这样右端盖的两个视图就确定了，但在画零件图时，应注意以下几个问题。

1．选择视图

当从装配图上拆画零件图时，必须根据零件的具体形状，按照零件图的视图选择原则来考虑。这是因为有些零件在装配图上的位置不一定符合表达零件的要求。右端盖属于盘盖类零件，一般可用两个视图来表达，对比如图 10-13 所示的两种表达方案可知，方案二的主视图更能反映其形状特征，因此选择方案二作为该零件的表达方案。

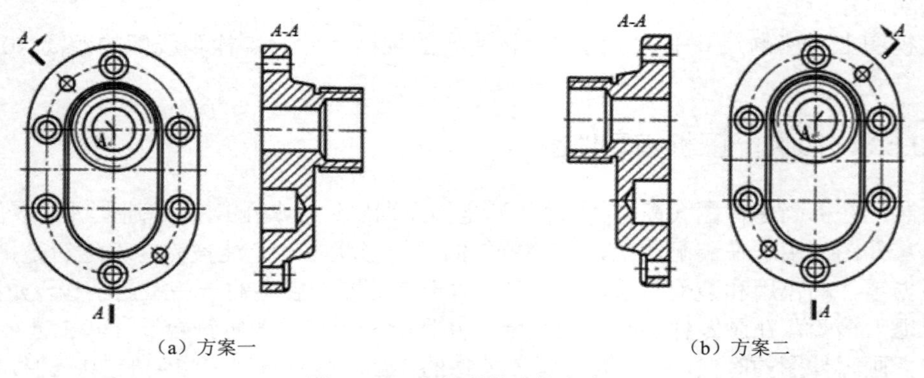

（a）方案一　　（b）方案二

图 10-13　右端盖的表达方案

2．尺寸标注

零件上大部分不重要的或非配合的自由尺寸一般均在装配图上按比例直接量取。量得的数值尽量取整，并符合标准系列。相邻两零件接触面的有关尺寸及连接件的有关定位尺寸必须保持一致。当有些结构需要两个零件装配在一起同时加工时，应在该两零件图上分别加以注明。

3．技术要求

技术要求包括表面粗糙度、几何公差及一些热处理和表面处理等，它是根据该零件在机器中的作用和要求确定的。一般情况下，技术要求可参照同类产品加以确定，还可参考有关资料和向有经验的人员请教。

最后，对所拆零件图必须进行仔细的校核：检查各零件图应表达的内容是否画全，每张零件图是否完整、合理，零件的名称、材料、数量等是否与明细栏一致。

最终完成的右端盖零件图如图 10-14 所示。

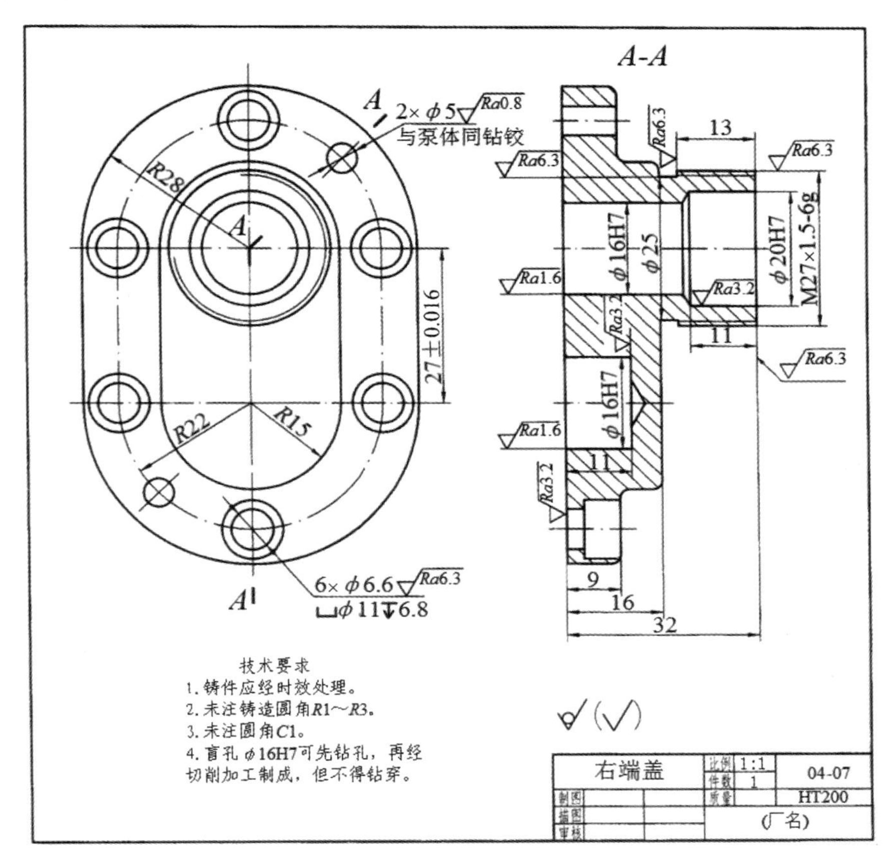

图 10-14　右端盖零件图

10.7　装配结构的合理性简介

为了保证顺利地装配、调整、拆卸操作，在绘制装配图时，对零件的结构形状需要考虑装配工艺的要求，确定合理的装配结构，要求工程技术人员必须具有丰富的实际经验，并做深入细致的分析和比较。现举例说明，以供读者学习和参考。

1．接触面的合理结构

（1）当两个零件接触时，同一方向上的接触面最好只有一个，这样可以满足装配要求，制造也较方便，如图 10-15（a）所示。

（2）当孔和轴配合时，在轴肩处加工出退刀槽或在孔端面加工出倒角，以保证两零件接触良好，如图 10-15（b）所示。

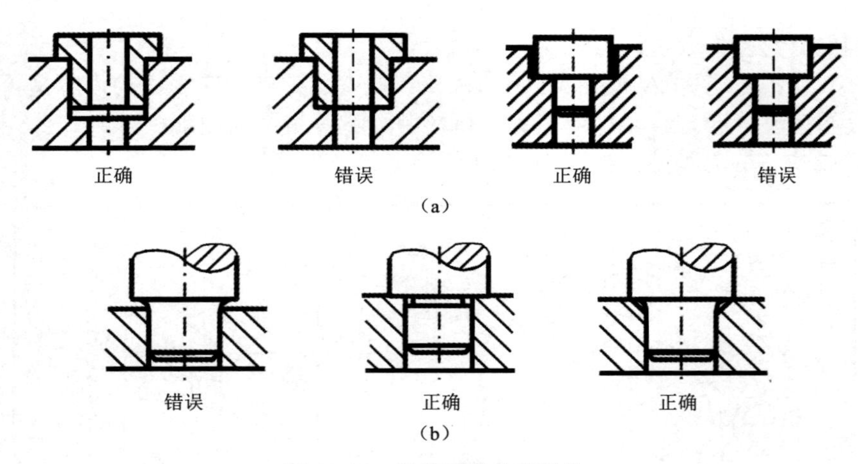

图 10-15　接触面的合理结构

2．螺纹锁紧装置

为了防止机器中的螺纹连接件因机器的运动或振动而产生松脱现象，造成机器故障或毁坏，应采用必要的锁紧装置。常见的螺纹锁紧装置有双螺母锁紧、弹簧垫圈锁紧和开口销锁紧，如表 10-1 所示。

表 10-1　常见的螺纹锁紧装置

双螺母锁紧	弹簧垫圈锁紧	开口销锁紧

3．便于拆卸的合理结构

要考虑装拆有足够的空间和装配的可能性，如表 10-2 所示。

表 10-2　便于拆卸的合理结构

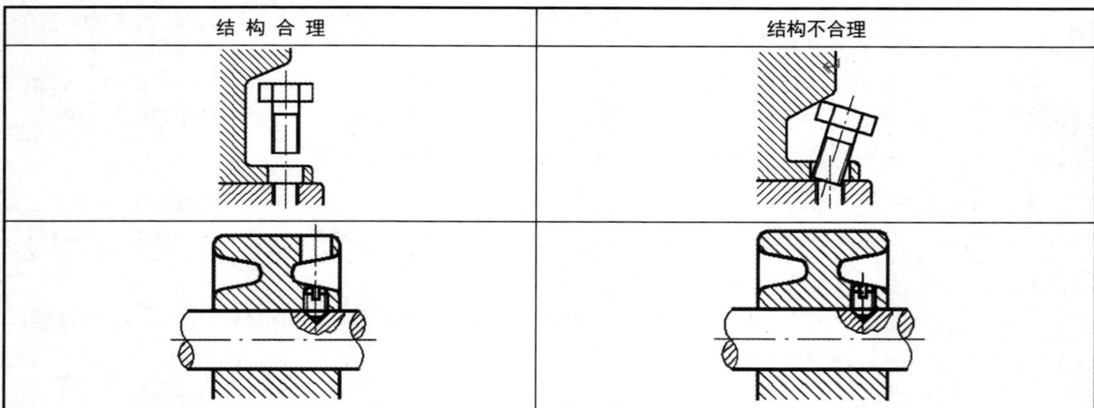

结 构 合 理	结构不合理

4．密封装置

为了防止机器内部的液体或气体向外渗透和外面的灰尘等杂物侵入机器内部，常使用密封装置。常用的密封装置主要有毡圈密封、填料函密封和垫片密封等，如图 10-16 所示。

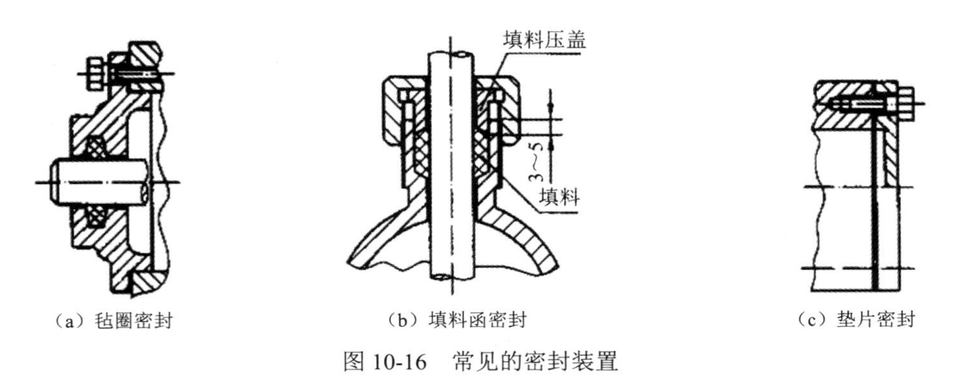

（a）毡圈密封　（b）填料函密封　（c）垫片密封

图 10-16　常见的密封装置

10.8　综合实例——绘制球阀平面装配图

本例的绘制思路是将零件图的视图进行修改，制作成块，然后将这些块插入装配图中。绘制的球阀平面装配图如图 10-17 所示。

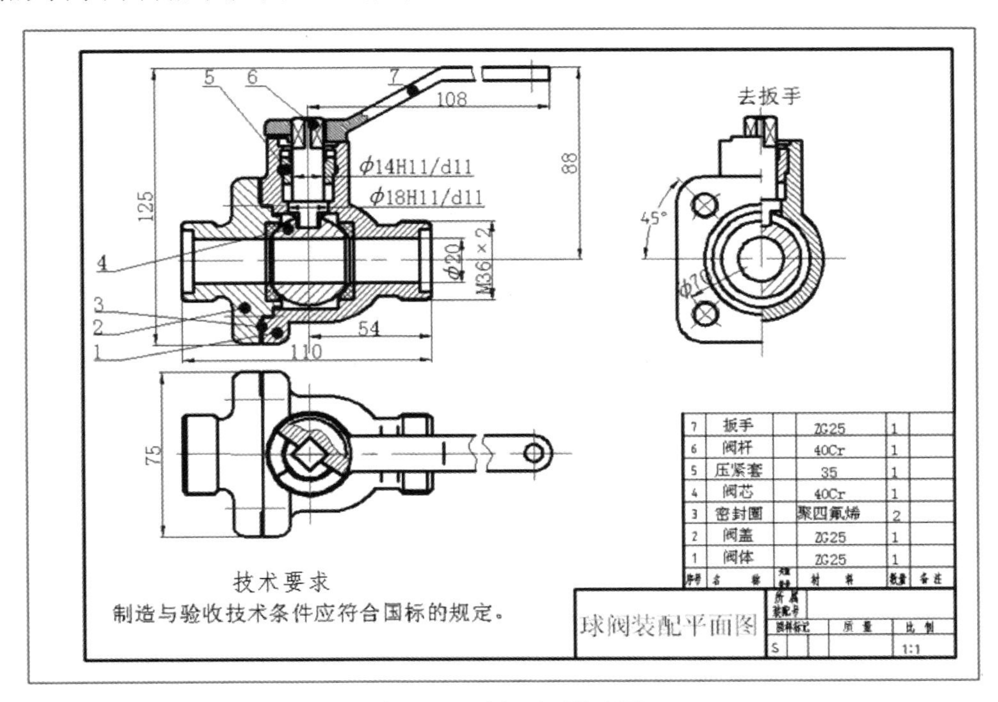

图 10-17　球阀平面装配图

10.8.1 配置绘图环境

（1）新建文件。选择菜单栏中的“文件”→“新建”命令，打开“选择样板”对话框，选择已设计好的样板文件作为模板，如图 10-18 所示，将新文件命名为“球阀装配图.dwg”并保存。

图 10-18 球阀平面装配图模板

（2）显示线宽。单击状态栏中的“显示/隐藏线宽”按钮，在绘制图形时显示线宽。

（3）关闭栅格。单击状态栏中“栅格”按钮或按 F7 键，关闭栅格。选择菜单栏中的“视图”→“缩放”→“全部”命令，调整绘图区的显示比例。

（4）新建图层。单击“默认”选项卡的“图层”选项组中的“图层特性”按钮，新建并设置每一个图层，结果如图 10-19 所示。

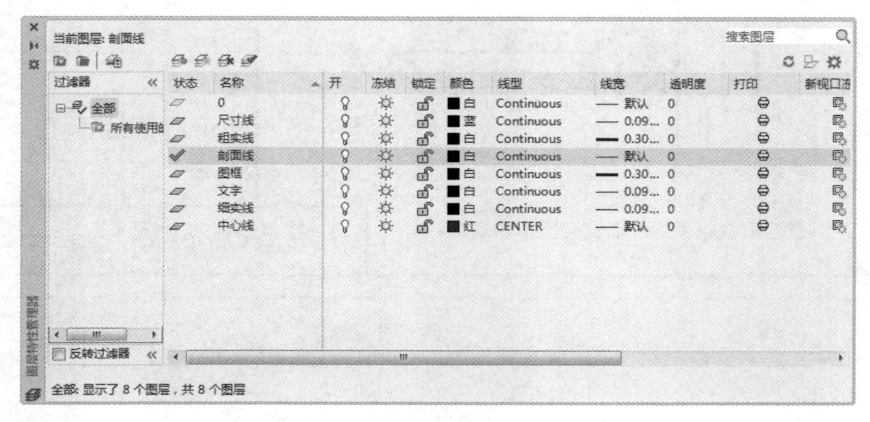

图 10-19 “图层特性管理器”选项板

10.8.2　组装装配图

球阀装配平面图主要由阀体、阀盖、密封圈、阀芯、压紧套、阀杆和扳手零件图组成。在绘制零件图时，用户可以根据装配的需要，将零件的主视图及其他视图分别定义成块，但是在定义的块中不包括零件的尺寸标注和定位中心线，块的基点应选择在与其零件有装配关系或定位关系的关键点上。

（1）插入阀体零件图。选择菜单栏中的“工具”→“选项板”→“设计中心”命令，打开设计中心选项板，如图 10-20 所示。AutoCAD 设计中心中有“文件夹”“打开的图形”“历史记录”三个选项卡，用户可以根据需要选择并设置相应的选项卡。

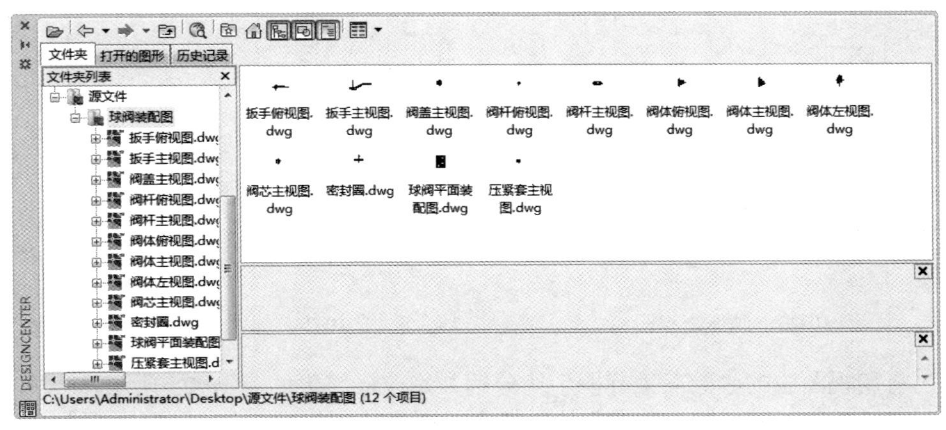

图 10-20　设计中心选项板

（2）单击“文件夹”选项卡，此时计算机中的所有文件都会显示在其中，找到要插入的阀体零件图文件并双击，然后双击该文件中的“块”选项，图形中的所有块都会显示在右边的内容显示区中，如图 10-20 所示，在其中选择“阀体主视图”块并双击，系统打开“插入”对话框，如图 10-21 所示。

（3）按照如图 10-21 所示的内容进行设置：插入的图形比例为 1、旋转角度为 0°。然后单击“确定”按钮，此时命令行窗口中会提示“指定插入点或 [基点(B)/比例(S)/X/Y/Z/旋转(R)]:”。

（4）在命令行窗口中输入“100,200”，将“阀体主视图”块插入“阀体装配图”中，且插入后，轴右端中心线处的坐标为“100,200”，结果如图 10-22 所示。

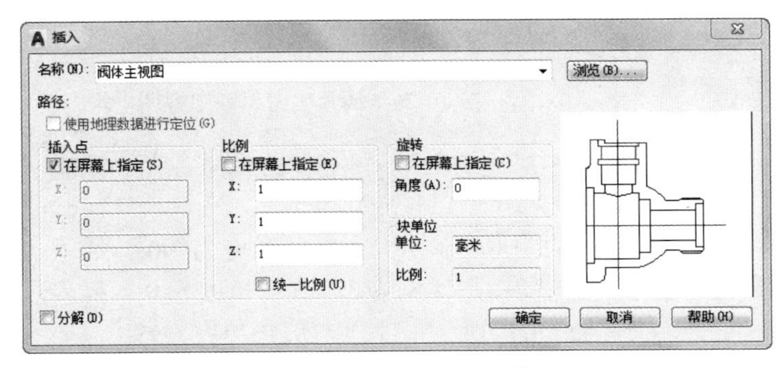

图 10-21　“插入”对话框

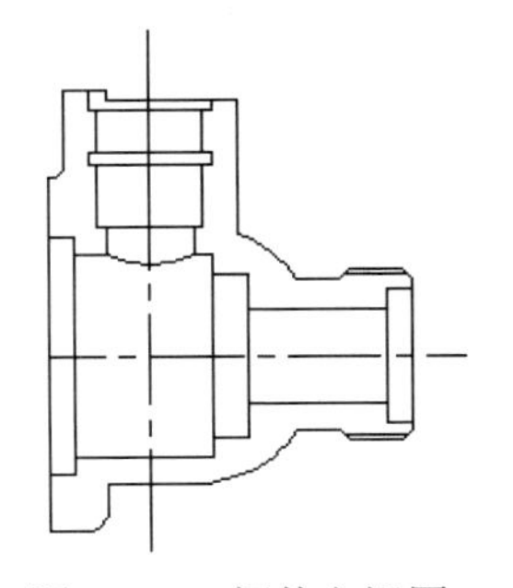

图 10-22　阀体主视图

（5）继续插入“阀体俯视图”块。插入的图形比例为 1，旋转角度为 0°，插入点坐标为“100,100”；继续插入“阀体左视图”块，插入的图形比例为 1，旋转角度为 0°，插入点坐标为“300,200”，结果如图 10-23 所示。

（6）继续插入“阀盖主视图”块。插入的图形比例为 1，旋转角度为 0°，插入点坐标为“84,200”。由于阀盖的外形轮廓与阀体左视图的外形轮廓相同，故不需要插入“阀盖左视图”块。因为阀盖是一个对称结构，其主视图与俯视图相同，所以把“阀盖主视图”块插入“阀体装配图”的俯视图中即可，结果如图 10-24 所示。

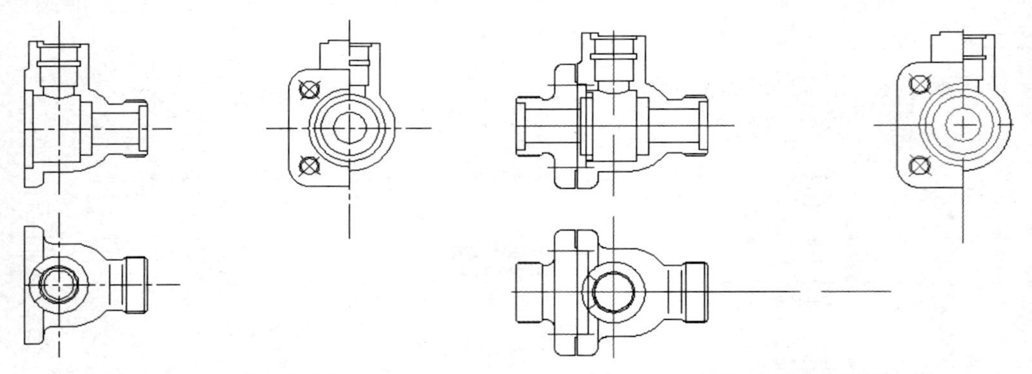

图 10-23　阀体三视图　　　　图 10-24　插入“阀盖主视图”块

（7）将俯视图中的“阀盖主视图”块分解并修改，结果如图 10-25 所示。

（8）继续插入“密封圈主视图”块，插入的图形比例为 1，旋转角度为 90°，插入点坐标为“120,200”。由于该装配图中有两个密封圈，所以再插入一个“密封圈主视图”，插入的图形比例为 1，旋转角度为-90°，插入点坐标为“77,200”，结果如图 10-26 所示。

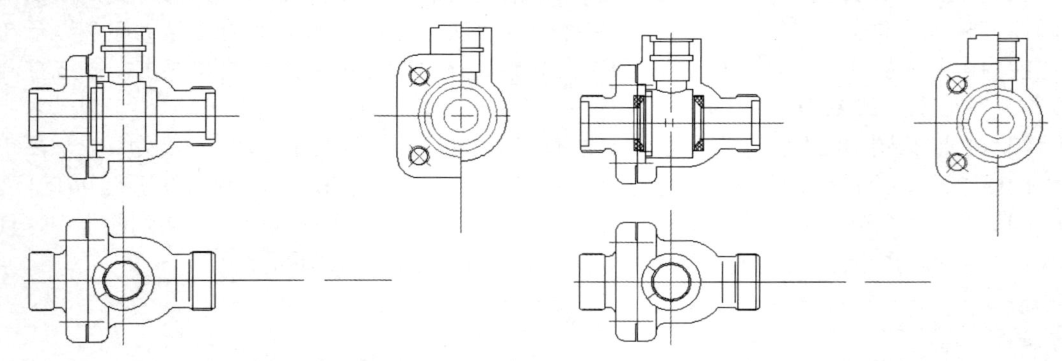

图 10-25　修改阀盖俯视图　　　　图 10-26　插入“密封圈主视图”块

（9）继续插入“阀芯主视图”块，插入的图形比例为 1，旋转角度为 0°，插入点坐标为“100,200”，结果如图 10-27 所示。

（10）继续插入“阀杆主视图”块，插入的图形比例为 1，旋转角度为-90°，插入点坐标为“100,227”；插入“阀杆俯视图”块，插入的图形比例为 1，旋转角度为 0°，插入点坐标为“100,100”；插入“阀杆左视图”块，插入的图形比例为 1，旋转角度为-90°，插入点坐标为“300,227”，结果如图 10-28 所示。

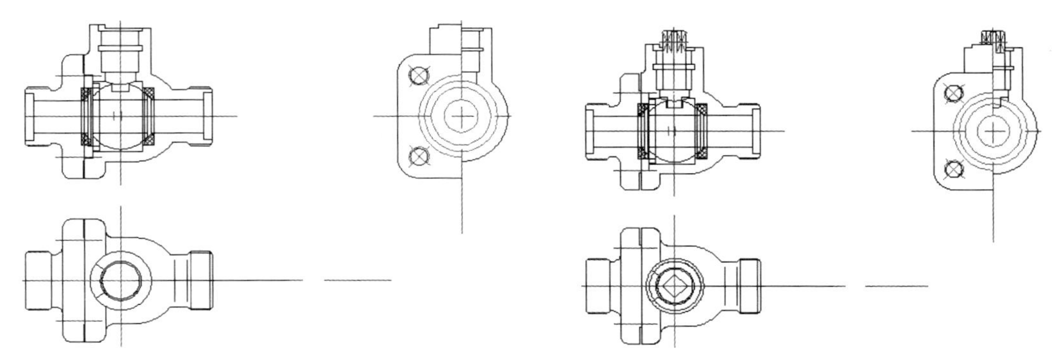

图 10-27　插入“阀芯主视图”块　　　　图 10-28　插入阀杆

（11）继续插入“压紧套主视图”块，插入的图形比例为 1，旋转角度为 0°，插入点坐标为“100,235”；由于压紧套的左视图与主视图相同，故可在阀体左视图中继续插入“压紧套主视图”块，插入的图形比例为 1，旋转角度为 0°，插入点坐标为“300,235”，结果如图 10-29 所示。

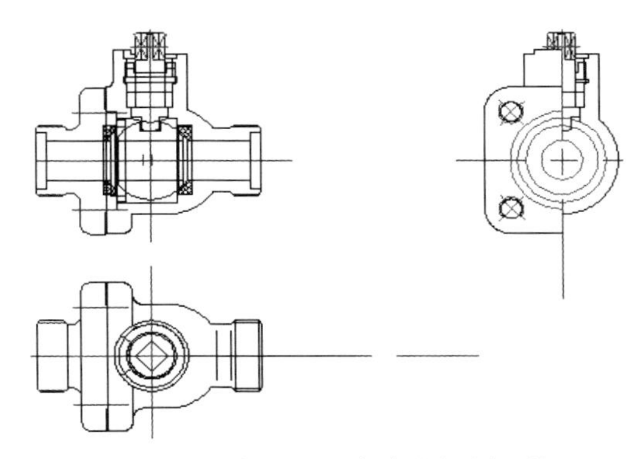

图 10-29　插入“压紧套主视图”块

（12）把主视图和左视图中的“压紧套主视图”块分解并修改，结果如图 10-30 所示。

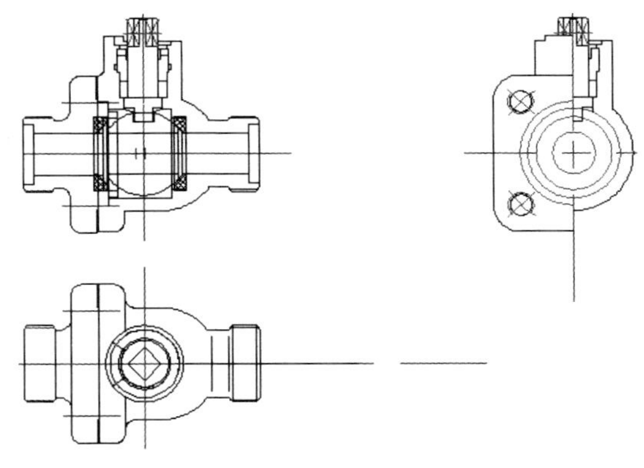

图 10-30　修改视图后的图形 1

（13）继续插入“扳手主视图”块，插入的图形比例为 1，旋转角度为 0°，插入点坐标为“100,254”；插入“扳手俯视图”块，插入的图形比例为 1，旋转角度为 0°，插入点坐标为“100,100”，结果如图 10-31 所示。

（14）把主视图和俯视图中的“扳手主视图”块和“扳手俯视图”块分解并修改，结果如图 10-32 所示。

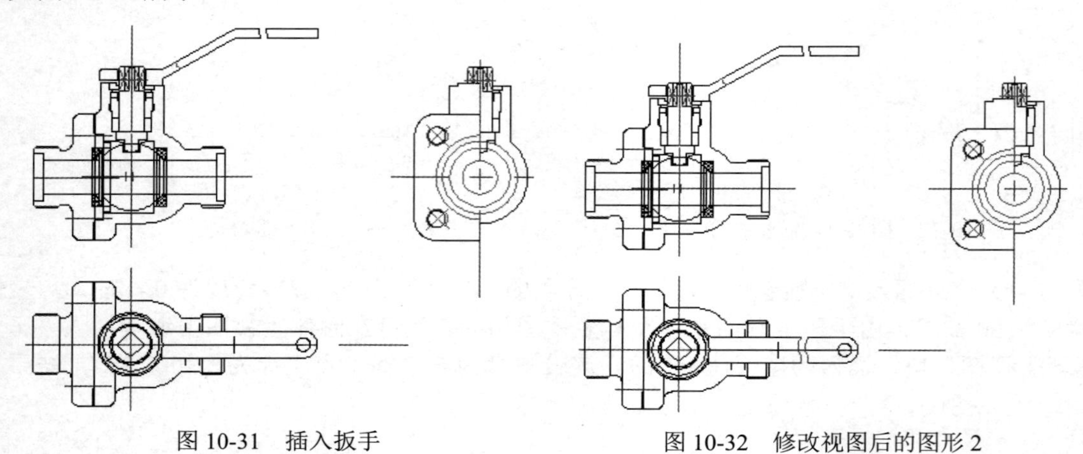

图 10-31　插入扳手　　　　图 10-32　修改视图后的图形 2

10.8.3　填充剖面线

（1）修改视图。综合运用各种命令，将如图 10-32 所示的图形进行修改并绘制填充剖面线的边界线，结果如图 10-33 所示。

（2）绘制剖面线。利用“图案填充”命令，选择需要的剖面线样式，进行剖面线的填充。

（3）如果对填充的效果不满意，则可以双击图形中的剖面线，打开“图案填充编辑”对话框，进行二次编辑。

（4）重复执行“图案填充”命令，将视图中需要填充的区域进行填充。

（5）最后对有些图线被挡住的块的相关图线进行修剪，结果如图 10-34 所示。

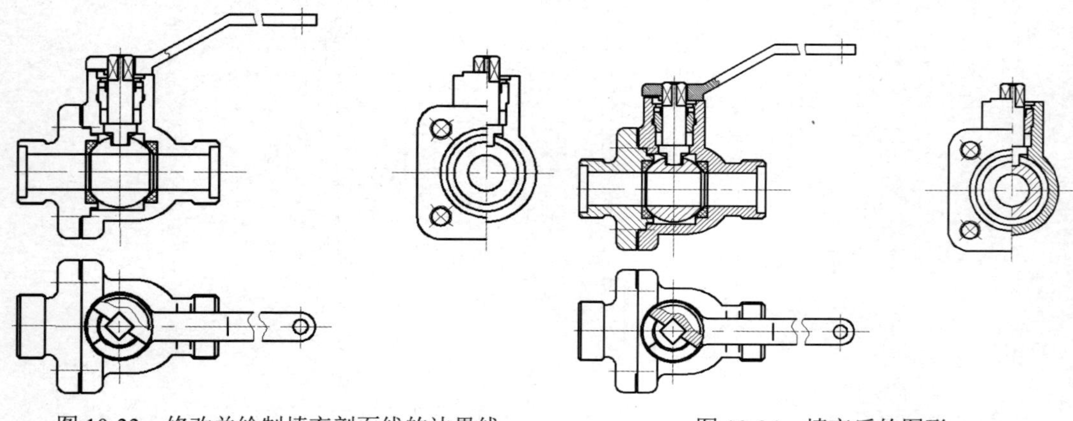

图 10-33　修改并绘制填充剖面线的边界线　　　　图 10-34　填充后的图形

10.8.4　标注球阀装配平面图

（1）标注尺寸。在装配图中，不需要将每个零件的尺寸都全部标注出来，需要标注的尺寸有规格尺寸、装配尺寸、外形尺寸、安装尺寸及其他重要尺寸。在本例中，只需标注一些装配尺寸即可，而且其都为线性标注，比较简单，因此此处不再赘述。标注尺寸后的装配图如图 10-35 所示。

（2）标注零件序号。标注零件序号采用引线标注方式（“QLEADER”命令），在标注引线时，为了保证引线中的文字在同一水平线上，可以在合适的位置绘制一条辅助线。

（3）利用“多行文字”命令，在左视图上方标注“去扳手”三个字，表示左视图上省略了扳手零件部分的轮廓线。

（4）标注完成后，将绘图区所有的图形都移动到图框的合适位置。标注零件序号后的装配图如图 10-36 所示。

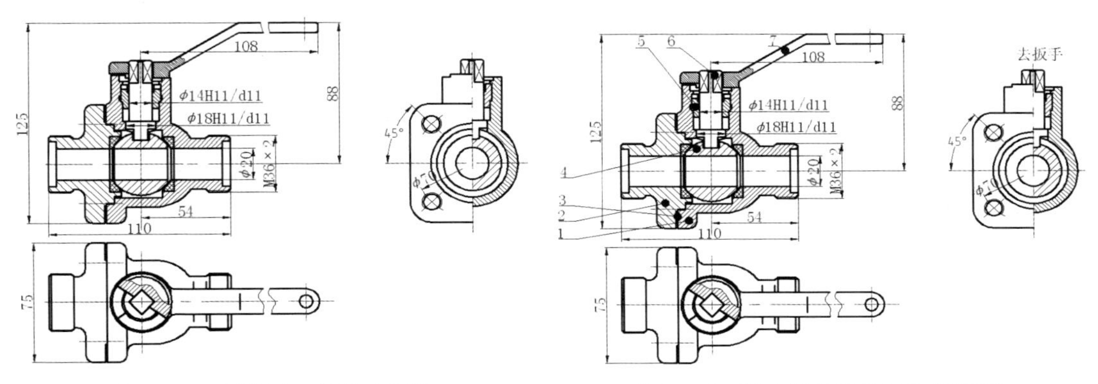

图 10-35　标注尺寸后的装配图　　　　图 10-36　标注零件序号后的装配图

10.8.5　绘制和填写明细表

（1）绘制表格线。单击“默认”选项卡的“绘图”选项组中的“矩形”按钮，绘制 240mm×20mm 的矩形；单击“默认”选项卡的“修改”选项组中的“分解”按钮，分解刚绘制的矩形；单击“默认”选项卡的“修改”选项组中的“偏移”按钮，将左边的竖直直线进行偏移，结果如图 10-37 所示。

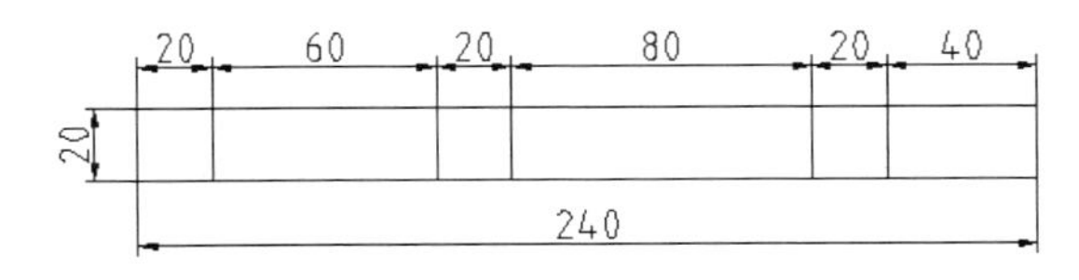

图 10-37　绘制表格线

（2）设置文字标注格式。利用“格式”→“文字样式”命令，新建“明细表”文字样式，将文字高度设置为 3mm，并将其设置为当前使用的文字样式。

（3）填写明细表标题栏。利用“多行文字”命令，依次填写明细表标题栏中的各项，结果如图 10-38 所示。

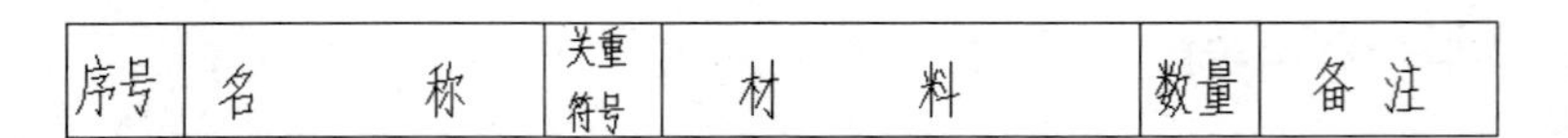

序号	名　称	重量 符号	材　料	数量	备注

图 10-38　填写明细表标题栏

（4）创建“明细表标题栏”块。选择菜单栏中的“绘图”→“块”→“创建”命令，打开“块定义”对话框，创建“明细表标题栏”块，如图 10-39 所示。

（5）保存“明细表标题栏”块。在命令行窗口中输入“WBLOCK”后按 Enter 键，打开“写块”对话框，如图 10-40 所示，在“源”选区中选中“块”单选按钮，从其下拉列表中选择“明细表标题栏”选项；在“目标”选区中选择文件名和路径，完成块的保存。

图 10-39　“块定义”对话框

图 10-40　“写块”对话框

（6）绘制内容栏表格。仿照明细表标题栏表格的绘制方法，绘制其内容栏表格，如图 10-41 所示。

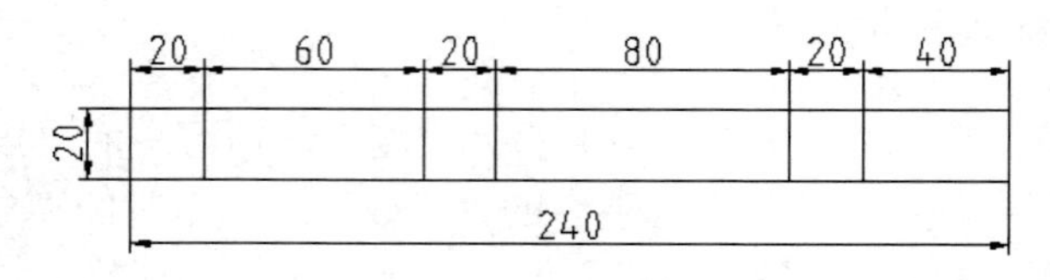

图 10-41　绘制明细表内容栏表格

（7）创建明细表内容栏。选择菜单栏中的“绘图”→“块”→“创建”命令，打开“块定义”对话框，创建“明细表内容栏”块，基点选择为表格右下角点。

（8）保存“明细表内容栏”块。在命令行窗口中输入“WBLOCK”后按 Enter 键，打开“写块”对话框，在“源”选区中选中“块”单选按钮，从其下拉列表中选择“明细表内容栏”选项；在“目标”选区中选择文件名和路径，完成块的保存。

（9）打开“属性定义”对话框。选择菜单栏中的“绘图”→“块”→“定义属性”命令，或者在命令行窗口中输入“ATIDEF”后按 Enter 键，打开“属性定义”对话框，如图 10-42 所示。

（10）定义“序号”属性。在“属性”选区的“标记”文本框中输入“N”，在“提示”文本框中输入“输入序号：”；在“插入点”选区中勾选“在屏幕上指定”复选框，选择在明细表的第一栏中插入，单击“确定”按钮，完成“序号”属性的定义。

属性定义
模式
不可见(I)
固定(C)
验证(V)
预设(P)
锁定位置(K)
多行(U)
插入点
在屏幕上指定(O)
X: 0
Y: 0
Z: 0
属性
标记(T): N
提示(M): 输入序号:
默认(L):
文字设置
对正(J): 左对齐
文字样式(S): Standard
注释性(N)
文字高度(E): 7
旋转(R): 0
边界宽度(W): 0
在上一个属性定义下对齐(A)
确定　取消　帮助(H)

图 10-42　“属性定义”对话框

（11）定义其他四个属性。采用同样的方法，打开“属性定义”对话框，依次定义明细表内容栏的其他四个属性：①标记为“NAME”，提示为“输入名称：”；②标记为“MATERAL”，提示为“输入材料：”；③标记为“Q”，提示为“输入数量：”；④标记为“NOTE”，提示为“输入备注：”。在“插入点”选区中均勾选“在屏幕上指定”复选框。

定义好五个文字属性的明细表内容栏如图 10-43 所示。

N	NAME		MATERAL	Q	NOTE

图 10-43　定义好五个文字属性的明细表内容栏

（12）创建并保存带文字属性的块。选择菜单栏中的“绘图”→“块”→“创建”命令，打开“块定义”对话框，选择明细表内容栏及五个文字属性，创建“明细表内容栏”块，基点选择为表格右下角点。利用“WBLOCK”命令，打开“写块”对话框，保存“明细表内容栏”块，结果如图 10-44 所示。

7	扳手		ZG25	1	
6	阀杆		40Cr	1	
5	压紧套		35	1	
4	阀芯		40Cr	1	
3	密封圈		填充聚四氟乙烯	2	
2	阀盖		ZG25	1	
1	阀体		ZG25	1	
序号	名　　称	装配序号	材　　料	数量	备注

图 10-44　装配图明细表

10.8.6　填写技术要求

将“文字”层设置为当前图层，利用“多行文字”命令 A，填写技术要求。

10.8.7　填写标题栏

将“文字”层设置为当前图层，选择菜单栏中的“绘图”→“文字”→“单行文字”命令，填写标题栏中的相应内容，结果如图 10-45 所示。

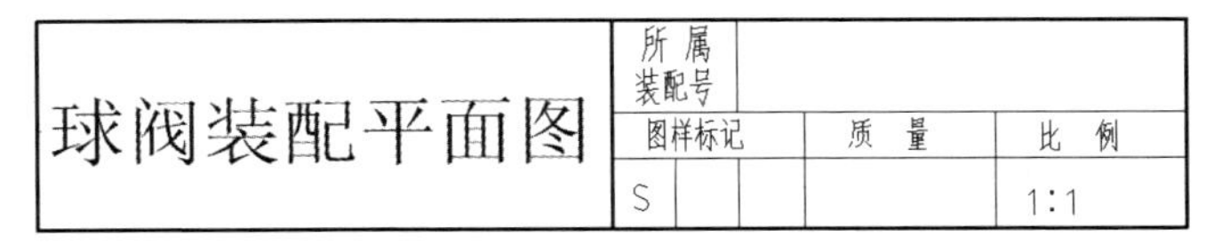

图 10-45　填写标题栏结果